KB147484

첨단 기술의 융합

스마트 농업혁명

첨단 기술의 융합 **스마트 농업혁명**

발행일	2020년 8월 31일 초판 1쇄 2022년 1월 20일 초판 3쇄
지은이	정환묵
편집디자인	B&D
마케팅	이정호
발행인	이재민
발행처	리빙북스
등록번호	109-14-79437
주소	서울시 강서구 곰달래로 31길 7 동일빌딩 2층
전화	(02) 2608-8289
팩스	(02) 2608-8265
이메일	macdesigner@naver.com
홈페이지	www.livingbooks.co.kr

ISBN 979-11-87568-20-9 93520
ⓒ 정환묵, 2020

AI + IoT + 빅데이터 + 드론 + 로봇

첨단 기술의 융합

스마트 농업혁명

4차 산업혁명 시대! 스마트 농업의 방향을 제시하다

정환묵 지음

리빙북스
Living Books

우리나라 농업은 과거부터 중요한 산업으로 인식되어 왔으며 단순히 식료품 생산이나 경제활동에 그치지 않고, 우리의 문화와 역사의 근간을 이루어 왔습니다. 그러나 공업이나 서비스업의 발전으로 인해 농업은 산업으로서의 중요성이 상대적으로 저하되어 왔으나, 우리 소비자의 식탁뿐만 아니라 문화와 지역경제를 지탱하는 꼭 필요한 존재임을 부인할 수 없습니다.

지금 초고령 사회와 4차 산업혁명이라는 엄청난 변화의 쓰나미가 우리에게 다가오면서, 우리의 미래를 더욱 불투명하게 만들고 있습니다.

4차 산업혁명에 의해 제조업의 혁신이 실현되고 있으며, 그 파도는 계속해서 농업으로 다가오고 있습니다. 더욱이 신종 코로나 바이러스(코로나19)의 전 세계적 대유행(pandemic)으로 식량무기화의 가속화가 우려되고 있으며, 이것이 농업의 4차 산업혁명을 앞당기는 계기가 될 것으로 보고 있습니다.

농업 · 농촌의 일손은 날이 갈수록 부족해지는 상황에서 소득의 감소, 인구의 감소, 경작 포기지의 증가 등, 현재 농업은 중대한 전환점을 맞이하고 있습니다.

이제 초고령사회의 늘어난 시니어 인력으로 생산성을 유지할 수 있고, 적은 인구로도 스마트 농업기술로 대처 할 수 있도록 하여야 합니다. 이것이 농업의 어려운 현실을 극복하는 하나의 방안인 스마트 농업혁명이라고 할 수 있습니다. 스마트 농업이란 로봇과 IoT, ICT 등을 활용하여서 생력화(省力化), 정밀화와 고품질 생산의 실현을 목표로 하는 것입니다.

지금 필요한 것은 위기를 기회로 바꾸는 역발상입니다. 농업인구의 감소는 관점을 바꾸면 한 사람당 농경지 면적의 증가라고 바꿔 해석할 수도 있습니다. 말하자면 현재의 위기를 농업 인구의 감소와 좁은 농지라는 농업의 오랜 과제를 해소하는 하나의 기회로 활용 할 수도 있습니다.

스마트 농업을 육성하기 위해서는 새로운 기술을 적극적으로 농업에 도입하는 것이 중요합니다. 농업생산에는 기온, 습도, 토양, 품종 등 많은 변동요인이 작용하기 때문에, 오랜 세월 축적된 농민들의 경험에 의존해야만 하는 부분이 컸지만, 첨단기술의 진보로 다양한 데이터를 손쉽게 손에 넣을 수 있고, 또한 그것들을 통합하고 분석하는 것까지 가능해지고 있습니다. 진화되어가는 첨단기술을 활용하여 농업인에게 보다 양질의 서비스를 제공하고, 또한 그 기술을 사용하기 쉬운 형태로 경영에 도입할 수 있게 되어야 합니다. 그리하여 지금까지 없었던 농기계나 장치를 개발함으로써, 작업부담을 대폭적으로 줄이고, 작업의 효율을 올리는 계기를 마련할 수 있습니다.

농업 IT와의 융·복합 산업은 비교적 IT 선진국에 속하는 우리나라에 큰 기회로 활용될 수 있는 가능성이 매우 큽니다. 특히 우리나라는 스마트폰, 반도체 등에서 일부 패권형성에 성공한 경험이 있기 때문에 우수한 기술력을 바탕으로 4차 산업혁명주도의 첨단기술을 기반으로 하여 고품질의 농산물을 효율적으로 생산할 수 있는 혁신적인 한국형 농업모델을 만들어 낼 수 있습니다. 앞으로 다양한 농업부문에 농업의 신기술을 개발하여 농가의 소득을 높이고 생산기술과 시스템까지 수출하여 한국형 스마트 농업기술이 국제경쟁력을 높이는 혁신성장의 동력이 되도록 추진해 나가야 합니다.

일본은 이미 1980년대 인공지능과 새로운 농업기술 (1989.1), 인공지능과 농업정보 (1989.10), 인공지능과 장치화 농업 (1990.8) 등의 책이 출간되었고 이후 지속적으로 농업에 인공지능 기술을 적용하려는 연구가 이어져왔습니다. 또한 2001년 농업 IT 혁명 이라는 책이 출간되면서 농업 정보화와 첨단기술을 활용한 농업의 새로운 개념을 도입하여 스마트 농업을 주도하는 선진국이 되는 계기가 되었습니다. 일본과 더불어 스마트 농업을 주도하고 있는 미국과 네덜란드의 경우 각 국가마다 시행되고 있는 정책이 조금씩 다릅니다. 국가별로 과거 시행했던 정책이 성공했는지 아니면 실패했는지, 아니면 시행 과정 중에 있는 정책들은 어떤 것들이 있는지 등에 대해 면밀히 분석하는 것이 우선입니다. 그리하여야 우리나라 농업 현실에 적합한 스마트 농업을 실행 할 때 시행착오를 최소화 할 수 있기 때문에 다각적인 연구가 반드시 필요합니다.

필자는 과거 2004년부터 농업·농촌의 약용작물 재배농가의 교육을 3년간 주관하면서 IT 농업혁신의 필요성과 첨단기술의 도입을 강조해 왔습니다. 한방산업의 육성과 미래 라는 교재의 일부인 '농업·농촌의 정보화 추진 방향'이라는 자료와 또한 강의를 통하여 한국의 농업·농촌 정보화 추진의 필요성과 방향을 제시한바 있습니다.

농업혁명이라는 미래지향적인 관점에서 AI와 IoT, 로봇, 빅 데이터 등 공학 분야를 중심으로 더욱 진화된 기술을 농업에 적용시킨 것이 스마트 농업이라고 볼 수 있습니다. 스마트 농업의 실용화를 목표로, 농수산부를 비롯한 각 기관은 자동운전 농기계, 농업용 로봇, 환경제어시스템, 리모트센싱 등 스마트 농업 연구개발이나 실용화를 적극적으로 지원하고 있기 때문에 앞으로 더욱 다양한 기술이 실용화되고 보급될 것으로 생각됩니다.

우리나라의 대부분을 차지하는 소규모의 분산된 농경지(圃場)에서는, 자동운전 농기계는 진가를 발휘하기가 어렵고, 영농 경작지 면적이 적기 때문에 농기계의 가동률이 낮은 점과, 농경지 간 이동에 시간이 걸리는 점 등의 문제점을 지적 할 수 있습니다. 따라서 4차 산업혁명 시대를 맞아 더 고도화된 한국형 스마트 농업기술을 개발할 필요가 있습니다. 이 책에서는 4차 산업혁명에 기반한 스마트 농업 모델을 "한국형 스마트 농업 모델(Smart AgriK-4.0 Model)"이라 정의하여 사용하였습니다.

한국의 농산물은 양적인 면에서는 면적이 넓은 미국, 호주, 브라질 등의 농업국가와 경쟁하지 못하지만, 맛이나 안전성 등에 치중한 품질면에서 독자적인 개발을 할 필요가 있습니다. 기후나 토양 등 지역특성과 농가의 기술이 합해져, 창의적인 우수한 농산품을 개발하여야 합니다. 최근에는 농업을 성장산업의 하나로 평가하며, 보호중심이었던 과거의 농업에서 산업의 한 분야로 그 역할이 바뀌고 있습니다.

선진국에서조차 스마트 농업에 관련된 자료가 많지 않은 현재의 상황에서, 저자의 짧은 지식이나 식견으로 4차 산업혁명에 기반을 둔 농업관련 저서를 집필하는 일에 많은 부담을 느낀 것이 사실입니다. 그런데 기존의 관련 자료들은 농업분야의 신기술이나 4차 산업혁명에 대한 기본적인 이해가 부족하여 응용이나 창의적인 면에서 한계점을 드러내고 있다고 볼 수 있습니다.

스마트 농업을 연구하는 분들 가운데서 첨단기술에 관련된 부분에는 많은 어려움을 호소하는 경우가 많습니다. 이에 농업을 전공하는 분들을 위하여 농업에 필요한 첨단기술이나 4차 산업혁명에 대한 지식이나 이해를 넓혀주는 자료가 필요하다는 판단에 따라 책을 집필하기로 결정 하였습니다. 저의 짧은 지식으로 책을 집필한다는 것에 많은 갈등을 하였으나, 저의 짧은 지식이라도 도움이 될지 모른다고 생각하면서 평가는 독자분들께 맡기기로 하였습니다.

스마트 농업을 이해시키는 데 초점을 두어, 누구나 손쉽게 이해 할 수 있는 책을 쓰겠다고 출발했으나, 예상했던 것 이상으로 얼마나 어려운 일인가를 실감 했습니다. 이 책의 목적은 농업(학)을 전공하는 분들이 4차 산업혁명 관련 기술인 AI, IoT, 로보틱스, 빅데이터 등을 이해하여 농업에 손쉽게 적용할 수 있도록 하기 위한 것입니다. IT 공학이나 관련이론 및 수식을 누구나 손쉽게 읽을 수 있도록 책을 쓴다는 것은 몇 배의 노력과 시간을 필요로 했으나 결과는 만족스럽지 못하였습니다. 오랜 기간 동안 IT 공학을 연구한 사람으로 수식을 주로 다루어 왔던 탓에, 표현이나 설명 부분이 다소 딱딱하고 부드럽지 못하더라도 양해 바라며 지속적인 지도 편달을 당부 드립니다.

스마트 농업에 관련된 자료가 많지 않은 상황에서 지금까지 저자의 경험을 바탕으로 스마트 농업의 범위를 정의하고, 주관적 관점에서 집필하였기에 관점에 따라 다를 수도 있다는 점을 밝혀둡니다. 특히 스마트 농업의 선진국인 미국과 일본, 네델란드 등에도 스마트 농업에 관련된 자료를 찾기가 쉽지 않았습니다.

이 책이 완성되기까지 스마트 농업에 대한 농업 선진국의 참고자료를 인용하거나 유효적절하게 활용하였다는 점을 밝혀 둡니다. 논문이나 전공서적과는 달리 기본적인 이해에 초점을 두게 됨에 따라, 참고 문헌이나 인용 문헌을 일일이 열거하는 것은 오히려 일반 독자에게 혼란을 야기할 수 있다고 생각하여 생략하였습니다.

이 책이 나오기까지 여러가지 도움을 주신 호서전문학교 이운희 학장님과 리빙북스 이정호 부장님, 많은 관심과 격려를 주신 박찬석 전 경북대 총장님, 스마트 농업에 관련된 다양한 의견과 조언을 주신 배인한 교수님, 김숙기 박사님, ㈜록키 박승부 회장님, 고경환 원장님, 남북경제협력 포럼 정진호 교수님과 여러 위원님께 감사의 말씀을 드립니다. 자료수집과 연구환경 제공에 각별한 관심을 가져준 호주 김준애 박사와 캐나다 ㈜Aon 임영지 컨설턴트께도 감사의 뜻을 전하고 싶습니다.

2020. 8.

저자 정 환 묵 씀

contents

한국농업의 현실 진단과
혁신해야 할 방향모색

chapter **2** 농업의 기술 혁신과 변천 과정

chapter 3 스마트 농업 핵심기술 사물인터넷과 센서네트워크

chapter **4** 농업 ICT에
기반한 스마트 농업

스마트 농업을 견인하는 4차 산업혁명

chapter 6 농업의 빅데이터 이론 및 적용사례

chapter 7 인공지능

chapter 8 농업용 로봇과 드론

Chapter 1

한국농업의 현실 진단과
혁신해야 할 방향모색

1

한국농업의 현실과
한국형 스마트 농업의 전개방향

1.1 》 초고령화 삼농(농업·농촌·농민)의 현실

우리나라의 농업인구는 현재 65세 이상의 인구가 전 농가인구의 약 47%(46.6%)에 육박하고 있다. 수년 안에 농업을 이어갈 다음세대를 위한 대책을 세우지 않는 이상, 실제로 농업에 종사하는 인구의 연령은 초고령화 될 것이고, 농촌인구의 격감으로 이어져 결국 농업의 경쟁력은 약화될 것이다.

아직까지도 농촌의 수많은 지역농가의 영농 규모가 영세한 편이다. 여전히 도시와 농촌간의 소득격차는 심화되고 있으며, 유망한 젊은 농촌 청년들은 전문성을 가지고 농업을 더 연구하고 농업의 발전을 위해 노력하기 보다는 매력적인 대도시로 이동함에 따라 영농인구는 지속적으로 감소하고 있다. 이렇듯 농촌이 근본적으로 안고 있는 문제점을 이미 잘 알고 있는 정부 그리고 관계 기관들은 인류가 생존하는 데 근간이 되는 농업의 문제점들을 적극적으로 해결하기 위한 노력을 얼마나 하고 있는 지 의문이 들 정도로 마땅한 해법을 제시하지 못하고 있다. 우리들이 살아나가는데 필요한 식량을 제대로 확보할 수 있느냐, 없느냐의 문제는 국가 차원에서도 매우 중요한 과제임은 재론할 여지가 없다.

과거로부터 농업은 그 지역의 기후나 환경, 토질에 맞는 농작물을 재배하며 발달해왔다. 농작물 재배는 특히 자연환경의 영향을 많이 받기 때문에 어떤 지역인지, 어느 계절인지에 따라 무엇을 어떻게 재배하면 효과적이고 또한 효율적으로 많은 수확을 얻을 수 있는지는 무엇보다 그 지역의 재배 경험치가 적극 활용되고 있다. 이와 같이 농작업의 실천과 경험에 따라 축적된 노하우(know-how)는 계승되어 농업생산에 공헌하고 있다. 이와 더불어 정부(지자체) · 대학 · 연구소 등에서 농업기술 개량, 새로운 품종을 개발하여 각 지역의 농업관련 기관이나 농업기술센터, 농협 등을 통해 농가와 영농단체들에게 각각의 정보를 지속적으로 전달하고 교육시키며 새로운 지식들을 실제 농업에 잘 활용할 수 있도록 돕고 있다.

수많은 연구소에서 새로운 작물품종과 혁신적인 농업 기술이 개발되고 있음에도 불구하고, 농업은 농업기술만으로 리스크(위험요소:Risk)를 피한다는 것은 사실상 힘든 일이다. 왜냐하면 농산물 수확량은 생산입지와 기후에 크게 좌우되기 때문이다. 토양이 좋은 장소에서는 많은 농산물을 수확할 가능성이 있는 반면, 병해충 피해로 인한 수확량이 크게 감소할 경우도 있다. 어떤 때는 정성들여 농작물을 돌보거나 비료를 주어 풍작이 확실해 보여도 예기치 못한 태풍이나 폭풍우로 인해 모든 노력이 수포로 돌아갈 상황도 생길 수 있다.

이렇듯 여러 변수에 대처하기 위하여 정부차원에서 그리고 대학 산하 연구기관에서 품종개량과 농약을 개발하여 병해충 예방 및 방제대책, 홍수에 대한 치수대책 등과 같은 대비책을 끊임없이 연구하고 있다. 그 결과 저마다의 생산입지에 적합한 품종을 재배할 수 있게 되었고, 병해충에도 농약으로 어느정도 대처가 가능해지고 있다. 하천 수리시설 개량과 제방축조, 방풍림 조성 등으로 어느 정도 수준의 자연재해에는 대처할 수 있게 되었다.

1.2 》 농업의 수익구조와 혁신 전략

과거로부터 농업의 수익구조 배경은 주로 가족경영이었다. 때문에 가족 노동력이 비용으로 간주 되어오지 않았다. 본인이나 가족의 인건비는 생산 비용에 포함되지 않았고 매상(농업 조수익)에서 비용의 명목(농업 경영비)을 뺀 농업소득을 가계수입으로 보는 것이 일반적인 개념이었다. 가족경영농가 통계에도 농업에 종사하고 있는 가족의 인건비라는 비용의 명목은 존재하지 않는다. 수확이 끝난 후, 그 해의 총 수확량에 따라 인건비(수입)는 나중에 결정되는 농업의 관행은 종업원에게 약속된 급여를 지불하는 일반기업의 상식과 반대의 구조이다.

기업경영 형태의 농업에 종사하고 있는 사람이 어느 정도의 수입이 있는지 살펴보자. 농업에 신규로 참여한 기업이 운영하는 식물공장을 예로 들면, 1일에 수천포기 이상의 잎상추 등을 생산하는 식물공장에는 소수의 경영층과 관리층, 그리고 수십 명의 작업자가 종사하는 경우가 대부분이다. 일반적인 경우 경영과 관리를 전담하는 부서는 정사원으로 고용되어 있고 일정한 월급을 받고 있다. 그러나 현장작업자의 대부분은 파트타임으로 고용되어 있어서 수입도 일정하지 않고 시급을 받으며 일하는 것으로 정해져 있다. 파트타임으로 일하는 것은 일자리가 적은 지방이나 고령의 어르신들이 일할 수 있다는 점에서는 환영받을수 있지만, 가장으로서 가족의 생계를 책임져야하는 사람에게는 이런 일을 지속하기가 어렵다. 이런 농업의 현실에서 봤을 때, 농업현장에서 저임금노동이 계속되고 있다는 것은 부정할 수 없다. 국가와 지방자치단체가 주도하는 선진적인 농업의 실증사업에서도 마찬가지로 크게 다를 바 없다. 농업종사자의 소득은 일반 근로자의 소득에 비해 평균 이하 수준에 머물러 있는 경우가 대부분이다. 때문에 그들은 다른 일을 하면서 기타 수입에 의존해야 되는 상황으로 전문적인 농업인으로서 경제적으로 자립이 안 되는 농업인이 전제가 되어 버린 셈이다.

전체 산업을 대상으로 한 고용정책에서 비정규직사원에서 정규직 사원으로의 전환을 정책목표로 내걸고 있는 요즘, 농업분야만 일용 근로자나 가족 노동력에 의존하고 있다는 것은 문제가 있다. 소수의 경영자와 다수의 저임금 근로자라는 구조를 바꾸지 않는 한, 한국의 농업은 희망적이고 매력적인 직업이 될 수 없다. 무엇보다 임시방편으로 외국인 근로자를 활용하여 농업문제를 해결하려고 하는 것은 근본적인 농업문제를 해결하는 데 오히려 걸림돌이 될 뿐이다. 아무리 새로운 비즈니스모델과 최신기술을 도입한다고 해도 이러한 농업의 근본적 과제를 해결하지 않는다면 우수한 인재를 유치할 수 없다. 현재 우리나라 농업이 더욱 발전하기 위해서는 경영자뿐만 아니라, 농업종사자 모두가 타 산업만큼의 소득수준을 얻을 수 있는 새로운 산업구조를 만들어내야 한다.

바로 이것이 4차 산업혁명에 대응할 농업의 혁신 전략이다. 4차 산업혁명의 움직임이 뜨거운 이 시점에서 우리 농업이 어떤 방향으로 나아가야 할지 심도 있게 고민해야한다. 경제성장 과정에서 농업부문 GDP는 증가하나 그 비중은 점차 낮아지고 있으며, 농업인의 수도 격감하고 있다. 현실적으로 지금 우리나라 농업은 평균적으로 3차 산업혁명 단계에도 미치지 못하고 있다. 이는 비단 농업뿐만 아니라 대부분의 현재 산업이 3차 산업혁명의 수준이라고 할 수 있다. 불과 몇몇 소수의 분야에서만이 온전히 4차 산업혁명을 받아들이고 있다.

물론 다른 산업도 그렇겠지만, 농업도 4차 산업혁명 기술이 접목되어야 실질적인 스마트농업으로 발전할 수 있다. 농업현장에서의 자료 수집 자체가 사물인터넷을 기반으로 이루어져야 한다. 이 기반을 토대로 딥러닝, 인공지능 등으로 분석하고 이러한 결과가 다시 각종농업 현장에서 사용되는 자율주행 농기계, 자동로봇, 무인드론 등에 이용 될 수 있다. 요즘 농업 현장에서 활용하고 있는 기술을 예로 들자면, 데이터 분석 능력을 장착한 드론은 현장에서 수집된 데이터를 분석하여 바로 현장에서 필요한 만큼의 물의 양을 계산하고 적절한 비료 등을 선택하여 정밀하고도 효율적으로 살포한다.

자율주행 농기계를 이용하여 파종 및 수확작업을 하고 있으며, 이외에도 농업용 로봇을 이용하여 농작물 수확작업과 젖소의 착유 등에 이르기까지 그 활용 범위는 계속 확대되고 있다. 이와 같이 드론, 로봇, 자율주행 농기계 등은 농업분야에 4차 산업혁명 핵심기술이 실질적으로 적용된 사례로서 앞으로 농업에 혁신적인 변화를 가져오게 될 것이다.

1.3 》 4차 산업혁명 기술에 의한 농업의 리스크 극복

과거 우리나라의 산업화는 열악한 조건에서 주로 자본과 기술을 외국에서 수입하고 여기에 국내의 저가의 노동력을 결합하여 공장을 짓고 생산한 제품을 수출하는 방식이었다. 농업도 마찬가지로 과거 가족의 노동력에 의존하던 가족경영체제의 한계에서 벗어나 급변하는 환경에 적합한 패러다임(paradigm)으로 변화해야 한다.

농업은 그 생산에 있어서 입지, 병해충, 기후, 자연재해, 가격결정 등에 대하여 큰 위험요소(Risk)를 떠안고 있다. 과학기술의 발달로 농업기술도 개선되면서 어느 정도의 수확에 대한 위험요소가 줄었다고 해도, 여전히 기후의 격변이나 자연재해의 위험성을 안고 있다. 더 나아가 농업이란 가격결정권이 거의 없다고 해도 무방한 상황에 놓여 있는데, 결국 시장 수급에 따라 그 가격이 결정되므로 어느 정도 안정적인 수입을 예상하기가 매우 어려운 산업이라는 점을 인식해야만 한다. 예기치 못한 다양한 리스크를 어떠한 방법으로 경감시키고, 안정적인 수입을 확보하기 위하여 무엇을 실시해야 할지를 지속적으로 연구할 필요가 있다.

농업의 리스크에 대처하기 위해서 4차 산업혁명 기술을 이용한 농업 기술과의 결합도 중요하지만, 무엇보다 새로운 재배·생산방식을 구축해야 한다. 이미 식물공장에서는 채소·과일 재배가 이루어지고 있다. 곡물재배는 큰 면적이 필요하기 때문에 공장재배에는 적합하지 않지만, 채소·과일이라면 기존의 온실 등에 의한 촉성재배(forcing culture: 促成栽培) 공장화라고 생각하면 된다. 토양을 사용하지 않고 수경재배를 실시한다면 생육상황에 따른 최적의 시설과 비료에 따라 재배가 가능하고, 병해충까지도 방지할 수 있다. 공장 내에 온도·습도·조명 등을 계측할 수 있는 센서를 설치하고, 재배환경에 적합한 환경을 유지하기 위한 공조설비, 조명설비, 가습설비 등을 가동시키면 예측 가능한 생산성을 기대할 수 있다. 나아가서 지금까지의 경험치를 빅데이터화하고 인공지능(AI)기술에 따라 최적의 환경을 찾아 이를 실현함으로써 품질이 좋은 균질한 생산물을 효과적이고 효율적으로 수확할 수 있게 된다. 365일 24시간 공장을 가동시킬 수 있는 환경이 조성되므로 계절이나 기후에 좌우되지 않고 재배할 수 있게 되어 안정적인 수확을 계획한 대로 얻을 수 있다.

농업은 식량안보와 직결되는 없어서는 안 될 중요한 산업임은 재론할 여지가 없다. 하지만 인구 감소 및 고령화, 농가 소득의 정체 등으로 농업이 쇠퇴하고 있으며, 이에 우리나라 산업에서 농업의 비중도 지속적으로 감소하고 있다. 게다가 산업화로 인한 기후변화는 이러한 농업 내·외부환경의 변화를 더욱 가속시키고 있다. 이제 우리는 농업의 생산력을 향상시키고 변화하는 내·외부 환경에 적절히 대응하기 위해 노력해야 한다. 모든 분야에서 과학기술 특히 4차 산업혁명과 관련된 기술을 기반으로 그 토대를 바꾸는 과정에 있다. 물론 농업에도 이러한 기술을 접목시켜 전통적인 농업 방식에서 탈피하여 농업의 생산성 및 효율성을 높이는데 힘쓰고 있다. 그것이 바로 농업기술에 4차 산업혁명 기술을 접목한 스마트 농업이다.

4차 산업혁명 농업부문의 혁신 전략

1. 스마트 농업을 도입하려는 농가가 새로운 기술을 활용할 수 있도록 기반을 구축 해 주도록 한다..
2. 스마트 농업의 보급 및 확대 전략으로 스마트 농업을 실질적으로 가능하게 하는 인력 양성, 민간투자 활성화 등을 시행하도록 한다.
3. 기술개발 및 보급 확대, 인프라 구축 부문으로 현재 스마트 농업이 잘 확산될 수 있도록 관련 법령을 정비하고 농가가 정부의 보호를 받을 수 있도록 정책을 정비하도록 한다.
4. 4차 산업혁명과 관련된 각 농업주체들의 역할을 정립하고, 컨트롤 타워를 설치하여, 조직적이고 효율적으로 체계를 구축한다.

2

한국형
스마트 농업 모델 구축

2.1 》 한국형 스마트 농업 모델 (Smart AgriK-4.0 Model)

우리나라의 농업환경은 농업·농촌 소득의 감소, 농업인구의 감소, 경작 포기지의 증가 등 많은 문제점을 가지고 있다. 지금 요구되고 있는 것은 이러한 위기를 기회로 바꾸는 역발상이다. 농업인구의 감소는 관점을 바꾸면 1인당 농지면적의 증가라고 바꿔 해석할 수 있다. 우리의 농업을 지탱해준 기존 농가의 은퇴(retire)는 좁은 농지라는 농업의 오랜 과제를 해소하는 천재일우의 기회이기도 하다.

이러한 상황 가운데 정보통신기술의 급격한 발전으로 IoT(사물인터넷) 혹은 IoE(만물인터넷)라는 새로운 시스템이 출현하였다. 산업계에서는

4차 산업혁명에 의해 제조업의 혁신이 실현되고 있으며, 그 영향은 농업으로 확대되어 다가오고 있다. 농업 IoT의 실용화가 되기 위해서는 농림축산식품부를 비롯한 각 지자체의 농업관련 기관의 연구개발과 또한 그 실증을 위해 적극적인 지원이 있어야 한다. 농업 IoT를 효과적으로 활용하기 위해서는 자동운전 농기계, 농업용 로봇, 환경제어시스템, 리모트 센싱 등 스마트 농업영역의 연구개발이 우선되어야 한다. 농업에 이런 환경이 조성이 되면 농업계의 오랜 염원인, 농업인 모두가 수익을 얻게 되는 농업의 실현이 가능해진다.

앞으로 몇 년 이내에 다양한 기술이 농업기술에 접목되어 실용화되고 보급될 것이다. 현재의 농업이 스마트농업으로 이어지는 그 과정에 어려움이 있는데, 한 예로 지금 우리 농가의 농업인 소규모의 분산포장(分散圃場)에서는 자동운전농기계는 진가를 발휘할 수 없다. 그 이유로는 우리나라는 영농경지면적이 좁고, 농기계의 가동률이 낮으며, 농지 간 이동에 시간이 많이 걸리는 등 여러 가지 해결해야 할 과제가 남아 있다.

2.2 》 한국농업의 근본적인 과제 해결

농가의 이농현상으로 농업 종사자 1인당 농지는 확대되고 있으나, 현실적으로는 농가의 면적당 수익은 그다지 오르지 않고 있다. 대부분의 지역에서 농지를 확대해도 수익성이 높아지지 않는 요인을 살펴보면 크게 두 가지로 나눠 볼 수 있다.

첫 번째는 포장(농지)의 분단이다. 농기계를 사용하도록 잘 정비된 농지는 그다지 많지 않고, 규모를 확대 하려고 해도 잘게 나누어진 농지가 많아서 어려움이 많다. 농지가 분산되어 있으면 농업종사자는 트랙터 등의 농기계에 타서 포장 사이를 이동하며 각 포장에서 농작업을 해야 한다. 그러나 트랙터의 시속은 30~40km정도(농경용 소형특수 자동차에 속하는 경우는 제한)로 저속이어서 이동에 상당한 시간을 요한다. 모처럼 다수의 농지를 끌어 모아 대규모로 확대해도 포장 간 이동시간, 이동비용이 효율화의 방해 요인이 되고 있다.

두 번째는 농지가 넓어지면 농산물의 단가가 하락하는 것이다. 고품질에 단가가 높은 농산물을 재배하기 위해서는 정성스러운 재배가 요구된다. 그러나 농업종사자가 혼자서 주변을 관리할 수 있는 농지는 제한적이다. 그렇기 때문에 단가가 높은 농산물의 사업규모를 확대하려고 하면, 그에 맞춰 필요한 작업자의 수와 노동량도 증가하게 된다. 사업규모를 확대할 경우 경영자는 농산물의 부가가치 보다 사업으로써의 효율성을 중시하게 된다. 그 결과, 비교적 노력이 들지 않는 저단가의 품목으로의 전환(shift), 혹은 작업 과정 중 정밀한 작업의 생략으로 인한 품질의 저하가 발생하게 되고 농산물의 단가는 떨어지게 된다.

첫 번째 과제를 해결할 수 있는 방안으로, 분산되어 있는 농지를 효율적으로 관리하는 영농모델을 실현하기 위해서는 첨단기술인 IoT가 절대적으로 필요하다. 농작업을 자동화하면 한 사람의 농업종사자가 농기계와 농업로봇(소형, 자동 운전형)의 자동운전과 원격조작을 통해 여러 대의 농기계 · 로봇을 동시병행으로 조종할 수 있다. 이로써 농업종사자 1인 당 작업량과 관리 가능한 농지면적이 비약적으로 증가될 수 있다.

구체적으로 설명하자면, 자동운전 농업용 로봇의 이미지는 가정에서 사용되고 있는 청소로봇의 농업판이라고 생각하면 이해하기 쉽다. 농업 종사자는 농업용 로봇을 조작하는 것이 아니라 그것을 설치하거나 회수 하기만 하면 된다. 이런 환경이 조성되면 농업종사자가 농지에서 종일 보내야 할 필요가 없어진다. 그리고 포장 간 이동할 때도 농기계의 느릿 느릿한 이동에서 벗어나 소형 농업용 로봇을 실은 경트럭의 신속한 이동 이 가능해지므로 이동비용도 극적으로 감소한다. 대형농기계 대신에 여 러 대의 소형 농업로봇을 동시병행적으로 운용할 수 있게 되면, 잘 갖추 어진 농지를 확보할 수 없는 지역에서도 넓은 면적에서와 같은 규모의 효율적인 농업경영이 가능하게 된다.

두 번째 과제를 해결할 수 있는 방안으로, 전문가의 기술을 철저하게 데이터화 하면 센싱기능이나 AI기능을 매개로 하여 높은 부가가치의 농 산물을 위한 작업을 자동화할 수 있다. 그에 따라 재배규모가 확대되어 도 농업종사자수가 늘지 않고, 단가를 유지할 수 있게 된다. IoT의 기술 수준이 올라가고, Agrik-4.0의 중요한 요소인 오픈 이노베이션(Open Innovation), 제휴(alliance)가 포지티브 피드백(Positive Feedback) 효과를 발 휘하게 되면, 기존의 농가보다도 정밀도 높은 농산물의 생육상황과 품질 을 파악하고, 관리할 수 있게 된다.

예를 들어, 과일의 숙성도(熟度), 당도, 밀도 등은 수박이나 멜론의 밀 도나 숙도를 사람이 두드려 알기보다, 센서로 내부 상황을 모니터링하는 편이 신뢰성이 높다. 위에서 구체적으로 살펴본 바와 같이, IoT로 두 가지 과제를 해결 가능하기 때문에 농지가 분산되어 있는 것은 오히려 장점이 될 가능성도 있다. 잘 관리된 농지라는 한국 특유의 환경이 농산물의 부가가치를 잘 유지할 수 있는 장점도 있다.

2.3 》 현실적인 스마트농업의 정책적 효과와 과제

현재 세계적으로 시행하고 있는 스마트농업은 자동운전농기계 등의 대형농기계를 주력으로 한 대규모로, 집약화하기 용이한 지역에서 큰 효과를 기대하는 형태이다. 스마트농업을 시도한 수많은 실증사업에서 성공사례가 계속 나오고 있으며, 수익성에 대한 기대치가 높아짐에 따라 스마트농업 영역은 세계적으로 확산, 정착 되어 가고 있다.

물론 우리나라에서도 스마트농업으로 과일이나 채소를 수확하는 곳이 있다. 그러나 한국 농업의 특성상 소규모 농업생산자가 농업생산량의 대부분을 차지하고 있고, 게다가 분산포장의 경우가 많아 아무리 성능 좋은 스마트 농업기술을 접목한다 하더라도 그 기능을 충분히 발휘할 수 있는 여건은 아직 아니다. 현재 스마트농업의 주요한 부분인 자동운전농기계는 넓은면적이라는 보다 큰 농지를 주요대상으로 한 기술이므로 분산포장이라는 근본문제를 해결하지 않고서는 스마트농업을 제대로 실현할 수 없다.

현실적으로 농업 · 농촌의 고령화와 이농현상으로 인해 농업종사자 1인당 영농면적은 크게 증가할 것으로 전망되는데, 어떤 시점이 되면 소규모의 영세농가에서 중규모 농업자로 변화될 수밖에 없다. 그러면 자연히 소규모 농가에서 중소규모의 농업자로 바뀔 것이다. 이때 정부기관에서는 한국 농업의 볼륨 존(volume zone)을 구성하는 중규모 농업생산자들이 경쟁력을 가지고 스마트농업을 본격적으로 실행하여 수익을 창출할 수 있도록 하는 법적, 제도적 장치를 미리 만들어 두어야한다. 중규모 층에 있는 농업인의 수익이 보장되어 있어야 한국 농업의 재생에 희망이 있음을 꼭 기억해야 한다.

2.4 》 농업기술 영역의 연구범위 및 분류

농업경제학에서는 농업기술의 발전은 재배기술에 관한 생화학(Biochem : Biological-Chemical)과정과 기계화에 관한 기계적(M : Mechanical)과정이라는 두 가지 프로세스로 설명할 수 있다.

이에 따라 농업기술은 Biochem기술과 M기술로 나눌 수 있는데, Biochem 기술이란 생물학적 · 화학적 기술을 의미하며, 좀더 자세하게는 Bio기술과 chem기술로 나누는 개념도 있다. Bio기술이란 생물학적 기술을 뜻하며, 육종학(育種學)에 근거하는 품종개량과 재배학에 동반하는 재배방법의 개선 등이 해당된다. chem기술이란 화학적 기술을 의미하며, 화학비료, 농약 등의 화학제품을 이용하는 경우가 이에 해당한다. 또한, 관개나 토양개량 등의 농업토목도 Biochem 기술로 분류하는 경우가 있다.

Biochem기술은 단위 면적당 생산량의 증가와 재배위험(병해충 위험 등)을 줄이거나 낮추는데 효과를 발휘한다. 이 기술은 기본적으로 농지 면적에 영향을 받지 않는다는 점이 특징이다. 1ha의 농지에서나 100ha

(그림1.1) 한국형 스마트 농업(Agrik-4.0) 이론 및 기술의 구성

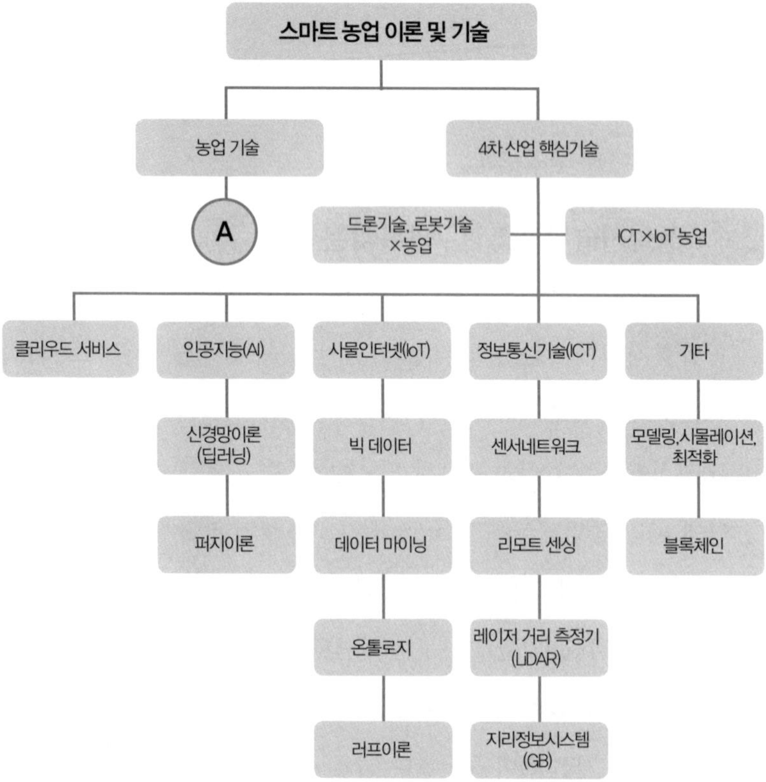

스마트 농업 이론 및 기술

농업 기술 | 4차 산업 핵심기술

A

드론기술, 로봇기술 ×농업 | ICT×IoT 농업

클라우드 서비스 | 인공지능(AI) | 사물인터넷(IoT) | 정보통신기술(ICT) | 기타

신경망이론 (딥러닝) | 빅 데이터 | 센서네트워크 | 모델링, 시뮬레이션, 최적화

퍼지이론 | 데이터 마이닝 | 리모트 센싱 | 블록체인

온톨로지 | 레이저 거리 측정기 (LiDAR)

러프이론 | 지리정보시스템 (GB)

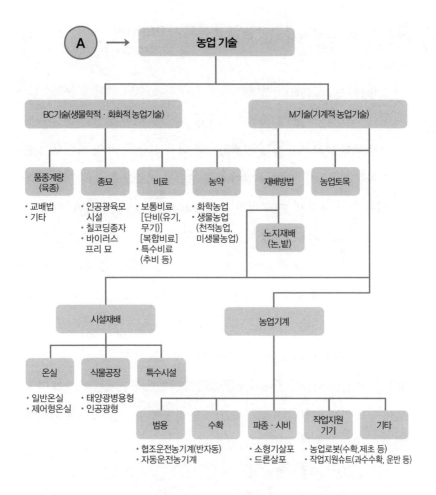

의 농지에서도 같은 품종으로 같은 재배방법을 적용한다면 단위면적당 생산량은 똑같다.

M기술이란 기계적 기술로서 트랙터나 콤바인 등의 농업기계, 온실 등의 농업설비, 농업시설 등으로 이루어진다. 기계적 기술은 단위면적당 노동시간의 단축(생력화)에 효과가 있어 규모 확대와 밀접하게 관련되어 있다. 이러한 기계적 기술은 분할불가능하다는 특징이 있다.

2.5 》 4차 산업혁명 기반 농업·농촌의 사고의 혁신

우리나라의 농(어)촌 지역은 직접 거주하는 주택 이외의 부동산(토지, 임야, 기타 건축물 등)을 보유한 경우가 많다. 이러한 경향은 연령이 높거나 소득이 낮고 비수도권 지방일수록 더욱 심하다. 특히 지방도시 일수록 유동성이 낮은 토지나 임야 등을 보유한 비중은 높은데, 임대소득은 매우 적어 보유세 조차 내기 부담스러운 경우가 허다하다. 이런 현상은 고소득층보다 상대적으로 저소득층에서 많이 나타나고 있으며, 이들을 지칭해서 '고 자산 빈곤층'이라고도 한다. 이들은 겉으로 드러난 자산이 있기 때문에 정부로부터 각종 지원이나 보조금을 받지를 못한다.

조상 대대로 내려오는 농가주택조차 자녀들이 1가구 2주택이라는 부담으로 인해 소유나 관리자체를 꺼리기 때문에 농촌에는 폐가가 더욱 많아지고 있는 실정이다. 고령화가 계속 될수록 농(어)촌에서의 이러한 현상은 더욱 심화될 것인데, 이것을 해결하기 위한 방안으로 공유경제 서비스를 검토 할 필요가 있다.

공유경제(Sharing Economy)란 활용되지 않는 재화나 서비스, 지식, 경험, 시간 등의 무형 자원을 대여하거나 빌려 사용하는 경제방식을 말한다. 기존의 자원을 지속적으로 사용할 수 있도록 가치를 부여하는 것을 의미한다. '내 것'이라는 소유 경제로 인해 대량생산과 소비로 자원이 비효율적으로 활용되어 환경오염이 가속화되는 사회문제를 극복하려는 방편으로 생각할 수 있다. 결국, 공유경제는 필요한 기간만큼 대여하여 자원의 유휴시간을 최소화함으로써 불필요한 자원의 낭비를 막고 환경 문제를 방지하는 일거양득의 효과를 누릴 수 있다.

또한 자신이 소유한 기술 또는 재산을 다른 사람과 공유함으로써 새로운 가치를 창출하는 협력적 소비를 할 수 있다. 자신의 방, 빈집, 별장 등을 임대할 수 있게 연결해 주는 숙박 공유 업체도 공유경제의 좋은 예로, 숙박시설을 한 채도 소유하지 않고서도 스마트폰의 숙박앱을 개발하여 이 앱을 통해 전세계 사람들이 여행하기 원하는 지역에서의 숙박 예약을 직접 할 수 있게 되었다. 우리나라 농촌에는 세계 어디에서도 느낄 수 없는 시골문화와 향수를 가진 고택들이 곳곳에 있다. 지방자치단체가 한국적인 정취를 세계인들에게 다가갈 수 있도록 관광상품 개발만 잘한다면 얼마든지 매력적인 상품이 될 수 있다. 지자체 마다 농가 폐허 문제로 골머리를 앓고 있는데, 머리만 싸매지 말고 발상의 전환으로 획기적인 상품으로 만들어 낸다면 선한 공유경제의 모델을 만들 수 있을 것이다.

3
앰비언트 사회

3.1 ≫ 앰비언트 환경

앰비언트 컴퓨팅(Ambient Computing) 혹은 앰비언트 인텔리전스 (Ambient Intelligence)는 사람의 존재를 인식하여 사용자가 원하는 때에 즉각적으로 정보를 제공 해주는 네트워크이다. 앰비언트(Ambient)라는 의미는 '특정 분위기가 일정 공간을 에워싼 환경'이란 뜻으로 사람이 원하는 위치, 시간에 적절하고 정확한 정보를 제공하며, 이러한 네트워크 기반 서비스를 앰비언트 서비스(Ambient Service)라고 한다. 이러한 서비스는 모두 앰비언트 인텔리전스를 기반으로 하고 있다. 이러한 환경에서는 모든 사물의 상태나 정보 등을 실시간으로 서로 공유가 가능하다. 모든 장소와 사물들이 센서를 내장하고 있어서 사람과 유사하게 스스로 의사 결정 등의 지능적인 활동을 한다. 장소와 사물에 센서가 내장되어 있고, 고성능의 컴퓨터 네트워크로 연결되어 사람들이 원하면 언제 어디서나 원하는 정보를 실시간으로 제공받을 수 있다.

앰비언트 컴퓨팅의 최대 장점 중 하나는 평가의 공정성이 확보된다는 점이다. 앰비언트 컴퓨팅 환경에서는 토플이나 토익 점수에 연연할 필요가 없다. 평소 수업 시간이나 과외 활동 시간에 보여준 성취도가 실시간으로 기록돼 해당 분야에서 얼마나 준비된 사람인지 보여줄 수 있는 객관적 데이터로 정리되기 때문이다. 거기에 커닝이나 운이 작용할 여지조차 없다. 그저 성실하게 하루하루 살아가는 것만으로 공정한 평가 수치가 차곡차곡 쌓이게 된다.

앰비언트 컴퓨팅 적용영역은 사회 전반적으로 연결성이 필요한 인프라(Infrastructure)가 갖춰져야 한다. 더 나아가 의료, 교육, 금융, 쇼핑, 행정 등 분야 별 사회 활동 관련 기기와의 연결을 담당하는 메카트로닉스 부문도 확대되어야 한다.

3.2 》 유비쿼터스와 앰비언트 컴퓨팅

유비쿼터스는 '컴퓨터 환경이 편재한다'는 뜻으로, 언제 어디서든 컴퓨터와 디지털 기술에 접근하는 환경을 의미한다. 현재에는 스마트폰을 매개체로 항상 디지털 기술에 접근하는 유비쿼터스 개념에 근접한 시점이 되었고, 사물인터넷 혹은 만물인터넷(IoE) 등의 개념으로 발전하고 있다. 앰비언트 컴퓨팅은 이런 모든 개념들을 포괄하는 환경이라고 생각하면 이해하기 쉽다. 요즈음 주요 기술 업체들이 인공지능(AI), 머신러닝, 증강현실(AR), 가상현실(VR), 로봇, 드론, 스마트홈, 자율주행 차량, 헬스케어, 웨어러블 등에 집중하고 있다. 이 모든 것은 더 분산된 컴퓨팅 능력, 새로운 센서, 더 나은 네트워크, 음성과 시각적 인식, 더 지능적이면서 안전한 소프트웨어에 공통으로 의존한다.

유비쿼터스와 앰비언트 컴퓨팅의 차이는 바로 기기이다. 유비쿼터스는 주변에 설치된 특정 기기들이 핵심이 되어야 하는 개념이라면, 앰비언트 컴퓨팅은 사용자가 기기를 인식하지 않더라도 디지털 행위를 행할 수 있는 개념으로 볼 수 있다. 앰비언트 컴퓨팅은 컴퓨터를 의식적으로나 의도적으로나 명시적으로 사용하지 않으면서, 컴퓨터를 사용하는 것에 관여한다. 가장 기초적인 앰비언트 기기는 불을 켜거나 문을 열 때 동작 제어를 하는 기기로, 수십 년 동안 우리 곁에 있어왔다. 기본적이고도 범용적인 이들 디바이스를 통해 앰비언트 컴퓨팅 혁명의 미래를 가늠해 볼 수 있었다.

동작 시스템은 인간 행위를 인식하는 전용 센서를 사용한다. 이 센서는 식료품 매장의 문에 도달하거나 방에 들어갈 때 사람의 존재를 인식하고 문이나 조명 등을 활성화한다. 따라서 사람은 문이나 조명을 사용하지 않으면서 문이나 조명을 '사용하는' 셈이 된다. 동작 제어 시스템은 주변적인(Ambient) 경향이 있지만, 이들은 대개 컴퓨팅 디바이스가 아니다.

앰비언트 컴퓨팅은 컴퓨팅 파워를 사용할 수 있는 환경이다. 앰비언트 컴퓨팅 기기는 백그라운드에서 보이지 않게 작용한다. 사용자를 식별하고 모니터하고 말을 듣고, 요구와 습관에 반응한다. 따라서 앰비언트 컴퓨팅은 별개의 기술그룹이라기 보다는 컴퓨터와 인터넷을 실질적으로 사용하지 않으면서 이를 사용할 수 있게 해주는 사용환경으로 공기와 같다고 생각하면 이해하기 쉽다.

3.3 》 앰비언트 사회

유비쿼터스 사회가 더욱 진화하여 인간의 생활공간 속에 정보네트워크가 펼쳐져 센서 등으로 기계가 상황을 감지하고, 인간이 의식하지 않고 IT기기를 사용할 수 있는 사회를 앰비언트(ambient)사회라고 한다.

1998년에 미국 Palo Alto Ventures의 Eli Zelkaha와 Brian Epstein이 기획한 필립스 임원용 워크숍에서, 2020년 즈음까지의 사회를 상정하여 사용한 것이 최초라 여겨지며, 인간의 존재에 민감하게 감응하는 컴퓨터를 앰비언트 인텔리전스(Ambient Intelligence, AmI)라 불렀다. 유럽공동체(EC)의 정보기술자문위원회가 정보와 사회와 기술에 대한 앰비언트 인텔리전스 비전을 제시하고, 이후에 이 개념이 서서히 보급되기 시작하였다.

3.4 》 앰비언트 사회와 스마트 농업의 기대와 실현

엠비언트 사회에서 펼쳐지게 될 농업의 미래 모습을 구체적으로 그려보고 실제적으로 구현해 낼 수 있도록 검토해 볼 필요가 있다. 엠비언트 사회에서는 농업을 생산이라는 좁은 관점에서 벗어나 더 넓은 시야로 건강과 안전·안심, 환경, 에너지, 지역사회, 기후변동 등에 이르기까지 다각적인 눈으로 파악할 수 있게 된다. 머지않아 농업의 혁신이 가능한 이유가 바로 센서 네트워크에서 얻은 스트림 데이터를 처리·보존하여 인간이 의식하지 않고도 네트워크를 이용 할 수 있기 때문이다. 이런 혁신적인 다면적 기능 서비스를 농업·농촌에 제공하기 위해서는 우선 그 가치에 근거하는 정책적인 대응이 필요한데, 국제연합이 주도적으로 구체적인 개발 목표(SDGs)를 두고 지속적으로 정책을 펴내는 핵심적 역할을 하고 있다. 이러한 정책이 뒷받침되고 기술력으로 스마트농업을 하게 되면 그야말로 도시와 농촌이 호혜적으로 공존하고, 에너지와 자원을 순환형으로 이용할 수 있는 쾌적한 미래사회를 그릴 수 있다.

최첨단농업분야 이외에도, 앰비언트 사회에서는 센서와 시스템의 정보화, 지능화로 인해 산업의 규모 확대, 자동화, 품질·유통관리, 그리고 환경·에너지대책 등 총체적인 관리가 가능하므로, 지역사회의 정보화, 지능화(스마트 빌리지)에도 혁신적 변화가 따르게 된다. 이것은 6차 산업화와 농·상·공 연계, 의(衣)·식(食)·농(農) 연계로 가는 과정이라고 할 수 있다. 아울러 시스템의 최적화를 위해, IoT와 클라우드 컴퓨팅에 의한 빅 데이터수집과 정보이용이 더 많이 요구된다.

4

스마트 농업과 데이터 사이언스

4.1 》 데이터 사이언스(Data science)

IoT와 빅 데이터, 인공지능 등의 보급은 「사물이 주역인 사회」에서 「데이터가 주역인 사회」로 사회를 크게 변모시켰다고 말해도 지나치지 않다. 때문에 혹자는 '금세기를 「데이터의 세기」' 라고 말했다.

엄청난 양의 데이터 분석은 지금까지의 통계적 수법을 대신하는 예측 추정수법으로써 등장하여 초기관측을 할 수 있고, 정확한 장래예측과 추정이 가능하다. 이에 관련된 정보처리와 컴퓨터 엔지니어링을 총칭하여 「데이터 사이언스」라 지칭하고 이러한 일을 담당하는 인재를 데이터 사이언티스트라고 부른다. 이제 이 세상에서 일어나는 모든 일들을 수집하고 데이터화하는 시대가 되었다. 「데이터는 사회를 창조한다.」라는 말도 이제 일반인들에게도 그리 낯설지 않게 다가가는 시대이다. 이와 마찬가지로 「데이터는 농업을 창조한다.」라고 한다면, 그것이 바로 스마트농업이다.

일반적으로 컴퓨터 과학 기술을 도입한 농업을 말할 때 흔히 IT농업이나 디지털농업, 데이터농업, 핀테크를 모방한 애그테크(Ag-Tech) 등이

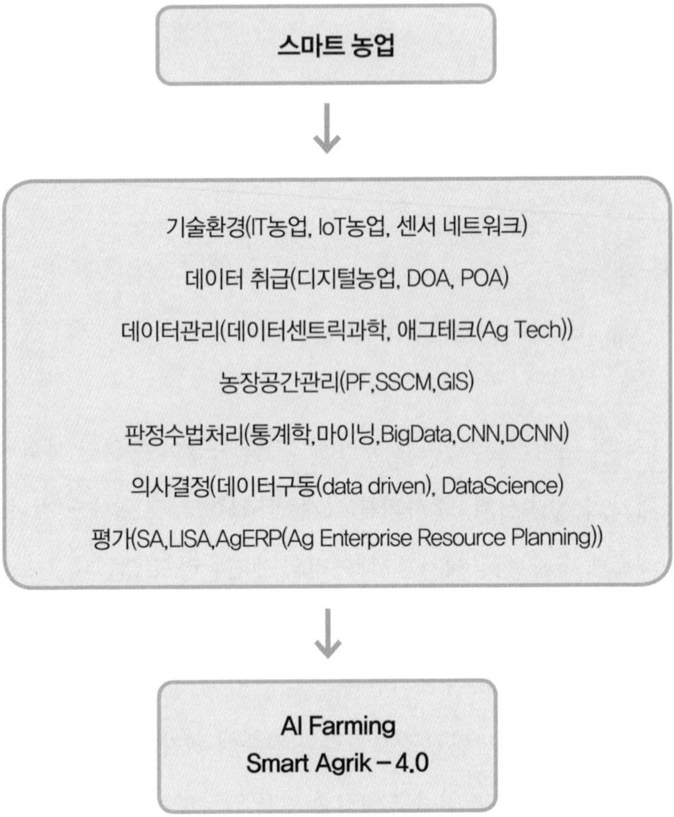

스마트 농업

기술환경(IT농업, IoT농업, 센서 네트워크)

데이터 취급(디지털농업, DOA, POA)

데이터관리(데이터센트릭과학, 애그테크(Ag Tech))

농장공간관리(PF,SSCM,GIS)

판정수법처리(통계학,마이닝,BigData,CNN,DCNN)

의사결정(데이터구동(data driven), DataScience)

평가(SA,LISA,AgERP(Ag Enterprise Resource Planning))

**AI Farming
Smart Agrik − 4.0**

(그림1.2) 스마트농업을 지탱하는 콘셉트

있는데, 스마트농업은 혁신적 농업을 의미하는 용어로써 정착되었다. 이 모든 것들은 IT를 농업에 도입한것과 같은 종류로 농업생산현장의 혁신을 도모하는 농법을 의미하는 것들이다.

스마트농업은 데이터분석에 근거하여, 예측과 의사결정을 행하는 데이터 중심적 농업(Data Centric Agriculture)이라고 할 수 있다. 이 데이터에 의존한 농법은 (그림1.2)에 나타낸 바와 같이 생육관리와 재배환경을 실시간으로 최적화하고, 농장의 생산전체를 최적의 상태로 관리하기 위한 Agrik-4.0을 향한 1단계의 기술 단계(Stage)라고 생각할 수 있다.

4.2 》 농업 데이터 사이언스

데이터사이언스는 고품질의 데이터를 대량으로 수집하고 보관하는 기술이다. 이러한 기술을 이용해 얻어지는 지식은 포괄적이며 설득력이 높을뿐더러 전적으로 데이터만으로 분석하기 때문에 객관성 역시 매우 뛰어나다. 데이터사이언스는 대량의 데이터로부터 지식과 그 사상을 표현하는 모델을 만들어 낼 수 있는데, 그러한 모델창출에 클래스분류나 클러스터링, 패턴추출과 예측에 기계학습과 통계가 이용되고 있다. 데이터사이언스는 테이터 수집방법이나 핸들링에 따라 양질의 데이터를 대량으로 수집할 수 있어서 주관에 좌우되지 않는 포괄적인 모델의 자동추출이나, 예상도 하지 못했던 지식을 얻을 수 있다.

스마트농업은 데이터에 의존한 농업이므로 데이터의 핸들링이나 처리가 중요할 수밖에 없다. 이런 점에서 데이터사이언스가 농법을 지탱하는 중심기술이라고도 할 수 있다. (그림1.3)과 같이 농업 데이터사이언스에는 농학의 지식과 더불어, 농업현장 특유의 데이터수집, 보관, 분석, 예측 등을 위한 농업정보학의 지식, 그리고 빅 데이터와 AI를 포함하는 컴퓨터 엔지니어링이라는 세 가지 분야의 지식이 필요하게 된다.

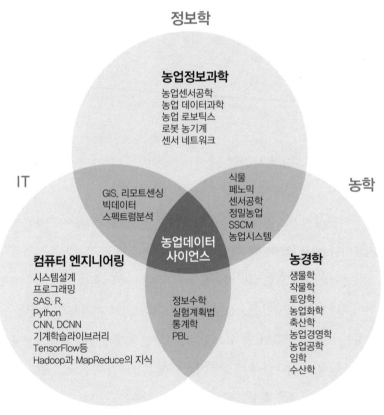

(그림1.3) 농업 데이터 사이언스의 구성

4.3 》데이터 구동(Data-driven)형 농업

데이터를 분석하고 축적하는 데이터 구동형 방법이 바로 스마트농업의 전개방법이다. 농업의 시스템화는 대상이 생물이므로 다른 산업의 ICT 이용에 비해 여러 가지 다양한 어려움이 수반된다. 이러한 이유로 시스템화·스마트화가 담당하는 역할이 보다 중요하다. 생체정보나 토양을 포함하는 환경정보의 센싱과 모델화, 농작물의 성장예측과 알고리즘 개발 등이 시스템화의 중요한 포인트라 할 수 있다.

작물에는 많은 품종과 재배양식이 있고, 재배지에도 지역성이 존재한다. 또한 자연환경과 토양도 차이가 나는 등 변동요인도 많아 복잡하다. 시스템화에 따라 변동요인이나 지역성을 고려해야 하는 어려움도 있다. 게다가 시스템을 개발할 때에는 작물과 생체를 이해하고, 나아가 정보시스템화 하는 생물학과 정보학 두 가지 지식이 모두 필요하다.

농업생산의 사이클은 1년에 한두 번 정도의 작물이 대부분이다. 빅 데이터규모의 데이터수집 기회는 한정적이기 때문에, 대부분의 경우 경험과 축적되어 있는 재배시험 등의 결과를 이용한 가설 구동에 따라 상호연관이나 상관 등의 통계처리등에 따라 제어관계식, 계수(係數) 등을 구하는 것이 앞으로도 중요한 분석방법이 될 것이다.

5

ICT와 IoT를 활용한
차세대농업(스마트농업) 모델

5.1 》 ICT기술을 활용한 농업

현재 농업은 대전환기를 맞이하고 있다. 농업의 대규모화와 비용경쟁력 강화, 농작물의 고부가가치화 등 성장을 향한 대책이 어느 때보다 강하게 요구되고 있다. 이러한 과제해결을 위해 ICT와 IoT를 활용한 스마트농업에 대한 도입방안을 모색하고 추진해야한다. 제품과 서비스의 공급뿐만 아니라, 고객의 과제를 해결하면서 새로운 가치 창조를 목표로 삼고 그 목표를 달성하기 위해 ICT와 IoT를 활용한 이노베이션을 해 나갈 필요가 있다.

다른 산업분야에 비해 ICT 신기술의 활용이 비교적 적게 이용되고 있는 분야가 농업분야로 볼 수 있다. 자연과 시장을 상대로 하면서 농산물을 생산하는 농업이 가장 긴 역사를 갖고 있는 산업임에도 불구하고 생산방식, 유통경로, 시장, 행정 등에 ICT의 장점을 제대로 이용하지 못하고 있다.

특히 일반 농산물 생산자가 농업에 ICT를 이용하는 비율은 아직까지 저조한 수준에 머무르고 있다. 그들은 농작업의 기계화를 통해 어느 정도 생산성을 높이고 있지만, 농산물의 생산에 있어서 그 수급상황을 파악하는 일과, 어떻게 하면 소득을 좀 더 증가시킬 수 있는지 제대로 간파하고 개선하기가 그리 쉽지 않다. 경험도 많고 유능한 생산자가 직접 생산할 작물을 정하고 잘 재배한다고 해도, 그 생육이나 결실은 기후와 자연환경에 크게 좌우되므로 심한 악천후의 경우에는 작황이 제로가 될 위험을 늘 수반하게 된다. 이에 반해 온실이나 수경재배공장의 생산방식은 초기 비용이 많이 들지만 생육환경을 제어할 수 있으므로 확실한 성과를 보장 받을 수 있다는 이점이 있다.

농산물 유통과정을 보면, 거의 대부분 농산물은 농협등을 경유하여 일반 시장에서 판매되고 있다. 일반적으로 농산물의 가격형성은 시장에서 중간도매업자의 경매에 따라 결정된다. 그리고 그 가격에 근거하여 소매업자가 매입하고, 소매가격을 결정하여 일반소비자에게 판매한다. 이러한 과정 가운데 생산자와 소비자 간의 간격이 크게 벌어지게 된다. 결국 생산자는 소비동향을 정확히 파악하는 것이 상당히 어려워져 농협이나 중간상인에 의존하게 되는 구조이다.

농업생산물의 생산 · 유통 · 소매 · 소비를 어떻게 연결시키면 소비자가 필요로 하고 또 원하는 농산물을 생산자가 효율적이고 효과적으로 공급할 수 있을지를 연구해 보고 검토되어야 한다. 최근에는 생산자직매, 신토불이, 지산지소(地山地消)가 번창하고 있는데 이것은 생산자와 소비자 간의 간격을 좁힌 하나의 좋은 예로 볼 수 있다.

ICT를 생산·유통·소비를 연결시키는 방법으로 활용할 수 있는 경우가 점점 많아지고 있다. 하나의 예로 생산품목의 수요예측이다. 이를테면 슈퍼마켓 등 소매업자의 POS데이터를 빅데이터로 분석함으로써, 수요와 그 경향을 예측한 것으로 만들 수 있다. 생산직매라면 전년도의 실적이 있을 수 있고, 그렇다면 당해 연도에는 얼마나 확대할 것인가라는 관점에서 생산량을 결정할 수 있게 된다.

생산성이라는 관점으로 볼때, 노지의 경작지인 경우에는 일기예보와 경험치에 의존할 수밖에 없다. 이에 반해, ICT를 활용한 온실을 이용할 경우 온도와 습도, 시비 등 상당한 부분을 제어할 수 있다. 수경재배는 공장에서 생산하는 것과 거의 같은 조건으로 ICT활용이 가능하다. 생산수단으로써의 농기구에 대해서는 공동이용, 렌탈업자나 리스업자 활용에 의한 방법이 있다. 동일지역 내에서는 거의 같은 시기에 같은 농기구가 필요하기 때문에, 국가 전체를 인터넷으로 연결함으로써 분산시킬 수 있다.

유통에서는 종래의 시장을 경유할 뿐만 아니라, 생산직매, 물류회사 활용, 인터넷 판매업자 등 두 가지 이상의 판로를 확보하고, 시장동향을 파악해야 한다. 이 분야에서 ICT는 충분히 활용되고 있다. 1차산업에서 6차산업으로의 탈피를 내세우고 있는데, 생산자는 소비자가 필요로 하는 농산물을 소비자에게 정확히 공급할 수 있는 구조를 구축하여야 성공할 수 있다.

5.2 » 농업·농촌의 ICT 기술 활용

최근 젊은 층들의 귀농이 증가함에 따라 과거의 전통적인 농업 방식에서 벗어나는 많은 변화를 보이고 있다. 그들은 대개 귀농에 앞서 전문교육을 받고 새로운 농산물과 재배 방법을 배운다. 물론 실제로 농업을 하면서 현장에서 겪는 어려움이 있지만, 수년간 축적된 데이터를 참고하며 시행착오를 줄일 수 있다.

무엇보다 젊은 세대들은 어릴 때부터 컴퓨터를 다뤄본 세대들이어서 인터넷을 활용하는데 익숙하다. 때문에 이들은 자신이 직접 수확한 생산물을 인터넷 망을 활용하여 생산물을 판매할 수 있는 판로를 개척할 수 있어서 예전에 생각지도 못한 소득을 벌 수 있게 되었다. 이제 농가는 더 이상 생산물을 그대로 판매하는 데서 그치지 않고, 그것을 원재료로 한 가공품도 생산하여 인터넷 쇼핑몰을 통해 판매할 수 있을 뿐만 아니라 생산물의 특징과 장점을 내세운 맛있는 가공품도 제공할 수 있을 만큼 규모가 확대되고 있다.

이제 농업은 단순히 농산물을 재배 · 수확 · 출하하는 1차 산업만에 한정되지 않고 그것을 가공하는 2차 산업의 역할은 물론, 나아가 인터넷을 통해 직접 소비자에게 판매하는 3차 산업까지도 담당하는 이른바 6차산업에 이를 정도로 변모하고 있다.

물론 지금도 대부분의 농산물 유통은 기존 시장을 경유하고 있다. 더불어 생산직매, 물류회사 활용, 인터넷 판매업자 등 두 가지 이상의 판로를 확보하고 시장동향을 파악해야 한다. ICT를 충분히 활용하여, 1차 산업에서 6차 산업으로의 변화를 꾀하고 있는데 이렇게 되기 위해서는 생산자가 소비자에게 가치 있는 농산물을 정확히 공급할 수 있는 구조를 구축함에 따라 실현될 수 있다. SNS를 통하여 농산물에 대한 소비동향을 파악하거나 수급상황을 교환하는 것도 충분히 가능하다.

농업에서 ICT를 생산·유통·소비를 연결시키는 방법으로 활용할 수 있는 경우가 더욱 많아지고 있다. 여기서 중요한 것 중 하나는 생산품목을 수요예측하는 것이다. 이를테면 슈퍼마켓 등 소매업자의 POS 데이터를 빅데이터로 분석함으로써, 수요와 그 경향을 예측할 수 있을 것이다. 생산직매라면 전년도 실적이 있을 것이고, 그렇다면 당해 연도는 얼마나 확대할 것인가라는 목적을 가지고 생산량을 결정할 수 있게 된다.

미래의 농업은 현재 인력이 담당하는 부분까지도 로봇으로 대체시켜 인력을 줄이는 시대가 온다. 이러한 시대를 눈앞에 두고 언제 어디서든지 간단히 저렴한 값으로 서비스를 제공받을 수 있는 인프라를 정비하여 끊임없이 개선·개혁해 나가야 살아남을 수 있다. 농업도 ICT를 전제로 한 시스템 구축이 되어야 1차 생산이라는 한계를 뛰어넘어 소비자의 요구에 한층 더 다가갈 수 있는 경쟁력이 생긴다.

5.3 》 농업의 다양한 리스크 방지대책

농산물 수확량은 생산입지와 기후에 크게 좌우된다. 토양이 좋은 장소에서는 많은 농산물을 수확할 가능성이 있지만, 병해충 피해에 의해 수확량이 크게 감소하는 경우도 있다. 정성들여 손질하거나 비료를 주어 풍작이 확실해보여도 태풍 등에 따른 폭풍우 때문에 모든 노력이 수포로 돌아갈 때도 있다. 이러한 경우에 대처하기 위하여 품종개량과 농약에 의한 병해충 예방과 방제대책, 홍수에 대한 치수대책 등을 끊임없이 계속해 왔다. 그 결과 저마다의 생산입지에 적합한 품종을 재배할 수 있게 되어, 병해충에도 농약으로 예방과 방제 대처가 가능해졌고 하천개량과 제방축조, 방풍림 등으로 어느 정도 수준의 자연재해에는 대처할 수 있게 되었다.

이제는 IT기술을 이용하여 예상치 못하게 일어나는 리스크를 최소화할 수 있다. 그러기위해서 새로운 재배·생산방식을 구축해야 하는데 이것이 바로 채소·과일을 공장에서 기르고 재배하는 방식이다. 토양을 사용하지 않고 수경재배로 가능한 채소를 중심으로 생육상황에 맞는 최적의 환경을 조성하고 적절한 비료를 주면 병해충 염려 없이 재배가 가능하다. 공장 내에 온도·습도·조명 등을 계측할 수 있는 센서를 설치하고, 재배환경에 맞는 상황을 유지하기 위한 공조설비, 조명설비, 가습설비 등을 가동시키면 되는 것이다. 나아가서는 지금까지의 경험치를 빅데이터화하고 AI기술에 따라 최적 환경을 찾아 이를 실현함으로써 품질 좋은 균질적인 생산물을 효과적이고 효율적으로 수확할 수 있게 된다. 24시간 365일 공장을 가동시킬 수 있게 되어 계절이나 기후에 좌우되지 않고 재배할 수 있게 되어 안정적인 수확을 계획한 대로 얻을 수 있게 되었다.

새로운 재배 환경에 따른 농업기술도 끊임없이 발전하게 된다. 농업기술의 도움으로 품종개량과 신품종이 개발되어 우수한 농산물을 제공할 수 있다. 전 세계적으로 고민하고 있는 오늘날의 기후변화로 인하여 특히 병해충에 강하고 기후에도 영향을 적게 받는 효율적인 품종의 연구가 진전되고 있다.

그것은 교배와 접목 등의 방식이 아닌 유전자변형이라는 기술로 실현되고 있으며, 외국의 경우 밀이나 콩 등을 유전자변형 기술로 조작하여 개발된 품종이 대량으로 재배되고 있다. 그러나 최근 유전자변형에 대해 피해사례가 나오고 있고 반대 목소리가 커져가고 있는데, 자연 생태계에 큰 변화와 피해를 입힐 가능성에 대해서도 검토가 필요하다.

아무리 촉망받는 농업기술이라도 리스크가 없다고 단정 지을 수는 없기 때문이다. 농업의 6차산업화에 대해서도 큰 비즈니스기회가 되기는 하지만, 그 모든 과정에 있어서 다양한 리스크가 있음을 인식하고 이에 따른 해결방안까지 함께 모색해 나가야한다.

6

4차 산업혁명으로
새롭게 진화하는 농업

6.1 》 4차 산업혁명 기반 농업의 혁신기업 탄생과 진화

지금까지의 전통적인 농업기술 형태는 농업인이 수년간 축적해 온 경험과 기술을 토대로 어떤 작물을 얼마만큼 파종하고, 언제 수확해야 하는지 결정하는 것이었다. 그러나 오늘날의 인공지능과 빅데이터 기술의 결합으로 전통방식의 암묵적인 기술과 지식은 이미 모두 다 데이터로 축적되어 있으며, 이러한 방대한 데이터를 기반으로 농업은 다양한 서비스를 창출할 수 있는 혁신의 원천으로 등장하게 되었다. 그 가운데 가장 대표적인 사례를 든다면, 세계 스마트 팜 기술시장을 주도하는 네덜란드의 프리바(priva)를 그 예로 들 수 있다. 이 기업은 데이터 기반의 정밀농업을 선도하면서, 시설 원예 분야에서 인공지능 기반의 스마트 팜 솔루션으로 세계시장의 70%이상을 점유하게 되었다. 네덜란드의 세계적인 프리바와 같은 기업도 처음 시작할 당시에는 영세 규모에서 출발했으나 사회적 대 타협을 통해서 대 규모화 그리고 첨단화에 성공하면서 세계시장을 선도하는 기업으로 성장할 수 있게 되었다.

우리나라의 스마트 팜 현실을 한 번 살펴보면, 몇 해 전만해도 우리나라 기업 LG CNS가 새만금 산업단지에 대규모 '스마트 팜(Smart Farm)' 단지를 구축하려는 계획을 이미 갖고 있었고 그것을 실행에 옮기려고 했으나 결국은 무산되었다. 마찬가지로 지난 2012년 동부그룹 계열 동부팜 한농이 수출용 토마토를 재배할 온실을 짓고 사업을 하려던 찰나 각종 농민단체들과의 갈등으로 인해 결국 중단되었다. 이와 같이 현재 우리나라의 농업환경이 대기업이 주도하는 대규모의 스마트 팜이 성공하기 위해서는 사회적인 대 타협이 우선되어야 가능함을 여실히 보여준 사례이다.

한편 농업이 아닌 공학을 전공한 학생들이 설립한 만나 CEA는 소프트웨어 기술과 아쿠아포닉스라는 수경재배 기술을 결합한 농업형태로, 시중에 유통되지 않던 특수채소를 선별해서 시장을 차별화하며 혁신을 이루어 낸 대표적 기업이다. 특히 이 기업은 직접 농장을 건설하고 운영하면서 축적한 데이터를 바탕으로 스마트 팜을 제어하는 센서기기와 소프트웨어 솔루션을 개발하여 최근 융복합 기술의 대표적인 기업모델이 되었다. 우리나라 농업에서 이미 스마트 팜을 할 수 있는 기술력과 역량이 있음에도 불구하고 우리 농업의 현실은 농촌 인구의 고령화와 낮은 소프트웨어 기술역량, 열악한 인프라와 높은 초기 투자비용, 농가와의 갈등의 여러 요인으로 인해 디지털 전환에 어려움을 겪고 있는 것이 사실이다.

6.2 》 스마트 농업은 차세대 농업

스마트 농업이 과거와 크게 달라진 점은 바로 AI와 IoT, 로보틱스, 빅데이터 등의 공학 분야를 중심으로 더욱 기술이 진보했다는 점이다. 농업기술을 공업 분야와 효과적으로 조합시키는 것은 로보틱스나 기계화의 일부를 제외하고는 지금까지 잘 이루어지지 않았었는데, 드디어 이러한 첨단기술을 농업과 융합시킬 수 있는 상황이 되면서 스마트 농업의 연구개발이 더욱 진전되고 있다.

스마트 농업을 제대로 이해하기 위해 이미 스마트 농업을 성공시킨 나라인 미국이나 일본의 스마트 농업을 예로 들어 보면, 일본은 스마트 농업을 보급시키기 위해 다양한 활동을 펼치고 있다. 즉, 현재 스마트 농업이 얼마나 진전되었는지 그리고 농업발전을 위해 앞으로 어떠한 대처를 해나갈 것인지 적극적으로 검토하며 실행해 나가고 있다.

먼저 스마트 농업의 모델로 참고하고 있는 해외의 대표적인 사례는 미국의 데이터에 근거한 재배관리 서비스이다. 대규모 단위의 토지에 농사를 짓기 위해서 트랙터나 농기구에 자동조타시스템을 도입하여 일의 효율성과 생산량이 크게 진척되었다. 일본도 마찬가지로 몇 년 전부터 '자동주행트랙터의 시판화를 위한 대처'라는 높은 목표를 내걸고 연구하고 있었는데, 2019년도에 이미 구보타에서 자동주행트랙터가 시험판매되기 시작하였다. 자동주행 트랙터뿐만 아니라 이외에도 드론에 의한 농약살포, 논밭의 물 관리를 자동화하는 시스템, 드론에 의한 센싱 기술을 이용해 벼의 생육상황을 측정하고, 필요한 부분에만 적정량 비료를 주는 서비스도 이미 시작되었다. 이처럼 농작업의 가장 첫 단계부터 수확, 출하까지 농업 전반에 걸쳐 폭넓게 생력화와 효율화할 수 있는 기계와 시스템 등의 부품들이 전부 갖추어 지고 있다.

우리가 스마트 농업을 이해하는 데 있어 간과하기 쉬운 점은 4차 산업혁명에 관련된 핵심기술에 대한 내용의 이해없이 무분별한 농업 기술 용어의 사용으로 자칫하면 스마트 농업 환경기반으로 착각 할 수 있다. 마치 달리기 할 때 마음은 앞서는데 생각만큼 다리가 빨리 움직여지지 않아 답답한 느낌이 바로 우리나라 스마트 농업 현실을 제대로 진단한 말이 될 수 있을 것이다. 선진국의 새로운 농업 혁명 기술을 용어로는 잘 이해하고 있지만, 실상 그 내용을 깊이 이해하지 못하기 때문에 우리나라 농업실정에 맞는 창의적인 기술 개발이 이루어지지 않는지 자문해 볼 필요가 있다.

현재 우리나라 농업분야 연구개발은 주로 논농사 중심으로 이루어지고 있다. 그 이유로는 중산간지역이라든지, 시설이외의 원예작업이나 과수는 아직도 해결해야 할 과제가 많이 남아있기 때문이다. 그러나 머지않아 논농사 외에 과수, 원예 등의 여러 분야에서도 ICT나 AI를 도입한 스마트 농업으로 점차 바뀌게 될 것이다.

6.3 》 농업의 4차 산업혁명 "스마트 팜"

4차 산업혁명의 물결이 전 산업을 강타하고 있다. AI, IoT, 빅데이터 등으로 대표되는 4차 산업혁명은 단순한 시설교체만을 의미하는 것이 아닌 사회·경제·문화적 흐름에 큰 혁신을 몰고 오고 있다.

스마트 팜이란 ICT(정보통신기술)를 온실·축사 등에 접목해 스마트폰, PC를 통해 원격·자동으로 작물과 가축의 생육환경을 관리하는 농장이다. 스마트 팜은 기존 농·축산업 생육방식에 정보통신기술(ICT)을 접목한 지능화된 농장을 말한다.

물론 농업에서도 AI, IoT, 빅 데이터를 활용하여 농업의 형태가 바뀌게 되었고 이러한 기술 덕분에 농업인에게는 여유시간과 생산량의 증폭을 그리고 소비자에게는 체계적으로 관리되는 질 좋은 농업 생산물을 제공하게 되었다. 이러한 기술은 농업에 종사하는 농업인의 고령화와 일손의 부족함을 메우는데 큰 도움이 된다.

아울러 농촌경제를 살리고 식량주권을 확고하게 할 수 있게 되며 또한 냉난방, 자동화설비 등 관련 산업의 동반성장도 함께 이뤄지는 장점이 있다.

1차 산업으로 대표되는 농업부문에서도 그동안 체질개선 시도가 없었던 것은 아니다. 그동안 많은 시행착오를 거치면서 생산(1차)+가공(2차)+유통(3차)을 합쳐 농업의 6차 산업화를 추구했지만, 균형을 이루지 못하고 생산에만 집중되어 오히려 농업인들에게 가공과 유통을 부담시켜 제대로 된 성과를 내지 못했다는 평가를 받고 있다.

7 농업의 6차 산업화 재조명

7.1 》 농업 분야의 6차 산업

앞서 살펴본 것처럼 전통적인 방식의 농업은 과거로부터 이어져 내려오는 경험과 감(勘)에 의지하는 경향이 짙고, 기후나 환경의 변화에 따라 그 성과가 크게 영향 받는다는 것을 당연하게 받아들이고 있다. 그리고 농산물의 생산과 유통 구조가 농협과 공판장, 전통시장 등으로부터 분리되어 있어서 소비자의 요구에 민감하게 반응하기에는 한계가 있는 구조로 이루어져 있다.

어느 산업분야를 막론하고 빠르게 변화하는 사회 시스템에 발맞춰 나가지 못하면 도태될 수밖에 없음이 너무나도 자명하다. 급진적으로 변화

발전되는 사회구조에 맞춰 농업도 지속적인 변화와 발전을 거듭해야만 미래가 있다. 불과 몇 년 전만 해도 홈쇼핑을 통해 물건을 사고파는 것도 당시 소비의 새로운 바람을 일으켰는데, 이제는 스마트 폰을 사용해서 언제 어디서든 시간과 장소에 상관없이 원하는 상품을 손쉽게 구매할 수 있게 되었다.

이처럼 IoT 기술의 활용으로 생산자와 소비자와의 간격을 좁히고 긴밀한 소통이 가능하게 되었다. 따라서 생산자는 소비자들의 필요에 민감하게 대처할 수 있게 되었다.

특히 농산물은 신선한 배송이 정말 중요한데, 수많은 노력과 변화를 거듭하면서 1차 산업에만 머무르지 않고, 2차 산업으로 그리고 배송물류와 소매라는 3차 산업으로 반복되는 과정 가운데 종합적으로는 6차 산업의 방향으로 나아가고 있다.

위에서 살펴본 대로 오늘날의 영농기업이나 영농단체는 6차 산업화를 최종 목표로 두고 농산물 재배부터 가공생산, 물류, 판매 등 소비자의 손에 이르기까지의 모든 프로세스를 파악하여 다음의 주문과 신상품의 소개나 판매에 이르기까지 총체적인 과정을 체계화하여 농민의 이익을 증대시키려 하고 있다. 또한 모든 과정에서 얻어지는 데이터를 수집하고 분석함으로써 앞으로의 생산과 판매계획에 도움이 되는 정보를 가지고 있다. 혹은 영농기업이나 영농단체가 아니더라도, 이 모든 구조를 구축하고 농가와 가공업자, 택배 업자를 연계시켜 생산 · 가공 · 택배를 위탁하는 시스템을 갖추기만 하면 판매업무만 담당하여 사업을 할 수도 있다.

그러면 이제 좀 더 구체적으로 농업의 6차 산업에 대해 알아보도록 하자. 큰 의미로 농업에 있어서의 6차 산업이란 농촌에 존재하는 모든 유무형의 자원을 바탕으로 농업과 식품, 특산품 제조가공(2차 산업) 및 유통판매, 문화, 체험, 관광, 서비스(3차 산업)등을 연계함으로써 새로운 부가가치를 창출하는 모든 활동을 의미한다.

> **1차 산업(농업) X 2차 산업(제조업) X 3차 산업(서비스업)**
> **= 6차 산업화**

농업을 비즈니스화하기 위해서는 앞서 기술한 정보를 고려하여 다음과 같은 혁신이 필요하다. 지금까지의 농업 상식을 뒤집어야 한다. 그것은 농업+α의 비즈니스 모델의 출현이 바로 '농업의 6차산업화'라 일컬어지는 사업방식이다. 기존의 농업은 농산물을 경작, 재배하는 1차 산업으로써 자리매김을 해왔다. 그러나 앞으로는 필요에 따라 농산물 가공과 그것을 원료로 한 제품을 만든다는 2차 산업의 역할도 담당해야 하고, 나아가서는 그 생산물을 직접 소비자에게 전달하는 물류·소매라는 3차 산업의 역할까지도 담당할 수 있어야 한다.

7.2 》 포스트 코로나 농산물 유통구조

과거 체인점에 의한 유통혁명의 일환으로 산직(산지직송·직매)이 실시되어 온 경위가 있었는데, 그것은 생산자인 농업사업자가 주체가 되어 스스로 그 역할을 담당하려는 것이다. 다시 말하자면 생산자가 생산기능 뿐만 아니라, 가공기능, 물류기능, 소매판매기능을 탈환하여 자기 손으로 이 기능을 전부 해결하려는 방식이다. 이 때 가공비용이나 물류비용에 대한 부담은 있지만, 시장 실제 시세에 대응한 소매가격으로 판매할 수 있으므로 수입은 크게 증대한다.

더 나아가 포털사이트에 홈페이지를 구축해 직접 소비자로부터 주문을 받아 배송하는 시스템을 구축하기도 하고, 포털사이트 사업자(amazon 등)가 설치하는 인터넷상 시장이나 쇼핑몰에 점포를 설치하여 직접 주문 · 판매하는 EC(전자상거래,e-commerce)로 판로를 확대한다. SNS인 페이스북이나 트위터 등을 이용하여 유저로부터 새로운 고객을 소개 · 유도하게 하는 구조를 활용하기도 한다. 결제방법은 배송시의 대금회수도 있지만 신용카드 등에 의한 결재방법 등이 일반화 되고 있다. 더구나 코로나 19이후 세계 경제적 측면에서는 비대면 기반의 "언택트(untact)현상"이 빠른 속도로 확산됨에 따라 온라인 쇼핑과 택배등 운송 물류시스템이 더욱 활성화 될것이며 농업도 이에 대한 변화에 주목 할 필요가 있다.

이와 같이 농업을 6차 산업화의 시각으로 전체 순환 구조를 보면 농산물 재배, 가공생산, 물류, 판매까지 즉 소비자의 손에 이르기까지의 모든 프로세스를 파악함으로써 다음번의 주문과 신상품의 소개 · 판매 기회도 내다볼 수 있게 되며 더불어 수익도 자연스럽게 증대된다.

7.3 》 농업의 6차 산업 모델의 맹신

일단 "농업의 6차 산업"이라는 프레임을 활용하면 모든 것이 성공적일 것이라는 선입견을 가지기 쉽다. 물론 성공적인 요인도 많이 있지만 정작 중요한 것을 놓칠 수 있다. 먼저 주의해야 할 점은 농업의 6차 산업 모델이 중요한 것이 아니라, 농업의 6차 산업 모델의 성공요인을 제대로 알고 이해하는 것이 더욱 중요하다. 6차 산업 모델을 성공요인의 공식처럼 활용한다면, 제대로 활용해 보지도 못하고 좋은 결과 또한 얻기가 어렵다. 예를 들어, 농업과 특산물 판매, 관광 프로그램 등이 어우러진 농촌관광 등을 들 수 있다. 1차 산업, 2차 산업, 3차 산업이 지역자원을 활용하여 지역에 새로운 산업을 창출하고, 고용을 확대하여 지역을 활성화 시키는 농업. 상업. 공업을 연계시키는 것을 말하지만 실상 많은 기업이 가공과 직매에 집중하여 그 규모를 6차 산업이라고 잘못 이해하고 있다.

6차 산업화에는 가공과 직매에 추가하여 계약거래, 조리판매, 관광(그린 투어리즘 등), 농가민박, IT활용서비스, 수출 등이 있다. 물론 식물공장, 완전양식공장, 바이오매스(biomass)와 재생가능 에너지 등도 여기에 포함된다. 새로운 부가가치를 창출하기 위하여 농촌 경영체와 연계하여 지역 문화관광 자원을 중심으로 6차 산업화를 추진할 수 있다. 또한 향토산업, 지역전략농산물 판매사업, 관광농원, 체험휴양마을 등과 같은 2 · 3차 산업간 융(복)합을 통해 특화된 문화관광 자원을 개발하여 농업의 6차 산업화로 발전될 수 있다.

(선진국 6차 산업화 성공 키워드)

일본의 경우 6차 산업화에 성공한 우량기업의 사례를 그 국가의 홈페이지에 소개하고 있다. 6차 산업화에 성공한 기업들의 사례와 각종 보도자료 그리고 연구논문을 중심으로 분석해 나가면서, '6차 산업화 성공의 키 워드'를 50개정도 추출하고 다시 6개의 키워드로 압축하여 정리 한것을 아래에 제시하였다. '안(安)'은 안심과 안전, '지(地)'는 지역과의 관계성으로, 이 두 단어는 '6차 산업화'의 성공을 위한 밑바탕이 되는 기본적인 키워드이다. 그 외 4가지는 상품의 구매력을 높이기 위해 우수한 상품을 만들어 부가가치를 창출해 내는 요소이다.

    ① '안(安)' 안전과 안심.
    ② '신(新)' 지금까지 없는 새로운 것의 창조.
    ③ '차(差)' 명확화와 인지화.
    ④ '가(價)' 고객에 의해 가치를 창조.
    ⑤ '지(地)' 지역의 이해와 협조 · 지역과의 연계성.
    ⑥ '재(姿)' 디자인성, 외관.

① '안(安)' 안전과 안심

안전성은 맛과 영양가, 기능성 그 이상으로 중요하다.

'식품'에 있어서 맛도 중요하지만, 무엇보다 안전이 우선이다. 그리고 '식품'의 안심이란 식품의 안전을 근거로 표기하고 보증되어야 한다. 그저 '상품이 좋다, 믿을만하다, 안전하다 또는 안심된다' 등의 말만으로는 부족하고, 그 근거를 나타내는 것이 필요하다. 그 근거를 밝히지 않으면 식품회사와 식품관련조합과 외식점등과의 거래는 불가능 하다. 상품 표기에 생산자 실명제, 재배방법과 농약의 사용 여부를 명확히 알리고 생산·가공의 안전관리 방법을 공개 한다. 여기에 더해서 생산, 제조단계에서 공적기관으로부터 인증되어 있는 공정관리법을 밝히는 것이 필요하다.

② '신(新)' 은 지금까지 없는 새로움의 표현.

새로운 소재의 활용, 새로운 기술의 활용, 새로운 장르·카테고리 상품·서비스의 창조, 새로운 생산방식의 구축, 새로운 판로의 구축, 새로운 시장의 개척, 새로운 판매방식, 새로운 조리 방법의 제안, 새로운 요구에 대응 할 수 있는 소재의 획득 등이 신(新)에 해당한다.

③ 차(差) : 차이의 명확화, 차이의 인지화.

기존 상품서비스와의 차이를 명확히 하는 것을 말한다. 여기서 말하는 차이란 소비자가 A상품, B상품, C상품 가운데 우열의 차이를 느끼게 되는 경우를 뜻한다. 이것을 차이의 인지화라고 한다. 차이의 명확화에는 농산물의 유기재배, 멀티 재배, 완숙재배 등의 재배법과 축산물의 사료, 건강관리법, 사육기간과 사육밀도 등으로 인지될 수 있다.

④ 가(價) : 고객에 의한 가치를 창조.

가격이 저가이든 고가이든지 고객에 의해 "고객가치"를 창조한다. 그 가치가 고객에게 인지되어야 구매로 이어질 수 있다. 고객가치의 요인으로는 기능적 가치와 실감할 수 있는 정서적 가치가 있다.

⑤ 지(地) : 지역에의 지역과의 연계성.

"지"는 지역을 뜻하는 말로, "지역"에 큰 의미를 두는 6차 산업을 말한다. 농림수산물, 기술, 관광자원 등의 그 "지역"의 모든 자원이 밀접하게 연결되어 "지역 브랜드"로서 인지될 수 있도록 하는 것이다. 어떤 지역의 이미지와 지역자원과 제품이 사람들에게 일체적, 연상적으로 받아들여지게 되면, 즉 〈지역명 + 상품·서비스명〉과 일체적으로 인지 되도록 하면 그 상품·서비스의 구입 동기를 불러일으키게 된다.

⑥ 자(姿) : 디자인성 외관(外觀).

상품의 디자인 단계에서 자칫하면 앞서 서술한 ① - ⑤ 내용을 소홀히 하고 디자인에만 의존하는 실수를 범하기 쉽다. 농업을 비즈니스화하기 위해서는 위에서 설명한 6가지 키워드를 토대로 균형 잡힌 변화를 꾀해야만 체계적이고 안정적인 시스템으로 자리 잡을 수 있다.

Chapter 2

농업의
기술 혁신과 변천 과정

1

농업 기술혁신의 발전과정

1.1 》 농업의 기술혁신

인류 발전의 역사는 농업과 함께 해왔다고 해도 과언이 아닐 정도로 농업은 인류에게 있어서 절대적인 산업이다. 인류 역사에 농경이 시작된 시점 이후로 지속적인 농업의 발전과 함께 필요에 의해 창출된 농업기술은 당시의 사회 구조의 변화에도 지대한 영향을 끼쳤다. 예를 들어, 관개기술의 보급이 수리권(水利權)을 관리하기 위한 마을사회를 만들게 되었고 또한 중세의 농업혁명으로 발생한 인구증가로 인해 농촌 인력이 도시의 산업체에 공급됨으로써 산업혁명이 지탱될 수 있었다.

세계사적인 관점으로 보면 농경이 개시된 이래로, 쌀이나 곡물의 단위면적당 수확량은 과거와는 비교할 수 없을 정도로 증가 하였다. 이에 반하여 오늘날의 우리나라 농업은 농가의 영세성과 고령화, 열악한 인프라와 사회적 갈등으로 혁신의 성과가 더디게 나타나는 상황이다. 이러한 현실을 돌파해 나가기 위해서는 미래를 짊어지고 갈 차세대 농업인들이 농업의 전망이 어떤지 정확히 알고 그 방향을 찾아 나가는 것이 정말 중요하다. 나는 단언컨대 '농업에 미래가 있다'고 말하고 싶다. 앞으로 농업 분야에 혁신적인 새 바람을 불러일으킬 '희망적인 산업, 농업'이 우리가 손만 뻗으면 닿을 정도로 가까이 다가와 있다.

'희망적인 산업, 농업'이라는 주제로 더 깊이 들어가기 전에, 먼저 인류가 농경을 시작한 시점의 이전부터 지금까지 농업기술의 변천과정을 조명해 보는 것이 필요하다.

이 책에서는 농업의 변천과정과 4차 산업혁명에 기반한 한국형 스마트 농업 모델을 "농업 4.0(Smart Agrik-4.0)모델"이라 정의하여 사용 하였다.

1.2 》 농업기술의 변천과정

앞장에서 설명한바와 같이 농업기술의 발전은 재배기술에 관한 생화학 기술과 기계화에 관한 기계적 기술이라는 두 가지 기술로 나눌 수 있다. 대형 농기계로 소규모농지를 경작할 경우에는 생산성이 크게 떨어지는 단점이 있다. 이점이 분할 가능한 생화학(Biochem)기술과 확연히 다른 점이다. 대형 농기계의 출현은 광대한 농지를 경작할 수 있는 계기가 되었고, 미국이나 호주등지에서 전개되고 있는 대규모 농업이 가능할 수 있었다.

농업혁신의 역사는 그야말로 이러한 핵심기술과 기반기술의 혁신을 배경으로 하고 있다. 농업의 기술혁신과정을 이해하기 위해 농업의 변천 과정별로 구분하여 편의상 농업 X.X(Smart Agrik-X.X)으로 표시한다.

① 농업 1.0(Smart Agrik-1.0) : 생물학과 농업토목을 중심으로 한 변혁

농업역사의 시작은 자생하고 있는 식물의 채취에서 인위적으로 작물을 재배하는 것으로의 변화이다. 초기의 농업은 노지에서 자연에 맡긴 채로 생산성이 매우 낮아 수확량 변동도 컸다. 예를 들어 빗물에 의존한 천수 농업은 강우량이 적은 해에는 생산량이 격감하였다. 빗물에 의존했기 때문에 재배 가능한 계절이 제한적이어서 단위면적당 수확량도 매우 낮았다. 이러한 문제를 해결하기 위해, 즉 초기 농업의 과제에 대응하기 위하여 B(Bio)기술과 농업토목을 중심으로 한 농업혁신이 일어났다.

자연에 의존했던 천수 농업을 혁신했던 것은 인위적으로 외부로부터 농업용수를 공급하는 기술이었다. 농업토목 기술이 발전하면서 하천이나 호수의 물을 용수로를 통해서 끌어오거나, 저수지를 조성하여 안정적으로 농업용수를 확보할 수 있게 되었다. 이렇게 하여 재배가능한 면적과 기간이 갑자기 확대되고 단위면적당 수확량도 대폭 증가하였다. 농업에 적합한 환경을 인공적으로 만들어내게 됨에 따라 생산성이 비약적으로 향상된 시대라고 할 수 있다.

관개농업을 위한 수리공사(水利工事)나 농업용수 관리를 위해서는 통제된 집단의 존재가 반드시 필요하다. 일단 이러한 작업을 위한 집단이 생기게 되면, 집단에 의한 농업생산이 확대되고, 농업생산이 확대되면 생산에 필요한 집단의 규모가 확대되는 포지티브피드백이 작용하여 그 결과로 인구의 수가 급상승 하게 되었다.

또한 생산능력의 향상으로 잉여농산물이 발생하게 되면서 개인·가족단위로 자급자족할 필요성이 적어 졌다. 그에 따라 농업이외의 직업에 전념할 수 있는 인력이 생활할 수 있게 되어 사회가 크게 발전하였다. 또한 잉여농산물을 통제하는 지배계급도 생기게 되었다.

이와 같이 관수와 그 토지에 적합한 재배방법을 확립한 지역을 중심으로 농경문화와 문명이 만들어지게 되었다. 메소포타미아문명, 이집트문명, 인더스문명, 황하문명 등 4대 문명은 모두 반건조 지역과 범람지역에서 부흥하였다. 관개·치수(治水)에 의한 농업이 대문명의 출현을 재촉한 것이다.

예를 들어, 이집트 문명의 경우에는 나일 강 유역의 보리농사가 기반이 되었다. 기원전 3500년경부터 관개(관수)가 시작되어 나일 강에서 범람한 하천수를 농지까지 유입하여 건조지에서도 농업생산을 할 수 있게 되었다. 나일 강에서 범람한 물이 풍부한 영양분을 함유하고 있는 것도 생산력을 높이는 요인이 되었다.

메소포타미아 문명을 육성한 티그리스·유프라테스 강 유역에서는 눈이 녹은 물을 제어하여 농지에 끌어들이기 위한 저수지나 용수로를 정비하여 농경이 발전했다. 그러나 최종적으로는 염류가 함유된 용수의 범람으로 농지상태가 나빠져 문명은 쇠퇴의 길로 빠졌다. 오늘날까지도 미국 등에서 지하수를 사용한 관개에 의한 염류집적이 문제가 되고 있다.

그 밖에도 현재의 인도북부와 파키스탄 일대에서 번영한 인더스문명은 뛰어난 용수로 망과 저수지에 도움을 받아오고 있으며, 중국의 황하문명은 황하의 범람원에서의 치수(治水) · 관개로 발전했다.

이 모든 문명이 자생의 식물에 혜택 받은 열대지역이 아닌 건조하고 홍수같이 험난한 자연환경 아래에서 그것을 극복하는 과정에서 탄생했다는 것을 알 수 있다.

② 농업 1.5(Smart Agrik-1.5) : 유럽에서 일어난 농업혁명

관개농업이 세계적으로 보급된 이후에 그 다음 기술혁명의 기반이 생기기까지 4대문명은 꽤 오래 지속되었다. 관개농업부터 발전한 기술이 응축하여 농업혁명이라고 부르는 큰 물결이 된 것은 실제로 18세기 부터이다. 여기서 말하는 농업혁명이란 서구에서 진보한 윤재식(輪栽式)농업이나 개량곡초식 농법에 의한 비약적인 생산성 향상을 의미한다.

유럽에서는 농업혁명 이전에 삼포식 농업(three field system)이라는 농업형태가 주류였다. 삼포식 농업은 그 명칭대로 농지를 3개로 분할하여 순환(rotation) 하면서 경작하는 농법이다. 구체적으로 농지를 ① 동곡(冬穀)(가을 파종의 밀 · 호밀 등) ② 하곡(夏穀)(봄 파종의 보리 · 귀리 · 콩 등) ③ 휴경지의 3개로 구분하여 로테이션하여 사용함으로써, 농지의 지력저하를 방지했다. 3회 중 1회는 휴경지가 되지만 휴경지는 단순히 쉬게 하는 것이 아니라 가축이 방목되어 그 분뇨가 비료가 되어 지력을 회복하는, 자원 순환형 농업방식인 것이다.

단, 삼포식 농업은 휴경지를 확보하기 위해 주요작물을 재배할 수 있는 농지면적이 좁아져 동절기에는 가축의 사료가 부족해진다는 문제가 생겼다. 이러한 과제 때문에 생긴 것이 윤재식 농업과 개량곡초식 농법이다. 윤재식 농업은 삼포식 농업의 개량판으로, 영국에서는 노퍽농법(Norfolk four-course system)이라고도 불렀다. 곡물재배에 뿌리채소나 목초(牧草, 토끼풀 등의 콩과작물은 질소고정으로 인해 지력회복에 효과가 있다)의 재배 및 축산을 함께 구성한 농법이다.

윤재식 농업에서는 ① 동곡(冬穀), ② 뿌리채소류(순무·사탕무·감자 등) ③ 하곡(夏穀), ④ 목초(牧草)의 로테이션으로 구성하고 있으며, ①과 ③의 곡류의 재배면적은 감소하지만, ②에서 무청 등의 사료를 겨울철(冬期)에 대비해 생산할 수 있게 되었다. 또한, 지역에 따라서는 윤재식 농업보다도 목초재배기간을 길게 한 개량곡초식농법도 보급했다. 이 농법의 특징은 순무재배로 인해 삼포식 농업의 단점이었던 농지 활용(가동)률의 저하와 동절기(冬期)의 사료부족을 해소했다는 점이다.

과거에는 동절기의 사료부족을 메우기 위해 겨울이 오기 전에 가축을 도살하여 그 일부를 보존식(소금절임이나 훈제)으로 만들어야 했지만, 겨울철에도 사료를 확보할 수 있게 되면서 일 년 내내 사육이 실현되어 식생활의 질도 향상되었다.

윤재식 농업과 개량곡초식 농법에 의한 농업혁명은 농업의 생산성을 크게 향상시키고 그와 동시에 영양 섭취환경을 대폭 개선하여 유럽의 인구증가를 촉진시켰다. 그 영향으로 발생한 잉여인구가 도시지역으로 유입되어 산업혁명을 지탱한 것이다. 한편, 윤재식 농업과 개량곡초식 농법은 광대한 농지와 갖추어진 노동력이 반드시 필요하므로 개방경지의 배제나 입회지의 폐지 등 이른바 농지의 울타리(Enclosure)가 생겼다.

윤재식 농업과 개량 곡초식 농업혁명은 생물학적기술과 농업토목을 주체로 한 농업의 집대성이자 농업 1.5(Agrik-1.5) 라고 부를 수 있다. 예로부터 농업혁명이라 불리었듯 농업의 기술혁신에 있어서는 큰 전환점이며 이를 농업 2.0(Agrik-2.0)이라 보는 견해도 있을 것이다. 확실히 농업혁명은 농업생산을 크게 끌어올렸다. 그러나 대국적으로 보면 농업혁명 후의 윤재식 농업도 기본적으로는 기술을 중심으로 한 농법, 즉 기술적으로 보면 자연 유래의 자원에 의거한 것이며 농업 1.0(AgriK-1.0)의 연장선상으로 분류하는 것이 타당할 것이다.

③ 농업 2.0(Smart Agrik-2.0) : 농예화학을 중심으로 한 변혁

농경개시부터 중세의 농업혁명이라는 생물학을 주체로 한 변혁이 널리 보급되고 난 이후, 다시 오랜 시간이 흘러 1940년대~60년대가 되어 화학기술을 중심으로 한 변혁의 물결이 도래하였는데 이것을 농업 2.0(Agrik-2.0)이라 한다. 농업 2.0(Agrik-2.0)의 핵심 기술은 공업적으로 생산된 화학비료이다. 1906년에 독일에서 프리츠 하버(Fritz Haber)와 카를 보슈(Carl Bosch)가 개발한 하버ㆍ보슈법(암모니아 합성법)에 따라, 종래보다 저렴한 가격의 화학비료가 대량으로 공급되게 되어 농업생산자는 누구나 쉽게 농지의 지력을 인위적으로 높일 수 있게 되었다.

또한, 농약은 병해충의 위험을 대폭적으로 낮추어 농업생산의 안정화에 기여하였다. 농약의 시초는 1850년경에 프랑스의 그리슨이 발견한 석회유황합제(석회와 유황의 혼합물)라는 말도 있다. 1938년에는 스위스의 파울 헤르만 뮐러(Paul Hermann Muller)가 DDT의 살충능력을 발견하여 농약으로 보급하였다. 1940년대부터 제초제 보급이 시작되는 등 잇달아 새로운 농약이 개발되고 상품화되기 시작하였다.

화학비료나 농약 등의 화학제품 보급에 따라, 그에 맞는 품종개량도 그 속도를 더했다. 화학비료의 효과가 나기 쉬운 품종(비료를 대량으로 투입하여 수량이 늘어도 쓰러지기 어려운 쌀이나 보리 등)의 개발이 진전되고, 농산물의 생산량은 비약적으로 증가했다. 이러한 고수량품종과 화학비료에 의한 새로운 농약의 출현은 녹색혁명 (미국 국제개발청의 William Gaud의 조어)이라 불리고 있다. 국제 벼연구소(IRRI)에서 개발된 IR8이라는 벼 품종이나, 멕시코에서 개발된 밀 품종은 근대농업의 기초가 되고 있다. 혁명이라는 말을 쓸 정도로 농업생산에 미친 영향이 컸다는 뜻이다.

녹색혁명으로 세계의 농업생산력은 크게 향상하였고 인구폭발에 의한 식량위기를 모면할 수 있는데 공헌했다. 현재 70억 명을 넘는 인류가 문제없이 생활하고 있는 것은 녹색혁명 덕분이다. 녹색혁명이 한창이던 1960년경의 세계인구는 30억 명 정도로 현재의 절반이하에 지나지 않았다. 50년 만에 배 이상으로 급격히 팽창한 인류의 식량을 녹색혁명이 지탱해왔다고 해도 과언이 아니다.

그러나 한편으로는 2차 세계대전이 종료되고 각지에서 과거의 식민지가 잇달아 독립하면서, 세계적인 성장무드와 녹색혁명이 상승효과를 발휘하여 지구 본래의 수용능력(capacity)을 초과할 정도의 인구폭발을 초래했다고 보는 견해도 있다. 녹색혁명으로 인해 농업은 자연의 자원순환에서 벗어나 화학비료와 화학농약에 과도하게 의존하게 되어, 환경부하의 증대와 신흥국을 중심으로 종자·비료·농약 등의 지출증가에 따른 빈곤이 심했졌다는 비판도 있다.

④ 농업 3.0(Smart Agrik-3.0) : 기계화를 중심으로 한 변혁

1960년대~80년대에는 자동차산업 등에 따른 공업기술의 발전으로 농업에도 기계화에 따른 효율적인 농업이 비약적으로 발전했다. 농업기계는 기능과 규모를 확대하고, 농업의 대규모화를 진척 시켰다. 넓은 국토를 보유한 미국, 호주, 브라질 등에서 대규모 농가가 나타났다.

이 시기에 도입된 농기계는 범용적 농기계로써 트랙터, 정식용의 모내기 기계·이식(移植)기계, 수확용 농기계인 콤바인·채소수확기계 등 여러 종류가 있다. 사람이나 가축에 의한 작업에 비해 매우 효율적이며 농민 1인당 경작 가능한 농지면적이 대폭 확대되어 농민을 신체적인 부하가 높은 중노동에서 해방시켜주었다. 농업은 호미나 팽이를 사용해서 인력으로 논밭을 경작하는 일에서 농기계를 운전하는 일로 크게 변모한 것이다.

다른 한편으로 고액의 농기계 구입비가 오히려 농민의 부담을 가중시키게 되었다. 값비싼 농기계 구입 때문에 빚에 허덕이는 농민도 적지 않았다. 원래 한 농작물의 경작 시기는 한정적이므로 농기계의 가동률은 낮아지기 마련이다. 경작규모가 충분히 크면 효율성으로 낮은 가동률을 보충할 수 있지만, 소규모 농가의 경우 낮은 가동률을 보충할 수 없어 경제적인 부담이 커지게 된다. 농기계는 재배의 효율성을 비약적으로 높인 반면, 빚을 진 농가가 속출하는 결과를 낳고 말았다.

⑤ 농업 3.5(Smart Agrik-3.5) : 농업의 부분적인 ICT 활용

현재의 선진농업은 농업 3.0(Smart AgriK-3.0)의 발전형인 농업 3.5(Smart AgriK-3.5)로 정의 할 수 있다. 농업기계나 시설 원예 분야의 ICT 도입이 진전되고 있다. ICT에 의한 정보 공유의 효율화, 작업의 시각화(visualization), 환경제어 등이 특징이며, 농가의 지식과 노하우가 시스템화 되고 있다. 농기계 분야에서는 농기계와 영농지원시스템과의 연동이 이루어지고 있다.

예를 들어, 일본 KUBOTA(구보타)가 제공하는 구보타 스마트 어그리 시스템에서는 농기계에 탑재된 무선LAN 유닛에서 작업정보가 클라우드로 송신되어 축적·분석된 작업지시를 스마트폰을 통해 작업자에게 전달될 수 있다. 재배이력관리도 쉬워져 재배프로세스의 시각화로 인한 농산물 안전성의 흥미나 매력을 느끼게 하는데도 효과를 발휘하고 있다.

이밖에도 농업 3.5(Smart Agrik-3.5)에 속하는 선진기술로써 농기계의 GPS가이던스 등을 들 수 있다. GPS가이던스는 트랙터용의 내비게이션과 같은 시스템으로 트랙터의 현재위치나 진행방향을 모니터에 표시하여 적절한 경로로 유도하는 것이다.

시설원예에 있어서의 농업 3.5(Smart Agrik-3.5)의 전형적인 사례가 식물공장이다. 고도의 환경제어시스템을 이용하여 재배실내의 온도·습도 · 이산화탄소 농도 등을 인위적으로 제어함으로써 농산물을 효율적으로 생산할 수 있다. 일조와 강우와 같은 자연환경의 영향을 받지 않으므로 연중 안정적인 생산이 가능하다. 이것은 농경개시 이래 변덕스러운 자연에 끊임없이 영향을 받아온 인류에게 있어서는 엄청난 일이다.

여기서 유의해야 할 점은 농업 3.5(Smart Agrik-3.5)의 단계는 어디까지나 ICT에 의한 농업인의 작업지원이며, 농기계이든지 시설원예이든지 완전한 자동화 단계까지는 아직 미치지 못했다. 현재의 식물공장에서도 완전한 자동화는 가능하지만, 생산 가능한 작물은 채소의 일부에 머물러 있다. 식물공장에 따라 성공한 사업자의 생산액은 농업전체의 수십 퍼센트에도 미치지 않고 있으며, 새로운 농업혁명으로 가는 길은 아직도 멀다.

식물공장만으로 새로운 농업혁명은 실현할 수 없으므로 현재의 식물공장은 기존 농업 3.0(Smart Agrik-3.0)의 연장선상인 농업 3.5(Smart Agrik-3.5)의 범주에 있다고 평가 할 수 있을 것이다.

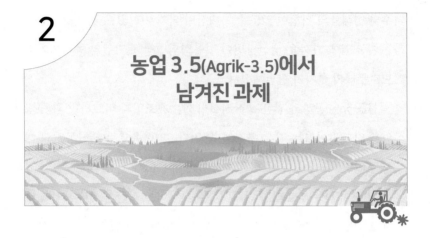

2

농업 3.5(Agrik-3.5)에서 남겨진 과제

2.1 》 절대적으로 필요한 노지재배의 공간

식물공장이나 농업ICT 등의 기술을 활용한 농업 3.5(Smart AgriK-3.5)는 어느 정도의 성공을 거두었다고 평가받고 있다. 자금력이 풍부한 농업 참여기업 등이 식물공장에 투자하여 식물공장이 점차 증가되는 추세이다. 이와 더불어 농업참여 붐과도 맞물려, 식물공장에서 재배된 수확물들이 좋은 상품성을 갖고 있다고 인정을 받아 시장에서도 경쟁력 있는 상품으로 인정받고 부가가치를 생산해 내는 성공사례가 나오고 있다.

식물공장은 환경제어시스템으로 재배환경을 최적화함으로써, 고품질의 농산물을 고효율과 안정적 생산을 가능하게 하였다. 기존의 농업은 기후와 병해충의 위험이 크고 투자대상이 되기 어려웠으나, 식물공장이라는 제조업에 가까운 생산방법이 실용화되면서 대기업의 농업참가와 펀드로부터의 투자가 활발해졌다.

식물공장은 공장과 같은 생산시설이지만 제조업과 비교하면 과거 방식의 생산라인이라는 것은 부정할 수 없다. 그 이유로는 생산공정의 대부분을 인력(man power)에 의존하고 있기 때문이다. 대형 식물공장에서는 수십 명이 넘는 파트타임 인력이나 아르바이트 직원이 재배작업을 담당하고 있으며, 작업의 자동화는 그다지 이루어지지 않고 있다. 이른바 공장형태의 수공업(생산설비와 작업자를 한 군데에 모은 공장에서 생산하는 방법. manufacture)에 가까운 생산라인인 셈이다.

식물공장이 구인요구가 적은 농업지역에 경노동 고용을 창출한 점은 높이 평가되고 있지만, 파트타임제로 하는 일이기에 임금수준은 그리 높지 않다. 농업이외의 일자리가 한정적인 지역에서 맞벌이 여성이나 고령자의 고용창출에 공헌한 점은 높이 평가 받을만하지만, 다른 한편으로 한 가정의 가장이 식물공장에서의 작업만으로 자립해서 가정을 꾸려 나가거나 생활을 영위하기에는 어렵다는 지적을 받고 있다.

노지재배와 관련된 농업 3.5(Smart Agrik-3.5)에서는 재배데이터의 시각화나 농기계의 조작성이 향상 되었다. 영농지원시스템으로 지금까지 수작업으로 관리했던 영농일지가 디지털화 되어 보존과 분석이 간편해졌다.

현실적으로 노지재배가 농업생산의 대부분을 차지하고 있으며 농업(Smart Agrik-3.5)에 있어서도 아직 수익성을 개선하지 못하고 있다. 작업

데이터 관리나 농기계 조작의 간편화는 실현했다고는 하지만 농작업 개선이라는 면에서는 기존의 농업생산을 지원하는 정도에 머물러있어 매상증가와 비용절감 면에서 눈에 띄는 효과를 낳았다고는 할 수 없다. 오히려 시스템 운용비용이나 농기계비용증가가 더 늘었다.

광대한 농지를 소유하고 벼농사(논농사)를 전업으로 하는 농업인들의 생활조차 그리 녹록치 않은 것이 오늘날 농업의 현실이다. 중소규모의 농가가 첨단기술을 도입하여 농업을 해도 농업만으로는 먹고 살 수 없는 것이 현 상황이다.

예로부터 우리나라 농업은 겸업농업을 중심으로 하는 한국농업 특유의 구조를 가지고 있다. 따라서 노지에서의 채소재배도 널리 보편화 되어 있는데, 이것마저 비교적 인건비가 싼 외국인 근로자에 의존하는 비율이 높아지면서 그 만큼 농가 수익은 낮아지고 있다. 더욱이 요즘 외국인 근로자의 인건비도 과거와는 달리 내국인 인건비 만큼 상승되어 더욱 힘든 상황이 되어가고 있다.

식물공장의 경우도 마찬가지로 파트타임제로 일하는 근로자들이 대부분이어서 농업에 종사하는 근로자들의 낮은 인건비가 심각하다고 할 수 있다. 농업 3.5(Smart Agrik-3.5)가 농업의 비즈니스화에 기여는 했다지만, 유감스럽게도 현장의 농업인의 수입이 다른 산업에 비해 매우 낮다는 문제는 해결하지 못한 상태이다.

농업 3.5(Smart Agrik-3.5)가 넘어야 할 벽을 허물고 벼농사나 채소농사 등의 노지재배를 포함한 농업전체를 매력적인 비즈니스로 바꾸어야 비로소 한국농업은 진정한 성장산업으로 발돋움할 수 있을 것이다.

2.2 》 농업의 분산농지 및 구조적 문제

원래 농지면적이 확대될수록 규모의 경제에 의해 면적당 재배비용은 내려가야 한다. 그러나 논농사에 있어서의 농지면적과 면적당 비용의 관계를 살펴보면, 일정면적을 넘으면 규모의 경제가 작용하지 않고 면적당 비용이 더 이상 하락하지 않는 것으로 연구 자료에 보고되어 있다. 이 점이 바로 평평한 토지가 넓게 이어지는 미국이나 호주와의 큰 차이이며, 한국에서 대규모 농업인이 나오지 않는 한 원인이기도 하다.

이와 같이 비용하락이 멈추지 않는 원인은 한국에서는 포장(농작물을 재배하는 논밭)이 세밀하게 분산되어 있기 때문이다. 수 ha가 넘는 농지를 확보하기 위해서는 수십a에서 수ha의 포장을 다수 끌어 모아야 한다. 즉, 농지확대라 해도 포장이 집약되어 있지 않고 흩어진 땅만 가득한 것이다. 포장이 분산되어 있기 때문에 포장 사이의 이동시간과 이동할 때마다 농기계를 다시 설치하는데 준비시간이 걸려 오히려 효율성이 떨어지게 되는 것이다.

일본 농업·식품산업기술종합연구기구의 중앙농업종합연구센터의 연구보고에 따르면 어떤 지역에서의 대규모 논농사 경영의 경우에는, 써레질작업과 수확작업 때 전체작업시간의 11~15%가 포장 간 이동에 소비된다고 한다. 각 포장에서의 준비나 뒷정리도 합하면 실제 농작업 이외에 소요되는 불필요한 시간이 상당한 비율을 차지하고 있음을 알 수 있다.

이와 같이 '오퍼레이터 1명+농기계 1대'라는 일반적인 작업형태로 수ha 이상의 영농규모를 실현하려고 해도 규모의 경제성에 의한 장점(merit)과 포장분산의 단점(demerit)이 상쇄해버려 비용절약 효과가 그다지 나지 않게 된다. 농지가 n배가 되면 사람+농기계도 n배가 된다는 농지의 구조(분산 포장)가 농업을 효율적으로 만드는데 큰 장해요인으로 작용하고 있다.

4차 산업혁명 농업부문의 혁신 전략으로 들고 있는 것은 다음과 같다.

첫 번째, 스마트농업 도입농가가 기술을 활용할 수 있도록 기반을 구축해주는 것이다.

두 번째, 스마트 농업 보급 확대 전략이다. 스마트 농업을 실질적으로 가능하게 하는 인력양성, 민간투자 활성화 등을 시행하는 것이다.

세 번째, 기술개발 및 보급 확대 인프라 구축 부문이다. 현재 스마트 농업이 잘 확산 될 수 있도록 관련 법령을 정비하고, 농가 정보의 보호를 할 수 있는 방안을 정비하는 것이다.

네 번째, 4차 산업혁명 관련 각 농업주체들의 역할 정립 및 컨트롤 타워를 설치하여 조직적이고 효율적으로 체계를 구축하는 것이다.

농업부문에 사물인터넷과 인공지능 등을 적극적으로 받아들여 스마트 팜 또는 스마트 축산을 실행하고 동시에 농업의 부가가치를 높이기 위하여 농생명 유래 바이오소재를 이용하여 식품, 의약품, 화장품 등을 만들어 내는데 노력을 기울인다면, 우리나라의 농업은 세계적 수준의 선도형 스마트 농업 모델로서 거듭날 수 있게 될 것이다.

2.3 》 농기계 도입으로 인한 비용증가

우리나라 농업의 저수익성의 원인 가운데 가장 큰 것이 바로 트랙터와 콤바인이라는 농기계 등의 고액설비에 대한 투자부담이다. 설비가 필요한 다른 산업은 늘 기계를 가동시켜 생산성을 높이는데 비해 농업에서 농기계는 정식, 수확 등의 특정작업에 시기에만 이용하므로 가동시기가 어느 기간에 집중되어 있다.

이를 보완하기 위한 방법으로 미국이나 호주와 같이 농지를 대규모로 집약화하여 일정 규모의 경제를 최대한 발휘해야만 한다. 그러나 우리나라에서 그만큼의 농지규모를 확보할만한 지역은 광대한 간척지 등 극히 일부에 한정되어 있다. 우리나라 농업의 특성인 논 · 밭의 분산은 투자회수에 큰 부담이 되고 있다. 이미 앞에서 설명한 바와 같이, 논 · 밭이 분산되어 있으면 설령 농기계가 창고에서 나와 있는 시간이 길어도 사실 논 · 밭 간 이동이나 세팅에 드는 시간만 길어져 그만큼 일의 효율성이 떨어지게 된다. 이 때문에 실제로 농작업에 쓰이는 실 가동시간(가동시간-(이동시간+준비시간))을 최대한 사용할 수 있도록 하는 것이 효율성을 높이는 최대의 관건이다.

이와 같은 상황을 해결하기 위해서는 농지에서의 실가동시간이 길고 규모 확대가 오퍼레이터의 인원수 증가로 이어지지 않는 새로운 재배시스템이 필요하다. 분산포장에 대응한 「오퍼레이터 1명+농기1대」의 영농형태를 타파하는 신기술이 요구되고 있는 것이다. 이 과제에 대한 해결책은 제4장에서 설명하도록 한다.

3

스마트 농업 4.0
(Smart Agrik-4.0)

3.1 》 IoT를 중심으로 한 농업의 대혁신 = 스마트 농업 4.0(Smart Agrik-4.0)

식물공장, 영농지원 ICT, 농기계의 운전지원시스템 등을 지탱해준 농업3.5(Smart Agrik-3.5)는 농업 비즈니스의 성공사례를 통하여 알수있다. 그 중에서도 식물공장은 일종의 붐을 조성하여 기업들이 농업에 참여하여 일자리도 창출하고 수익성도 높아져 성공적인 농업 비즈니스라는 평가를 받고 있다. 그러나 다른 한편으로 이미 앞에서 지적한 대로 그 수익 분배의 구조가 기득권의 경영층이나 정규직원에 한정되어 있는 구조이다. 이러한 상황은 농업 3.5(Smart Agrik-3.5)와 비교해 봤을 때

달라진 것이 없다.

일부 농산물에 대해서는 식물공장으로 대표되는 농업 3.5(Smart Agrik-3.5)가 농업의 바람직한 모습이라고 할 수 있다. 그러나 실질적으로 노동력을 제공하는 근로자의 소득이 너무나도 열악한 문제가 있다. 이러한 농업의 근본문제를 해결하기 위해서는 효과가 한정적인 농업 3.5(Smart Agrik-3.5)의 적용범위를 넘어 농업인 모두가 수익성이 있는 새로운 농업모델 4.0(= Smart Agrik-4.0)을 확립해야 한다.

새로운 농업모델인 농업 4.0(Smart Agrik-4.0)을 구성하기에 앞서 지금까지 행해지고 있는 농업의 네 가지 큰 문제점을 지적해 볼 필요가 있다.

첫 번째로는, 농작업이 3K(힘이 많이 들고, 깨끗하지 못하고, 보기도 좋지 않다) 는 산업이라는 점이다. 무더위나 혹한의 날씨에도, 아침(새벽)부터 해질 무렵까지 농작업이 계속 된다. 정식(定植)이나 제초로 허리를 숙여야 하고, 과일수확으로 손을 높이 들거나 부담이 되는 자세가 많고 수십 키로의 화물을 날라야 하는 등의 대부분 작업이 중노동에 가깝다. 노지재배에서는 진흙투성이가 될 때도 많다. 게다가 안타까운 일이지만 농기계에 의한 농민들의 사고도 매년 증가하고 있다.

두 번째로는, 수차례 이미 지적한 바 있는 농민 소득이 매우 낮다는 점이다. 즉, 다른 산업에 비해 농업을 전업으로 하고 있는 농민들의 평균소득이 현저히 낮다. 바로 이것이 젊은 농업인이 농업을 기피하는 가장 큰 이유라고 할 수 있다.

특히 대학을 졸업한 인재 중 농업을 희망하는 사람은 찾아보기가 드물다. 전국 농과대학의 농업·축산관련 학과에서 우수한 인재를 배출하고 있음에도 불구하고 그들이 농업에 직접 종사하는 비율은 매우 낮다. 이러한 현상은 수많은 농학 관련 대학출신자가 농업현장에서 활동하고 있는 네덜란드와는 대조적인 모습이다.

세 번째로는, 투자부담이 크다는 점이다. 어떤 사람이 새롭게 농업을 시작하려고 한다면, 간단한 밭농사의 경우에도 고액의 농기구를 여러 개 구입해야만 한다. 물론 정부 및 지자체(읍.면 단위)나 농업기술센터 등의 지원과 혜택이 과거와는 달리 많이 지원되고 있으나 고가의 기계 구입은 여전히 부담이 된다. 시설원예의 경우에는 고액의 설비투자를 요하는 경우도 적지 않다.

농업에 관심이 있는 누군가가 과감하게 고액의 투자를 해서 그만큼 이상의 수익을 창출할 수 있는 상황이라면 패기를 가지고 열정적으로 농업에 뛰어들겠지만, 현실적으로 투자의 회수율이 낮고, 예측할 수 없는 기후의 위험부담까지 안고 가야하는 농업이기 때문에 아무리 농업에 관심을 가지는 젊은이나 U턴 · I턴 인재라 할지라도 이러한 고위험, 저수익(high-risk, low-return)의 상황을 감수해서라도 농업을 하겠다고 하는 의욕을 가지기 어려운 것은 당연하다고 할 수 있다. 평생을 농업에 종사한 고령의 농민들의 경우에도 기존의 농기계나 설비교체 기간(사용가능 기간)을 맞이하게 될 때 새로운 투자를 주저하고 그대로 이농하는 사례가 많다.

네 번째로는, 독창성(creativity)의 결여이다. 농작업 현장에서는 단순작업과 반복 작업이 많아, 농협판매루트가 아직 과반을 차지하고 있는 유통구조 하에서는 생산 면에서나 마케팅 면에서나 창조성을 발휘할 기회가 부족하다. 1장에서 언급한 6차산업의 성공요인 6가지인 안(安), 신

(新), 차(差), 가(價), 지(地), 자(姿)를 융합한 새로운 모델을 구사할 수 있는 환경조성과 특히 기술과 마케팅 등의 독창성이 있는 산업이 젊은이를 확보 할 수 있는 하나의 방안이 될 수 있다.

위에서 살펴본 바와 같이 그 내용들을 바탕으로 한 새로운 농업모델이 될 농업으로부터 농촌생활로 넓혀가기위한 농업 4.0(Smart Agrik-4.0)의 진화는 다음 4단계로 나눌 수 있다.

(단계1) 수익이 되는 농업

- 혁신기술로 농업의 규모와 질의 향상

(단계2) 누구라도 참여 할 수 있는 농업

- 혁신기술로 농업의 3K를 해소

(단계3) 안심할 수 있는 농업

- 혁신기술로 리스크를 낮추고 안심할 수 있는 농업

(단계4) 최종 휴양지로서의 농업 · 농촌

- 혁신기술로 농촌을 가장 살고 싶은 장소로 3K의 해소, 타 산업만큼의 소득수준, 귀농. 귀촌에 걸맞은 합리적인 투자부담, 창조성이 풍부한 사업 환경 등의 요건이 우선적으로 요구된다.

3.2 » 스마트 농업 4.0(Smart AgriK-4.0)의 핵심기술 IoT

차세대 농업모델을 목표로 하는 농업 4.0(Smart AgriK-4.0)은 농지와 작물상태를 데이터로 파악하는 모니터링시스템(각종 센서, 리모트 센싱, 필드 서버 등), 재배데이터와 마켓데이터를 통합하여 최적의 생산·판매계획을 이끄는 전체관리시스템 그리고 전체관리시스템의 계획대로 자동, 반자동으로 농작업을 수행하는 농업기기·설비(농업 로봇, 자동운전 농기계, 농업용 드론, FA화된 차세대 식물공장 등)에 의해 지원된다.

차세대 농업인들은 '자동적으로 집약된 현장에서 얻은 데이터를 바탕으로 전체관리시스템을 활용해 고수익의 생산계획을 입안하고 스스로의 손과 발이 될 농업용 로봇과 자동운전농기계에 작업을 지시 한다'라는 것이 대표적인 작업 스타일이 될 것이다. 현재 정부가 추진하고 있는 스마트 농업도 농업 4.0(Agrik-4.0)의 한 형태로 분류할 수 있다. 여기서 주의해야 할 점은 농업 4.0(Agrik-4.0)이 스마트 농업은 아니다.

농업 4.0(Smart Agrik-4.0) 실현의 돌파구가 되는 것이 바로 IoT이다. 센서혁명, 통신혁명, 컴퓨터의 소형화 및 고성능화를 배경으로 관심이 높아지는 IoT는 앞에서 설명한 농업 과제해결의 열쇠(trigger)가 될 수 있다.

IoT를 활용한 농업 4.0(Agrik-4.0)에 의해, 농가는 농작업의 대부분을 자동운전기계나 농업로봇에 맡길 수 있게 되어 첫 번째 과제인 3K에서 해방될 수 있다. 식물공장 등의 농업 3.5(Smart Agrik-3.5)는 농업인들을 중노동으로부터 부분적으로 해방시켜주었지만, 농업 4.0(Smart Agrik-4.0)은 훨씬 광범위한 분야에서 부가가치가 낮고 신체적인 부담이 큰 농작업에서 해방시켜 줄 수 있다.

물론 모든 농작업이 자동화되는 것은 아니고 농업인이 직접 손을 사용해야 하는 작업도 남아 있겠지만 그것은 고도의 판단을 요하는 것, 사람 손으로 작업하는 편이 상품가치가 오르는 것으로 판매하려는 과일 등에 한정되어 있고 부가가치가 낮은 단순작업시간은 크게 단축된다. 이에 따라, 이농으로 인한 농업취업인구가 줄어드는 상황 속에서도 적은 인원으로 넓은 농지를 경작하는 것이 가능해진다.

농업인은 일하는 현장에서의 장시간 작업에서 자유로워지게 되고, 고부가가치의 농산물을 효율적으로 생산할 수 있게 된다. 생산성의 향상과 더불어 상품개발, 마케팅, 직접 판매, 여러 분야 사업자와의 제휴(alliance) 등의 고부가가치 업무에 주력함으로써 농가의 소득이 다른 산업과 비슷할 정도로 향상될 것도 기대할 수 있게 된다. 장시간의 현장작업으로부터 자유롭게 되므로 저소득해소와 창조적인 업무로의 전환(shift)도 실현될 수 있다. 이와 같이 새로운 업무방식을 따르는 농업은 농업에 관심을 가지는 젊은이들뿐만 아니라, 창조적인 일을 추구하는 인력을 끌어 들일 만한 매력 또한 갖출 수 있게 된다.

이제 마지막으로 비용대비 효과라는 과제가 남아 있다. 현재 차세대 농업의 모습을 정확히 파악하고 있지 않으면, 명확한 방향성이 없는 채로 자칫하면 연구에만 그치기 쉽다. 다양한 연구기관과 기업들이 나름대로 연구개발에 힘쓰고 있지만, 농업인의 관점을 뺀 비용의 고려 없이 너무 비싼 농업용 로봇에만 중점을 두고 있는 경향이 있다. 점차 시간이 갈수록 바로 이 문제가 오히려 위험요인으로 드러나고 있다. 실질적으로 농업에 종사하는 농업인들에게 수익이 되는 농업으로 거듭나자는 본래의 목적을 벗어나게 된다. 인건비의 절감효과 보다도 고액의 채산성이 맞지 않는 로봇과 자동화농기계가 개발되어도 농업 4.0(Smart Agrik-4.0)

의 시대는 열리지 않는다.

이와 같은 과제를 극복하고 해결방법을 제시할 수 있으면 농업은 독창적(creative)이고 수익이 되는 비즈니스로 진화하게 된다. 이에 따라 농업에는 자금력과 우수한 인력이 모이게 되어, 지속적인 발전을 촉진하여 차세대 농업비전이라고 할 수 있는 농업 4.0(Smart AgriK-4.0)을 전망해 볼 수 있다.

3.3 》 근본적인 한국 농업 고유의 과제 해결

앞장에서 설명한 바와 같이, 농가의 고령화 및 이농현상으로 인해 농업종사자 1인당 농지는 표면적으로 보면 확대되었다. 그러나 현실적으로 농가가 감당하는 농업 면적이 논농사나 밭농사의 경우 수ha이상을 경작해도 면적당 수익은 저하되는 경향이 있다고 한다.

'농가당 경작할 농지의 면적은 더욱 늘어났는데, 그만큼 수익이 나오지 않는 이유가 무엇인가?' 이 질문에 대한 정확한 답을 찾아야지만 문제를 해결할 수 있다. 실상 이 문제는 우리나라 농지의 특성에 기인한 것이다. 대부분의 지역에서 농지를 확대해도 수익성이 높아지지 않는 요인을 크게 두 가지로 구분하여 구체적으로 설명해 보도록 한다.

첫 번째는 포장(농지)의 분단이다. 포장(농지)이 잘 갖추어진 농지는 많지 않고, 규모 확대를 하기에는 어려운 농지가 많다. 농지가 분산되어 있으면 농업종사자는 트랙터 등의 농기계에 타서 포장 사이를 이동하며 각 포장에서 농작업을 해야 한다. 그러나 트랙터의 시속은 30~40km정도(예를들어 일본의 경우 농경용 소형 특수 자동차에 속할 경우에는, 도로운송차량법에 의해 시속35km까지 제한되어 있다)로 저속이며, 이동에 상당한 시간을 요한다. 모처럼 다수의 농지를 끌어 모아 규모를 확대해도 포장 간 이동시간, 이동비용으로 그 효율성이 현저히 떨어지게 된다.

두 번째는 농지가 넓어지면 농산물의 단가가 하락하는 것이다. 고품질에 단가가 높은 농산물을 재배하기 위해서는 정밀한 재배가 요구된다. 그러나 농업종사자가 혼자서 주변을 관리할 수 있는 농지는 한정적이다. 그렇기 때문에 단가가 높은 농산물의 사업규모를 확대하려고 하면 그에 맞춰 필요한 작업자의 수와 노동량도 증가하게 된다.

여기서 사업규모를 확대할 경우 경영자는 농산물의 부가가치보다 사업으로써의 효율성을 중시하게 된다. 그 결과로 비교적 노력이 들지 않는 저단가의 품목으로 전환(shift)하거나, 혹은 정밀한 작업을 요하는 부분을 생략함으로 품질의 저하가 발생하여 농산물의 단가가 떨어지게 된다.

분산된 농지에서 효율적인 영농모델을 실현하기 위해서는 IoT가 대안이 될 수 있다. 포장의 분단이라는 과제에 대해서는 농업종사자와 농기계의 1대1의 관계를 개선하는 것이 가능하다. 농작업을 자동화하면 농기계와 농업로봇(소형, 자동운전형)의 자동운전과 원격조작으로도 한 사람의 농업종사자가 여러 대의 농기계·로봇을 동시병행으로 조종할 수 있다. 이로써 농업종사자 1인당 작업량은 현저히 감소하게 되고 관리

가능한 농지면적은 비약적으로 증가한다.

일반적으로 자동운전 농업로봇의 이미지는 가정에서 사용되고 있는 청소용 로봇의 농업판이라고 생각하면 이해하기 쉬울 것이다. 농업종사자는 농업로봇을 조작하는 것이 아니라, 그것을 설치·회수하기만 하면 된다. 농업종사자가 농지에 붙어 있을 필요가 없어진데다가 포장 간 이동은 농기계의 느릿느릿한 운전에서 소형농업로봇을 실은 경트럭의 신속한 이동으로 그 모습이 변해 이동비용도 극적으로 감소하게 된다.

이와 같이 대형농기계 대신에 여러 대의 소형농업로봇을 동시 병행으로 운용할 수 있게 되면 잘 갖추어진 농지를 확보할 수 없는 지역에서도 수십ha규모의 효율적인 농업경영이 가능해진다. IoT기술을 활용하면 고효율·고수익의 농업을 실현할 수 있게 된다. 이에 따라 농업종사자 1인당「관리하는 노동력」(농기, 로봇 포함)이 증가하고 1인당 생산량이 증가한다.

또한 앞에서 설명한 대로 농기계의 포장 간 이동시간이 줄게 되어 농기계가 실제로 농지에서 가동하는 실가동률이 향상한다. 바꿔 말하면 농기계가 놀고 있는 시간이 감소한다는 뜻이다. 그렇게 되면 생산비용에 있어서의 농기계 비용(감가상각비 혹은 리스비용)의 비율을 내릴 수 있다.

두 번째 과제에 대해서는 전문가의 기술을 철저하게 데이터화하면 센싱기능과 AI기능을 활용하여 높은 부가가치의 농산물을 위한 작업을 자동화할 수 있다. 그에 따라 재배규모가 확대되어도 농업종사자수가 늘지 않고 단가를 유지할 수 있게 된다.

IoT의 기술수준이 올라가고 농업의 중요한 요소인 오픈 이노베이션, 제휴(alliance)가 포지티브 피드백(Positive Feedback) 효과를 발휘하게 되면 종래의 농가보다도 정밀도 높은 농산물의 생육상황과 품질을 파악하고 제어할 수 있게 된다. 예를 들어 겉으로 봐서는 알 수 없는 과일의 숙도(熟度), 당도, 밀도를 사람이 일일이 두드려 봐야 어느 정도 알 수 있는데 센서로 내부 상황을 모니터링 할 수 있기 때문에 그 수치도 정확이 알 수 있어 편리할 뿐더러 그 신뢰성도 높아진다.

이와 같이 IoT로 두 가지 과제를 해결할 수 있기 때문에 농지가 분산되어 있는 것이 오히려 장점이 될 수도 있다. 그 이유는 잘 관리된 농지라는 특유의 자산이 농산물의 부가가치를 유지하는데 도움이 되기 때문이다.

3.4 》 현재 스마트농업 정책의 효과와 과제

현재 추진 중인 스마트농업은 대규모로 집약되기 쉬운 지역에서는 큰 효과를 기대할 수 있다. 이미 각지의 실증사업에서 스마트농업의 선행사례가 계속 나오고 있으며, 그 수익으로 또 다른 스마트농업의 확립에 기여하고 있다.

현재 실행되고 있는 스마트농업의 주요한 중심인 자동운전농기계는 수십~수백ha라는 보다 큰 농지를 주요대상으로 한 기술이다. 따라서 스마트농업은 대규모농업생산자를 중심으로 수익이 되는 농업의 실현에 성과를 올리게 될 것이다.

그러나 우리나라 농업생산의 대부분을 차지하는 것은 중소규모 농업생산자이다. 오늘날 추진되고 있는 스마트농업의 자동운전농기계 등의 대형농기를 주력으로 한 형태의 스마트농업으로는 볼륨 존(Volume Zone)인 중규모농업생산자가 경쟁력을 향상시키기에는 불충분하다. 이 층에 있는 농업의 수익을 높이지 않고서는 농업의 재생은 실현되지 않는다.

농업의 볼륨 존을 구성하고 있는 중규모 농업생산자들은 그들이 떠안고 있는 분산포장에 관해서 투자의 과제를 해결하지 못할 것 같아 많은 우려를 하고 있다. 과거 농기계의 연장선상에서 보면 자동화를 도모하더라도 본래 비싼 농기계에 IoT화 비용까지 더 추가되어 엄두를 내지 못할 만큼 비싼 기기가 되어 버릴 수도 있다.

농업인 전체가 수익이 창출되는 농업을 실현하기 위해서는 스마트농업+α의 시스템과 비즈니스 모델이 필요하다.

4

외국의 스마트 농업 동향

농업의 IT화는 선진국만이 아니라 개발도상국에서도 중요한 과제로 급속히 대두되고 있다. 여기서 먼저 세계의 농업IT와 스마트농업의 동향에 대하여 아시아, 호주, 미국, 남미, 유럽, 중국 등의 동향에 대하여 이해할 필요가 있다. 저마다 지역의 동향에 대하여 전체적으로 아는 것은 쉬운 일이 아니고 단편적인 정보제공이 되고 있음은 부정할 수 없지만, 세계적인 농업의 동향을 파악해야만 향후 이에 따른 대처방안을 준비 할수가 있으므로 거시적 안목으로 살펴볼 필요가 있다.

국가별로 자국의 농업 특성에 따라 적용하고 있는 스마트 농업 관련 기술이나 정책이 다르고 중점 추진분야에도 차이가 있다. 그러나 스마트 농업을 실현하는 하드웨어의 기술적 구성요소나 원리는 크게 다르지는 않다. 농업기술이 IoT, 센서와 네트워크 기술을 기반으로 토양과 식물의 정보가 수치로 계량되고 객관화되어 있다. 전문가들만 운전하고 작업할 수 있었던 기계식 농기계에 첨단기술이 도입됨으로써 누구나 쉽게 보다 정밀한 농작업이 가능해지고 있다.

많은 농업지식과 정보가 데이터베이스화되고, 이를 바탕으로 컴퓨터가 인공지능기술들을 활용해 농민이 농사 처방과 농작업에 대한 의사결정을 보다 쉽게 하도록 도와준다. 또한 농업에도 로봇기술의 적용이 확산되어 제초작업, 분뇨처리, 농약살포 등과 같이 사람이 하기에 어렵고 힘든 농작업이나 위험한 작업을 사람과 함께 협력하여, 쾌적한 환경에서 쉽고 편하게 작업할 수 있도록 해준다. 이러한 첨단의 농작업 기능들이 스마트폰, 스마트패드와 같은 태블릿 형태의 스마트 IT기기에 인터페이스되어 모니터링과 제어가 가능하도록 하고 있다. 이밖에도 스마트 시대의 도래와 함께 새로운 소통과 정보획득 방법, 첨단기술 등을 통해 기존의 농업 전반에 변화와 발전이 이루어지고 있다.

FAO나 세계은행도 농업정보화에 열을 올리며, 아시아태평양(FAO, 2016, 2018)과 아프리카(Zyl, Omri et. al. 2014) 등에서 농업정보화에 관한 논의의 결과와 전략을 보고하고 있다.

현재, 아시아농업정보기술연맹(AFITA, Asian Federation for Information Technology in Agriculture, 2019년부터 APFITA, Asia Pacific Federation for Information Technology in Agriculture로 개정), 유럽농업정보기술연맹(EFITA, European Federation for Information Technology in Agriculture), CIGR(Internaional Commision of Agricultural and Biosystems Engineering),

ASAEB(American Society of Agricultural and Biogical Engineers) 등의 국제회의에서 농업IT기술에 관한 최신의 성과가 매년 발표되어 최신동향을 파악할 수 있다.

또한 Computers and Electronics in Agriculture(Elsevier), Plant Method(BMC), Plant Phenomics(Science) 등 다양한 학술잡지에 성과가 게재되고 있다. 더욱이 농업관련전시회에서도 다양한 농업IT기술이 전시되고 있다.

미국, 일본, 프랑스, 네덜란드, 독일, 덴마크, 중국 등 농업IT 분야의 스타트업도 포함하는 민간기업의 참가도 두드러지고 있다. 생산관리 소프트웨어, 디지털 농작업 일지 등 종래의 것과 더불어, 드론과 위성에 의한 생육 모니터링 서비스, 환경센서와 생체센서 등 IoT 제품과 소프트웨어, 고속 피노타이핑 전용기기, 데이터 상호 유통성을 담보하는 플랫폼과 API등 다양한 제품 서비스가 제공되고 있다.

4.1 》 아시아 및 일본의 스마트 농업

최근의 농업기계화는 경노동 뿐만 아니라 포장과 작물의 센싱과 인간과 기계간의정보통신을 사이에 두고 자율제어, 정확한 농작업, 정밀농업의 촉진에 크게 공헌하며 나아가서는 농업현장에서의 심각한 노동력 부족을 보충할 수 있게 되었다.

한편 불규칙적인 작물생산을 줄이고 작물수량을 증가시키기 위해서는 작물과 포장의 상태에 맞는 적절한 농작업관리가 필요하다. 과거와는 달리 요즘의 농촌지역 사람들은 IoT를 경험한 비율이 높아져서 급속한 IoT의 기술진보에도 밀리지 않을 정도로 최신의 정보를 접하고 있고 또 새로운 기술을 익힐 수 있는 역량이 있어 IoT를 큰 어려움 없이 사용할 수 있다.

특히 농업생산정보와 시장정보의 이용에 있어서는 의사결정지원시스템과 IoT의 융합이 중요한 역할을 담당하고 있다. 농업용 공동 클라우드 어플리케이션은 농작물생산에서부터 수확 후의 관리 마케팅까지, 이 모든 과정에서 활용하기 위한 빅데이터분석의 플랫폼으로 농업으로 비즈니스를 하는 젊은 층들에게 신선한 자극을 주고 있다.

최근 개발된 고도의 농업기계는 모내기, 관개, 비료살포, 농약살포 등 다양한 농작업이 가능하다. 또한 농업용 공동클라우드 어플리케이션에 리모트 액세스를 할 수 있도록 했는데, 이것은 기후변동성을 고려하여 농작업의 최적화를 위해 필요하기 때문이다.

스마트농업 기계화는 아시아시장을 발전시키기 위한 사업계획과 그 실행가능성을 충분히 가지고 있다. 아시아지역에서의 농업 후계자 부족의 해소, 작물생산과 식품안전보장의 지속가능성을 달성하기 위해서는 농업용로봇이나 트랙터의 자율주행레벨을 향상시킴으로 해서 농업기계와 로봇이 스마트정보에 의해 통합, 운용되어 결과적으로「통합농장」을 향해가는 발전적인 농업의 미래상을 그려볼 수 있다.

일본에서 실행되고 있는 스마트농업의 기계화는 원격탐사, 기상재해

예측, 농업용수 관리, 농기계 자동화 등 스마트팜 구현을 위한 세부요소 기술개발과 함께 중소규모 농업로봇의 개발과 실증분야에 집중되어 있다. SIP 프로그램에서는 원격탐사를 활용해 대규모 농장관리나, 기상재해방지, 관배수 자동화기술 등을 개발하고 있으며, '로봇기술 도입 실증사업'에서는 자율주행 농기계, 수확 및 운반 자동화 기계, 스마트 시설원예 시스템 등을 영농현장에 도입하는 것을 지원하고 있다.

4.2 》 호주의 스마트 농업

1) 배경

호주의 농업관련 부문은 농가의 생산과 의사결정의 개선을 지원하기 위한 고도의 기술들이 급속히 개발되고 있다. 디지털농업과 스마트농업은 기후변동과 경제적 압력이 높아지는 상황 속에서 업계가 어떻게 대응할 수 있을 것인가 하는 논의가 중심이 되고 있다.

호주의 농업은 주로 수출중심의 농업으로 작물생산의 약70%를 수출하고 있다. 농업이 안고 있는 불안정한 기후조건, 막대한 수송비, 빈곤한 통신기반과 농촌지역에서의 접속성, 한정적인 서비스 등 이러한 많은 장애물에도 불구하고 호주에서 이뤄지는 농업은 매우 혁신적이며 효율적이다. 호주의 기후는 열대부터 지중해성기후까지 다양하다. 농가의 농업규모는 거대하여 원예와 포도재배 등을 제외하고는 관개보다 오히려 빗물이용이 많다. 대부분의 농장은 광대한 경작지와 가축(양, 소)과의 대규모적인 복합경영이다.

호주는 오랫동안 스마트농법과 정밀농업을 주도하며 자동조타기술이나 제한주행로, 유전자기술 등을 이용하면서 농업의 생산성을 향상시켜왔다. 농가, 컨설턴트, 농업연구자 등과 같은 각 분야에 전문적인 농업관계자들을 배치함으로써 농장을 스마트 팜으로 바꾸기 위해 끊임없이 새로운 전략을 세우고 새로운 기술을 가진 인력을 채용하는데 과감한 투자를 한다. 호주의 농업계 전체가 디지털 비즈니스모드로 이행되고 있고 그 프로세스는 도전적이며 혁신적이다. 호주의 농업기술개발분야에서는 비즈니스를 위한 특화된 솔루션을 요구하고 있다. 최근 몇 년 간 농업기계나 다른 농장센서에 의해 수집되는 데이터의 양이 지수함수적으로 증가하고 있는데, 생산성 개선을 위해서 농가별로 커스터마이즈된 효율적 데이터이용과 의사결정지원을 가능하도록 돕는 것이 과제로 남아있다.

2) 스마트 농업(Smart Farming)의 예

호주는 스마트 농업을 촉진시키기 위하여 정부나 대학과 민간기업 양쪽에서 수많은 시도와 노력이 이루어져 왔다. 호주 스마트농업의 미래는 정부, 대학과 민간기업 양쪽에서 선도되는 혁신과 지원이 있어야 실현이 가능하다. 인공지능, 로봇공학, 클라우드컴퓨팅 등의 기술활용은 한층 더 농업부문의 개선 가능성을 제시하고 있다. 그것들을 이용하여 커스터마이즈 가능한 데이터세트로의 액세스 실현과 의사결정툴의 개발이 특히 중요하다.

〈표2.1〉 호주 농업 스마트화 관련 단체

정부·연구소	
CSIRO Data 61 initiative	https://www.csiro.au/en/Research/AF/Areas/Digital-agriculture
lekbase service	lekbase.com
DPIRD eConnected Grainbelt	http://www.agric.wa.gov.au/r4r/econnected-grainbelt-project
eAgriculture RG ECU	http://www.ecu.edu.au/schools/computer-and-security-science/research-activity/eagriculture-research-group
UNE Smart Farms Initiative	http://www.une.edu.au/research/research-centres-institutes/smart-farm
Australian Farm Institute P2D Project	http://farminstitute.org.au/p2dproject

민간기업	
AgWorld	https://agworld.com.au/
Agriweb	https://www.agriwebb.com
CSBP NuLogic Soil and Plant Analysis service	https://csbp-fertilisers.com.au/agronomy/nulogic
Birchip Cropping Group	https://www.yieldprophet.com.au

4.3 》 북미의 스마트농업

1) 신흥국가의 추격

북미농업은 남미나 구소련권 등 신흥농업국과의 경쟁과 농업의 지속 가능성에 대한 우려라는 과제에 직면해 있다. 어느 쪽도 지금까지 걸어 온 방법만으로는 극복하기 어렵다. 이와 같은 난관을 극복할 하나의 수단으로써 보다 스마트한 기술이 주목을 받으며 개발과 보급이 이루어지고 있으며 그 핵심은 바로 AI(인공지능)이다.

신흥 농업국이 국제시장에서 급속히 존재감을 높이고 있다. 대규모의 근대적인 북미농업은 2차세계대전직후의 식량부족시기 이후, 세계에서 최대의 지원국가 역할을 다해왔다. 그런데 중남미와 구소련제국과 같이 수천헥타르 규모의 거대한 농지에서 효율적인 농업생산이 시작되자 미국으로 대표되는 북미 농업은 국제시장에서 급속한 타격을 입게 되었다.

2018년을 기준으로 봤을 때, 세계 최대의 콩 수출국은 브라질, 밀 수출국은 러시아이다. 옥수수도 미국이 최대 수출국에도 이르지 못했다. 브라질과 아르헨티나의 곡물 수출량을 더하면 미국은 비교 대상이 될 수 없을 정도이다. 이러한 신흥국의 대부분은 미국과 캐나다와 같은 고액의 농업보조금이 없어도 높은 생산성으로 북미와 유럽의 농업을 능가하고 있다.

2) 스마트화의 진전

21세기로 접어드는 전후부터 북미에서는 위성정보를 이용한 농작업 기계의 주행지원, 비료살포 등 정밀농업이 급속히 보급되었다. 선두주자로 발 빠르게 시작 했으나 농업생산에 관한 최신기기의 대부분은 거의 시간차 없이 신흥국에 도입되었다.

북미농업이 목표로 하는 것은 스마트화로 한 걸음 더 나아가는 것이다. 예를 들어 정밀한 파종을 가능하게 하는 기술개발 그리고 위성으로부터 받은 정보에 기인하여 종래의 스마트기술로 광대한 농지의 평균화와 토양의 질에 맞추어 비료성분을 적정히 살포하는 것은 매우 일반적인 일이 되었다.

현재 대기업간의 농기계메이커가 급격히 경쟁하고 있는 것은 고속주행하면서 밭의 상태를 실시간으로 분석하고 씨앗에 따라 최적의 깊이까지 경작하는 기기의 개발과 보급에 관한 것이다. CASE IH 회사와 존디어(JohnDeere)회사는 2017년부터 18년에 걸쳐 각각 고속주행중의 트랙터에서 바로 토양상태를 모니터하며 경작할 깊이를 자동으로 조정하는 시스템을 시판하기 시작했다. 이것은 획기적인 일로 과거 위성으로부터 받은 화상을 보면서 밭 표면의 정보를 파악하는 것이 아니라, 실제로 경작하면서 실시간 경토의 깊이를 감지하고 최적의 상태에서 경작할 수 있게 되었다.

3) 핵심 AI기술

종래의 스마트화는 급속히 개발·보급한 위성과 드론, 기상관측 로봇 등에서 얻을 수 있는, 즉 외부로부터 받은 어떤 정보를 어떤 식으로 농작업에 기여할 것인가라는 시점에서 개발이 이루어져 왔다. 북미 농업스마트화는 한 걸음 더 나아가 작물 하나하나에 최적의 환경을 제공하는 것에 초점을 맞추고 있다. 이른바「면」에서「점」으로의 이동(shift)이라고 말할 수 있다. 지탱하는 것은 각종 센서와 정밀한 작업을 가능하게 하는 기계기술 그리고 그것들을 순식간에 조합시키는 고속 AI기술이다.

북미의 스마트농업의 또 다른 키워드는 바로 소형화이다. 미국의 네

브라스카 대학의 조사에 따르면 최대급 농업용 트랙터는 1960년 이래 매년 400킬로씩 무거워 졌다. 기계가 커짐으로써 농작업의 효율화는 높아졌지만 한편 밭을 전차(戰車)와 같은 대형기계가 내달린 탓에 표토의 압축(compaction)을 초래했다. 압축으로 인한 토양조건의 악화는 장기적인 농업의 지속성을 해친다.

자동운전기술과 AI 기술의 진보는 한명의 작업자가 수백마력의 대형 트랙터를 운전해야 하는 수고를 덜어 주었다. 오히려 일본등에서 잘 볼 수 있는 60마력 정도의 무인소형트랙터를 동시에 여러 대 함께 작동시키는 것이 대형트랙터보다 훨씬 더 효율적인 농작업을 할 수 있게 되었다. 농작업에 필요한 농기계를 소형화 시킬 수 있는 것도, 작업자의 농기계를 각각 조건에 맞추어 자유자재로 지휘할 수 있게 된 것도 AI의 기술이 발달됨으로 가능해 진 것이다.

4.4 》 유럽의 스마트농업

EU 국가를 중심으로 한 유럽의 스마트농업은 미국과 같이 대규모 노지농업에 적용할 정밀농업기술과 아울러 시설원예, 축산 등과 같은 시설농업의 스마트농업 기술개발이 동시에 이루지고 있다.

곡물 및 축산분야 정밀농업을 실현할 농업로봇 및 농장관리 시스템을 개발하고 있는 'ICT-AGRI' 프로젝트 그리고 스마트농업의 경영과 운영관리, 물류 등을 지원하기 위한 'Smart Agri-Food' 프로젝트 등이 함께 추진되고 있다.

1) 유럽농업과 정밀농업(Precision Agriculture)

유럽의 농업은 유럽연합(EU) 레벨로 결정한 공통농업정책(CAP: Common Agricultural Policy)을 각 가맹국이 실시하는 시스템을 보유하고 있다. 1962년 당시 CAP의 주목적은 유럽 사람들에게 충분한 식량을 안정적으로 공급하는 것이었지만, 현재는 농업의 역할을 확대하여 기후변동 완화와 자연자원의 이용에 이르기까지 중점을 두고 있다.

CAP(2014년~2020년)은 다양한 스타일의 농업의 지속적인 발전과 이러한 발전을 돕는 농촌개발 원조(지식의 이전·혁신, 모든 타입의 농업의 경쟁력 강화, 가공·판매를 포함하는 식료품체인의 조직화, 리스크 관리: 재해·수입보험, 생태계의 보전·강화, 저탄소 경제로의 이행, 농촌지역의 빈곤절감과 경제개발)의 기능도 함께 갖고 있으며, 동시에 이 축의 중심에 정밀농업(PA:Precision Agriculture)이 자리 잡고 있다. PA는「환경에 주는 영향을 잠재적으로 줄이는 한편 기술투입에 대한 리턴을 최적화한다는 목표를 가진다.」라고 설명하고 있다. 이에 따라 PA의 효과(경제적 측면을 포함)는 EU프로젝트를 활용하여 EU영역내의 경작지, 대표농작물 및 낙농장 등의 실증실험이 이루어져 왔다.

2) 정밀농업에서 스마트농업으로

차세대 인터넷기술에 있어서 유럽의 경쟁력강화와, 사회 공공분야의 어플리케이션개발의 지원을 목적으로, EU에서는 2011년부터 5년 계획의 FI-PPP(Future Internet Public-Private Partnership) 프로그램이 3억 유로의 예산 아래 실시되고 있다. 농업분야에서도 2011년부터 2013년에 걸쳐 SmartAgriFood, 2013년부터 2015년에 걸쳐 SmartAgriFood와 FINEST(물류프로젝트)가 하나가 된 FIspace가 실시되었다. FI-PPP의 특징은 차세대 인터넷기술의 어플리케이션개발/보급을 지탱하는 소프트웨어모듈의 집합체(데이터관리, IoT 디바이스관리, 빅데이터 분석기능 등의 기반 소프트웨어)의 연구개발을 행하는 FIWARE에 있다. 이 기반소프트웨어는 스마트농업프로젝트를 포함하는 각종프로젝트의 실증을 지탱함과 동시에 오픈소스소프트웨어로써 전 세계에서 이용 가능하다. 이 흐름 속에서 농업기계가 중심인 PA는 ICT를 핵으로 하여 소비자기점(마켓인)의 스마트농업(Smart Agriculture)에 콘셉트가 이행하고 동시에 FI-PPP 후계 프로그램인 Horizon2020에 계승되어 식 · 농업분야에서는 2017년에 개시된 IoF(Internet of Food and Farm) 2020에 의한 푸드시스템의 입구로 자리매김한 스마트농업의 실증실험이 시작되고 있다.

3) 유럽의 스마트농업 기술의 보급

EIP-AGRI(The agricultural European Innovation Partnership)의 지원받아, Horizon2020 프로그램이 자금을 제공하는 테마 별 네트워크로써 Smart AKIS가 조직되어 있다. 이 네트워크는 아테네농업대학에 의해 조정되어 농가, 농업고문, 연구원, 농업기계산업을 대표하는 다른 12개의 파트너가 참여하고 있다. 이 네트워크를 통한 농가와 유럽위원회 전문가와 연구원의 공개적인 교류는 CAP의 앞으로의 프로그래밍기간과 Smart Farming Technologies의 채용을 지원하는 그 밖의 정책의 추진사항을 조정하기 위한 것이 되었다.

4.5 》 중국의 스마트농업

1) 국가정책의 동향

중국정부가 국가의 매년 최우선과제에 대하여 발표하는 문서, "중앙 일호문건"은 2004년 18년 만에 농업의 3가지 문제점 (농업의 저수익성, 농촌의 피폐, 농가의 소득침체와 도시주민과의 소득격차 확대)의 해결을 과제로 다루었다. 그 후 2018년까지 15년 연속으로 같은 문제를 다루며 여러 정책을 내놓고 있다.

예를 들어 중국의 제12차 국민경제 · 사회발전 5개년 계획(2011-2015)에서는 농업이 첫머리에 등장하고, 제13차(2016-2020)계획에서는 「스마트 농업에 의한 농업생산의 개선」을 목표로 하여 스마트농업을 국가의 역점 산업영역의 하나로 두어 국가차원에서 지속적으로 농업을 강력히 지원하고 있다.

2) 연구에 있어서의 발전 동향과 사례

농업정보 관련연구를 중심으로 한 연구기관은 중국농업 과학원 · 농업정보 연구소(북경1957) 외에, 중국과학기술부에 의해 설립 허가를 받은 국가농업정보화공정기술센터(NERCITA 북경 2001)와 국가농업지능장비공정기술연구센터 (NERCIEA 북경 2010), 중국공업정보화부에 의해 설립을 허가받은 국가정보농업공정기술센터(NERCIA 남경 2010)가 있다. 이와 같은 여러 연구소에서 연구가 진행되고 있으며 기술이전과 산학연계도 중시하여 부설기업의 설립과 솔루션을 제공도 하고 있다.

예를 들면, 중국의 스마트농업관련 전문 연구 기관인 국가 스마트농업 과기창신연맹(National Agricultural Science & Technology Innovation Alliance 북경 2016), 중국농업과학원 스마트농업 과학기술센터(북경 2016) 등이 주축이 되어 중국의 스마트농업을 전개하고 있다. 이에 더해 "2018년 중국공정과기포럼 스마트농업포럼"을 북경에서 개최하여 중국공정원 원사 8명을 비롯하여 각 영역의 최고 연구자가 농업리모트센싱, 농업IOT, 농업빅데이터, 농업기계, 농업로봇, 작업지원시스템 등 최신기술과, 그 스마트농업에의 응용과 전망에 대하여 발표하였다. 이 포럼을 통해 중국은 스마트농업의 국가정책, 현재상황, 장래의 방향성을 제시하였다.

3) 산업계에 있어서의 발전 동향과 사례

농업생산작업의 생력화와 스마트화를 목표로 대기업인 징둥(京東), 알리바바, 중국중화집단, 텐센트, 바이두(百度) 등이 AI를 이용하고 활용하는 농작물·과수의 생산재배, 가축의 사육, 농산품의 유통관리 등의 분야에 적극적으로 참여하고 있다.

예를 들어 2018년 4월 설립한 경동(京東)의 "경동 스마트농업 공동체"에서는 전국농약 살포용 드론과 조종사의 일괄 통합관리 어플인 "경동농복(京東農服)"을 발표하였다. 그리고 ICT기술을 고도로 이용하는 징동농장과 연계하여 기술개발을 진행하는 징동농업연구원도 설립할 예정에 있다. 2018년 6월에는 알리바바사의 "ET농업대뇌"에서는 대규모 양돈산업에 AI기술을 도입하여 화상인식과 적외선측정기술로 돼지의 수, 행동특성, 건강상태를 관리, 기록하는 것을 실현하겠다고 선언하였다. 이처럼 대기업이 나서서 AI기술을 활용하여 농가의 수익이나 농산물의 생산성, 안전성, 품질향상을 목표로 사업을 하고 있다. 초기투자가 높은데 반해 실증성과가 아직 보고되어 있지 않으나, 이런 사업이 미래의 비즈니스모델 긍정적인 검증을 받게 될 것인지에 대해서 많은 시선들이 주목하고 있다.

농업과 ICT기술이나 AI기술을 활용하는 농업벤처기업도 활약하고 있다. 대표적인 농업벤처기업들을 예를 들어 보면, 농약살포와 포장모니터링 드론 생산의 DJI(2016년 심천), XAIRCRAFT(2007년 광주), ZEROTECH(2009년 북경), SZGKXN(2012년 심천), CFUAS(2014년 심천), HIVE ROBOTICS(2015년 북경), FARMFRIEND(2016년 북경), MCFLY(2016년 북경), IOT, 데이터관리 해석 플랫폼과 스마트 농기계, 로봇을 제공하는 KEBAI SCIENCE(2008년 북경 IOT), ACSM(2009년 북경 SAAS), JIAHE INFO(2013년 무한 위성), GAGO(2015년 북경 위성), NB-INOVATIONS(2015년 심천 IOT), BOCHUANGLIANDONG(2014년 북경 농기), 등을 손꼽을 수 있다. 이 회사들은 농촌지역으로의 드론판매, 농업생산법인과 정부로의 데이터서비스,

농지정보의 제공 등으로 수입원을 확보하면서 급속히 발전하고 있다.

4.6 》 중남미의 스마트농업 (콜롬비아의 예)

콜롬비아에서 최근 2-3년 동안 농업종사자를 대상으로 한 정밀농업, 스마트농업(Intelligent Agriculture 포함) 및 농업 이노베이션(Agriculture Innovation)을 키워드로 한 세미나와 강연회가 빈번히 개최되고 있다. 이러한 이벤트에서는 다양한 용도와 크기의 드론과 수량센서 부착 콤바인, 그들에서 획득한 데이터의 매핑에 의한 시각화(Visualization)등의 기술이 주로 소개되었다. 200-300ha를 소유하는 독농가에서는 연간계약(대부분의 경우에는 2기작 또는 2모작)으로 드론에 의한 화상획득과 해석, 수량맵에 의한 고르지 못한 상태의 시각화(Visualization)등을 전문컨설턴트에게 의뢰하고 있는 케이스도 있다.

연간비용은 1기술, 약1만 달러이다. 콜롬비아에서는 독농가가 경영개선과 수량증대를 위하여 적극적으로 새로운 기술을 도입하려는 의욕과 행동력이 높은데다가 국내에서의 제조업이 발달하지 못했다는 점에서 해외산의 최첨단 농업기술과 기계가 현장요구의 시각화에 의해 도입하기 쉬운 환경에 있다. 실제로는 브라질의 Agrosmart사와 아르헨티나의 Verion사, 미국의 Esri사 등이 진출하여 기술서비스를 제공하고 있다. 일본에서는 AP COLOMBIA사와 AGRO AP사 등이 DJI 와 Ag leader

Technology의 대리점으로서 기계판매뿐 아니라 취급기계를 이용한 기술서비스 제공과 컨설팅사업을 하고 있다.

또한 일본대학의 농학부와 공학부가 재배관리어플리케이션과 염가의 드론, 각종 센서류를 제작하고 대학의 벤처로도 기술개발을 진전시키고 있다. 주요 수출품인 커피를 취급하는 연구소 Cenicafé에서는 실시간의 환경데이터를 웹상에 공개할 뿐 아니라 과거의 기상데이터로부터 최적의 파종일과 수확 일을 예측하는 농업자 의사결정시스템을 사탕수수 연구에 특화된 Cenicafé에서는 수로에 설치하는 수위계와 토양센서 등의 정보를 인공지능으로 해석하여 적절한 관개관리를 하는 어플리케이션(Balance hidrico priorizado v.4.0 등)을 생산자에게 무료로 제공하고 있다.

CGIAR의 산하에 있고 칼리에 본부를 두고 있는 국제열대농업센터(CIAT)에서는 2017년 6월부터는 일본과의 국제공동연구프로젝트의 일환으로 PS솔루션즈사의 「e-kakashi」를 도입하여 실증실험을 개시했다. 이 프로젝트에서는 첨단 IT기술과 센싱기술을 구사한 정밀농법을 조합하여 「라틴아메리카형 절수 자원절약 신(新)벼농사기술」의 개발 · 보급에 도전하고 있다. 기상데이터 등을 실시간으로 공유하는 센서시스템은 이미 콜롬비아 국내에도 도입되어 있지만, 「e-kakashi」와 같이 클라우드상에서의 데이터해석과 재배방법을 내비게이트(navigate)하는 시스템은 신규성이 높아 콜롬비아농업이 떠안고 있는 과제해결에 공헌할 것으로 기대되고 있다.

글로벌화로 인해 충분히 활용을 못하는 건조물 등의 대부분의 최신기술은 선진국과 비슷한 수준이 되었지만, 관리유지(maintenance)와 데이터를 활용할 수 있는 기술자가 부족해 스마트 농업기술을 충분히 활용하지 못하고 있는 상황이다. 이 점이 콜롬비아에 있어서 스마트농업의 보급과 앞으로의 전개 과제이다. 한편, 드론기술 등에 의한 상공에서의 실시간으로 넓은 농지의 생육상황의 시각화에 따라 도로망이 발달되지 않은 농촌지역에서의 중노동이었던 순회작업 횟수를 줄이고 효율적인 포장관리가 가능해지거나 GPS부착 트랙터의 도입으로 경사지 벼농사재배지역에 관한 중남미 특유의 등고선상의 간단한 밭이랑을 일구는 작업이 보다 효율적이고 정확해지게 되었다. 수요와 공급의 요구가 합치함으로써 콜롬비아를 비롯한 중남미에 대한 이 분야의 기술혁신과 보급은 비약적으로 발전할 가능성을 내포하고 있으며 앞으로의 동향에 관심을 가질 필요가 있다.

(적용사례 2.1) ICT와 IoT를 활용한 차세대 스마트 농업 모델
(일본 (주)구보타 (Kubota) 사례)

① 차세대 농업(스마트농업)의 개발

오늘날 세계적으로 농업은 대전환기를 맞이하고 있다. 농업의 대규모화와 비용의 경쟁력 강화, 농작물의 고부가가치화 등 성장을 향한 다양한 대처방안이 요구되고 있다. 이러한 과제해결을 위해 (주)구보타의 ICT와 IoT를 활용한 스마트농업에 대한 연구를 계속하고 있는데, 일본에서 시행되고 있는 스마트농업의 활용방안과 적용사례를 간단히 개요만을 설명하도록 하고 상세한 설명은 메이커의 카달로그를 참고하도록 한다.

세계 제일의 농기계 메이커로 미국의 Deere&Company, 두 번째가 CNH, 세 번째가 일본의 (주)구보타(KUBOTA)를 들 수 있다. (주)구보타의 국가(지역)별 매상상황을 보면 일본이 32%, 이외 북미, 유럽, 아시아로 순으로 특히 최근에 들어서는 해외수요가 늘고 있다고 한다. 최근에는 CM의 영향도 있어 글로벌 기업으로 인지되고 있다.

구보타의 미션은 식료 · 물 · 환경을 키워드로 하여 지구규모의 다양한 과제를 해결하는 데 있다. 제품과 서비스의 공급뿐만 아니라 고객의 과제를 해결하면서 새로운 가치 창조를 목표로 ICT와 IoT를 활용하여 혁신을 해나가고 있다.

② 스마트농업에 대한 대응의 배경

우리나라와 마찬가지로 일본이 직면하고 있는 농업의 문제점으로는 고령화와 이농현상에 의한 농업인의 대폭적인 감소를 들 수 있다. 지금 일본 농업인의 평균연령은 약 67세, 벼농사 경우에는 약69세라고 한다. 여기서 10년을 경과하면 어떤 일이 일어날지는 쉽게 상상할 수 있다.

이런 상황 속에서 2015년 기준으로 1,000만엔 이상을 판매하는 농가는 12만 5,000가구 밖에 없고 전체 매상가구의 74%를 차지해 2030년이 되면 1,000만엔 이상이 10만

가구로 99%의 판매비율을 차지할 것이라는 예측을 하고 있다. 지역을 지탱하는 5ha이상의 담당농가가 얼마나 그 지역에서 농업으로 수익을 창출할 수 있는지가 농업을 매력적인 비즈니스로 만드는 과제이기도 하다.

여기서는 시설원예에 대해서 보다 토지 이용형 농가가 떠안고 있는 과제에 대하여 설명하도록 한다. 먼저 다수포장관리의 문제에서는 일본에서 지역농가의 평균경작면적은 2ha이다. 이는 홋카이도를 포함한 수치로 일본 혼슈(本州:일본열도의 주가 되는 가장 큰 섬)만이라면 실제로는 더 낮아지지만 사실은 지역을 지탱하는 농가규모는 확대되고 있어 40ha인 농가도 상당수 있다. 이러한 농가는 주위에서 이농하는 농가의 논을 인수하여 규모를 확대하고 있다. 일본의 논 1구획은 2단으로 20~30a라는 소구획으로 따라서 경작지가 40ha이면 약200개의 논을 관리하는 것이 된다.

여기서 작부(작물심기), 경운, 써레질, 모내기부터 물 관리와 제초, 약제 살포, 수확까지 일련의 작업을 오류 없이 수행해야 한다. 또한 작기(作期:작부순서)를 분산시키기 위해서는 하나의 작황만이 아닌 모내기가 빨라 수확이 다른 데보다 이른 지방의 쌀이나 사료작물 등 여러 품종으로 나누어 생산해야 하며, 또한 규모 확대에 대응해 작업자를 고용할 필요가 있고 이에 따른 그 관리문제도 생긴다. 혹은 새로운 논에 대한 수확량이나 품질이 희생되는 과제도 발생하게 된다. 그러므로 TPP로 시작되는 농산물 자유화라는 압력으로부터도 생산비용을 절감해야한다. 또한 생산품의 고부가가치화, 즉 브랜드화하여 높은 값에 판매하는 것도 역시 중요하다.

그 반대가 농가의 요구(needs)가 된다. 데이터 활용에 따른 정밀농업은 시장에서 요구하는 작물을 요구되는 시기에, 요구하는 양만큼 생산하고 폐기를 최소화하려는 것이다. 이러한 가치사슬(value chain)농업을 전개하기 위해서도 스마트농업에 관심이 높아지고 있다. 구보타는 지금까지 농기계메이커라고도 불려왔지만, 실제로는 고성능·고부가가치 농기계, 혹은 저가격농기계 개발, 판매와 서비스체제의 보급이 주된 업무이다. 요즘은 이뿐만이 아니라 영농솔루션, 예를 들어 저비용 벼농사와 야채농사의 기계화 일관체계 등의 개발과 보급을 실시하며 더불어 신기술을 실증하여 지역전개를 도모하고 있다. 또한, 쌀 수출과 6차산업화에 따른 판매지원도 하고 있다.

일본농업을 진화시키는 단계로 지금까지는 3세대로써 기계화 일관적인체계를 벼농사를 중심으로 밭농사나 야채농사로 전개해 왔다. 앞으로는 4세대로써 스마트농업이 주역이 되는 시대가 열릴 것으로 기대된다.

③ 데이터 활용에 의한 정밀농업(KSAS)

스마트농업의 하나의 핵심이 되는 데이터 활용에 의한 정밀농업, 구보타 스마트 어그리 시스템(KSAS)을 소개 하도록 한다. 이것은 농기계와 ICT를 활용하여 작업 · 작물정보(수확량, 식미)를 수집하여 활용함으로써 「수익이 되는 PDCA형 농업」을 실현하는 영농 · 서비스지원 시스템 이다.

KSAS는 2015년경에 출시되었다. 그 원리는 매우 간단하며 조작도 단순하다. 트랙터나 콤바인, 이앙기 그 밖의 농기계의 센서 정보를 Wi-Fi에 의해 작업자의 스마트폰에 보내, 거기서 클라우드로 전송한다. 그 정보로 농업경영자가 PC나 태블릿 단말기로 작부계획부터 작업계획에 적용시켜 현장작업자에게 전송하고 지시하여 현장작업자가 실제로 작업하여 기록이나 일지를 작성하는 영농지원시스템이다.(그림2.2)

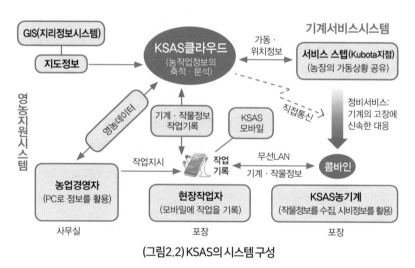

(그림2.2) KSAS의 시스템 구성

수량센서

식미센서

콤바인

벼중량

건조중량

단백질수치

수분수치(최신수치)

수확량센서 : 곡물탱크(grain tank)의 하부에 설치한 부하전지(load cell)로 중량을 계측.
식미센서 : 근적외역(近赤外域)의 파장별 강도를, 측정함으로써, 벼의 수분 및 단백질함유율을 측정.

(그림2.3) KSAS 대응 농기계 콤바인

　벼농사 기계화 일관체계와의 데이터연계에 의한 일본형 정밀농업을 실현하는 KSAS스텝1의 대처로써 Google맵을 이용해 포장지도와 연계하며 작부계획과 작업계획을 만든다. 이에 따라 작업이력을 남기면서 재배프로세스를 관리해나가는 재배지원시스템을 구축하고 있다(기본코스). 그리고 벼농사의 기계화 일관체계인 트랙터, 이앙기, 관리기, 콤바인, 건조기 등의 농업기계와 데이터연계로 인해 PDCA농업을 실현하고 있다.(본격코스)

　KSAS의 핵심이 되는 것이 수(확)량센서가 포함된 콤바인이다(그림2.3). 「수(확)량센서」는 벼를 수확한 후의 벼를 저장하는 곡물탱크(grain tank)하부에 설치한 부하전지(load cell)로 중량을 계측하고, 「식미 센서」는 근적외선의 파장별 강도(세기)를 측정하여 벼의 수분 및 단백질 함유량을 측정하는 것이다. 단백질 수치는 식미와 부의 상관관계가 있다. 단백이 너무 많으면 퍽퍽해서 아주 맛이 없어진다. 브랜드 쌀은 단백질 수치가 너무 높으면 가격이 저렴해지므로 경우에 따라서는 단백질수치를 6.8까지 제한하여 브랜드 쌀의 가치를 지키고 있다.

1. 수확하면서, 또 수확 직후에 포장별 「수확량 · 단백질 · 수분」의 불규칙한 정도를 파악할 수 있다.
2. 「단백질 · 수분」에 따른 수확직후의 벼 분별이 가능.
  → 단백질 분별 : 맛있는 쌀을 높은 가격으로 판매 가능.
  → 수분 분별 : 건조비용의 절감

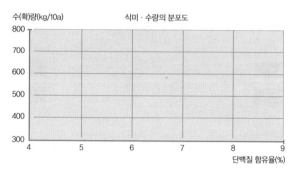

(그림2.4) 핵심이 되는 식미수확량센서포함 콤바인

KSAS에서는 이 콤바인으로 수확하면서 또 수확 직후에 포장별 「수확량 · 단백질 · 수분」의 불규칙한 정도를 파악할 수 있게 된다.

위 그림 (2.4)의 그래프를 보면 세로축이 수확량, 가로축이 단백질함유율을 나타내고 있다. 만약 어떤 농가가 수확량은 600kg/10a, 단백질함유율도 어느 정도의 영역 내에 들고 싶다는 목표(존)를 표시한다. 지금까지는 논을 빌려서 경작했을 때 어느 정도의 수확량이 나올지, 단백질수치가 얼마나 되는지 알 수 없었다. 또한 함께 섞여 건조기에 넣곤 했기 때문에 각각의 논이 어떠한 성질을 가지고 거기서 어떠한 품질의 것이 만들어지고 있는지도 파악할 수 없었다. 이것을 보기 쉽도록 「시각화」할 수도 있다. 예를 들어 그림(2.4)에서 논의 수확량과 단백질 모두 표에서 알 수도 있다. 이와 같이 논 마다 상태를 시각화할 수 있어 원하는 영역에 들어있는 쌀만 모아서 건조기에 넣으면 맛있는 쌀로 출하할 수 있다. 이것을 전부 같이 취급해버리면 7분도 쌀도 똑같아져버려 품질전체가 떨어지는 결과를 초래한다. 저수분의 것과 고수분의 것을 같이 건조기에 넣으면 저수분의 것이 지나치게 건조해져 품질이 떨어지는 경우도 있어 그만큼 미세한 것이다.

또한 포장 1개마다 불규칙정도에 따른 시비(施肥)설계와 토양개량이 가능해진다. 토지는 하나하나 성격이 다르다는 점에서 각각 다른 대책이 필요하다.

예를 들면 토양비옥도가 너무 높거나 낮음에 따라 질소성분을 조절한다. 이처럼 농가 작업자들이 포장의 차이에 대해 이해할 수 있도록 기록함으로써 대책을 마련할 수 있다. (포장이) 200개가 있으면 200개별로 다음 해의 시비설계를 해야 한다. 그렇게 되면 어느 포장에 얼마나 비료를 줄지는 작업자가 다 기억할 수 없으므로 그 논에 잘못된 비료를 주는 등의 문제로도 이어진다. 이러한 문제를 방지하기 위해 각 논의 비료량 정보를 스마트폰을 통해 작업자에게 알려 스마트폰에서 기계에 알린다. 그리하여 기계, 예를 들어 이앙기나 트랙터가 어떤 논에 가면 자동으로 살포량을 설정해, 양을 조절하여 시비를 하는(거름을 주는) 시스템이다.

④ 자동화에 의한 초(超)생력화 (자동 · 무인화 농기계)

자동화에 의한 초(超)생력화란 의미는 IoT · 로봇기술을 활용함으로써 초(超)생력 · 고품질생산을 실현하는 이른바 로봇화라고 말 할 수 있다. 로봇화의 실현으로 이제 인간의 손에서만 가능했던 정밀한 농업이 로봇을 통해 가능해지게 되었다.

일본 농림수산성에서는 레벨을 세 가지로 나누고 있다. 〈레벨1〉은 어려운 운전의 세계 〈레벨2〉는 인간이 감시하면서 무인농기계가 주행하는 세계 그리고 〈레벨3〉은 농가가 원격감시하면서 여러 트랙터가 농로(農路)를 주행하면서 작업을 하는 완전무인화의 세계이다.

일본정부는 2020년에 완전무인화의 샘플을 만들 것이라고 하고 있다. 순서적으로 레벨2의 제품개발과 보급이 이루어 져야 레벨3으로 올라가는 기반이 마련이 된다. 레벨2에서 레벨3으로 올라서기 위해서는 여전히 포장의 기반정비와 고속통신망의 정비, 도로교통법의 완화 등, 인프라면에서 정비해야할 문제가 남아 있다. 이것을 실현하기 위해서는 산 · 학 · 관(産学官)에서의 공동으로 연구개발을 계속 이어나가야 한다.

사람의 감시하에 무인기가 작동하는 레벨2에 대한 대처로는 RTK타입의 GPS수신 유닛을 내장하여 값을 내리고, 고정도인 무인운전이 가능하도록 한다. 또한 작업자 1명이 무인기와 유인기를 이용해 2대로 협조운전을 할 수 있어야 한다. 변형한 포장도 다각형으로 그 포장의 외형을 기억시킨다. 이 외형정의는 한 번으로 충분하여 이듬해도 그대로 이용할 수 있다. 포장내부를 자동으로 주행 할 수 있는데 인간과 장애물이 있으면 자동적으로 멈춘다. 이러한 이유로 중거리용에 레이저스캐너를 3대, 근거리용에는 초음파소나를 8대 설치하고 있다. 그리고 캐빈의 네 모퉁이에 탑재된 카메라(surround view)로 감시자가 장애물을 발견할 수 있다. 이 안전기능은 농림수산성의 안전가이드라인을 충족하고 있지만 안전에 대하여 막대한 비용을 사용하고 있다.

⑤ 스마트 농업에 관한 정리

지금까지의 기계화 일관체계와 더불어 스마트농업 일관체계를 기반으로 하여 토대를 만들면 농가 사람들이 인력을 증원하지 않고도 농사를 더 큰 규모로 확대하여 소득을 증대시킬 수 있다. 예를 들어 가족 두 명이 40ha를 경작 해왔다면 실제로 100ha 까지 가능하게 된다면 그 수입은 당연히 2배 이상 증가하게 될 것이다. 노동력경감·생력화가 이루어지며 힘든 작업으로부터의 해방이 곧 작업방식의 개혁을 초래할 것이다.

이와 더불어 환경부하(오염물질 배출 등) 절감, 비료와 농약절감, 물 절약 그리고 경작포기지의 활용이라는 사회적사명 등에도 관심을 가지면서 농업의 새로운 가치창조를 IoT와 화상을 포함한 여러 메이커의 상호 협조로 실현해 나가야 할 것이다.

Chapter **3**

스마트 농업
핵심기술 사물인터넷과
센서네트워크

1 4차 산업혁명을 지탱하는 기술혁신

1.1 ≫ IoT 환경

원래 운용 기술로 개발 되었던 컴퓨터는 점차 그 기술이 비약적으로 발전하게 되었다. 간략하게 인터넷의 역사를 되돌아보면, 1990년대 후반 이후 인터넷과 컴퓨터의 급속한 보급에 따라 전자메일에 의한 정보교환, 홈페이지에 의한 정보제공 및 전자상거래를 시작으로 서비스 발달이 시작되었다. 이로 인해 컴퓨터는 각 가정과 사무실에서는 없어선 안 되는 존재가 되었고, 2000년대 들어와서는 TV보다는 컴퓨터가 가정이나 사무실의 중심이 되었다. 더욱이 2000년대 후반부터는 휴대용 전화, 스마트 폰이 폭발적으로 보급되어 개인이 항상 소형 컴퓨터(노트북, 테브릿pc 등)를 가지고 어디서나 정보를 입수하고, Twitter 등의 SNS를 통하여 정보를 발신하는 시대가 열렸다. 그리하여 2010년대 드디어 인터넷은 IoT의 시대로 돌입하게 되었다. 즉, 다양한 사물에 센서가 부착되고 그것들이 인터넷으로 연결되어 거기서 다양한 정보를 얻을 수 있게 된 것이다.

IoT는 향후 주목해야할 첨단 IT기술로 IoT의 세계에서는 모든 것들이 네트워크에 접속되고, 거기에서 정보를 취득하거나 원격에서 조작할 수 있게 된다는 것을 나타내고 있다. 그에 따라 다양한 효율화와 편리성의 향상, 그리고 새로운 비즈니스 창출을 기대할 수 있게 되었다.

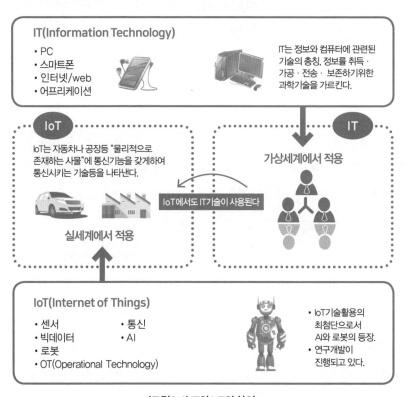

IT(Information Technology)
- PC
- 스마트폰
- 인터넷/web
- 어프리케이션

IT는 정보와 컴퓨터에 관련된 기술의 총칭. 정보를 취득·가공·전송·보존하기위한 과학기술을 가르킨다.

IoT

IoT는 자동차나 공장등 "물리적으로 존재하는 사물"에 통신기능을 갖게하여 통신시키는 기술등을 나타낸다.

IoT에서도 IT기술이 사용된다

실세계에서 적용

IT

가상세계에서 적용

IoT(Internet of Things)
- 센서   - 통신
- 빅데이터   - AI
- 로봇
- OT(Operational Technology)

- IoT기술활용의 최첨단으로서 AI와 로봇의 등장.
- 연구개발이 진행되고 있다.

(그림3.1) IT와 IoT의 차이

IT분야에서 유비쿼터스 컴퓨팅 혹은 유비쿼터스 네트워크라는 의미는 언제, 어디에서나 이용자가 컴퓨터나 인터넷을 그다지 의식하지 않고 이용할 수 있는 환경을 의미한다. IoT도 마찬가지로 지구상의 온갖 사물들이 네트워크에 접속되어 거기에서 정보를 취득하거나 원격조작이 가능한 세계를 상상 할 수 있다.

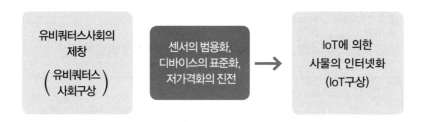

(그림3.2) 유비쿼터스 사회의 개념에서 IoT사회로 진화

예를 들어 스마트 락(Smart lock)이라는 제품을 들 수 있다. 이것은 주택 등의 현관 열쇠와 네트워크를 접속하여 스마트 폰에서 원격으로 문이 잠겼는지의 상황을 확인할 수 있고 또한 실제로 열고 잠글 수도 있는, 단어가 의미하는 그대로 '스마트한 열쇠'를 일컫는다.

이 기술은 원격으로 문단속을 확인할 수 있는 것은 물론 '어느 열쇠로 열었는지'만 알면 할머니가 외출했는지 자녀가 돌아왔는지 등의 사실도 확인 할 수 있다. 게다가 기간한정으로 문을 열고 닫는 권한을 제3자에게 부여함으로써 민박과 연계하여 이용할 수도 있고, 나아가서는 현재 부동산업자가 관리하고 있는 임대물건의 내람 등에도 활용 가능하다. 물론 오작동이나 해킹에 따른 보안에 대해서 철저한 검증을 해야 할 문제가 있지만, 열쇠와 네트워크를 연결시켜 주는 아이디어를 시작으로 더욱 다양한 활용 방법들이 확대, 활용 될 수 있다.

주택 현관의 열쇠를 IoT화 한다는 의미는 물론 편리성도 있지만 여기에는 원격감시, 원격제어라는 두 가지 측면도 포함되어 있다. IoT화에 따라 지금까지 현장에서만 확인할 수 있었던 것이 원격에서 감시할 수 있게 되거나, 원격에서 정보를 취득하여 디지털 데이터로써 축적할 수 있게 된 것이다. 더 나아가 이러한 IoT화로 인한 유익한 점은 방범과 편리성은 물론이거니와 '자녀 보살핌'이라는 측면으로. 앞으로 맞벌이사회에서 필수불가결한 새로운 안심과 안전으로 이어질 수 있다.

1.2 ≫ 사물인터넷

사물인터넷(Internet of Things : IoT)이란 센서와 통신 칩을 탑재한 사물(事物)이 사람의 개입 없이 자동적으로 실시간 데이터를 주고받을 수 있는 물리적 네트워크를 말한다. 즉 사물과 사물이 인터넷으로 대화를 한다는 의미이다. IoT 기술이 범용화 되면 인류는 더욱 편리하게 사물을 조종할 수 있고 또 정교한 정보를 수집하고 활용할 수 있게 된다.

세계적인 경제지 포브스는 "IoT의 가치는 데이터에 있다"고 규정한다. 이는 더 빨리 데이터 분석을 할 수 있는 기업이 더 많은 비즈니스 가치를 가져갈 수 있다는 것을 의미한다. 사물인터넷은 (그림 3.3)에서와 같이 M2M(Machine to Machine)에서 IoT를 거쳐 최근에는 IoE(Internet of Everything)까지 개념이 확장되고 있다.

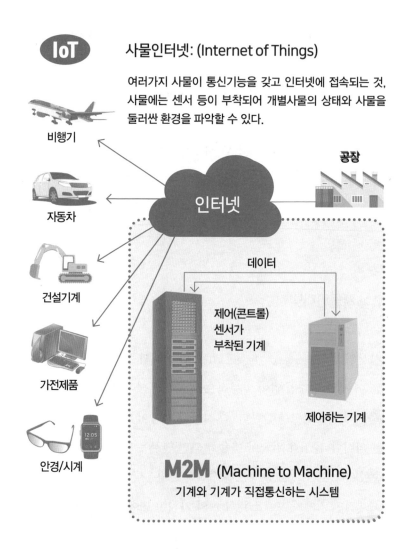

(그림 3.3) IoT와 M2M

4차 산업혁명의 핵심은 결국 IoT, 빅데이터 그리고 인공지능 기술의 융합으로 IoT를 활용한 데이터 수집과 빅데이터 기술을 이용한 실시간 데이터 저장 그리고 인공지능 기술을 활용한 분석, 분류, 예측 기반의 지능형 시스템을 구축하는 것이다. 일상 기기들이 인터넷과 연결되는 사물인터넷은 빠른 속도로 확산되고 있다.

얼마 전까지만 해도 휴대용 전화와 TV 등 일부 기기만 인터넷과 연결이 되었으나, 이제 전자제품 대부분이 유무선 네트워크를 통해 인터넷과 접속이 가능해지고 있다.

이 기술은 이미 십여 년 전부터 유비쿼터스라는 용어로 널리 알려졌던 기술이다. 사물인터넷 환경에서는 센서나 통신기능이 내장된 기기(사물)들이 인터넷으로 연결되어 주변의 정보를 수집하고 이 정보를 다른 기기와 주고받으며 적절한 결정까지 내릴 수 있다.

사물인터넷은 블루투스나 근거리무선통신(NFC), 센서데이터, 네트워크 등을 기반으로 하고 있다. IT업계는 사물인터넷이 인터넷 혁명과 모바일 혁명에 이어 새로운 정보 혁명을 불러올 것으로 예측하고 있다. 사물인터넷의 원동력은 바로 시스템 반도체이다. 사물인터넷 시대가 도래하면서 시스템 반도체는 센서(sensor), 통신(communication), 프로세서(processor)를 중심으로 동반성장 하고 있다.

예컨대, 지금 집안에 있는 전자기기들을 보면 세탁기, 냉장고, TV, 라디오, 전화, 스마트폰, 시계 등이 구동되고 전등, 가스, 보일러, 자동차 등이 와이파이나 블루투스 또는 인터넷으로 연결되고, 이 사물들은 온도, 습도, 열, 가스, 조도, 초음파, 원격, 레이더, 위치, 모션, 영상센서, 적외선 등으로 센서 정보를 받고 주위환경을 공유하며 사물 간의 대화가 이루어지게 된다. 각종 가전제품 및 생활형 전기 기기는 물론이고 헬스 케어 등 거의 모든 기기에 적용할 수 있다. 사물 인터넷은 도시 주변의 밝기에 따라 가로등 밝기를 자동 조절하고, 교통상황, 주변 상황을 실시간으로 확인하여 무인 주행이 가능한 자동차나 길거리 주차 공간도 알려준다.

1.3 》4차 산업혁명과 사물인터넷(IoT)

앞에 설명한 바와 같이 사물 인터넷(IoT:Internet of Thing)이란 사람, 사물, 공간 등 모든 사물들(Things)이 인터넷으로 서로 연결되고 연결된 모든 사물들의 정보가 생성 · 수집 · 공유 · 활용되는 것을 말한다. 또한 스스로 행동할 수 있는 지능을 가진 각각의 사물이 네트워크를 통하여 사람 혹은 사물과 소통하고 그 결과로 얻은 정보를 바탕으로 새로운 가치 및 서비스를 제공하는 것으로 정의하고 있다.

IoT에서는 사물에 내장 또는 장착된 센서를 통하여 다양한 정보나 데이터를 수집한다. 수집된 정보 데이터는 클라우드라고 부르는 네트워크 상의 서버에 축적되고 수집된 대량의 데이터를 빅데이터라고 부른다. 또한 AI라고 부르는 인공지능 등을 이용한 최신 데이터 처리 기술의 활용에 의해 빅데이터를 분석하여 사물에 피드백 하는 흐름이 반복되어 사물이 점점 현명하게 된다는 스마트화가 실현되고 있다.

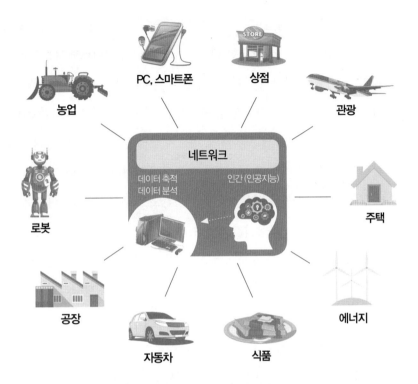

(그림3.4) 사물로부터 부가가치가 이동

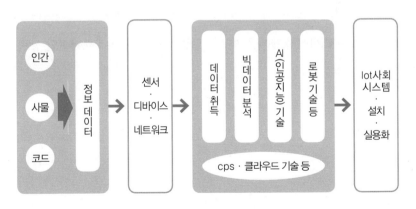

(그림3.5) IoT를 지탱하는 기술과 구조

다양한 사물에 작지만 고기능의 데이터 송수신장치(센서·발신기)를 설치하고, 그것으로부터 필요한 데이터를 수집하여 데이터베이스화함에 따라 그 사물의 현상이나 가동상황을 파악하려고 하는 시스템이다. 이 시스템이 실제 사용하고 기업을 운영하고 있는 미국의 GE(제너럴 일렉트릭)사는 항공기 엔진, 발전용 터빈, 철도차량 등을 생산하면서 비행기와 발전기, 철도차량에 많은 센서를 설치하여 생산하고 있고, IoT 시스템으로 모든 운행상황이나 가동상황을 실시간으로 분석·체크하여 고장을 예방하고 가동률을 향상시키고 있다.

뿐만 아니라 이 시스템은 도로·항만·다리·터널 등의 회사 인프라의 수선·유지·갱신에도 도움을 준다. 개인의 삶의 질을 향상시키기 위한 웨어러블(wearable) 센서를 인체에 장착시키면 실시간으로 본인의 체온·심박수·호흡수 등을 파악할 수 있어 이상의 초기발견과 대응, 데이터 추이의 분석에 따른 건강상태 점검도 가능하게 한다.

IoT 기술은 여기에서 얻은 방대한 데이터를 해석하여 효율을 높이고 적시의 메인터넌스(maintenance)를 수행할 수 있도록 하고 그 데이터를 AI(인공지능)로 해석하여 기초연구·제품개발·마케팅에 효과적인 정보를 제공할 수도 있다.

1.4 》 사물인터넷(IoT)의 생산성 향상

사물인터넷(IoT)은 다양한 산업에 응용이 가능하며 그 목적을 4단계로 정리해 볼 수 있다. 1단계는 모니터링, 즉 시각화(Visualization)이고, 2단계는 제어, 3단계는 최적화, 4단계는 자율성/자율화라고 볼 수 있다.

이러한 4단계는 미국의 경영학자인 마이클 포터(M. Poter) 교수가 제창 하였다. 그는 지난 40년간 지속된 IT와 인터넷 중심의 혁신과 투자는 점차 둔화하고 있으나 사물인터넷(IoT) 기술에 의한 업무처리의 능력은 놀라울 정도의 효율성을 확보하고 있다고 하였다.

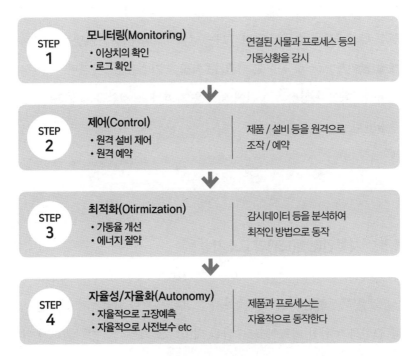

(그림3.5) IoT의 4단계

IoT를 추진할 때는 (그림3.5)와 같이 4단계를 고려하여 문제점이 있는 경우에 어느 단계에서 해결할 수 있는 가를 생각해 볼 수 있도록 하여 지금의 IoT의 실행레벨의 단계를 의식하도록 한다. 포터교수는 사물인터넷이 가진 잠재력에 대해 긍정적으로 평가하면서, "우리는 정말 한 번도 본 적이 없는 방법으로 경제의 비효율적인 부분을 개선하게 될 것"이라고 설명했다.

서로 연결된 사물은 자신의 상태와 활용되는 방식에 관해 소통할 수 있다. 이러한 데이터는 시의 적절하게 제품 유지보수 계획을 세우는 데 활용될 수 있으며, 제품 설계에 있어서도 반영이 되고 예측 분석은 오류 및 중단 빈도수를 줄이는 데 사용되는데, 결국 이 모든 것을 제품의 생산성 향상과도 관련되어 있다. 그는 "궁극적으로 사물인터넷은 인간의 개입 없이도 스스로 동작할 수 있는 사물을 가져올 것"이라며 "생산성을 향상, 혁신과 성장의 물결에 맞닿을 기회가 올 것임을 확신한다."고 주장했다.

1.5 》 사물인터넷(IoT)의 요소기술

IoT를 구성하는 요소로는 정보를 수집하기 위한 센서기기, 센서정보를 송신하기 위한 네트워크, 수집한 데이터를 해석하고 시각화하기 위한 클라우드 기반 등을 열거 할 수 있다. 센서기기는 인프라에서 진동과 온도, 습도 등의 환경 데이터를 수집하고, 가전제품과 집, 사무실로부터는 이용자의 생활과 업무(일)에 관련된 데이터를, 자동차로부터는 GPS의 위치정보와 차량의 데이터를 수집한다. 이렇게 수집된 데이터는 인터넷을 경유하여 클라우드로 송신된다. 최근에는 저 비용·저 소비전력으로 광범위한 지역을 커버하는 IoT 지향의 통신기술로서 LPWA가 주목받고 있다.

센서로부터 수집된 빅데이터를 처리하기 위해서는 클라우드 상의 강력한 데이터 처리 인프라가 필요한데, 이러한 대량 데이터의 분석에 AI를 활용하는 움직임도 시작되고 있다.

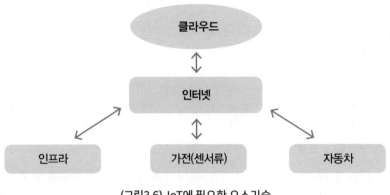

(그림3.6) IoT에 필요한 요소기술

IoT 기술은 많은 분야에서 신규 사업으로의 가능성이 매우 높다. IoT 기술 그 자체가 앞으로도 더욱 진화할 것이다. 그 이유는 센서와 화상카메라로써 장착된 물건 자체의 상황 및 그 주위환경 상황을 데이터로써 정확히 파악하고 인터넷 등을 통하여 수집서버에 송신되는 기능을 가지기 때문이다. 그러나 자체의 비용절감이 요구되기 때문에 그것을 유지하는 '메인터넌스 방법'을 확립시킬 필요가 있다. 대부분의 경우 이러한 센서는 어려운 환경에서 그 기능이 요구되는 경우가 많기 때문에 이에 충분히 견딜 수 있는 기술개발이 필요하다.

IoT로부터 사회 인프라의 메인터넌스와 복원, 재구축에 관련된 모든 자료를 얻을 수 있다. 이것을 자사제품에 장착하여 그 제품의 효율적이고 효과적인 사용방법을 가능하게 하고, 그 다음 애프터서비스 제공으로 이어져 고객 유치에 공헌한다.

IoT대상은 사물이 주체이지만 인간의 행동도 중요한 대상이다. 즉, 인간이 사회인으로서 오늘날 신용카드, 현금카드, 회원카드 등 수많은 카드를 가지고 제품·서비스의 구매·지불·결제와 예금·적금을 하는 모든 행위들이 방대한 고객데이터를 발생시키는 것이다. 이러한 고객데이터는 마케팅에 유용하게 이용된다. 이 빅데이터를 해석함에 따라, 소비자의 행동이나 취향 그리고 구매하는 상품·서비스와의 관련성에 대한 패턴화가 가능해지고, 이메일이나 SNS로 그 다음의 상품·서비스구입의 동기를 알아볼 수 있게 된다.

인간에 IoT기술을 활용할 경우, 웨어러블(wearable) 단말기를 신체에 장착하여 건강상태와 병의 상태를 실시간으로 파악할 수 있고 상황에 따라서는 긴급정보와 구급차 수배도 가능해진다. 치료의 진행 상태를 파악하고 필요한 처치를 적절한 때에 수행할 수도 있게 된다. 치매(인지증)환자의 의복이나 신발 등에 GPS를 감지할 수 있는 단말기를 달아 환자의 행방을 추적 할 수도 있다.

앞으로 주민등록증으로도 편의점을 이용할 수 있게 되고 또한 보다 편리하게 다양한 행정서비스를 받을 수 있을것이다. 사회보험제도와의 제휴에 의하여 의료, 간호 등의 분야에서도 통합된 데이터를 유효하게 활용하여 더욱 양질의 치료와 서비스를 받을 수 있게 되는데, 이러한 환경을 위한 장치조성에도 사업기회가 있다.

1.6 ≫ IoT 기술의 위험요소(Risk)

IoT기술의 최대 위험성은 정보시스템의 위협성과 마찬가지로 사이버 공격이다. IoT도 시스템의 일부로 가동 중인 경우 단순히 일방 통행적인 정보발신이라면 그 위협은 경감되지만 데이터 수신도 가능한 상황이라면 그에 대한 사이버공격은 있을 수 있다. 장착되어 있는 장치나 시스템 기능을 저해 · 정지 · 혼란시키는 것도 기술적으로 가능하다. 처음부터 그 목적으로 그 기술을 개발시키면 기업공격, 정부행정기관 공격, 전력 · 가스 · 수도정지, 군사적 공격도 있을 수 있다고 가정하여 IoT를 활용하여야 한다.

신용카드, 포인트 카드, 회원카드, 주민등록증 등의 칩에 내장되어 있는 개인데이터는 개인 정보보호법의 보호대상이며 거기에서 얻은 데이터 활용에는 본인이라고 특정할 수 있는 데이터를 삭제하고 사용하여야 한다.

특히 정부, 관공서, 기업 등의 요인(要人)과 관련된 개인정보 취급에는 충분히 주의를 기울일 필요가 있다. 공인으로서의 언동은 당연히 매스컴에도 포착되어 널리 퍼지는 것은 당연하나, 사생활에 관한 정보가 공인의 정보와 연계될 가능성은 충분히 있으며, IoT기술이 요인(要人)에게 활용할 경우에는 매우 신중하게 수행해야 한다.

1.7 》 IoT의 효과와 임팩트

인류는 문자라는 수단을 이용함으로써 인간의 수명을 넘어, 직접 대면하는 사람의 한계를 넘어, 시간과 공간의 제약을 초월하여 지식을 전달할 수 있게 되었고 전수된 지식은 지속적으로 축적·팽창되면서 오늘날까지 이를 수 있게 되었다.

IoT는 모든 사물이 네트워크로 연결이 되어 시간·공간·인간·사물 사이에서 앞으로 많은 커뮤니케이션이 발생하고 크고 작은 여러 가지 이노베이션이 앞으로 그 속도를 높일 것이다. 지금까지 연결되어 있지 않았던 것이 연결됨으로써 연결된 것들이 새로운 프레임이 되어 본질이 되는 이노베이션이 엄청나게 일어나게 된다.

2

인공지능·IoT·로봇의 상호 관련성

2.1 » 인공지능·로봇의 인프라 환경인 IoT

인공지능·로봇이 사회에서 본격적으로 활약하기 위해서는 로봇의 활동에 적합한 정보 인프라 환경의 정비를 가능하게 하는 IoT망이 곳곳에 설치되어야 한다.

자동차가 활약하기 위해 고속도로를 중심으로 한 도로망이라는 인프라 정비의 추진이 중요한 것과 마찬가지로 인공지능·로봇이 효율적으로 활약하기 위해서도 환경의 모델화나 환경에 설치된 센서망(IoT) 등, 로봇이 활동하기 쉬운 정보인프라 환경의 정비 촉진이 매우 중요하다.

센서 정보를 효과적으로 활용하기 위해서 인터넷에 접속된 컴퓨터가

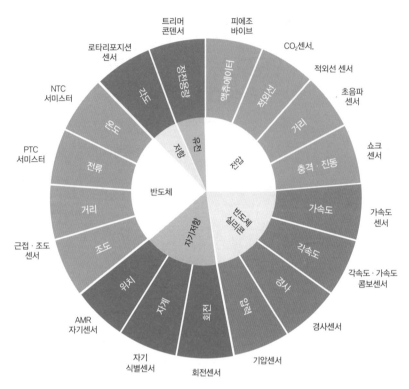

〈그림3-8〉IoT에 활용가능한 다양한 센서

곳곳에 존재하고, 센서나 액추에이터(actuator, 작동장치)와 일체화하여, 자기 주변이나 환경에(앰비언트) 존재하여, 언제 어디에 있어도 사람을 지원할 수 있는 상태가 되어 있는 유비쿼터스 컴퓨팅 환경이 인프라로써 구축·정비되어 있어야 한다.

사물과 사물이 인공근육으로써의 액추에이터로 연결되면, 연결된 것은 하나의 로봇으로 생각해 볼 수 있다. 하나하나의 사물은 관절로써의 운동기능을 가지게 되고, 이 관절을 자유자재로 협조동작시킴으로써 마치 로봇의 팔과 같이 여러 가지의 일(task)들을 수행할 수 있다. 로봇이 인간이 사는 환경에서 안전하게 접촉, 동작하면서 일(task)을 실행하기 위해서는 로봇이 사람과 환경에 해를 입힐 수 있을 정도의 과한 힘을 통제하면서도 주어진 일에 에너지를 쏟을 수 있어야 한다. 이런 요구에 대응하여 로봇이 사람과 환경에 대하여 부드럽게 접촉 동작하는 기능을 로봇에 부여한 것이 '소프트 로보틱스' 개념이다.

특히 의료용으로 사용되는 로봇은 인체와 접촉할 때 안전하게 접촉 동작하는 세밀한 기술을 필요로 한다. 이것은 실현하기 위하여 로봇 팔(robot arm)이 동작할 때의 관성저항(물체가 가지는 가속도가 생기기 어려운 정도), 점성저항(운동하는 물체의 표면에 작용하는 마찰력이 합쳐져서 나타나는 저항으로 문을 닫을 때 느끼는 속도에 대한 저항), 강성저항(물체가 가지는 탄력으로써의 견고함)등을 적절한 수치로 조정하여, 인체에 안전하게 안심하고 접촉 동작하는 임피던스(impedance)제어라는 방법을 기반으로 하고 있다.

인간이 다루기 쉬운 정도를 어포던스(affordance)라고 한다. 이것은 사람에게 있어서의 사물의 다루기 쉬운 정도라는 관점에서 일종의 저항으로 이해할 수도 있다. 적절히 임피던스 제어된 로봇은 사람에게 있어서 다루기 쉬운 정도(어포던스)가 향상된다. 로봇의「부드러움」기능의 실현은 하드웨어로써 실현하는 것도 가능하지만, 컴퓨터가 발달한 현재는 소프트웨어적으로 실현하는 것도 용이해지고 있다. 구체적인 한 예를 들어보면, 자동운전의 경우 앞 차와의 적절한 차간거리를 유지하면서 주행하는 일련의 차열은 차와 차 사이에 소프트웨어적인 탄성으로 연결되어 있어 적절한 유연성을 가질 수 있다. 이른바「다관절 사형

(蛇型)로봇」이라고 이해할 수 있다. 이러한 사형(蛇型)로봇을 제어하기 위해서는 로봇의 운동을 세련되어 보이게 하기 위한 인공지능이 중요한 역할을 담당한다.

사람과 사물이 연결된 사회는 편리성과 효율성도 있지만 동시에 위험성도 내포하고 있다. 로봇3원칙은 로봇뿐만 아니라 네트워크에 연결되는 모든 사물에도 마찬가지로 적용되어야 한다. 사물이 인공지능과 융합·연결되어 자율성이나 범용성을 갖추게 되면 이에 따라 어떠한 악의를 가진 사물이 네트워크에 잠입하여 인간을 포함한 주변 환경을 공격·파괴할 위험부담이 분명히 존재하고 있다는 것에도 주의를 기울여야 할 것이다. 게다가 로봇의 제어·연산부에 부정 액세스로 인해 제어기 내부의 정보를 외부에서 감시할 수 있게 될 경우, 제어계의 운전정보의 절도나 파괴 등 사이버공격의 위험에 그대로 노출 될 수 있다. 이를 방어하기 위하여, 제어기 내부의 연산과 신호를 암호화하고, 암호 그대로 연산하는 암호화 제어수법이 개발되고 있다.

또한 비트코인 등의 금융거래에서 활용되고 있는 블록체인기술은 복수의 거래데이터를 블록화하여, 이것을 사슬(체인)상에 연결하고 여러 컴퓨터 간 데이터를 공유·분산 관리하여 데이터 위조나 장애에 강한 시스템을 저비용으로 실현하는 기술이다.

인간의 일상행동만으로 센서정보가 축적된다면 아무리 대용량의 컴퓨터라 해도 과부하가 걸릴 정도로 다루기 힘든 대량(빅데이터)의 정보가 누적된다. 그러나 이와 같은 대량의 정보라 해도 화상형태로 잘 구현시켜 이것을 가시화 할 수 있게 된다면, 어포던스가 높아 매우 다루기 쉬워져서 그 본질적인 일련의 연관성을 요약하여 게시할 수 있기 때문에 인간이 이용하는 것이 가능해 진다.

빅데이터의 취급에 있어서 어포던스를 향상시키기 위해서는 인간이 이해하기 쉬운 심플한 함수를 요소로 사용하고, 그 조합으로 직관적으로 이해 가능한 인터페이스를 실현할 필요가 있다. 이에 반해 컴퓨터의 경우, 모델이나 알고리즘은 복잡하더라도 상관없다. 보이는 곳은 인간에 의한 해석에 맞는 심플한 함수를 바탕으로 구성하고, 인간에게는 보이지 않는 곳은 컴퓨터가 인공지능기술을 구사하여 오차를 채우도록 복잡한 해석을 하고 성능을 향상시키는 일을 하는 것이다. 이러한 대처는 이미 시작 되었다.

인간이 수시로 직접적인 지시를 하지 않더라도 필요한 장소에서 필요한 때 필요한 지원을 제공하기 위해서는, 시계열에 축적된 센서 데이터로부터 의미 있는 정보를 추출하는 시계열 데이터 마이닝이 중요하다. 이 시계열 데이터마이닝의 경우에도 인공지능의 역할은 매우 크다.

2.2 》 인공지능과 IoT의 관계, 기능의 디지털화

수년 내에 인간의 복사판과 같은 로봇이 인간만이 보유할 수 있는 것과 그 세계관까지도 포함해서 재현이 가능해 지게 될것이다. 처음 만나게 되는 것은 로봇 비전기술을 이용하여 세계관을 디지털화하여 재현한 것과 이것을 공유하는 것이다. 구체적으로, 일부 소수의 전문가나 장인 (직업인) 사이에서 닫혀있던 프로의 세계관을 디지털로 재현해서 이것을 일반인들에게 개방할 수 있게 된다. 결과적으로 같은 분야의 전문가 사이뿐만 아니라, 다른 분야의 전문가 사이, 전문가와 일반인, 전문가와 로봇 사이에서도 세계관을 쉽게 공유할 수 있게 될것이다.

그 다음으로는 장인(職人 : 전문가)의 작업이해와 평면거울의 반사에 의해 만들어진 물체의 상(像)과 같은 경상(鏡像)이 로봇에 의해 재현이 된다. 즉, 기능을 복제할 수 있는 시대가 오는 것이다. 기능의 복제를 실현하는 수단으로써 다음 두 가지 기술이 중요하다. 하나는 센싱 기술이다. 인간의 숙련된 기능을 광학 혹은 관성센서를 기반으로 하는 모션캡처 (motion capture)기술에 의해 센서 데이터로 거두어들인다. 다른 하나는 센서에서 시계열로 취득된 데이터 속에서 의미 있는 궤도정보를 추출하는 기술이다. 이것을 모션(motion) · 프리미티브(primitive)라고 하는데, 이 모션 프리미티브를 인간에게 이해 가능한 기초적인 함수로 분해하여 로봇의 기구 · 화상처리 알고리즘 상에 설치한다.

그 효과로 전문가에게는 인간의 기능인 디지털표준화, 즉 기능의 축적 · 개량 · 재이용이 시스템상의 디지털기능함수로써 가능해진다. 비전문가는 디지털화된 인공지능을 어디에 있든 안전하게 안심하고 이용할 수 있게 된다. 여기서 전문가에 의한 기능의 질을 향상시키는 문제는 시스템 상에 설치한 디지털 기능함수를 정밀하고 치밀하게 최적화하는 것이다. 이렇게 정교하고도 치밀하게 최적화를 가능하게 하는 것이 바로 인공지능 기술을 적용하는 것이다. 이것을 위한 기능디지털화 기술의 핵심(core)은 크게 기구, 제어, 화상처리 알고리즘 기술로 분류된다. 기구에 있어서는 인간에게 있어 직관적으로 다루기 쉬운 것이 무엇보다도 중요하다. 왜냐하면 가장 처음에 인간의 기능을 모방하기 위해서라도 인간의 몸에 해당하는 것을 로봇이 가지고 있는 것이 매우 유리하기 때문이다. 이것을 바탕으로 생각해보면, 인간형로봇은 합리적인 것이며 인간의 경상(鏡像)이 되어 있기 때문에 그 동작이 직관적이고 이해하기 쉽다(어포던스가 높다)는 특징이 있다. 어포던스를 높이는 것은 딱히 기구에 한정된 이야기는 아니다. 사람과 접촉할 때, 제어에 있어서도 사람이 사람을 대할 때처럼 안전하게 안심하고 접촉동작을 할 수 있는 것이 최우선이다. 더불어 인간과 인터페이스부분 전반에 걸쳐 어포던스를 높여 시스템과 로봇을 보다 다루기 쉬운 것으로 만들어야 일반적으로 널리 보급될 수 있다.

IT기술 중에서도 특히 로봇기술은 어포던스를 높이는데 있어서 매우 효과적이며, 그 핵심적인 기술이 될 수 있다. 왜냐하면 로봇은 그 형태나 기능이 인간과 동물의 경상(鏡像)으로써 직관적으로 이미지하기 쉽기 때문이다.

그러면 여기서 '어포던스를 높이기 위하여 직관화가 필요한 이유는 무엇일까?' 에 대하여 생각해보자.

사람은 의외로 단순하면서도 원시적인(primitive) 것에서 발상을 얻는 경우가 많다. 이 사실에 입각하여, 어포던스를 높이기 위해 우리가 먼저 해야 할 일을 고민해 보자. 첫째로 '무엇을 위하여, 무엇 때문에(why?) 이런 물건을 만들려고 생각했는가?' 그 목적에 대한 고민이 있어야 한다.

두 번째로 '그 만든 물건이 어떤 물건인가?'

물건의 개념이 명확해야 한다. 발상의 원점으로 돌아와 프리미티브하고 심플한 형태와 동작을 추구하여 되도록 사람에게 직관적이고 다루기 쉬운, 심플한 구조를 기반으로 하여 이것을 조합시킴으로써 시스템을 구축하는 것이 중요하다. 그 다음으로, 이와 같은 기구를 바탕으로 어떻게 성능을 향상시켜 가면 좋을지를 생각해야 한다. 인공지능은 이를 위한 효과적인 도구가 된다. 물론 성능의 향상을 위해서는 전문가의 기능을 단지 모방하는 차원으로는 부족하다. 필요하다면 전문가의 기능에 완전히 새롭게 개발된 새로운 접근으로부터 기능을 추가하고 설치함으로써 기능의 질향상을 도모할 수 있다.

2.3 》 인공지능과 IoT가 스며드는 사회

건설기계에 있어서 드론을 사용하여 실측한 3차원데이터를 이용하여 건설기계를 자동제어하고 토목공사의 생력화(省力化)와 공기(工期)단축을 실현하는 스마트 · 단축(contraction) · 서비스를 이미 제공하고 있다.

일본 고마츠(KOMATSU)에서는 자사공장뿐만 아니라 서플라이어(supplier)까지 무선으로 네트워크화 하여 가동상황을 실시간으로 하나하나 보고하는 체제로 정비하고 있다. 또한, 전 세계의 건설기계를 원격으로 감시하여 생산성 향상을 위한 내용을 업데이트 하고, 부품 교환 시기를 통지하는 서비스도 실현하고 있다.

앞으로 건설현장에서는 생력화뿐만 아니라, 원격조작으로 현장의 작업을 얼마만큼 무인화가 가능할지가 중요한 이슈이며, 이 흐름은 더욱 가속화 되고 있다.

그 이유로는 건설현장에 노동자 한 사람이라도 투입되면, 그 사람의 생명이나 안전·안심을 고려할 필요가 생기기 때문이고 또한 건설업계의 만성적인 일손부족으로 인해 향후 현장 작업의 무인화 추진은 계속될 것이다. 이 때 숙련된 기능인의 기능들이 얼마나 잘 시스템의 기구·제어·알고리즘 상에 설치될 것인지도 중요한 문제로 남아있다.

모멘트의 사고방식(개념)은 한마디로 지렛대의 작용을 뜻하는데, 대상물체를 움직이는(변위·변형·회전시키는)능력이라는 관점에서 힘의 작

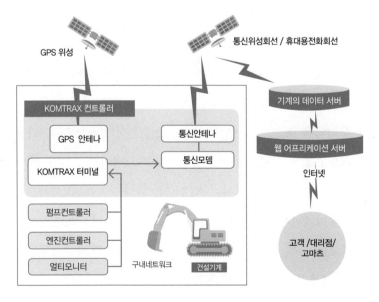

GPS 위성

통신위성회선 / 휴대용전화회선

기계의 데이터 서버

웹 어프리케이션 서버

인터넷

KOMTRAX 컨트롤러

GPS 안테나

통신안테나

통신모뎀

KOMTRAX 터미널

펌프컨트롤러

엔진컨트롤러

멀티모니터

구내네트워크

건설기계

고객 /대리점/ 고마츠

〈그림5〉 건설기계로 보는 IoT화

용을 말한다. 힘은 운동량의 변화를 일으키고, 힘의 모멘트(토크, torque)
는 각 운동량의 변화에 영향을 미친다. 이런 힘의 작용에 의해 대상물체
를 변위 · 회전시킨다.

운동량의 모멘트는 각 운동량이 되는데, 여기서 사용하는「모멘트」라
는 말의 어원은「지금, 방금 조금 움직였어!」라는 어떤 종류의 감동을 동
반한 라틴어에서 유래되었다고 한다.

모멘트라는 말을 사용하는 또 다른 예로는 막대기와 판을 굽혀 변형
시킬 때, 막대기와 판에 가해야하는 힘에 대하여 그 작용을 막대기와 판
을 굽혀 변형시키는 능력이라는 관점에서 본「굽힘 모멘트」라는 개념이
있다.

발달된 기계가 전무하던 때 고대 이집트인들이 피라미드를 만들던 그
때를 떠 올려보자. 나약한 인간의 힘으로 그 엄청난 무게의 돌이나 목재
를 어떻게 운반하고 쌓아 올렸을지.

인간의 모든 지식과 경험을 총동원하여 지레의 원리를 터득해 열심히
일하고 있는 광경을 떠올려보자. 그전까지 꼼짝도 않던 돌과 목재가 조
금씩 움직임을 보고,「지금, 방금, 이봐, 조금 움직였어(모멘트)!」라고 환
성을 지르고 있는, 그런 어떠한 감동을 동반한 그림이 떠오르지 않는가?

그런데 농업기계에 있어서는 KUBOTA회사, YANMAR회사로 부터
GPS와 농지데이터를 조합시켜 농지를 효율적으로 경작하고 비료와 농
약을 살포까지하는 자동운전 트렉터와 드론을 이용한 토양상황과 작업
상황의 IoT관리서비스를 개발하고 있다.

향후 농업에 있어서 우리나라도 2026년경 초고령사회 진입이 예상되

면서 일손부족은 심각한 과제이며 인간의 부하를 줄이고 그 만큼 인공지능과 로봇기술을 개발해 나가는것이 필수적이다.

2.4 ≫ IoT, 인공지능·로봇기술에의한 저출산·고령화 시대의 성장전략

우리나라는 이미 저출산 · 초고령화 사회에 들어섰으며, 국가적 차원에서 이러한 문제를 해결해 보려고 수많은 정책들과 방안들을 내어 놓고 있지만, 여전히 어려움을 타개하는데 한계를 갖고 있다. 이러한 사회 현상과 동시에 우리 사회는 IoT, 인공지능 · 로봇기술의 현저한 발달로 실로 믿기 힘들 정도로 과학 기술 주도의 사회로 그 흐름이 크게 바뀌고 있다.

우리나라는 세계의 어느 나라와 겨루어도 결코 뒤지지 않는 IT 강국으로 인정받고 있다. 미래사회의 모습으로서 가상공간과 물리적 공간(현실세계)을 융합시켜 「초 스마트사회」로 나아갈 수 있는 기반이 구축되어 가고 있으며 그 역량은 충분하다고 본다. 이러한 사회로 나가기 위해 ICT(Information and Communication Technology) 기술을 최대한 활용하게 되면 사람들에게 삶의 질이 더욱 풍요로워 질 수 있다. 초 스마트 사회로 나가기 위한 성장전략을 강력히 추진하여 초 스마트사회를 실현해 가면 세계 성장을 주도하는 국가로 발전할 수 있을 것이다.

이것에 입각하여 중장기 우리나라의 과제를 추출함과 동시에, IoT, 인공지능 · 로봇기술에 대한 앞으로의 진전을 예측하여 미래 한국의 바람직한 모습으로써의 최종 목표를 중장기적인 관점에서 책정할 수 있을 것이다. 또한 이것을 재구성(backcast)하여 각 연도의 이정표(milestone)를 작성하고 한국의 성장전략 로드맵을 구축할 수 있다. 바로 이것을 정책적으로 실시·전개해가는 것이 한국의 성장전략 책정에 있어서 현재 요구되는 비전이며 필수적인 프로세스가 되고 있다.

한국은 이미 세계에서 보다 앞서서 저출산 고령화 사회를 경험한다는 관점에서는 과제선진국이다. 현재 및 가까운 미래의 한국의 과제는 장래 세계의 과제라 할 수 있기 때문에, IoT, 인공지능·로봇기술에 의한 효과적인 과제해결책을 세계보다 앞서서 제안할 수 있다고 본다. 이것을 전 세계적 규모로 전개하는 것 역시 가능하다.

전 세계가 네트워크로 연결되게 되는 IoT사회에서는 사람·인공지능과 로봇에 의한 서비스가 시간·공간·사람-사물 사이를 쉽게 넘나들 수 있다. 결과적으로, 지역적인 과제해결책에 있어서 국경을 넘어 전 세계적 규모로 전개되는 것이 종래와는 비교가 되지 않을 정도로 쉬운 사회가 되며, 앞으로 이 흐름은 점점 더 가속화 될 것이다.

다시 저출산·고령화의 문제를 보면, 고령자를 일률적으로 단순한 약자로 결정지어 현역세대가 보살펴야 한다는 관점에서 이 문제를 바라보면 확실히 위기이다. 그러나 의학의 발달로 인해 오늘날을 사는 현대인들의 평균 및 건강수명은 점차 길어지고 있는 상태이다. 앞으로는 물론 인간의 수명은 더 길어질 수 있다. 이 상황에서 고령자를 일률적으로 '약자'라고 부르기에는 모순이 있다. IoT, 인공지능·로봇기술의 발달로 체력과 기억력 등 연령에 의한 능력감퇴를 효과적으로 보완할 수 있는 사회가 실현되면, 오랜 인생의 경험, 인맥, 재력이 풍부한 중고령 층은 오히려 사회적으로는 강자가 되어 갈 수 있다. 이와 같은 사회에서 중고령자는 단순히 지원을 받는 쪽이 아닌, 지원을 하는 쪽이 될 수도 있을 것이다.

IoT, 인공지능, 로봇기술이 발달하고, 사람과 로봇이 융합하여 그 경계가 모호해지는 미래 사회에서는 생사의 갈림길도 모호해질지도 모른다. 마치 영화에서 나올법한 이야기처럼 중고령자는 죽는 그 순간까지 일할 수 있게 될 것이고, 어쩌면 죽어서도 아이나 손자를 도와주기 위해 일하는 시대가 될지도 모른다. 중장기적으로는 죽은 것조차도 타자로부터 명확히 의식되지 않게 되어, 인공지능을 탑재해서, 인공의 발과 다리를 가진 불로불사의 몸이 된 사이보그로서 생전과 같은 퍼포먼스로 일하며 먼 손자의 대(代)까지 세금을 납부하는 시대를 맞을 수 있지 않을까?

IoT네트워크상에서 사람·AI 인공지능·로봇의 협동으로 제공되는 서비스에 대해서 '언제, 누가, 어느 나라에 납세를 해야 할까?' 라는 고민을 해야 할 만큼, 모든 사람·사물이 국경을 넘어 이어진 사회에서는 국경이라는 것이 별의미가 없어지게 될 수도 있다. 이와 관련하여, 마이크로소프트창업자인 빌게이츠는 로봇이 사람과 같은 양의 일을 하게 되면 사람과 같은 레벨로 로봇에 과세하면 된다고 말한 바 있다. 어쩌면 앞으로 어떤 일을 완수한 로봇에게는 어느 종류의 법인으로서 납세의무를 지워야할 존재, 이른바「전자인간」으로 인정받게 될 날이 올 수도 있다.

자주 사용되는 IoT키워드를 요약하여 책의 내용을 이해하는데 도움이 되도록 간단히 설명한다.

1) Industrial Internet

인더스트리얼 · 인터넷(Industrial Internet)이란, 미(美) GE가 2012년에 발표한 개념이다. 간단히 말하면, 물건으로부터 산출되는 데이터를 분석하여, 그 결과를 인간과 연관시키기 위한 네트워크를 구축한다는 것이다. GE 자체는 인더스트리얼 · 인터넷의 주요 요소로써 다음의 세 가지를 열거하고 있다.

* 인텔리전트기기

* 고도의 분석

* 연관된 사람들

이 세 가지 요소를 조합함으로써, 새로운 가치가 창출된다고 주장하고 있다.

예를 들어, 발전용 가스터빈이 회전하는 부분에 센서를 달아, 거기서 취득한 데이터를 분석하여 언제 회전하는 부분에서 고장이 날지를 예측한다. 이에 따라 고장 나기 직전에 계획적으로 부품을 교환할 수 있다.

회전을 멈추는 시간을 단축시킬 수 있어, 사회 전체적으로도 도움이 되며, 동시에 전력회사의 수익향상으로도 이어진다.

역사적으로는, 18세기에 영국에서 발생한 산업혁명을 「제1파(第1波)」, 그 다음 20세기후반의 인터넷혁명을 「제2파(第2波)」라고 보며, 인더스트리얼 · 인터넷은 「제3파(第3波)」로 인식되고 있다.

2) 인더스트리 4.0

인더스트리 4.0(Industrie4.0)이란, 독일의 산 · 학 · 관(産学官)이 공동으로 연구하고 있는 새로운 제조업 콘셉트이다. 2011년에 독일정부가 책정한 「하이테크전략 2020행동계획」의 하나로써 「인더스트리4.0」이 제창되었다.

이 내용을 간단히 말하면, 지역마다 관계있는 메이커그룹(이를 산업클러스터라 한다) 사이를 디지털화 · 네트워크화하는 것이다. 그에 따라 산업클러스트단위로 국제경쟁력을 길러, 독일 제조제품의 수출확대에 그치지 않고 디지털화 · 네트워크화 자체를 수출하는 것을 계획하고 있다.

독일에서는 이미 IoT에 산학관(産学官)이 공동으로 차세대의 제조업 발전을 위해 적극적으로 활동하고 있다. IoT를 활용하여 제조에 관련된 정보(개발 · 생산 공정이나 서플라이체인)를 디지털화하여 연결시키는 생산시스템의 구축 · 고도화를 목표로, 공장을 중심으로 한 사물과 정보의 연계가 진행되고 있는 중이다.

3) M2M(Machine to Machine)

M2M이란, 기계와 기계가 디지털에 네트워크로 이어져 작동하는 시스템을 말한다. 원래 통신인프라/통신네트워크의 활용의 하나로써 주목받았던 경우도 있어, 주로 떨어진 장소에 있는 기계 사이에서의 작동을 가리키는 경우가 많은 듯하다.

기계가 서로 작동하는 것에 대하여 조금 더 구체적으로 설명하면, 어느 기계의 동작에 대한 디지털정보가 통신회선을 통하여 다른 기계에 정보를 보내고, 거기서 다음에 해야 취해야 할 동작을 판단하고 기계 자체나 다른 기계에 동작하도록 지시를 내리게 된다. 이 개념 자체는 과거부터 있어왔다.

데이터통신을 전제로 한 공중통신회선이 보급되었던 시기부터 제안되었다고 한다. M2M과 IoT는 매우 유사한 개념으로, 굳이 양쪽의 차이점을 들자면 IoT가 「사람도 이어진다」라는 것을 의식하고 있다는 점이다. M2M이 지금 또 다시 주목받고 있는 이유는, IoT와 마찬가지로 디바이스, 센서, 통신, 인공지능(AI)/기계학습 등, 필요한 요소기술이 발전되었고 비용도 대폭 내려갔기 때문이다.

4) O2O (Online to Offline)

인터넷(온라인) 사이트를 방문한 예상구매자에게 할인쿠폰과 같은 특전을 제공하고, 실제점포(오프라인)에 오도록 하는 마케팅방법이다. 「O to O」, 「On 2 Off」라고 표현하는 경우도 있다. 특히 스마트폰이 보급되면서, GPS기능, 지도정보와 연계된 어플 등을 사용하여, 먼저 온라인사이트에서 검색해본 다음 액세스하는 소비자가 늘고 있다.

단순히 온라인에서 오프라인으로 일반통행적인 유도뿐만이 아니라, 실제점포에 있어서 온라인회원으로의 권유를 꾀하고, 정기적으로 최신상품·서비스정보나 특전정보를 제공함에 따라, 고객으로부터의 계속적인 구매를 재촉하거나 고객의 구매패턴을 수집하는 방법도 있다. O2O는 이러한 광범위한 의미에서의 온라인과 오프라인을 연동시키는 마케팅 활동전체를 가리키는 경우도 있다.

5) 텔레매틱스(Telematics)

탤레매틱스란, 원래 통신(Telecommunication)과 정보공학(Informatics)을 조합시킨 것으로, 오늘날에는 자동차 등에 정보를 제공하는 서비스나 시스템을 말한다.

이미 실현되고 있는 것으로는, 자동차 네비게이션 지도정보의 자동갱신, 정체정보의 취득, 우회로의 제안, 사고발생정보의 자동송신 등이 있다.

현시점에서는 내비게이션을 매체로 한 자동차 운전에 관한 정보수집과 표시가 중심인데, 앞으로는 자동차운전이라는 수단이 아닌, 이동한다는 목적에 대하여 보다 쾌적하게 이동할 수 있는 서비스가 제공되게 될 것이다. 최종적으로는 자동차의 자동 운전시스템에까지 도달할 수 있을 것으로 예상된다.

6) 유비쿼터스

이 개념은 본래 미국에서 1991년에 생겨난 개념이다. 그전까지 주류였던 컴퓨터

보다도, 생활환경에 녹아든 보다 친숙한 크고 작은 디바이스를 통하여 컴퓨팅 기능을 사용한다는 아이디어로 「유비쿼터스 컴퓨팅」이라는 표현으로 사용되기 시작했다. 그 후 「언제나, 어디에서나」라는 의미를 가리키는 수식어로 확장되기 시작했다.

「유비쿼터스 사회」 혹은 「유비쿼터스 네트워크 사회」라는 표현은 언제나, 어디에서나, 어떠한 환경에서든지 모든 사물과 사람이 네트워크로 이어져 있어, 여러 가지 새로운 서비스가 제공되고, 사람들의 생활이 편리해지고, 경제의 활성화와 사회문제가 감소되는 이러한 사회를 목적으로 하는 의미에서 사용되고 있다.

7) 웨어러블 단말

웨어러블 단말이란 사람의 손목이나 머리에 직접 장착하는 컴퓨터이다. 그 형태로 리스트 밴드형, 손목 시계형, 안경형이 그 대다수를 차지하고 있다. 대표적인 웨어러블 단말로는 나이키사의 퓨얼밴드(FuelBand)와 애플사의 애플워치(Apple Watch)가 있다.

웨어러블 단말을 일상생활에서 몸에 부착함으로써, 맥박이나 혈압 등의 수치를 단말에 장착된 센서로 검지하여 단말 상에서 모니터링하는 것은 물론 수치데이터를 의사에게 송신하여 어드바이스를 받는 「원격 진찰」도 가능해진다.

업무현장에서도 마찬가지로, 예를 들어 물류센터에서는 작업원이 상품을 피킹(picking:물류서비스에서 보관 장소의 상품을 끄집어내는 일)할 때 안경형 웨어러블을 장착하면, 단말의 렌즈 상에 표시된 상품의 수량·상품코드·보관장소 등에 따라 작업을 진행함으로써 효율적이고 정확한 피킹을 할 수 있게 될 것이다.

앞으로의 기술 진보로 웨어러블 단말의 형태는 더욱 소형화 되어 우리 몸의 일부로 여겨질 정도로 편리하게 사용될 것이다. 그러나 웨어러블 단말은 프라이버시를 침해할 우려도 있어, 그 부분의 과제를 해결할 필요가 있다.

8) 디바이스/센서

디바이스란 컴퓨터에 접속하여 사용하는 온갖 기기, 장치를 가리킨다. 최근에는 인터넷에 접속하여 사용되는 경우를 전제로 한 스마트 디바이스라고 불리는 기기가 늘고 있다. 그 이외에는 웨어러블 단말, 통신기능을 탑재한 정보가전, 자동차, 주택, 공장의 생산라인에 설치되어 있는 생산설비 · 로봇, 각종 감시카메라, 의료기기 등 다양한 물건들을 가리킨다. 현재 통신코스트 절감에 의해, 많은 스마트디바이스가 통신기능을 가지고 항상 네트워크에 접속하며 데이터를 주고받게 되었다.

센서란 빛, 소리, 온도, 습도, 압력, 속도 등의 변화를 포착하여, 데이터로 변환시켜 출력하는 장치이다. 예를 들면 빛 센서라 하여도 적외선, 자외선, 광전, 화상/동화상 등 수많은 종류가 있다. 이들 센서는 목적에 따라 앞에서 설명한 디바이스에 달아, 다양한 데이터를 수집한다. 수집된 데이터는 규칙과 판단기준에 근거하여 분석되고, 기기의 감시 · 제어, 개인의 건강관리, 소매판매 · 마케팅 등에 사용되고 있다.

과거부터 스마트 디바이스나 센서는 있었지만, 최근에 특히 주목받는 이유로는 앞에서 설명한 통신비용의 절감에 더해져 데이터분석 툴이 일반에게로 확산된 것, 여러 종류의 센서가 개발되어 저비용화가 진전된 것 등을 들 수 있다.

9) 드론(Drone)

드론이란 사람이 탑승하지 않는 항공기를 말한다. 원래 군사목적으로 20세기중반부터 미국에서 연구 · 개발되기 시작했다. 2차 세계대전 이후부터 실제 군용무인기로써 이용되고 있다. 그 후 민간용 · 산업용이 등장했다. 현재는 소형화 · 저가격화가 진전되어, 개인이 이용할 수 있는 물건이 장난감가게 등에서 널리 판매되고 있다.

이미 과거에 무인원격조정 헬리콥터(radio+control+helicoptor)는 무인으로 하늘을 나는 물건으로써 알려져 존재하고 있었다. 그러나 오늘날의 드론과 과거의 무인원격조정 헬리콥터사이에는 큰 차이가 있다. 하나는 조작방법이다. 무인원격조정

헬리콥터는 실제 기계를 눈으로 보면서 전용 컨트롤러로 조작하지만, 드론은 기체에 부착한 카메라의 화상을 보면서 스마트폰으로 조작하거나 GPS(전지구측위시스템)를 사용하여 자동비행을 하는 것이다. 무인원격조정 헬리콥터는 비행기나 헬리콥터의 형상이지만, 대부분의 드론은 로터(회전날개)를 여러 개(3~5개)탑재하여 안정적으로 비행할 수 있는 멀티콥터형이다.

드론에 의해 상공으로부터의 촬영이 가능해지면서 사람이 직접 가서 조사하기 어려운 재해조사, 농약살포, 전선의 배선작업 등에서 이미 널리 사용되고 있다. 또한 미국의 아마존은 상품의 배송에 드론을 이용하고 있다. 이렇듯 드론은 개인용·산업용으로 앞으로 더욱 진화하며 발전될 것으로 기대된다. 그러나 드론을 사용할 때 반드시 추락의 위험에 주의를 기울여야 한다.

10) 소셜미디어/ SNS(Social Networking Service)

소셜미디어란 개인이나 조직이 소셜(사회)에 대하여 정보를 발신하고 정보를 수신하는 활동이 가능한 미디어(매체)를 말한다. 이 개념은 IoT와 마찬가지로 전부터 있어온 개념이다.

오늘날 「소셜미디어」라고 하는 것은 인터넷을 통하여 사회와 서로 작용하는 웹서비스와 어플리케이션이다. 예를 들어 LINE이나 페이스북, 트위터로 대표되는 SNS(소셜네트워크서비스), 인스타그램이나 유튜브 등 이미지/동영상 공유서비스, NAVAR모음이나 위키피디아 등 지식공유서비스를 들 수 있다. 지금 예로 든 소셜미디어는 유저수가 많으며 누구나 사용할 수 있음을 상정하고 있지만, 개별 소셜(사회의 집합체)에 특화된 서비스와 어플리케이션이 상당수 존재하고 있기 때문에 앞으로도 새로운 것이 얼마든지 생겨날 수 있다.

IoT의 보급에 따라 제품과 서비스의 다양한 정보가 나오기 시작하면, 그 정보를 취급하기 위한 소셜미디어도 등장한다. 실제로 산업용장치제조업에서는 유저기업의 사용법을 알고, 유저와 서로 작용하기 위한 어플리케이션을 독자개발하고 있다. 소비자용 제조업이나 소매업에서도 마케팅이나 유저 인사이트 획득을 위해 소셜미디어를 활용하고 있다. 또한 효율적인 서로의 작용을 위해 인공지능(AI)/기계학습도 활용하고 있다.

11) 빅데이터 해석

빅데이터란, 말 그대로 거대한 데이터그룹을 가리킨다. IoT의 진전으로 디바이스가 증가하면, 그것을 사이에 두고 얻어지는 데이터가 폭발적으로 증가하여「빅데이터」가 된다.

예를 들면, 사람(웨어러블단말) · 기계 · 자동차 · 전기제품 등의 행동 · 움직임 · 이벤트 등의 데이터가 네트워크를 통해 축적되어 빅데이터가 된다. 이것들을 해석함으로써 사람 · 물건 · 정보의 흐름이 명확해지고, 현실에서 발생하고 있는 일의 시각화 · 문제의 명확화, 해결책의 제안이 가능해지는 것이다. 앞으로 IoT로 수집하는 데이터량이 극적으로 증가하게 될 것이다. 따라서 현재 보다도 시간이 갈수록 빅데이터의 해석 스피드 및 정확성의 향상은 지속 될 것이다.

12) 클라우드 컴퓨팅

클라우드 컴퓨팅이란, 인터넷 등의 네트워크를 통하여 하드웨어 · 소프트웨어 · 데이터 등을 이용하는 방식을 말한다. 종래방식으로는 컴퓨터 유저는 자신의 컴퓨터 내에서 하드웨어 · 소프트웨어 · 데이터 등을 관리했었다. 클라우드 컴퓨팅 환경에서 유저는 서비스 제공자에게 이용 요금을 지불하여 관리하도록 했다. 참고로, 전부터 네트워크 다이어그램(network diagram)]을 표현할 때 구름(=클라우드)그림을 사용했던 것이 클라우드 컴퓨팅의 어원이다.

클라우드 컴퓨팅은 일반적으로 크게 세 가지로 분류된다.

1. SaaS(Software as a Service) : 인터넷을 통해 소프트웨어를 제공하는 서비스

2. PaaS (Platform as a Service) : 인터넷을 통해 플랫폼을 제공하는 서비스

3. IaaS(Infrastructure as a Service) : 인터넷을 통해 인프라를 제공하는 서비스

서비스제공자는 데이터센터에 다수의 서버를 확보하고 인터넷을 통하여 위의 세 가지 서비스를 사용자(User)에게 제공한다. 한편, 사용자는 제공된 서비스를 이용하여 작성된 데이터 등을 자신의 컴퓨터상에서가 아니라 서버 상에 보존하여 백업작업 등의 관리 측면에서 수고를 덜 수 있다.

13) 인공지능(AI)/ 기계학습

최근의 핫이슈로 떠오르는 인공지능(Artificial Intelligence=AI)의 역사는 이미 수십 년 전부터 시작되었다. 1956년 미국 다트머스에서 개최된 회의에서 존 매카시 (Jone McCarthy) 교수가「지적인 기계, 특히 지적인 컴퓨터프로그램을 만드는 과학과 기술」이라는 주제로 발표 · 명명한 것이 시초가 되어 인공지능에 대한 연구와 관심이 지속적으로 이어져 왔다.

인공지능이 광범위하게는 기계의 제어기술과 같은 연구도 포함되지만, 실질적으로는 인간의 지능으로 행하는 것을 기계로 대체시키는 기술로써 연구와 개발이 이루어지고 있다. 인공지능 초기의 연구단계로 붐을 일으켰던 실험은 미로를 빠져나가는 방식 탐색 등에서 시작되었다. 미로에서 선택할 수 있는 다양한 루트와 같이, 발생할 수 있는 경우의 수를 찾고, 조건에 일치하는 케이스를 도출하는 일에 인공지능을 사용했다. 더 복잡 다양하게 만약 상대가 있는 장기 게임이라면, 경우의 수도 방대해지면서 기술적으로도 어려워진다. 따라서 여러 가지 변수에 대처할 수 있도록「궁지에 몰리면 도망간다.」와 같은 상황판단이나, 장기(將棋)의 순서와 같은 적절한 선택지를 찾는 규칙과 지식을 기계에 입력시키는 일을 거듭 반복해왔다.

기계학습은 이와 같은 인공지능의 진화형태의 하나라고 할 수 있다. 주어진 정보

로부터 기계 자체가 규칙과 지식을 만들어가는 것이다. 기계가 고장이 날 것이라고 미리 예측하는데 쓰이기 시작한 기계학습이지만, 고장이 났을 경우의 정보로부터 규칙을 발견하고, 「현 상태」와 대조하여 확인하는 일이 이루어지고 있다.

14) 스마트 그리드

스마트 그리드란, 기업이나 가정의 전력망에 있어서 효율적인 전력공급을 위하여 전력의 제어 등을 ICT기술을 활용해 실현하는 차세대 송전망을 말한다. 미국의「그린 뉴딜정책」의 기둥으로써 각광을 받았다. 미국의 송전설비는 취약하여 정전시간이 100분을 넘기는 경우도 적지 않아, 이것이 스마트 그리드(스마트=현명하다, 그리드=전력망)도입의 큰 목적이 되었다.

스마트 그리드 환경에서는 과거와 같이 발전소 등 전력공급 측으로부터의 일방향형 공급시스템에 머무르지 않고, 수요 측으로부터도 전력을 흐르게 하는 쌍방향형으로 시스템화 되어있다. 따라서 기업이나 가정 등의 태양광 판넬에 의한 발전을 타지역에 송전할 수 있게 된다. 또한 기후 등에 발전량이 좌우되는 태양광발전이나 풍력발전 등의 재생가능에너지의 발전량에 맞춰, 공급량의 배분을 ICT로 컨트롤하고 수급밸런스를 유지한다. 수급밸런스를 유지 하는데 꼭 알아야 하는 것은 수요 측에서 어느 정도의 전력을 사용하고 있는지 실시간으로 확인할 수 있어야 한다는 점이다. 지금까지의 전력미터는 설치장소까지 작업원이 가서 확인해야 알 수 있었지만, 통신기능을 탑재한 스마트미터는 전력사용량을 리얼타임으로 공급 측에 알린다. 스마트 그리드의 구축에는 스마트미터의 보급이 전제 되어야 가능한 사실을 간과해서는 안 된다.

15) 스마트 커뮤니티

스마트 커뮤니티는 IoT를 활용한 유망시장, 주목시장이며 「진화하는 정보통신기술(ICT)을 활용하면서 재생가능에너지의 도입을 촉진하며, 교통시스템이나 가정, 오피스빌딩, 공장, 나아가서는 사회전체의 스마트화를 목적으로 한 주민참가형의 새로운 커뮤니티」라고 정의되고 있다.

종래의 ICT활용은 그 대상이 산업 · 법인 · 개인 등으로 Tangible(실체가 있는 것)한 것이었다. 그러나 대상이 사회라는 Intangible(실체를 알기 어려운 것)한 것이 되었을 때에는, 이미 과거에 축적된 노하우를 그대로 살리기가 어렵다는 취약점이 있다. 스마트 커뮤니티에 있어서의 IoT활용도, ICT업계의 「새로운 노하우」가 요구된다.

16) 스마트 하우스

스마트 하우스는 재생가능 에너지의 효율적인 활용을 주생활에서 실현하는 환경을 뜻한다. 스마트 하우스를 지원하는 중심적인 ICT로써 널리 알려진 것은 HEMS(Home Energy Management System)이다. 에너지를 소비하거나 혹은 태양광발전으로 에너지를 만들어 내는 가정과, 에너지를 공급하거나 유통시키는 전력회사 등의 사업자를 연결시키기 위하여, 이 HEMS가 중요한 인프라가 된다. 그러나 보급률은 아직 1% 미만인 상황이다. 스마트 하우스의 보급과 본격적인 비즈니스 기회는 이제부터 시작이라고 볼 수 있다.

스마트 하우스는「스마트」그 이름처럼 쾌적하고, 안전·안심으로 「스마트한 라이프 스타일」을 실현하는 거주환경이라는 측면에서 세간의 주목을 받고 있다. 생활지원형 로봇과의 공생이나 사람과 사람의 연결을 ICT가 지원할 가능성을 생각하면 스마트 하우스에는 에너지 외에도 필요로 하는 기능과 폭넓은 ICT의 활용여지가 있다.

17) 스마트 팩토리

스마트 팩토리란 물건과 정보가 이어져 서로 작용하는 공장과 제조시스템을 가리킨다. 구체적으로는 공장 속에 있는 다양한 기계나 생산설비, 로봇의 동작정보를 비롯해 동작지시, 제조지시, 제조계획과 같은 공장운영에 필요한 각종정보, 나아가서는 조달, 출하, 재고 등의 공장경영에 관한 정보까지 모두 이어져 상호작용함으로써 효율적이고 스마트한 공장을 지향하는 것이다.

스마트 팩토리의 핵심은 수집된 방대한 신호나 데이터를 의미 있는 정보로 교환하는 것과, 자율적이고 쾌적한 운전과 제어를 위한 규칙과 판단기준을 사전에 제대로 설정하는 것이다. 생산효율의 개선, 품질의 향상, 에너지절약 등, 공장이 처한 사업 환경이나 제조하는 물건 등에 따라 매번 최적화하고 싶은 내용은 변화되어 간다. 지금까지는 공장 쪽이 판단하여 최적의 공장운영을 해왔지만, 스마트 팩토리로 보다 쉽게 누구든지 최적의 공장운영을 할 수 있게 된다. 더불어, 인공지능(AI)/기계학습을 도입함으로써 보다 고도의 최적화를 목표로 할 수 있게 될 것이다.

지금까지 대부분의 공장들은 제조프로세스의 데이터수집·활용에 의한 개선활동에 몰두해왔다. 앞으로는 이와 같은 데이터 분석에 근거한 공장의 최적운전의 노하우가 제조업의 경쟁력으로 이어질 것이다. 이를 위해서는 자체공장에 닫은 것부터, 공통플랫폼 상에서 타(他)공장과의 연계를 전제로 한 스마트 팩토리로 진화해야 할 것이다.

18) 스마트 헬스케어

스마트 헬스케어란 사람이 건강을 유지하기 위해 필요한 데이터를 수집·분석함으로써, 병이 악화되는 것을 막거나, 건강해지거나, 건강유지를 목표로 하는 것을 말한다. 예를 들어 사람이 평소에 혈압이나 심박수를 측정하는 디바이스를 몸에 부착하고, 그것으로부터 데이터를 수집하여 병원에 갔을 때 의사가 그 데이터도 참조하여 진단하는 것을 목표로 하는 것이다.

과거부터 치료 전문기관이나 간호 분야에서는 각 의료기관의 데이터수집·분석이 가능한 '시크케어'라 불리는 플랫폼을 만드는 구상이 있어왔다. 이것은 구체적으로 환자의 혈압과 심박 수 등의 건강 데이터이력, 진찰이력(전자 진료기록카드), 투약이력 등을 주치의나 지역핵심병원, 타 지역의 의료·간호시설에서 공유하여 중복된 검사나 투약의 회피, 긴급의료 시의 대응에 활용하는 것을 목표로 하고 있다. 또한, 의료기기나 검사장치 등을 네트워크에 접속하여 원격으로 진료·치료가 가능한 플랫폼 시스템 역시 곧 실용화 될 것으로 기대하고 있다.

이와 같은 활동을 비즈니스 측면에서 보면, 누가 이러한 플랫폼을 구축할지로 경쟁하게 된다. 일단 플랫폼을 선점하게 되면 그 다음에 서로 거래하는 데이터형식을 규정하거나, 환자에게 필요한 데이터를 정의할 수 있어서, 새로운 비즈니스의 가능성을 보다 빨리 알 수 있기 때문이다. 지금까지는 의료·간호·건강관련 업계 관계자가 이 플랫폼을 결정할 수 있었지만, 일상적으로 건강데이터를 수집하는 웨어러블 디바이스가 등장하기 시작하면 실질적으로는 스마트 폰이 플랫폼으로 결정 될 것으로 전망된다.

3

농업 스마트화를 위한 IoT기술

3.1 》 농업 IoT

농업 ICT(Information&Communication Technology)이란 정보 · 통신기술을 활용하여 포장의 상태를 파악하기 위한 기술과 시스템으로 여기서 계측된 데이터를 바탕으로 농업생산을 지원하는 정보를 제공할 수 있도록 하는 것이다. IoT(Internet of Thing)기술은 ICT 보다는 좀 더 발전된 형태로써, 이것은 주로 인터넷에 접속된 기기를 이용함으로써 효율적인 영농지원의 실현을 목표로 하고 있다.

농업분야의 IoT기기로써는 포장에 관한 작물 · 환경 등의 원격계측과 관리 설비 등의 원격조작을 실시할 수 있는 것을 들 수 있다. 휴대용 정보

단말을 이용하여 농작업 등의 기록을 입력하고 인터넷상에 데이터를 전송하는 시스템 등도 IoT기기로 취급할 수 있다. IoT기기는 인터넷을 경유하여 원격지의 계측과 제어를 간단히 할 수 있기 때문에 대규모시설이나 분산포장 등의 관리를 효율화할 수 있다는 장점이 있다. 인터넷상에서 데이터를 통합할 수 있어 여러 데이터들을 조합하여 효과적인 영농지원서비스를 쉽게 실현시킬 수 있다. IoT기기의 데이터를 이용한 서비스나 표시를 하는 툴(tool)등도 농업 IoT에 포함되는 경우가 있다. IoT기술은 스마트농업에 있어서의 다양한 요소기술과도 친화성이 높고 빅데이터와 인공지능 등의 실현에 크게 기여한다.

농업 IoT기기의 대표적인 것으로는 필드서버를 들 수 있다. 필드서버는 인터넷을 경유하여 환경계측과 카메라에 의한 화상계측이 가능하고, 난방기나 관개(潅水)장치 등 계전기 스위치(relay swatch)에 접속하여 주변기기를 제어할 수 있다. 필드서버와 같이 환경계측데이터를 인터넷상에서 획득할 수 있는 시스템은 수없이 개발되고 있는데 전력공급, 계측항목, 데이터 획득방법, 데이터 전송간격, 통신거리 등과 같이 각각의 특성을 가진 시스템들이다.

기존의 계측기기를 IoT화하여 데이터를 인터넷상에 전송하는 유닛 등도 개발되고 있다. 화상계측을 하는 시스템도 몇 가지 개발되고 있는데 고해상도의 화상은 통신과 전력에 부담을 주는 탓인지 환경계측 만큼 눈에 띄지 않는다. 원격조작을 실현하는 기기는 주로 원예시설의 원격환경제어시스템 등에서 볼 수 있고, 그밖에 논의 급배수 벌브를 원격 조작하여 물 관리를 제어하는 시스템 등이 존재한다.

농업 IoT기기는 엄격한 환경조건이 필요한 포장에 설치·운용해야 하며 그것을 실현하기 위해 여러 가지 과제를 해결해야 한다. 지금까지 IoT기기의 통신은 주로 무선LAN이 이용되고 있는데 고속통신으로 바뀌게 되면 소비전력은 증가하고 식물체수분 등으로 인해 전파가 감퇴된다. 이런 이유로 장거리안정통신을 안전하게 하기 위해서는 더 많은 기술이 요구된다. IoT기기를 다수 설치하여, 점에서 면으로의 확대가 되기 위해서는 기기의 단가와 설치비용 등을 어떻게 낮출 것인지가 중요한 과제로 남아 있다. 이 과제해결에는 여러 요소들의 개선이 필요한데, 그 하나로 소비전력을 줄이고 내장전력과 소형 솔라패널(Solar panel)로 장기안전가동을 실현해야 한다.

3.2 》 농업 IoT 시대의 도래

정보통신기술(ICT:Information and Communication Technology)은 1990 년대에 인터넷이 등장한 이래로 비약적인 진화를 이루었다. 약 20년 동안 일어난 일들을 간략히 정리해 보면, 데이터처리기능의 고속화·대규모화, 네트워크의 확대, 기술의 정밀화, 통신과 제품의 다양화 등이다. 이러한 기술이 다양한 분야에 접목되어 컴퓨터는 메인플레임의 처리기능이 비약적으로 향상되고, 한편 노트북 컴퓨터가 경량화·고기능화 되고, 태블릿PC와 같은 새로운 상품도 등장 하였다. 노트북 컴퓨터와 태블릿

PC는 개인수준으로까지 널리 보급 되었다. (표3.1)

(표3.1) ICT의 급속한 발전

ICT의 급속한 발전	광접속과 무선LAN과 같은 광대역(브로드밴드)의 보급.
	전화는 PHS에서 휴대전화를 거쳐, 스마트폰이 주류.
	PC는 데스크 탑에서 노트북, 그리고 태블릿 pc로 발전.
	어플리케이션과 데이터 보존은 클라우드 화로 진전.
	통신기기와 센서의 소형화 · 저가격화.

통신기술이 진화하면서 데이터통신은 매년 고속화되고 디지털기술을 이용한 휴대용 전화가 과거의 유선전화나 아날로그 전화를 대신해 2007년경에는 더욱 다기능의 스마트폰으로 진화하였고, 이후 진화의 속도는 더욱 빨라지고 있다. 스마트폰은 단순한 통신단말이 아닌 이전의 컴퓨터를 능가할 정도의 정보처리능력을 갖추고 있다. 통신과 메일과 같은 통신기능은 물론 카메라 촬영, 음악과 동영상 재생, 워드프로세서, 소프트웨어, 표 계산 소프트웨어에 이르기까지 다양한 기능이 사용 가능한 소형컴퓨터라고 할 수 있을 만큼 폭발적인 진화가 되어왔다.

기술개발 사상 유래 없는 진화를 이룬 하드웨어, 소프트웨어는 새로운 처리대상이 될 데이터를 계속해서 찾고 있다. 당초에는 시스템의 공급자측이 제공하는 데이터가 중심이었지만, 이제는 네트워크 이용자가 네트워크에 제공하는 데이터양을 넘어서려는 수준에 이르고 있다. 이렇듯 방대한 데이터의 필요성이 대두되어 사회 · 경제의 문제해결이나, 문제의 부가가치 향상에 활용이 되는 빅데이터 비즈니스도 생겨나기 시작했다.

이처럼 데이터 처리부분의 진화와 하드웨어 부분의 제어기능의 진화가 접합됨으로써 탄생한 것이 넓은 의미의 IoT(Internet of Things, 사물인터넷)라고 할 수 있다. IoT는 컴퓨터 등의 정보·통신기기뿐만 아니라, 세상에 존재하는 여러 사물에 통신기능을 부여하고 인터넷에 접속, 상호통신, 자동인식, 자동제어를 가능하게 하고 있다. 그것에 AI(인공지능, artificial intelligence)와 같은 신세대 시스템이 더해지면 기계를 개별적으로 제어했던 시대와는 차원이 다른 광범위한 제어시스템이 탄생하게 될것이다.

3.3 》 농업 IoT 기술의 여파(물결)

다른 산업에서 개발된 고도의 제어기술이 농업에 도입된 이래로, 공장이나 온실제어시스템, 자동운전 농기계(트랙터, 콤바인 등), 농업 로봇, 센서데이터와 기상데이터 등, 외부정보와 연동된 정밀농업시스템 등의 개발이 활발히 진행되고 있다. (그림3.8)

그러나 아쉽게도 농업분야는 에너지, 자동차, 의료 등과 같은 다른 산업 분야와 비교했을 때 IoT화의 장벽이 높은 분야이다. 왜냐하면 농업에서는 다른 분야와 비교해서 불안정한 데이터가 IoT시스템에 입력되기 때문이다. 농작물 자체가 생체로 불확정성이 있는데다가 토양 기후 등

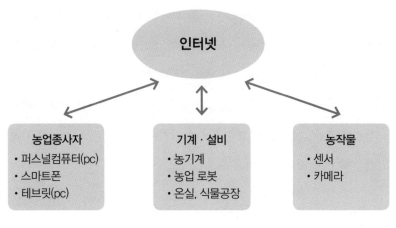

(그림3.8) 농업 IoT의 개념도

변동요소가 더해지는 농업특유의 사업 환경이 그 이유라고 할 수 있다.
현 단계에서 가장 진전된 농업 IoT라고 할 수 있는 식물공장이 시스템으
로 빨리 완성될 수 있었던 가장 큰 이유가 바로 농업이 가지는 불확정 요
소(외부공기, 일조량, 토양 등)를 인공적으로 관리(shutout) 할 수 있기 때문
이다.

농업 IoT에 관한 기술은 다양한 연구기관에서 동시 다발적으로 연구
개발이 진행되고 있다. 예를 들어, 자동운전 농기계는 농기계 회사에서
기존 형태 농기계의 고도제어의 연장선상에서 개발되고 있으며 농업로
봇은 로봇 전문가가 농업분야에 전문기술을 투입하여 개발되고 있다.

지금까지 농업분야 뿐만 아니라 각 분야가 개별적으로 연구되어 오던
것이 최근 기술의 융복합 기술로 효율성을 높이고 있다. 또한 농업분야
와의 접점이 적었던 공학관련 분야나 유사학과에 의한 연구개발도 많아
졌다는 점에 대해서도 긍정적인 평가를 받고 있다. 물론 다양한 분야의

지식이 농업분야에 적용되는 것은 좋은 일이지만, 통일성 없는 개발에 의해 호환성이나 상승효과가 없는 기술이 난입할 위험성(risk)도 내포하고 있다.

실제로 많은 SIer(system integrator)나 벤처기업이 힘쓰고 있는 생산관리시스템(농업 ICT)에서는 표준화되어 있지 않은 수많은 시스템이 가동되어 문제가 될 소지도 있다.

3.4 》 농업 IoT의 정의

농업이 점차 미래의 성장산업으로 인식되면서 농수산식품부를 비롯한 지자체마다 최신기술을 이용한 농업의 수익향상을 위한 정책을 발표하고 있다. 이 때, 각기 다른 분야를 종합적으로 관리 할 수 있는 콘트롤타워가 꼭 필요하다.

각 지자체나 농업관련 기관마다 ICT/IoT를 도입한 스마트 농업, 선진농업의 정책이 쏟아져 나오고 있다. 농업기술 개발의 선도자 역할을 담당하고 있는 농수산식품부는 스마트농업에 대한 미래의 발전방향과 그 실현을 향한 로드맵과 스마트기술을 농업 현장에 보급하기 위한 정책을 검토하여 도입하는데 좀 더 신중을 기울여야 할 필요가 있다.

이러한 검토 과정에서 꼭 점검해 볼 필요가 있는 내용을 크게 두 가지로 구분하여 살펴보겠다. 먼저 농업이 성장산업으로써 매력적인 산업으로 거듭나기 위해 필요한 '다 수량화(多收量化)'와 '강점을 가진 농산물 생산' 등을 실현하는 수익성을 향상시킬 수 있는 기술이다. 이어 두 번째로는 획기적이고 새로운 농업스타일의 확립이 필요하다. 이것을 실현하기 위해서는, 지금까지의 상식을 뛰어넘는 생력화(기계화 · 공동화 등으로 작업시간과 노력을 줄임), 대규모화와 대처가 용이한 농업을 실현하는 생산 유통시스템 혁신기술 등이다. 농업 IoT와 스마트 농업기술은 주로 두 번째의 큰 틀 속에서 추진되고 있다.

한 예로, 일본의 경제 산업력 강화를 위한「로봇 신전략」은 결정적으로 스마트 농업의 추진력으로 작용하였는데, 아래에 나열된 세 가지 프레임을 농업분야에서도 적용하여 스마트농업의 강국으로 발전해 가고 있다.

로봇 신전략에서 실현을 위한 세계의 틀(frame)

1. 세계의 로봇 이노베이션 거점으로,
2. 세계 제일의 로봇 활용사회(중소기업, 농업, 간호 · 의료, 인프라 등)
3. IoT(Internet of Things)시대의 로봇으로 세계를 리드(IT와 융합하여, 빅데이터, 네트워크, 인공지능을 사용하는 로봇으로)하는 3가지를 내세우고 있으며 농업분야 역시 중요분야로 인식되고 있음을 알 수 있다.

일본이 주도하는 스마트농업은 농업용 소프트웨어 · 어플리케이션 (영농관리시스템, 농작업 지원 시스템, 유통관리시스템, 자동운전농기기와 농업로봇 등)과 하드웨어의 두 가지 요소로 구성되어 있으며 스마트농업의 목적 및 목표로써 다음의 5가지를 제시하고 있다.

1. 초생력 · 대규모 생산의 실현

트랙터 등 농업기계의 자동주행 실현에 따라, 규모한계를 극복

2. 작물의 능력을 최대한으로 발휘

센싱기술과 과거데이터를 활용한 정밀농업에 의해, 과거에 없던 다수확(多收) ·

고품질의 생산을 실현

3. 힘들고 어려운 작업, 위험한 작업으로부터 해방

수확물 싣고 내리기 등 중노동을 어시스트슈트로 경노동화와 부담이 큰

논둑(畦畔, 휴반) 등의 제초작업 자동화.

4. 누구나 대처하기 쉬운 농업을 실현

농기계의 운전 어시스트장치, 재배노하우의 데이터화 등에 의해, 경험이 적은

노동력으로도 대처 가능한 환경의 실현

5. 소비자 · 실수요자에게 안심과 신뢰를 제공

생산정보의 클라우드 시스템에 의한 제공 등에 따라, 산지(産地)와 소비자 ·

실수요자를 직결

위의 1, 3, 4의 3가지 항목은 농작업의 효율화와 노동력확보를 주안점
으로 하고 있고 2, 4, 5의 3가지 항목은 수익향상 · 부가가치향상의 관점
에서 본 목표라고 할 수 있다.

(See & Think)

어시스트 슈트 : 신체에 장착하여 농업인의 동작을 보조하고, 작업 시에 신체에
드는 부담을 경감시키는 기능을 가진 보조기구. 과일이나 무거운 채소의 수확, 운
반 작업 등에 활용되고 있다.

3.5 》농업을 지원하는 IoT기술

1차 산업인 농업에서는 관점에 따라 공학 분야의 IT기술과는 거리가 먼 분야라 고 생각할 수도 있다. 그러나 이제는 우리가 속해 살고 있는 사회가 급속도로 변화하면서, 모든 영역에 있어서 4차 산업혁명의 물결이 일고 있으며 농업도 예외는 아니다.

과거 사람이 직접 운전해온 트랙터 등의 농업기계에 자동주행기술을 적용시킴에 따라 농작업을 자동으로 수행할 수 있게 된다. 이에 따라 경험이 없는 신규농업인이라도 작업이 가능해지거나, 야간에도 작업할 수 있게 된다. 물론 어느 정도로 활용이 가능한지, 안정성에 문제는 없는지 등에 대해서는 앞으로 검토해야할 과제로 남아있다.

고된 노동을 동반한 오랜 경험이 있어야 농사를 지을 수 있다고 여겼던 농업이, 급변하는 과학기술의 진보로 과중한 일의 부담이 덜어지고 농업에 대해 잘 모르는 신참내기 농부라도 얼마든지 정보를 얻고 기술의 도움을 빌릴 수 있기 때문에 농업을 그리 어렵지 않게 시작할 수 있는 가능성이 열렸음은 분명하다.

농작물 재배에 있어서 온도와 물의 관리는 정말 중요하다. 특히 비닐하우스에서 농작물을 재배할 때는 바깥 기온의 변화와 일조량 등에 따라 실내를 일정 기온으로 유지하고, 물을 주는 것도 작물의 재배상황에 맞추어 매일 바꿔줘야 한다.

게다가 같은 작물이라 하더라도 날씨나 토양 등에 따라 최적의 재배방법이 다르다. 이 때문에 과거에는 일련의 농작업이 일일이 다 사람의 손으로 이루어져, 경험으로 뒷받침된 지식으로 작업하면서 방대한 노력과 시간이 소요되었다. 그러나 이러한 것이 IoT의 활용에 의하여 크게 변화하고 있다. 한 예로, 일본의 소프트뱅크 그룹인 PS솔루션스는 'e-kakashi'라고 하는 '간단 · 간편 · 재미'를 컨셉으로 하여 농업 IoT솔루션을 제공하고 있다.

이것은 농장에 센서네트워크를 설치하여 농장의 온도 · 습도나 일사량, 토양 내의 온도와 수분량, 이산화탄소 농도 등을 센싱하여, 이를 시각화(Visualization)하는 것이다.

유저는 PC와 태블릿을 통하여 이러한 다양한 데이터를 파악할 수 있고, 시각화된 데이터를 바탕으로 농작업을 수행할 수 있게 된다. 나아가 재배방법이 '레시피'라는 형태로 농가 사이에서 공유되고, 작물의 종류와 생육상황, 재배환경에 맞춘 최적의 재배방법을 실천할 수 있게 된다.

후지츠(富士通)에서는 '식 · 농 클라우드 Akisai'라고 하는 농가를 대상으로 한 클라우드 서비스에 의하여, 농장의 생산관리와 비용관리 등, 경영, 생산, 판매에 이르는 농가업무를 폭넓게 지원하고 있다.

일상의 생산현장의 작업실적과 생육정보 등의 데이터를 모바일 단말기나 센서를 이용하여 클라우드 상에 수집, 축적 · 분석함에 따라 수익과 효율성을 높이는 농업경영이 가능해졌다. 예를 들어 각 품목마다 생산에 드는 비용을 가시화(可視化)하고 비료나 판매가격을 재검토하여 도입 전과 비교하여 비료비용을 약 30% 절감한데다, 단위면적 당 약1.3배의 매상고 실현을 가능하게 했다고 한다.

이렇듯 농업분야에서의 적극적이고 창조적으로 활용한 과학기술은 현재 우리나라 농업에 쌓여있는 다양한 과제를 해결하는 데 도움이 될 것이다. 더 말할 것도 없이 농업은 인류의 '식량(食)'을 지탱하는 중요한 산업이다.

'식량안전보장'이라는 말로 언급되는 경우도 있지만 생존에 있어 불가결한 식량을 제대로 확보할 수 있느냐에 대한 것은 국가 차원에서도 매우 중요한 과제임은 재론 할 여지가 없다.

한국의 식량(食)을 지탱하는 농업이 고령화와 신규 영농자의 부족이라는 커다란 짐을 지고 어려움을 겪고 있다. 자동주행 트랙터를 시작으로 하는 각종 농작업의 자동화·생력화는 이러한 노동력 부족 문제를 해결해 가는데 있어 불가결할 것이다. 현실적으로 농업종사자를 크게 증가시키는 것이 어렵다고 여겨지는 이상, 한 사람당 생산성을 올리는 것이 최선의 방법이다.

농업은 경험이 중요한 산업이기도 하다. 같은 작물이라도 기후와 토양 상황에 따라 재배상황이 다르다. 오랜 경험과 감에 따라 최적의 재배 방법을 찾아낸 이른바 '장인정신'의 세계라 할 수 있다. 그렇지 않아도 신규 농업인이 부족한 상황 속에서 이러한 장인정신 속에 있는 암묵지식(暗黙知)을 어떻게 전달해야 할지 고민해야 한다.

앞서 살펴본 PS솔루션즈의 사례에서는 이러한 암묵지식을 가시화하고, 나아가 후계자에게 전달할 수 있도록 했다. 오랫동안 농업에 종사해 온 사람들이 아직 건강한 지금이 최후의 기회일지도 모른다. 지금 생존하고 있는 농업의 '장인'들의 경험, 암묵지식을 후세에 전달하기 위해서도 IoT기술을 활용한 시도가 꼭 필요하다.

3.6 》 농업 IoT를 지원하는 정책

다른 분야에서 ICT/IoT 보급의 지원(기능향상, 저비용화 등)을 받아 스마트 농업기술의 실용화가 진전되고 있다. 스마트 농업은 수익이 되는 농업을 실현할 뿐만 아니라, IoT관련 노하우를 보유하고 있는 벤처기업이나 메이커의 새로운 비즈니스 기회가 되고 있다는 점에서 주목을 받고 있다.

스마트 농업의 추진은 로봇기술, ICT의 활용에 의한 초생력(省力)·고품질생산의 실현을 추구하는 것이다. 농업 생산자 관점에서 스마트농업의 바람직한 자세와, 실용화의 목표를 명확히 할 필요가 있다. 로봇기술, ICT, 게놈편집 등의 첨단기술을 활용하여 환경과 조화된 초생력·고생산의 스마트농업 모델의 실현을 지향하고 있다.

예를 들어, 벼농사를 중심으로 한 논농사에 대해서는 대규모 농업생산자로 대상을 좁혀 로봇기술과 ICT에 의한 농작업의 자동화, 그에 맞춘 신품종의 개발을 병행해 진행하고 고수익의 농업모델 구축을 목표로 하고 있다. 한편 시설원예에 대해서는 태양광식물공장에 초점을 맞춰, 빅데이터를 활용한 재배관리기술에 의한 고품질 토마토 재배를 목표로 하고 있다.

4

해외 사례 소개와 적용검토

4.1 》 실용화되고 있는 농업 IoT(일본)

일본 정부의 스마트농업 추진정책에 따라 다양한 농업의 스마트화 기술이 개발되고 있다. 대부분의 기술들이 아직 연구개발단계에 있지만, 일부는 농업현장에 도입이 되어 현재 시행되기 시작했다.

현재 농업 IoT기술을 토대로 스마트농업을 실현하고 있는 나라들을 중심으로 최첨단 농업기술을 파악하고, 이러한 기술을 도입한 일본의 실증사례를 소개하도록 한다.

먼저 선행하여 도입이 진행되고 있는 생산관리시스템과 환경제어 시스템을 살펴보자. (그림3.9)

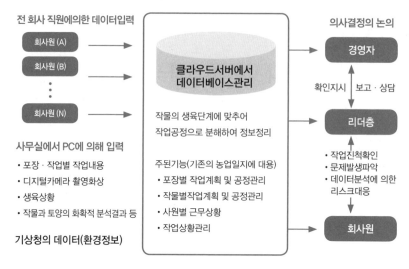

전 회사 직원에의한 데이터입력   의사결정의 논의

회사원 (A)

회사원 (B)

회사원 (N)

클라우드서버에서
데이터베이스관리

작물의 생육단계에 맞추어
작업공정으로 분해하여 정보정리

주된기능(기존의 농업일지에 대응)
· 포장별 작업계획 및 공정관리
· 작물별작업계획 및 공정관리
· 사원별 근무상황
· 작업상황관리

경영자

확인지시   보고 · 상담

리더층

· 작업진척확인
· 문제발생파악
· 데이터분석에 의한
   리스크대응

회사원

사무실에서 PC에 의해 입력

· 포장 · 작업별 작업내용
· 디지털카메라 촬영화상
· 생육상황
· 작물과 토양의 화확적 분석결과 등

기상청의 데이터(환경정보)

(그림 3.9) 생산관리시스템의 개요

4.2 ≫ 생산관리 시스템 (농업 ICT)

농업생산, 자재관리, 유통관리 등에 대해서는 많은 후지츠와 NEC 등과 같은 기업들이 시스템을 제공하고 있다. 농업생산의 핵심이 되는 재배지원시스템과 함께 자재조달부터 농산물의 판매관리까지 관리하는 시스템도 개발되고 있다. 이러한 시스템이 연계되면 개별업무의 틀을 넘어 공급사슬(supply chain)의 관리가 가능해진다. (그림 3.10)

일본의 식(食) · 농(農) 클라우드「Akisai」는 노지재배 · 시설원예 · 축산에 대하여 생산 · 경영 · 판매라고 하는 농업경영전반을 포괄적으로 지원하는 서비스이다. 농업현장과 식 관련기업의 매니지먼트를 지원하는「농업생산관리 SaaS」를 중심으로 농업현장에서의 ICT활용의

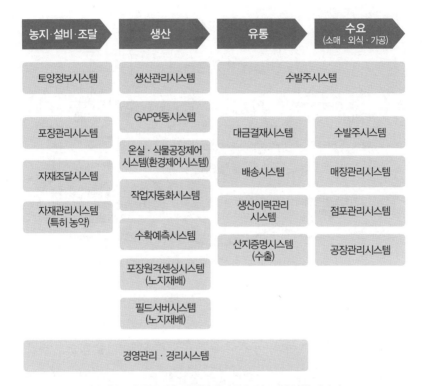

（그림 3.10）공급사슬의 관점에서 본 농업ICT의 전체 이미지

촉진과 조직적 매니지먼트를 지원하는 이노베이션 지원 서비스도 제공하고 있다. 농업ICT의 대표적인 회사로 일본 후지츠(富士通)를 들 수 있다. 후지츠(富士通)는 대기업 농업법인의 협력을 얻어「식(食) · 농(農) 클라우드 Akisai」를 실용화하고, 농업법인과 농가에 서비스를 제공하고 있다. 시즈오카현(静岡県)에 직영 Akisai 농장을 개설하여 스스로 시스템을 설치하여 기능향상에 힘쓰고 있다.

일본 후지츠(富士通)의 Akisai는 노지재배, 시설원예에 폭넓게 대응할 수 있는데 그중에서도 옥외의 농지에 센서(필드서버)를 설치하여 관리할

풍부한 식품의 미래에 ICT로 공헌

식품가공·도매·소매·외식
**생산자와 연계한
새로운 가치의 구축**

소비자
**언제나 안심하고
맛있는 식사를**

식·농 클라우드
Akisai

생산자
**기업농업경영의
실현**

지자체/
농업식품관련 단체
**6차산업화를 핵심으로 한
지역활성화**

Akisai이란 결실의 "가을" 과수·야체 등의 "채"를 이미지하여 명명

(그림 11) 식(食)·농(農) 클라우드「Akisai」상품 콘셉트

수 있다는 것이 특징이다. 이에 따라 과거의 재배데이터를 참고로 작물을 심기에 적합한 블록을 선택하고 농산물의 품질을 어느 정도 예측할 수 있다고 한다. 이러한 재배지원시스템과 더불어 경영관리시스템과 농업회계시스템도 함께 제공하는 것이 이 회사의 강점으로 작용하고 있다.

농지관리에서는 토양정보시스템과 포장관리시스템이 개발되고 있다. 전자는 토양성분, 견고성, 침(투)수성 등의 토질을 관리하는 시스템이고, 후자는 농지의 구획분할, 과거의 재배이력, 소유자와 토지임대료 등을 관리하는 시스템이다. 이러한 시스템들을 활용함으로써 포장의 특징에 적합한 재배계획을 입안하는 것이 가능하다.

재배지원에서는 첫째로, 센서·카메라로부터 환경데이터와 화상(이미지)의 수집, 기상예보 등과 같은 외부데이터를 확보한다. 두 번째로 농업종사자가 직접 작업이력을 관리한다. 세 번째로, 수집데이터 및 이력 정보를 시각화 한다.(원격모니터링) 네 번째로, 데이터분석(빅데이터 해석 등)에 의한 최적의 재배방법을 결정한다. 다섯 번째로, 기기와 설비를 자동제어 한다. 여섯 번째로, 농업종사자가 작업지시를 내리는 것과 같은 기능을 갖춘 시스템이 개발되고 있다.

재배지원시스템은 과거 장부로 관리해왔던 농작업 이력을 자동으로 수집하거나 혹은 스마트폰 등의 휴대단말로 실시간 입력해서 클라우드 시스템에 축적한다.

클라우드화에 따라 과거보다 농작업 이력데이터를 입력하는 수고가 상당히 줄어들어 시계열 간, 포장 간 비교가 쉬워졌다. 일부에서는 인공지능 기술로 작업 매뉴얼과 센서 정보나 작업이력을 대조하여 적절한 농작업을 자동판별하고 조언해주는 시스템도 개발되고 있다.

최근에는 생산단계에서 이미 재배이력과 기상데이터를 사용하여 빅데이터를 해석하고 농산물의 수확시기와 수확량을 예측하는「수확예측시스템」이라는 서비스가 주목받고 있다.

사전에 수확량과 수확시기를 알 수 있다는 점에서 영업에서의 기회손실과 재고손실을 대폭 줄일 수 있어 물류의 효율화에도 효과를 발휘한다.

근래 증가하고 있는 계약재배에서는 수요자 측이 사전에 조달 가능한 농산물의 양과 시기를 파악할 수 있는 것도 강점이 되고 있다.

이처럼 농업ICT는 생산뿐만 아니라 유통과 판매를 포함한 공급사슬 (supply chain) 전체로 확산되고 있다.

4.3 》 해외(미국)의 영농지원 ICT의 적용사례

농업 ICT는 세계적으로 확대, 진전되고 있다. 미국의 미시간주(State of Michigan)의 Farmlogs(펌록스)사는 2012년에 위성모니터링을 활용한 시스템제공을 개시했다. 현재 전미 50주, 세계 130개국에 걸쳐 서비스를 제공하고 있으며 미국 내의 농가 20%이상이 이용하고 있다고 한다.

Farmlogs사 서비스의 중심은 재배정보의 기록 및 다중스펙트럼 위성화상의 분석이다. 시스템 상에서 재배 면적 별로 재배품목, 작업내용, 강수량, 누적(적산)열량, 토양조건, 자재사용실적 등을 기록하여 지도상에 시각화할 수 있다. 이 시스템과 트랙터와 콤바인 등의 농기계를 접속하면 작업이력을 자동적으로 기록할 수도 있다. 관리할 수 있는 데이터의 충실도에서는 일본의 영농지원 ICT와 같거나 조금 낮은 수준이지만 농기계와의 연계가 진전되고 있다는 점에서 주목할 만하다.

Farmlogs사는 축적된 데이터를 활용하여 다양한 솔루션을 제공하고 있다. 예를 들어 작업내용과 재배결과를 대조하여 분석함으로써 재배노하우를 시각화할 수 있다. 또한 독자적인 지표를 이용하여 작부일(작물을 심은 날짜)부터 수확 일을 예측한다거나, 작부량, 성장도, 과거 10년의 기상데이터부터 앞으로 필요한 비료의 양을 성분별로 산출하는 등의 기능까지 갖추고 있다. 수확예측은 농작업과 수발주의 타이밍을 정하는 매우 중요한 정보로서, 기상데이터를 근거로 하는 수확예측시스템은 이미 상용화되고 있다.

Farmlogs사의 서비스는 포장의 모니터링에도 효과적이다. 과거 5년의 위성데이터를 바탕으로 이변을 보인 포장의 구역을 5m²의 정밀도로 나타낼 수도 있다. 이것은 광대한 농지를 적은 인원으로 경작하는 미국의 농가에 있어 매우 유용한 서비스로 엄청나게 넓은 농지를 돌아보아야 하는 수고를 크게 덜어주었다. 게다가 자재조달시스템과 재고관리시스템도 갖추고 있어 영농활동전체를 효율적으로 관리할 수 있는 시스템이다.

4.4 》 식물공장(plant factory)

1) 환경제어기술

시설원예에서는 재배설비를 자동제어하고 온실 내 환경을 최적화하는 환경제어시스템이 실용화되고 있다. 이전에는 공기조절이나 양액(養液)공급 등 설비별로 제어를 했었으나 복수의 기기를 하나의 제어판이나 컴퓨터상의 어플리케이션 소프트웨어로 관리할 수 있게 되었다. 최근에 들어와 상호 영향을 주는 설비를 종합적으로 제어하는 시스템도 개발 중이다. 예를 들면 커튼을 열면 일조(日照)로 온도가 올라가 냉방을 강하게 하는 등, 이와 같은 복수의 기능을 통합한 제어로 재배환경의 최적화를 도모한다. 바로 이러한 환경제어시스템은 「단일체제어→복합제어→통합제어」라는 혁신을 이루고 있다.

불과 몇 년 전만해도 센서나 통신기기의 비용이 높아 시설원예에서 환경제어는 여전히 과제로 남아 있었다. 정밀도를 다소 희생하더라도 적은 센서로 되도록 넓은 범위를 커버하는 설계사상이 보였다. 그러나 최근 약 10년 사이에 센서, CPU등의 가격이 급격히 하락해서, 온실 내에 다수의 센서를 배치하여 무선LAN등으로 네트워크를 할 수 있게 되어 온실 내에서의 IoT화가 급속히 진행되고 있다.

또한, 스마트폰과 태블릿PC와 같은 휴대용 정보단말이 보급됨에 따라 농업종사자가 시설 내의 센서정보를 직접 열람하거나 설비 기기를 원격 조작할 수 있게 되었다. 이것도 휴대용 기기의 급속한 성능향상과 가격저하가 초래한 혁신이다.

2) 환경제어가 패키지화된 식물공장

식물공장은 1950년대 일조시간이 적은 북유럽에서 인공광원으로 빛을 보충하여 식물을 재배하면서 시작되었다. 수경재배방식과 시설원예가 결합하면서 농작물 재배환경을 조절할 수 있는 공장형태로 발전되었다.

그러나 태양광 병용형 시설은 빛, 온도 등 작물의 생육에 필요한 환경을 완전히 통제하지 못하기 때문에, 엄밀한 의미에서의 식물공장은 완전한 인위적 환경제어가 가능한 인공광형 시설만 해당된다. 태양광을 100% 사용하는 유리온실은 식물공장과 다르다. 수경 재배하는 유리온실이 마치 공장에서 농산물을 생산하는 것처럼 보이기에 식물공장과 혼동하는 경우가 많다. 들깻잎 재배 시 야간 인공조명을 사용하는 경우가 있는데, 이것도 식물공장과는 거리가 있다. 식물 광합성에 있어서 100%

인공 광을 사용하는가에 따라 식물공장 여부를 판단할 수 있다.

식물공장이란 빛, 온도, 이산화탄소농도, 풍속, 비료농도 등의 재배환경을 인위적으로 최적화하는 시설이며, 환경제어기술이 패키지화된 공장으로, 환경제어기술이 패키지화되어 통합 관리되고 있다. 아래의 그림 (3.11)에서도 잘 나타나 있듯이, 식물공장은 통제된 일정한 시설 내에서 빛, 온도, 습도, 양액 조성, 대기가스 농도 등 재배환경조건을 인공적으로 제어하여 계절이나 장소에 관계없이 농작물을 공산품처럼 연속 생산하는 농업의 한 형태이다.

식물공장은 조명장치, 식물 재배상, 양액 공급장치, 환경제어 및 재배시스템 등으로 구성되며, 유형별로는 태양광을 전혀 사용하지 않고 인공광원만으로 광합성을 수행하는 인공광형(완전 제어형), 태양광과 인공광을 함께 사용하는 태양광 병용형(부분 제어형)시설로 나눌 수 있다.

식물공장 기술은 저비용, 고효율로 작물을 생산하기 위해 작물의 상태에 따라 영양, 온도, 광원 등 성장환경을 실시간으로 모니터링하고 제어·관리하는 기술이다. 다양한 식물을 재배하고 생육 속도와 수확기를 조절하기 위해 온도를 조절하고 식물 생장에 적합한 양분을 자동으로 공급해 품질을 높이며, 특히 작물의 광합성과 생육을 조절하기 위해 형광등, 고압나트륨등, LED등과 같은 다양한 광원을 이용한다. 이중에서 LED를 이용해 작물의 생산량과 품질을 높이고 전기에너지를 절감하고 있다. 식물공장은 재배환경 즉, 빛·온도·습도·이산화탄소 등을 인공적으로 제어하여 식물을 계절에 관계없이 자동으로 연속 생산하는 농업 시스템으로, 기후 및 자연환경의 영향을 많이 받을 수밖에 없는 전통적인 농업의 한계를 벗어나 계절, 풍수해 등 환경에 구애받지 않고 재배조건을 인위적으로 제어하면서 농산물을 생산할 수 있어 국내외적으로 많은 관심을 받고 있다.

식물공장에는 두 가지 종류가 있다. 폐쇄공간에서 형광등이나 LED 등의 인공조명으로 재배하는 인공광형과 그리고 온실 내에서 자연광 중심으로 재배하는 태양광형/태양광 병용형으로 나뉜다. 이 두 방식 모두 환경제어기술에 의해 효율적이고 안정적인 농산물 재배를 실현한다. 이곳에서는 광합성의 효율향상과 재배기간이 연중으로 확대되어 생산성이 향상되고 있다. 일조량의 부족, 고온 또는 저온 재해, 물 부족, 병해충 등의 생산리스크를 상당히 낮출 수 있어 면적당 생산량이 비약적으로 향상된다.

식물공장에서 재배하는 양상추의 경우 고회전율(연간 재배횟수)과 재배선반의 다단화(多段化)로, 단위면적당 연간 수확량은 노지재배의 약 100배에 달한다.

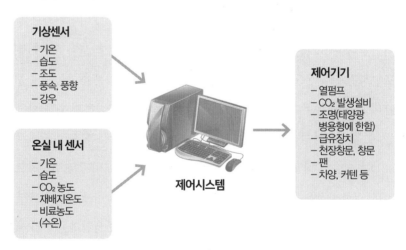

(그림 3.11) 온실, 식물공장의 환경제어시스템(예)

고도의 환경제어를 하는 식물공장은 그 맛과 영양소 면에서도 장점이 있다. 인위적으로 연중 언제나「제철」의 상태를 만들어낼 수 있어서 일 년 내내 안정적으로 맛있는 농산물을 재배할 수 있다.

물과 염류에 대한 스트레스를 계획적으로 더함으로써 농산물의 당 도와 기능성 물질(예:항산화물질)의 함유량을 늘리는 노하우도 확대되고 있다. 이 모든 것은 원래 장인 농가가 오랜 세월 끝의 경험에서 어렵게 찾 아낸 방법이지만, 과학적인 분석으로 노하우를 시각화(Visualization)하여 환경제어가 가능한 식물공장에서 재현함으로써 고부가가치농산물을 재배할 수 있게 되었다.

기술혁신과 대형화된 식물공장의 스케일 메리트(scale merit: 규모의 확 대로 얻게되는 이익)에 의해 초기 투자액이나 러닝코스트(running cost)모두 7~8년 전보다 대폭 내려갔지만, 아직 고액의 농업설비라고 할 수 있다. 최근에 와서야 생산효율과 품질의 평준화에 의해 마침내 사업으로써 성 장하게 되었다.

3) 스마트 공장의 데이터 프로세스와 농업의 프로세스

스마트 공장은 데이터의 흐름에 민감해야 한다. 그 이유로는 각 공정 과 각 부문 공급자(구성 자재 메이커)와 고객기업, 해외공장과 연계하기 위 해서는 IoT정보를 하나로 관리하여 전 관계자가 IoT정보를 확인하고, 실 시간으로 상황을 파악한 후에 의사 결정을 할 필요가 있기 때문이다. 스 마트 공장의 데이터 흐름을 이해하면 농업의 재배(생산), 유통 등의 프로 세스를 적용하기가 용이하다.

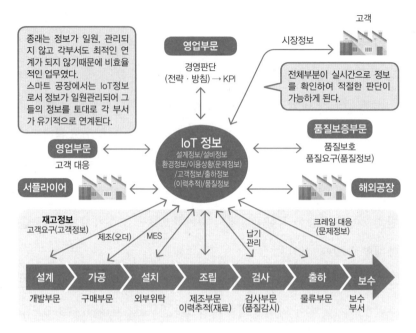

종래는 정보가 일원, 관리되지 않고 각부서도 최적인 연계가 되지 않기때문에 비효율적인 업무였다.
스마트 공장에서는 IoT정보로서 정보가 일원관리되어 그들의 정보를 토대로 각 부서가 유기적으로 연계된다.

고객

영업부문

시장정보

경영판단
(전략 · 방침) → KPI

전체부분이 실시간으로 정보를 확인하여 적절한 판단이 가능하게 된다.

품질보증부문

영업부문

IoT 정보
설계정보/설비정보
환경정보/이용상황(문제정보)
/고객정보/출하정보
(이력추적)/품질정보

품질보호
품질요구(품질정보)

고객 대응

서플라이어

해외공장

재고정보
고객요구(고객정보)

제조(오더)

MES

납기
관리

크레임 대응
(문제정보)

설계	가공	설치	조립	검사	출하	보수
개발부문	구매부문	외부위탁	제조부문
이력추적(재료)	검사부문
(품질감시)	물류부문	보수
부서

• 농산물 생산이력 추적
농산물(원료)→생산→수확→출하→보관→분쇄 · 가공→판매장→식탁

(그림3.7) 스마트 공장의 데이터 흐름

4) 식물공장에서 도입이 진전되는 자동화기술

새로운 재배방법으로 주목받고 있는 식물공장은 최근 몇 년 동안 자동화 기술이 도입되어 발전하고 있다. 일본 파나소닉이 후쿠시마(福島)에서 운영하고 있는 인공형 식물공장에서는 일부 작업공정에 자동화기술이 도입되어 인건비절감과 수익성 향상이 실현되고 있다.

일반적으로 식물공장의 재배선반은 10단 정도 포개어 쌓여있는데, 상단 작업이 까다롭다는 문제점을 안고 있다.

이런 과제를 해결하기 위해 모종을 재배하는 재배 플레트의 자동투입 · 반출기를 개발하고, 동시에 양상추의 모종을 재배판넬에 정식(定植: 묘판에서 재배한 모종을 정식으로 심는 일)하는 작업을 위해 자사가 개발한 자동가식(假植:임시로 심음) · 정식기(定植) 기기를 도입하여 작업인원을 25%정도 줄일 수 있다고한다.

인공광식 식물공장의 선구자격인 일본 교토의 스프레드(SPREAD)사는 식물공장의 자동화를 추진하고 있는 과정에 있다. 스프레드사의 「Vegetable Factory」는 이 회사가 보유한 재배기술과 노하우를 결집한 최첨단 채소생산시스템이다.

이 플랜트(plant)에는 대규모 채소공장의 재배자동화 · 수자원리사이

인공광형 식물공장								
분류	설비						제어 시스템	
	공기조절		조명		수경			
	전체 공기 조절	CO2 공급	광원	부대 설비	수경 배드	순환 설비	공기조 절관리 시스템	조명 관리 시스템	수경 관리 시스템
구성 요소 (표준 설비)	HP, 순환팬 필터, 풍향 조절판 센서	CO2발생 장치 (연소식, 봄베식) 센서	형광등 LED 냉각장치	반사판 반사재	수경배드 (DFT, NFT,분무) 패널 우레탄	양액혼합 탱크, 단비 탱크, 리턴 탱크펌프, 여과장치, 살균장치 (UV,RO), 수중폭기 센서	공기조절 관리 CO2농도 관리	제어판 (전원ON/ OFF만)	양액혼합 시스템 (EC,pH) 물순환 시스템 (전원 ON/OFF 공급량)
부가 설비 (선진 기술)	국소공기조절 (덕트) chiller에 의한 양액냉각 클라운온도제어 (딸기용)공간제균		LED펄스 조사 (照射) 광(光) 덕트	도료 (파장 변환)	양액냉각 설비 (chiller)	살균 장치 (오존 버블)	복수 에리어의 동시제어	조도관리 파장관리	미량원소 관리 수온관리 DO관리
							복합환경제어시스템→ 통합환경제어시스템		

(그림 3.8) 식물공장을 구성하는 설비 · 부품

클·자사개발 채소전용LED·공기조절제어시스템 등 다양한 신기술이 도입되어 있다. (그림 3.8)

스프레드사는「①파종→②발아→③육묘→④이식→⑤생육→⑥수확→⑦조정→⑧포장→⑨출하」라는 식물공장의 일련의 프로세스 중, 특히「③육묘→④이식→⑤생육→⑥수확」의 프로세스를 완전 자동화함으로써 인건비를 50% 절감하였다.

이와 같은 자동화기술은 이 회사의 비즈니스 모델과도 밀접하게 관련이 되어 있다. 스프레드사는 최근 식물공장의 프랜차이즈 비즈니스를 개시하였다. 프랜차이즈 비즈니스에서는 식물공장 사업을 하고 싶은 기업이 자금을 부담하고 스프레드사의 노하우제공 아래 플랜트(plant)를 건설한다. 스프레드사는 해당기업이 식물공장으로 생산한 양상추를 수매하여 수요자에게 판매하는 역할을 담당한다.

프랜차이즈 비즈니스의 경우 가맹기업(프랜차이즈)에 얼마나 많은 노하우를 공유할지가 성공을 결정한다고 해도 과언이 아니다. 식물공장의 환경제어기술과 자동화기술로 재배의 재현성을 높이는 과정에서 습득한 많은 노하우를 프랜차이즈 기업과 공유하면서 식물공장의 좋은 모델이 될 수 있다.

5

식물공장에서의 생육 모니터링

5.1 》 식물공장에 대한 기대와 과제

인공광형 식물공장(이하, 식물공장)은 빛 · 온습도 · 이산화탄소농도 · 배양액조성 등 재배에 필요한 환경조건을 전부 시설 내에서 컴퓨터로 제어가 가능하며, 계절과 장소에 구애받지 않고 식물을 안전하게 생산할 수 있는 장점이 있다. 따라서 사막지대나 한랭지 등 해외의 경작부적지에서도 식물생산이 가능하기 때문에 식물공장은 수출산업으로써도 인정받고 있다.

그러나 식물공장은 큰 설비투자 및 조명 · 공정운전에 대한 막대한 전력을 필요로 하기 때문에 비용절감이 최대 과제이다. 또한, 환경의 완전제어에 의한 계획생산을 전제로 하기 때문에 생산물의 불균일성과 생산량의 불안정성은 식물공장의 경영에 직결되는 요인이 된다. 이러한 점을 보완하기 위해 환경제어뿐 아니라 생육 모니터링에 의한 생육의 진단제어도 중요한 과제로 떠오르고 있다.

5.2 》 생산공정과 생육 모니터링 기술

식물공장에서의 양상추 생산은 파종·발아를 위한 「녹화공정」, 육묘를 위한 「육묘공정」, 재배(栽培)를 위한 「재배공정」 순서로 이루어진다. 각 공정에서 그 대상이 되는 식물의 생육단계는 모두 다르다. 예를 들어 녹화공정에서는 주로 어린 싹을 대상으로 하며 육묘공정에서는 주로 파종 후 1~2주일 후의 싹을 대상으로 한다. 이에 따라서 각 공정에는 각각 다른 생육모니터링 기술이 요구된다.

녹화공정에서는 미발아나 형태불량, 생리불량의 개체를 골라 내야한다. 이 작업은 카메라를 이용하여 정지화상에서 그 화상의 해석으로 개체의 사이즈나 형상, 색정보 등의 생체진단을 실시할 수 있다. 이와 더불어 클로로필(chlorophyll) 형광화상과 그 시계열 데이터의 해석을 하면서 광합성활성과 개일(概日)리듬 (대략 하루 주기로 변동하는 생물의 몸의 리듬) 등의 기초적인 생리상태를 진단할 수도 있다. 이와 함께 기계학습을 이용함으로써 복합적인 생체정보에서 각 개체의 장래 성장량을 예측하고 우량묘를 선별하는 것도 가능해졌으며, 이 시스템은 실용화 단계로 들어섰다.

매일 전체 7,200개체의 어린 싹을 전자동으로 성장예측 하여 이 가운데 5,000개체를 우량한 싹으로 선별한다. 싹의 진단은 청색LED광으로 식물체의 클로로필 색소를 여기(excitation:勵起)하여 클로로필형광을 4시간마다 6회 촬상(撮像)하여 실시한다. 고해상도 카메라를 이용함으로써 한 번에 600개체를 촬상할 수 있을 정도로 고속처리가 가능하다. 이와 같이 녹화공정에서 생육모니터링을 함으로써 제품수율 향상과 수량 증대를 기대할 수 있다.

육묘공정에서는 생육불량의 개체의 배제와 함께 생육상태의 파악이 필요하다. 잘 자라는 양질의 싹을 재배하는 것이 식물공장에 있어서의 수량 최적화 및 수량 안정화의 기초가 된다. 이 때문에 생육프로세스를 순차적으로 모니터링하여 각 개체 별(또는 한 로트(lot) 별) 성장곡선을 추정하는 것이 중요해진다. 대부분의 경우, 육묘공정은 다단계 재배로 이루어지고 있기 때문에 선반마다 소형촬영장치를 설치할 필요가 있다. 이로 인해 얻어진 연속화상 등에 의해 싹 별로 생육속도를 정량화하고 개체 별(한 무더기의 별) 장래의 성장을 예측할 수 있다. 그 예측값으로부터 수확 시의 수량을 예측하고 필요에 따라 재배환경과 재배일수를 조정함으로써 수량의 최적화와 안정화를 기대할 수 있다. 나아가, 광학적 흐름(optical flow) 등에 의한 생육의 공간적인 해석과 개일리듬 등의 시계열해석으로 성장예측의 정밀도 향상을 기대할 수 있다. 재배공정에 있어서는 도장(徒長)이나 팁번(tipburn, 끝마름) 등의 생리장애의 억제가 중요하기 때문에 화상해석에 따른 진단이 더욱 중요해진다.

또한, 영양 성분과 그 기초가 되는 대사의 모니터링으로써는 오믹스(omics) 해석이 최근 이용되고 있다. 앞으로 식물공장에 있어서의 생육모니터링은 페노믹스(표현체학, phenomics)와 오믹스 쌍방에서 시공간적으로 실시되어, 생산물의 균일화와 생산량의 안정화, 그리고 고부가 가치화의 실현을 빠른 시일 내에 이룰 것으로 전망된다.

5.3 》 식물공장에 있어서 인공지능(AI)의 이용

식물공장은 생산물의 안정적인 생산을 목적으로 하여 계획생산을 실현 할 수 있는 재배방법이다. 생산물의 출하시기, 수량, 품질을 계획적으로 각 단계의 목표를 정하여 판매측이 적극적으로 가격을 결정 할 수 있는 생산 시스템이다.

식물공장의 종류는 태양광 이용형 식물공장(보광장치를 가지는 경우도 있다)과 인공광 식물공장으로 대별된다. 전자는 태양광을 주된 광원으로서 이용하기 때문에 인공광원만을 이용하는 후자와 비교하면 계절과 기상조건에 의한 일조량의 변화에 의한 영향이 크다. 이 때문에 재배하는 식물의 수확물의 양과 품질을 안정시키는 것이 비교적 어렵고, 후자는 고부가가치인 생산물을 재배하는 경우에 재배시스템에 재배상황을 진단할 필요가 생기기 때문에 고도의 센싱과 환경제어가 필요하다.

식물공장에서의 재배는 연간재배를 목적으로 한 시스템이기 때문에 장기적인 재배계획을 세울 필요가 있다. 재배계획을 세우면 그것에 적합한 환경제어의 목표치를 결정하게 된다. 이러한 장기적인 설정치의 결정을 하기 위해서는 계절과 재배단계에 적합한 설정치의 패턴이 필요하므로 인공지능 전문가 시스템(Expert System)을 이용해야 한다. 그 다음 단계로 단기간을 목적으로 하여 계획할 수 있는 것에 대해서는 식물환경에 대한 응답모델 등을 사용하여 대처 할 수 있다.

식물의 생육모델을 고려하는 경우 (그림3.9)에서와 같이 환경요인과 과거의 생육상황 등 많은 변수가 있고, 더욱이 출력도 식물의 많은 생체반응에 관련하여 다 변수로 복잡하기 때문에 블랙박스로 취급하여 신경망(Neural Network) 등에 의한 모델이 유용하다고 볼 수 있다. 향후 수식화가 가능한 부분을 수학 모델로써 구성한 '그레이 박스화'에 의한 결과의 정확성이 기대된다.

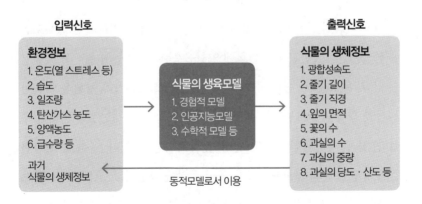

(그림3.9) 식물의 생육 모델

환경제어 부분을 살펴보면 환경제어를 위한 설정치는 성육결과와 모델의 추측수치로부터 결정 할 필요가 있다. 많은 패턴으로부터 설정된 수치에 맞는 최적인 수치를 도출 할 수 있다. 또한 유전자 알고리즘에 의해 유전자의 돌연변이와 교배 등을 검색하는 설정치 검색이 유용하다. 마지막으로 제어에 관련하여 환경조건에 의해 스트레스가 생기는 여부를 알 수 있도록 하는 '경계역'에 퍼지 함수(Fuzzy Function)를 사용한 '퍼지제어(Fuzzy Control)'가 유용하게 사용되고 있다. 이와 같은 다양한 인공지능 기술을 적용하여 식물공장의 자동화가 진전되고 있다.

5.4 》 식물공장과 미래의 농업

인위적으로 식물의 생장환경을 제어할 수 있는 식물공장은 기존 농업에 비해 다음과 같은 여러 장점을 가지고 있다. 첫째, 지리적인 입지조건을 들 수 있다. 자연환경의 변화에 영향을 받지 않고 농업 생산성을 높일 수 있다. 온도, CO_2 농도 등 재배환경을 최적화하고 인공광원을 이용한 24시간 광합성이 가능하기 때문에 단위면적당 높은 생산성을 기대할 수 있다. 둘째, 농산물의 품질을 안정화, 규격화할 수 있다. 기후 등 자연환경의 영향을 받지 않으므로 농산물의 품질을 균일하고 규격화된 상품으로 생산하는 것이 가능하다. 셋째, 병충해를 원천적으로 차단하여 농약을 사용하지 않은 안전한 무농약 농산물을 생산할 수 있다. 넷째, 계절에 관계없이 농산물을 연중 생산하고 생산량을 조절할 수 있다. 이는 생산자의 소득을 안정화하고 농산물을 안정적으로 공급하며, 농산물 유통, 식품제조 및 외식업 등 관련 산업의 부가가치 창출을 안정화할 수 있다. 다섯째, '도시형 농업'으로 육성이 가능하다. 도시의 식물공장은 노동력 공급이 용이하고, 수송거리 단축으로 신선도 유지에 도움이 되며, 유통비용 또한 절감된다. 더불어 농업체험 및 교육 등 근교 농업의 장점을 극대화할 수 있다. 여섯째, 식물공장은 농업과 첨단기술의 융합체로서 농업기술역량의 강화, 발전에 기여할 수 있다. 식물공장의 육성은 농업분야는 물론 관련 전후방 산업의 발달에도 긍정적인 파급효과를 가져올 수 있다.

그러나 한편으로 아쉬운 점은, 식물공장은 과수와 곡물 재배가 어렵다는 점이다. 그리고 막대한 설비투자비와 높은 생산비 때문에 경제성이 낮다고 평가되고 있다. 식물공장이 정작 식량안보와 직결되는 곡물류를 재배하지 못하고 대신에 엽채류를 중심으로 대상 작물이 편중되어 있다는 점에서 그 한계가 있음이 지적되고 있다.

5.5 》 식물공장의 기후변화 극복과 대안 농업

식물공장은 지리적인 입지조건, 자연환경의 변화에 대한 영향을 받지 않고 농업 생산성을 높일 수 있다. 극지방, 또는 사막과 같은 악조건에서도 식물 재배가 가능하다. 온도, CO2 농도 등 재배환경을 최적화하고 인공광원을 이용한 24시간 광합성이 가능하기 때문에 단위면적 당 높은 생산성을 기대할 수 있다. 이것이 기후변화에 대한 대안으로 식물공장이 각광을 받는 이유이다. 하지만 역설적으로 식물공장은 기후변화를 더 심화시키는 '에너지 먹는 하마'이다.

식물공장이 많은 에너지를 필요로 하고, 다량의 이산화탄소를 배출시키고 있는데 그 이유는 인공광으로 광합성을 하기 때문이다. 인공광원을 사용하는 본질적 특성으로 인해 지금보다 기술이 진보하더라도 식물공장의 환경성은 크게 개선되기 어렵다.

최근 식량안보를 불안하게 만들고 있는 잦은 기상재해와 기후변화가 식물공장의 필요성을 제기하고 있지만, 오히려 식물공장이 기후변화의 주범인 온실가스를 다량 배출하는 에너지집약형 시설이라는 점은 매우 이율배반적이다.

식물공장이 경제성과 환경성 측면에서 모두 낮은 점수를 받고 있지만 그럼에도 불구하고 식물공장을 꼭 필요로 하는 곳, 예를 들어 방사능 피폭 지역이나 농사가 불가능한 남극지방, 사막 지역과 같은 곳은 식물공장이 대안이 될 수 있다.

식물공장에서 재배할 수 있는 식물은 다양하지만 경제성 문제 때문에 재배식물이 엽채류로 제한되고 있다. 상추와 같은 엽채류의 경우에도 식물공장의 생산비는 하우스시설 채소에 비해 10배 이상 높다. 식물공장에서 딸기, 호박 같은 과채류나 쌀, 고구마 등의 식량작물도 생산 자체는 가능하지만 경제성은 엽채류에 비해 훨씬 더 낮다.

6 식물공장의 경제성과 안전성

6.1 》 식물공장의 경제성

우리나라보다 식물공장 운영이 활성화 된 일본 식물공장의 경우 시설 비용은 일반 하우스시설비용의 약 17배 정도 비용이 더 든다고 한다. 식물공장의 생산비가 이렇게 높은 이유는 조명설비의 설치와 운영으로 인한 높은 감가상각비와 광열비 때문이다. 환경성이 낮은 이유는 인공광원과 인위적 환경제어를 위해 많은 에너지가 투입되기 때문이다. 식물공장은 태양에너지를 인공 에너지로 대체해야 하는 시스템으로 투입 에너지 대비 생산성 향상 효과가 낮다. 즉, 태양광 광합성을 인공광 광합성으로 전환하는 데 따른 높은 에너지비용이 식물공장의 낮은 경제성과 환경성의 원인이 되고 있다. 일본의 식물공장 운영사례를 수집하여 규모에 따른 생산비 변화를 연구, 분석한 결과 대부분의 소규모 혹은 중규모의 식물공장은 적자 상태이거나 정부 지원에 의해 겨우 수지를 맞추는 수준이고, 재배면적이 넓을수록 단위면적당 연간 생산량이 오히려 적게 나타나는 등, 규모화와 기술진보를 통해 식물공장의 생산성이 향상될 수 있다는 근거를 찾기 어렵다는 결론을 얻었다. 식물공장의 역사가 오래된 일본과 상대적으로 짧은 우리나라 간의 식물공장 생산비와 단위면적당 생산량에도 큰 차이가 없는 것으로 나타났다.

그러면 현재 우리나라 상황에서 '식물공장이 과연 한국 농업의 지속가능한 대안이 될 수 있을까?' 라는 질문에 대한 답을 찾아야 한다. 앞서 살펴본 바대로 식물공장은 인공광원 사용이라는 본질적인 특성 때문에 그 자체가 낮은 경제성과 부정적 환경문제를 안고 있다. 결국 경제성과 환경성이라는 두 가지 큰 축에서 모두 낮은 점수를 받고 있으므로 향후 생산규모가 커지고 기술진보가 이루어진다하더라도 식물공장이 앞으로 한국농업의 지속가능한 대안이 되기 어려운 조건임을 알 수 있다.

6.2 》 식물공장 농산물의 품질성과 안전성

식물공장은 기후와 지역에 관계없이 통제된 시설에서 연중 농작물을 생산할 수 있는 IT/BT/NT 등 최첨단 기술이 융복합화된 자동

생산시스템으로서 농업의 외연적 확대와 미래지향적 농업으로 주목받고 있다.

식물공장은 기후나 자연환경의 영향을 받지 않으므로 농산물의 품질을 균일하게 유지하고 규격화된 상품으로 생산할 수 있다. 즉, 농산물의 품질을 안정화, 규격화할 수 있다. 대부분의 식물공장은 인공양액을 이용한 수경재배 시스템을 도입하고 있어 병해충 예방이 수월하고 무농약 농산물 생산이 가능하다. 혹자는 식물공장에서 재배된 상추는 일반 상추에 비해 맛과 식감이 모두 떨어진다고 평가하는데, 이는 태양광과 인공광의 차이에 기인하는 것으로 추측된다. 국내의 식물공장은 아직 산업화 초기 단계에 있기 때문에 시장 확대를 위해서는 정책적으로 뒷받침해야 할 부분이 많다. 식물공장 육성을 위한 산·학·관·연 전문가 조사에 의하면 식물공장 사업의 경제성 확보, 생산된 농산물에 대한 소비자 인식 전환, 비용절감 기술 및 재배기술 개발, 관련 제도 정비 등이 우선 해결해야할 과제이다. 식물공장을 운영하는 농가와 법인은 소득 증대를 위한 고소득 작물 선정, 출하시기 조정 및 출하처 개발 등에 더욱 노력해야 한다.

6.3 》 선진국의 식물공장 동향

유럽은 1957년 덴마크에서 태양광을 주로 이용하고 인공광으로 보광하는 새싹채소 재배시설을 만든 이래로 네덜란드, 스웨덴, 벨기에 등 북

유럽 국가들이 대형 유리온실에 인공광을 함께 이용하는 시설을 많이 도입하고 있다. 이는 자연광이 부족한 북유럽의 지역특성에 따른 것으로 엄밀한 의미에서 식물공장이라고 보기는 어렵다.

미국은 1960년대부터 식물공장 연구를 시작했으며, 1970년대부터 제네럴 일렉트릭사, 제네럴밀즈사, 제네럴후즈사 등 주요 기업이 완전제어형 식물공장생산시스템을 개발하였으나 낮은 경제성으로 인해 사업이 중단되었다. 미국에서 연구되고 있는 고층빌딩형 식물공장(vertical farm)의 경우는 막대한 건축비용으로 인해 앞으로도 상용화되기 어려울 것으로 전망하고 있다.

현재 식물공장의 연구 및 운영이 가장 활발한 국가는 일본으로 다양한 형태의 식물공장이 운영되고 있다. 이는 일본 정부가 낮은 식량자급률, 농업 생산성 감소, 농업인구 고령화, 식품안전에 대한 관심 증가 등 농업과 관련한 여러 문제에 대처하기 위해 기술집약형 농업인 식물공장을 전략적으로 육성했기 때문이다.

일본을 제외한 모든 선진국에서 상용화된 완전제어형 식물공장을 찾아보기 힘들며, 가장 큰 그 원인은 경제성이 없기 때문이다. 소위 식물공장이 가장 활성화 되고 있다는 일본에서 운영되고 있는 식물공장 역시 대부분 적자 상태이거나 정부 지원에 의해 겨우 수지를 맞추는 수준이다. 다른 선진국과 달리 일본만이 정부 차원에서 식물공장 육성 정책을 펴고 있는데, 그 이유로는 고립된 섬이라는 지정학적 특성과 함께 잦은 지진, 태풍, 해일 등 기상재해로 인한 식량 안보 차원의 위기감 때문이라고 할 수 있다.

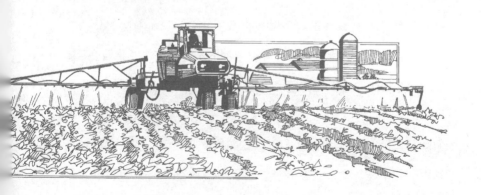

Chapter 4

농업 ICT에
기반한 스마트 농업

1 농업의 당면과제와 대응방안

1.1 》 농업 · 농촌의 현실과 기술혁신

농산물 수확량은 생산입지와 기후에 크게 좌우된다. 질 좋은 토양이 풍부한 곳에서는 많은 농산물을 수확할 가능성이 있지만, 뜻하지 않은 병해충 피해로 인해 수확량이 감소하는 경우도 발생할 수 있다. 어떤 때는 정성 들여 손질하고 비료를 주어 풍작이 확실시 되어도 갑작스러운 태풍 또는 폭풍우 때문에 모든 노력이 수포로 돌아갈 때도 있다. 이런 예기치 못하는 상황에 대처하기 위하여 아주 오랜 기간 동안 품종개량과 농약에 의한 병해충 대책, 홍수에 대한 치수대책 등에 관하여 연구에 연구를 거듭해 왔다. 그 결과 저마다의 생산입지에 적합한 품종을 재배할 수 있게 되었으며 병해충에도 농약으로 어느 정도까지 대처는 가능해졌다. 그리고 하천개량과 제방축조, 방풍림 등을 통하여 자연재해에도 잘 대처할 수 있게 되었다.

위에서 살펴본 바와 같이 농작업의 실천과 경험에 따라 축적된 지식은 계승되어 농업생산에 공헌하고 있다. 관·학 연구기관에서는 농업기술 개량, 새로운 품종의 개발 등이 진행되고 있으며, 각지 행정기관의 농업기술센터와 농협과 연계하여 농가와 농사업자에게 각각의 새로운 정보를 실시간으로 제공하고 또한 실제 농업에 활용되고 있다. 또한 농가와 영농단체가 농작물을 재배하는 지역과 계절에 따라 무엇을 재배하면 효과적이고 효율적으로 좋은 성과를 얻을 수 있는지에 대해서도 지금까지의 그 지역의 재배 경험치가 적극 활용되고 있다.

농업인이 애써 수고하여 수확한 농산물로 벌어들인 그 수입이, 설령 재배가 순조롭다 하더라도 과연 얼마만큼의 수익을 얻어야 수지타산이 맞는지 제대로 예상하기는 그리 쉽지 않다. 여러 가지 요인들이 있는데 그 가운데 가장 큰 이유로는 바로 농업인이 농산물을 수확할 수 있어도 그 상품이 최종적으로 소비자에게 다가가기 위해서는 여러 중간 단계를 거쳐야 되기 때문이다. 일반적으로 농업인들이 자신이 수확한 농산물을 먼저 농협(공판장)등을 통해 도시의 중앙시장에 출하하여 경매회사에 경매를 위탁하고, 시장의 중간도매업자의 경매에 의해 비로소 농산물의 가격이 결정된다. 농부가 아무리 좋은 씨앗을 좋은 토양에 뿌려 애써 농사를 짓는다해도 본질적으로 해충, 기후, 자연재해, 가격 결정 등에 대하여 리스크를 안고 있다. 아무리 과학기술이 진보하여 농업기술이 혁신적으로 개선되었다고 할지라도 늘 어느 정도의 수확에 대한 리스크는 있다고 봐야 한다. 게다가 농산물 가격이 시장 수급에 따라 결정되는 이러한 구조에서는 안정적인 수입을 기대하는 것이 거의 어려운 사업임을 여실히 보여준다. 그러면 이 시점에서 '무슨 방법으로 어떻게 해야 이러한 리스크를 최소화 할 수 있을 것인지, 안정적인 수입을 확보하기 위해서는 무엇을 실시해야 하는지' 에 대한 검토가 필요하다.

1.2 》 4차 산업혁명 대응 스마트 농업기술

오늘날은 과학 기술의 진보가 혁신적으로 발달되고 있지만, 인류 생존을 위한 절대적인 '식량'의 문제를 근본적으로 해결할 수는 없다. 이렇듯 농업은 식량안보와 직결되는 매우 중요한 산업이다. 그러나 현재 우리 사회가 안고 있는 인구 감소와 고령화라는 문제는 노동을 할 수 있는 노동인력의 감소라는 결과를 보이고 있다. 마찬가지로 농촌에서도 역시 농업에 종사하는 인력들이 고령화됨과 동시에 노동 인구 감소라는 문제에 직면해 있다. 이 문제는 결과적으로 농가 소득의 정체로 농업이 쇠퇴하고 있으며, 이에 따라 우리나라 산업에서 농업의 비중도 지속적으로 감소하고 있다. 더욱이 세계에서 이례적으로 발생하는 기후변화는 특히 기후에 민감한 농업의 내·외부환경의 변화를 더욱 가속시키고 있다. 농업의 생산력을 향상시키고 변화하는 내·외부 환경에 적절히 대응하기 위해서 노력해야 한다. 이러한 노력의 일환으로 과학기술 특히 4차 산업혁명과 관련된 기술을 농업에 접목시켜 전통적인 농업 방식에서 탈피하고 농업의 생산성 및 효율성을 높이려는 움직임이 활발하게 이루어지고 있다. 이것이 바로 농업기술에 4차 산업혁명 기술을 접목한 스마트 농업이다.

지금까지 우리의 농업도 농업시설 현대화 사업부터 농업과 ICT기술을 도입하기 위한 정책을 추진하며, 농산업의 활성화를 위해 노력해 왔다. 농업과 4차 산업혁명 기술의 적용모델을 활성화하기 위해서는 농업의 생산에서 소비에 이르기까지 전 과정의 데이터를 수집하고, 수집된 데이터를 인공지능, 딥러닝 기술을 활용하여 분석하고 농업용 로봇, 드론, 스마트폰 앱 등을 활용하여야 한다.

1.3 ≫ 농업의 당면과제와 스마트농업(AgriK-4.0) 모델

스마트 농업은 4차 산업혁명 기술인 IoT, 빅데이터, 인공지능(AI) 기술이 적용된 자율주행농기계, 지능형 로봇, 농장자율제어 앱 등을 농가(농업법인) 및 농업관련 종사자가 이용하는 것이다. 농업에 스마트팜을 현실화함으로써 농업의 현안 문제인 노동력 부족, 생산성 저하, 농가소득 정체 등을 해결할 수 있다. 이러한 4차 산업혁명 기술이 농업을 혁신할 수 있도록 하는 훌륭한 도구가 될 수 있다. 스마트 농업의 핵심은 바로 데이터의 수집과 가공 및 활용에 있으며, 우리나라의 현 실정에 맞는 스마트 농업을 펼치기 위해서는 그동안 행해온 모든 농업 관련 데이터를 수집하고 가공하여 이것을 잘 활용할 수 있게 하는 필요한 기술을 사용하고 국내외 현황들을 살펴봄으로써 우리나라 스마트 농업 기술이 잘 정착될 수 있도록 해야 한다. 더 나아가 스마트 농업시장을 선도하는 나라가 될 수 있도록 지속적으로 노력해야 한다.

3차 산업 혁명에서 데이터는 현장조사 또는 통계자료 등 정형화된 데이터를 수집하고, 수집된 데이터를 모델화하여 그 정보를 앱을 통해 농가에게 제공하고 농가는 이 정보를 받아 수동적으로 받아들여 활용하는 수준이다. 스마트 농업을 실현하기 위해서는 4차 산업혁명 기술이 생산·유통·소비부문뿐만 아니라 후방산업과도 연계되어야 한다. 더 나아가 경영성과 관리도 자동으로 이루어지게 된다. IoT로 수집된 정형데이터와 SNS 등으로부터 수집된 비정형데이터를 딥러닝, 인공지능, 웹지능, 퍼지이론, 데이터 마이닝 기술로 분석하고, 분석된 결과를 클라우드 시스템을 활용하여 자율주행농기계, 자동로봇, 무인드론 등이 이용할 수 있어야 한다. 우리나라의 스마트 농업은 농업선진국인 네덜란드나 일본에 비해 온실시공, 센서 기술 등 이른바 하드웨어 부문에서 기술 차이가 크지 않으며, 빅데이터 분석 등 소프트웨어 개발에 전념할 필요가 있다.

우리나라 농업에 4차 산업혁명 기술이 확대 적용되기 위해서는 생산·유통·소비가 결합되어야 가능하기 때문에 우선적으로 이를 뒷받침할 수 있는 전후방 산업에도 많은 노력이 필요하다. 먼저 인프라가 구축되어야 생산·유통·소비 단계의 데이터 수집이 가능하다. 그 다음에 인공지능, 딥러닝, 시멘틱 웹 기술을 사용하여 테이터를 정확하게 분석하고 현실 적용 기술인 로봇, 드론, 자율주행농기계, 스마트 앱 등과 연계되어야 한다.

2 4차 산업혁명과 데이터 센트릭 과학

2.1 》 데이터 센트릭 과학

데이터 센트릭 과학(Data Centric Science)이 많은 분야에서 관심을 받고 있다. 이것은 「대량의 실제 데이터를 수집하여 주로 컴퓨터에서 해석을 하고, 그것을 활용함으로써 무엇이 일어나고 있는지를 해명하여, 새로운 연구를 개척·추진하는 과학」이다. AI, IoT, 빅데이터, 딥러닝 등 대부분의 최신기술은 이 과학영역과 관련이 있다. 즉, 컴퓨터에서 대규모 시뮬레이션을 중심으로 하는 계산과학이나, 대량 데이터의 실시간 수집 등에 기초를 두고, 그 데이터를 기본으로 무엇이 일어날지를 해명하려고 하는 것이 데이터 센트릭(Data centric) 과학이다.

이와 같은 과학기술혁신에 기초하여 경제와 사회의 미래상을 데이터 구동형 경제와 데이터 중심 사회를 미리 시뮬레이션으로 그려낼 수 있게 되었다. 사이버 공간(가상공간)과 물리적 공간(현실공간)을 고도로 융합시킨 시스템에 의해 경제발전과 사회적과제의 해결을 시공간을 넘어 수렵, 농경, 공업, 산업, 정보화 사회를 이을 수 있는 새로운 시각으로 사회를 인식할 수 있게 된다.

2.2 》 IoT와 데이터 분석

IoT의 본질은 수집한 데이터를 유용하게 활용하는 것이다. 예를 들어, 방대한 양의 업무를 간소화하고 체계적으로 업무를 정리하는 등의 업무 개선을 위한 데이터를 유용하게 활용하는 능력이 필요한데, 그러기 위해서는 통계적인 방법을 이해해야 한다. 통계적인 방법은 통계학을 이용하여 수집한 데이터의 경향과 성질을 수량적으로 파악하기 위한 방법으로도 물론 중요하지만 수집된 데이터를 설명(추론·판단)하는 것이 핵심이다. 한편 IoT시대에 요구되는 기계학습은 (그림4.1)의 회귀분석 등에서 데이터로부터 미래를 예측하는 것이 중요하다. 무엇보다도 데이터 분석에서는 목적을 명확히 하여 목적에 적합한 데이터를 수집 하는 것이 최우선이다. 수집 데이터의 정밀도를 높이고 도출된 결과를 해석하고 의사 결정하는 것이 매우 중요하다.

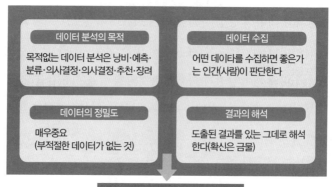

데이터분석을 유용하게 활용하기 위하여

데이터 분석의 목적	데이터 수집
목적없는 데이터 분석은 낭비·예측·분류·의사결정·의사결정·추천·장려	어떤 데이타를 수집하면 좋은가는 인간(사람)이 판단한다
데이터의 정밀도	결과의 해석
매우중요 (부적절한 데이터가 없는 것)	도출된 결과를 있는 그데로 해석한다(확신은 금물)

사실에 기초한 의사결정

● **회기 분석**

상관관계가 있다고 생각되는 2가지 변수의 경향을 분석하는 것으로 미래의 값을 예측하기 위한 회귀직선을 구하기 위한 방법

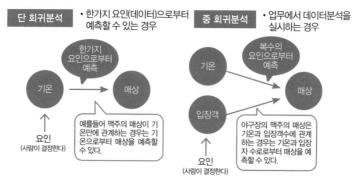

단 회귀분석 · 한가지 요인(데이터)으로부터 예측할 수 있는 경우

중 회귀분석 · 업무에서 데이터분석을 실시하는 경우

한가지 요인으로부터 예측

기온 → 매상

요인 (사람이 결정한다)

예를들어 맥주의 매상이 기온에 관계하는 경우는 기온으로부터 매상을 예측할 수 있다.

복수의 요인으로부터 예측

기온

입장객

매상

요인 (사람이 결정한다)

야구장의 맥주의 매상은 기온과 입장객수에 관계하는 경우는 기온과 입장자 수로부터 매상을 예측할 수 있다.

(그림4.1) 데이터 분석과 회귀분석의 이해

(See & Think)

데이터 센트릭 컴퓨팅 : 매니코어 시스템(Many-core System), 하이브리드 스토리지 등 하드웨어 자원이 다중화되고, 이들을 효과적으로 활용할 수 있는 가상화, 병렬 DB 등과 같은 소프트웨어 기술이 발전함에 따라 최근 컴퓨터 응용들은 기존의 자원 중심 컴퓨팅(resource-centric computing)에서 데이터 중심 컴퓨팅

(data-centric computing)으로 진화하고 있다. 스마트폰 확산, 스토리지 클라우드 도입, SNS의 보편화, 3D 데이터의 활용 증가, 실시간 스트림 데이터의 증가는 데이터 중심 컴퓨팅의 필요성을 보여주는 대표적인 예로 볼 수 있다.

2.3 》 스마트 농업

농업에 있어서도 가상(사이버)공간과 물리적공간이 융합된 스마트 농업을 목표로 하여 현실화 될 것을 기대하고 있다. 농업 정보학에서는 '생산부터 판매까지의 각 분야가 ICT를 베이스로 한 지능적인 시스템으로 구성되고, 높은 농업 생산성과 비용절감, 식품의 안전성과 노동의 안전 등을 실현시키는 농업'을 스마트농업으로 보고 있다. 한편으로는 스마트(Smart)가 갖고 있는 다양한 의미를 종합한 지능적이라는 의미로 정의하여 '시시각각으로 변화하는 상황변화에 따른 지능적인 최적의 생산관리와 경영관리를 신속하게 수행하는 농업'이라고 할 수도 있다. 로봇기술과 ICT를 활용하는 스마트농업은 초생력·고품질 생산을 실현하는 새로운 농업이라고 할 수 있다.

과거에는 장인(정신)의 기술을 가진 숙련된 농가(독농가)에서는 오직 오감을 센서로 삼아 작물과 가축의 생육상태, 기상과 농지의 조건 등을 정밀하게 파악하고, 시시각각으로 변화하는 상황변화에 따른 최적의 농작업을 해왔다. 그러나 오늘날의 농업은 정보통신기술(ICT)과 로봇기술(RT)을 활용한 초생력·고품질 생산의 실현이 필요한 시대가 되었다.

3 농업 생산의 스마트화

3.1 》 농업의 생산성 혁명

지속적인 농촌인구의 감소와 고령화로 인해 농촌의 노동력 부족은 점차 심각한 상황이다. 최근 이러한 문제를 해결하기 위해서 IT와 로봇을 활용한 스마트 농업에 대한 기대가 높아지고 있다. 농업에서는 스마트 팜이 새로운 변화를 주도하고 있다. 스마트 팜은 각종 자동화 기기와 로봇에 사물인터넷(IoT)과 ICT 기술이 접목되면서 스마트 농업으로 진화하기 위해 노력하고 있으나, 현실적으로 아직 그 개념단계를 벗어나지 못한 상태이다.

일부 농업은 4차 산업혁명 시대인 스마트 팜으로 접어들고 있는 이 시점에서, 과연 스마트 팜이 농업의 근본적인 생산체계를 바꿀 수 있을까? 생각해 볼 필요가 있다. 아직은 과채류 분야에서 주로 실시되고 있지만 시설재배와 스마트 팜의 결합으로 새로운 생산 혁명이 가능하게 되었다. 시설재배는 기후가 강제하는 조건을 뛰어넘을 수 있게 하였고, 수경재배 기술은 토양의 생산성에 더 이상 기대지 않을 수 있게 하였다. ICT, 농업용 로봇, 인공지능의 결합은 토지 및 기후의 제약 조건을 뛰어넘는 것은 물론 시장의 상황에 맞추어 생육 속도를 조절하는 것도 가능하게 되었다. 과거에는 농업이 절대적으로 넘어 설 수 없었던 환경적 제약조건들을 극복할 수 있게 되면서 이미 오랜 시간 축적된 경험과 기술은 농업이 새로운 미래 산업으로 도약하는 밑거름이 되고 있다. 이미 스마트 팜을 주력으로 하는 농기업들이 하나둘 자리를 잡아가고 있다.

3.2 》 농업기계의 로봇화

농업을 지속적으로 발전시키기 위해서는 노동력을 대체할 수 있는 농업기계의 로봇화가 반드시 필요하다. 여기서는 차량형 로봇(Vehicle Robot)과 시설원예 로봇기술의 동향 그리고 농업로봇에 의한 스마트화에 대하여 알아 보도록 한다.

차량형 로봇은 이앙기, 트랙터, 콤바인의 논농업(사)에서 사용되는 농업기계를 로봇화 하고, 그 다음은 로봇의 지능화를 진전시켜 독농기술에 다가가도록 하는 것이다. 또한 크기를 소형화하여 중산간지역에서도 사용 가능하게 하는 것이 차량형 로봇 발전방향이다.

먼저 로봇의 지능화에 대해 구체적으로 살펴보면, 논벼와 보리의 작물체의 질소스트레스를 인식하여 최적의 추비작업을 하는 로봇이나, 작물과 잡초를 식별하여 잡초에만 부분적으로 (스폿)방제하는 로봇, 나아가 병해충이 발생한 장소를 찾아내어 피해가 확산되기 전에 방제할 수 있는 로봇 등이 있다. 작물의 질소스트레스 검출센서는 실용화되어 있지만, 그 외의 작물과 잡초의 식별, 병해충 예측검출 등의 센서는 아직 개발단계에 있다.

이동을 위한 다리는 '차량형 로봇'에서 그리고 눈과 두뇌는 '정밀농업기술'이 담당하여 이 양쪽을 통합함으로써 「단순작업 로봇」에서 「스마트 로봇」으로 진화하는 것이다. 좀 더 자세히 살펴본다면 눈과 두뇌가 반드시 차량형 로봇과 일체할 필요는 없다. 예를 들어 눈의 기능을 담당하는 드론이 상공에서 정보를 효율적으로 수집하고, 그 정보를 뇌의 기능을 담당하는 외부의 고성능컴퓨터에 전송·해석하여, 그 최종결과만을 차량형 로봇에 전송하여 정밀한 작업을 하도록 하는 것도 가능하다. 이와 같은 형태를 취하게 되면 개개의 로봇에 눈과 뇌가 불필요해질 뿐 아니라, 공동이용에도 적용가능하기 때문에 로봇의 저비용화에 기여하게 된다. 또한 우리나라의 중산간지역에서 사용할 수 있는 소형로봇은 농업의 지속성을 책임지는데 있어서 반드시 필요하며, 또한 이 소형로봇을 그룹으로 작업시키는 멀티로봇은 유럽에서도 역시 주목받고 있다.

현재 대규모농업을 실천하고 있는 구미에서는 대형기계에 의한 토양

답압(踏压)이 생육환경을 악화시켜, 그 대책으로써 불가결한 심토파쇄 (心土破碎)작업의 소비 에너지가 증가하고 있다. EU의 조사에서는 농업 생산에 사용되는 석유에너지의 90%가 심토파쇄에 소비되며, 석유에너지 소비확대를 일으키고 있다. 또한, 최근의 기후변동에 의해 강수량이 증가하고, 포장의 지내력(地耐力)이 저하함에 따라, 트랙터작업을 할 수 없는 날이 증가하는 등 농작업에 지장이 생기고 있다. 게다가 대형트랙터의 차폭도 한계에 달해 법규제에 따라 도로주행이 불가능한 나라도 존재한다. 이와 같은 상황에서 소형로봇을 그룹 관리하는 멀티로봇의 설계사상은 세계적으로 농업에 큰 변혁을 불러일으킬 가능성도 가지고 있는 것이다.

농업현장에서는 시설 내에서 작동하는 로봇에 대해서도 기대가 크다. 시설원예에서는 육묘, 관리, 수확, 조제, 출하 등 대부분의 작업이 아직 수작업에 국한되어 있으며 노동력부족이 심각하다. 딸기 등의 과채류를 수확하는 로봇을 개발하는데 필요한 요소기술은 ① 과실의 센싱기술, ② 과실의 핸들링기술, ③ 주행기술 세 가지이다. 시설에서는 레일 등의 주행가이드를 부설할 수 있기 때문에 주행기술은 그리 어렵지 않다. 오히려 기술적인 과제는 과실의「센싱기술」과「핸들링기술」에 있다.

센싱기술이란 잘 익은 딸기나 토마토를 인식하고 그 위치를 계측하는 것이다. 과실을 상하지 않도록 따내는 것, 과실이 잎에 숨어있을 경우나 과실이 서로 포개져 있을 경우 등, 과실 하나하나를 정확히 인식하는데 어려움을 극복하는 것이 과제라 할 수 있다. 이와 같은 로봇과 인간의 역할분담이 가능해지면, 작업자의 작업부하뿐 아니라 로봇의 성능을 높은 수준까지 높일 필요도 없어져 로봇의 제조비용도 줄일 수 있다. 과일, 채소 등 높은 가격의 농산물을 법인조직이 로봇을 도입하여 대규모로 과채류를 생산하게 되면 국내 수급은 물론 해외를 타깃으로 수출가능성이 매우 높아지게 된다. 이것은 또한 시설원예용 로봇에도 기대되는 기능이다.

위에서 살펴본 바와 같이 로봇이 실용화된다는 의미는, 즉 농가가 농업기술을 보유한 종업원을 고용하는 것과 마찬가지로 볼 수 있다. 이렇게 되면 노동력부족은 대폭 경감되고, 경영규모의 확대에도 공헌할 것이다. 나아가 로봇에 주어지는 농작업의 노동량이 많아질수록 경영자인 농가의 일의 질도 변화되어 갈 것이다. 로봇이 할 수 있는 일은 로봇에게 맡기고, 농가는 경영전략책정 등 창조적인 업무에 시간을 들이게 될 것으로 기대된다. 가까운 장래 농업정책에 따른 구조개혁과 로봇기술이 연동됨으로써 농업의 생산성 혁명이 일어날 것으로 기대된다.

(See & Think)

농지센서를 활용한 재배환경 센싱으로 농작물의 상태와 농작업을 적절하게 관리하기 위해서는 재배환경을 파악하는 것이 필수적이다. 다음은 일반적으로 농업인이 항상 확인하고 있는 항목을 열거 한 것이다.

* 대기의 상태 : 온도, 습도, 일조량, 강수량, 풍속, CO_2 농도 등
* 토양의 상태 : 지온, EC, PH, 함수율 등

농업의 ICT 활용

최신정보기술(인공지능을 이용한 데이터마이닝)을 활용하여 생산, 경영을 더욱 고도로 실현하는 ai(agri-informatics)농업이 주목받고 있다. 매뉴얼화가 어려운 농업의 기술이나 노하우, 농작물의 상태 등에 관한 다양한 정보를 일정한 규칙(rule)과 형식(format)에 기초하여 데이터베이스로 만든다. 그리고 데이터마이닝 기술은 농업인들이 필요로 하는 사항들을 시기적절하게 정보를 제공하는 것으로 컴퓨터가 축적된 데이터를 토대로 의사결정 지원 시스템을 구축하는 데 있다.

스마트 농업의 핵심이 되는 농업 IoT에 대해 설명하기 전에 먼저 농업분야의 ICT화가 어떠한 구조로 이루어져 있는지를 살펴보기로 한다. 산업적인 관점에서 어떤 방식으로 ICT화가 진전되고 있는가를 확인하기 위하여, 농업분야의 전 과정(프로세스)을 공급사슬(supply chain)에 따라, 종묘조달→흙 만들기/파종 · 육묘 · 정식→육성→수확→출하→유통(가공)→판매→소비의 순으로 전개하여 이 과정 전체를 종합적으로 이해 할 필요가 있다.

4.1 》종묘조달의 ICT화

① 재배계획

포장(圃場)을 효과적으로 이용하기 위해서는 포장의 특성에 적합한 작물의 선정, 작업의 평준화, 품질확보, 작업효율의 향상, 비용의 절감, 수확량의 최대화를 위한 재배계획 입안이 필요하다.

재배계획의 입안에는 작업내용, 난이도, 포장상황뿐만 아니라 시장요구(수요량과 품질)의 동향 등도 고려한 다음 연간계획을 작성해야한다. 이를 위해 과거에는 표준적인 재배양식(지역이나 계절마다 다른 자연환경에 따른 경제적 재배를 위한 유형적 기술체계)에 의해 농산물 시장의 요구나 수요를 파악하고, 병해충 대책 등 재배방법에 정통한 농업관련 기업이나 농업기술 센터의 영농지도원, 민간의 농업컨설턴트 등 전문가의 조언에 의존하는 부분이 많았다.

최근에 와서야 농작업 데이터를 축적함으로써 적절한 재배공정 데이터베이스를 만들어 재배계획을 클라우드로 관리하려는 움직임이 보이고 있다. 클라우드 서비스에서는 기본적인 노하우를 데이터화하여, 농사에 초보적인 사람이라도 일정수준의 계획을 작성 할 수 있는 시스템을 만들기 시작했다.

재배내용에 따라 파종, 시비(施肥), 수확 등의 타이밍을 최적화한 재배계획을 자동으로 책정하는 일도 가능해지고 있다. 다만, 현시점에서는 이러한 시스템의 기능은 농작업의 스케줄러에 가깝고, 재배이력의 데이터관리가 중심이 되어 있다. 종래 데이터화되어 있지 않았던 것을 시각화된 단계라고 이해해 두는 것이 적합할 것 같다.

앞으로는 영농인들 간에 정보를 연계하여, 시장의 공통기반이 되는 데이터베이스로 성장해 갈 것으로 예상되고 그렇게 되면 신규로 영농을 희망하는 사람이나 소규모 농가도 고도의 재배 노하우를 활용할 수 있을 것이다.

(See & Think)

작형(作型) : 작물을 가꾸는 여러 가지 형태나 양식. 이앙 재배, 직파 재배, 촉성 재배, 억제 재배, 차광 재배, 전조 재배 등이 있다.

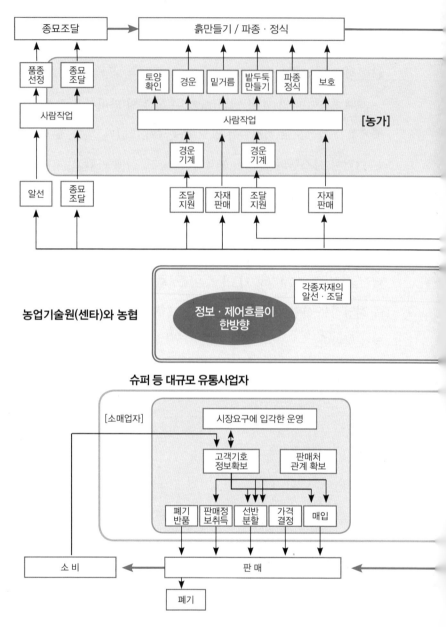

(그림 4.2) 기존 농업의 가치사슬(value chain) 구조

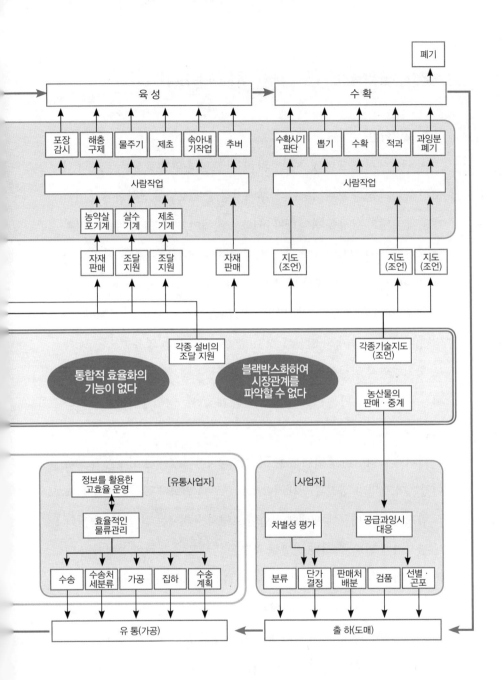

폐기

육성 → 수확

포장감시 · 해충구제 · 물주기 · 제초 · 솎아내기작업 · 추버

수확시기판단 · 뽑기 · 수확 · 적과 · 과잉분폐기

사람작업

사람작업

농약살포기계 · 살수기계 · 제초기계

자재판매 · 조달지원 · 조달지원 · 자재판매 · 지도(조언) · 지도(조언) · 지도(조언)

각종 설비의 조달 지원

각종기술지도(조언)

통합적 효율화의 기능이 없다

블랙박스화하여 시장관계를 파악할 수 없다

농산물의 판매 · 중계

[유통사업자]

정보를 활용한 고효율 운영

효율적인 물류관리

[사업자]

차별성 평가

공급과잉시 대응

수송 · 수송처세분류 · 가공 · 집하 · 수송계획

분류 · 단가결정 · 판매처배분 · 검품 · 선별 · 곤포

유통(가공) ← 출하(도매)

4.2 ≫ 「흙 만들기/파종 · 육묘 · 정식(定植)」의 ICT화

1. 토양확인

이 단계에서 필요한 것은 토양의 pH나 토양 속의 비료성분, 토양의 견고성 등의 측정과 모니터링이다. 재배기간 중에 토양이 산성화되기 쉽기 때문에 토양의 상황을 파악하여 pH를 조정해야 한다. 그 결과를 참작하여 품종에 따라 필요한 밑거름(元肥)과 추비(追肥)를 공급한다. 여기서 사용되는 비료성분의 대표적인 계측방법이 EC(Electro Conductivity:전기전도도)이다. 비료를 적게 공급하면 비료성분인 질소가 부족하게(질소결핍) 되기 때문에 토양 속의 질산태 질소(窒酸態 窒素) 등의 염류농도를 EC치로 확인하면서 적절히 밑거름과 추비를 공급 하도록 한다. 최근에 들어서는 핸디형 계측기를 이용하여 EC치를 계측하는 농업생산자도 증가하고 있다.

과거에는 하나의 포장에서 몇 곳밖에 측정하지 못하는 경우가 대부분이었는데 토양의 성질과 상태가 2, 3m 단위로 변화하고 시간경과에 따라 함께 변하기 때문에 재배에 적합한 토양의 유지에는 정밀한 상황파악이 필요하게 된다. 그러나 정밀한 측정은 너무 많은 노력이 들어가는 데다 기자재비용 부담도 커진다는 점에서 측정기기가 보급되지는 못했다.

이러한 과제에 대하여 최근에는 드론이나 무인소형헬리콥터로 찍은 공중사진에서 2~3m 사방주위 토양의 질소성분과 함수율 등을 계측하는 기술이 실용화되고 있어 정밀한 데이터계측이 이루어질 조짐이 보이고 있다. 이와 같은 계측기술이 보급되어 계측데이터를 손쉽게 다룰 수 있고 취득한 데이터가 재배계획 등의 어플리케이션과 연동되면 포장 별 토양확인 업무는 효율화될 수 있다.

2. 경운(耕耘)

경운에는 잡초가 뿌리를 내려서 딱딱해진 포장을 깊게 굴착(掘削)하는 심경(深耕)과 어느 정도 부드러운 포장을 재배하기 적합하도록 부드럽게 만드는 천경(浅耕)이 있다. 심경(深耕)은 20cm 정도, 깊을 때는 40, 50cm 정도의 땅을 파기 때문에 트랙터와 로터리경운기가 널리 보급되어 잡초제거, 매몰, 심경(深耕)을 같이 할 수 있다. 천경(浅耕: 논밭을 얕게 갊)은 심경(深耕:논밭을 깊게 갊)후에 땅을 부드럽게 만드는 작업이다. 경운에 의해 토양 속의 유기물 분해가 촉진되고 그와 동시에 단립구조(団粒構造)가 형성되어 농작물이 자라기 쉬운 우량토양을 만들 수 있게 된다.

경운의 ICT화는 트랙터의 제어용 CPU의 통신을 위한 CAN(Control Area Network)이 도입되고 무선LAN에 의한 트랙터의 위치정보나 작업정보를 취득할 수 있게 되어 주행부와 작업부의 자동제어로 발전하고 있다. 근래에 들어서는 트랙터의 작업정보 등을 자동적으로 수집하고, 작업 기록을 분석하고 고장을 진단하는 서비스도 실시되고 있다. 이에 따라 작업개선과 고장시 조기대응이 가능해졌다. 이러한 기능은 농업ICT화의 가장 큰 성과 중 하나라고 할 수 있다.

그러나 상용화가 어려운 문제는 ICT화의 비용부담이 너무 크고 도입이 일부 대규모 농업생산자 중심으로 되어 있다는 것이다. 중소규모의 농업생산자에게는 부담이 큰데 비해 실상 농기계의 가동률이 낮다는 문제도 있다. 게다가 중소규모로 변형된 포장이 많아서 대형기계로는 선회 시에 경운누락지가 발생할 수 있다. 까다로운 포장에서 심경과 천경을 잘 수행하기 위해서는 숙련된 기술자가 필요하다.

원격조작과 로봇화의 진전으로 인해 자동운전트랙터가 발매될 전망 이다. ICT에 의한 적절한 작업경로 결정과 포장 외의 우회주행의 간소화 가 가능해지게 되면 작업효율이 크게 개선될 것이다. 한편, 비료와 농약 과 함께 농업생산자의 경비 삼대요소인 기계 비용은 초기 비용 부담이 엄청나지만 실제로 트랙터와 로터리경운기의 연간이용일수는 한정되 어 있기 때문에 이 문제를 해결하기 위한 구체적인 방안은 아직 제시되 어 있지 않은 상황이다.

3. 시비(施肥, 거름주기)

대부분의 개인 농가에서는 자신들의 오랜 경험을 바탕으로 밑거름(元 肥)과 추비(追肥)를 투입한다. 그러나 이런 현상들이 오히려 농작물 품질 의 불균일성의 원인이 되고 있다. 토양계측 결과에 따라 적절한 양과 성 분의 비료를 적절한 타이밍에 투입하면 농작물의 품질도 안정되고, 삼대 경비 중 하나인 비료비용을 크게 절감할 수도 있다.

최근에는 EC계측과 공중촬영기술 + 리모트센싱기술이 발달하여 시 비가 필요한 때인지 아닌지를 세부적으로 정밀하게 계측할 수 있게 되었 다. 이에 따라 포장 내의 비료성분이 적은 장소를 특정하여 정밀하게 조 정하여 거름을 줄 수 있게 되었다. 또한, 비료농도의 분포를 계측하여 지 도를 만들고 GPS로 자동주행하는 자동시비 차량도 개발되고 있다.

이렇듯 정밀한 계측으로 적절한 시비를 할 수 있는 정밀농업개발이 추진된 것은 2000년대 후반부터이다. 예를 들어 사탕무재배에서 시비(거름)량을 25~50% 절감할 수 있다는 성과도 얻을 수 있었다. 한편, 아무리 정밀한 계측이 가능하더라도 추비의 타이밍은 정기적이지 않고 포장 내의 상황도 일정하지 않기 때문에 정밀하게 추비를 하는데 빈도 높은 작업과 인건비가 소요된다. 비료 비용과 인건비를 모두 줄이기 위해서는 시비작업을 효율화하기 위한 시스템이 필요하다.

4. 파종·육묘·정식

농작물을 포장에 심을 때에는 직접파종과 모종정식 두 가지 방법이 있다. 직접파종이란 포장의 토양에 씨앗을 직접 뿌리는 방법이다. 예를 들어 밭두둑을 만드는 채소의 경우, 적정량의 씨앗을 사람 손으로 밭두둑의 가장 윗부분에 같은 간격으로 뿌린다. 작은 구멍을 뚫어 씨를 뿌리고 흙을 덮는다. 당근 등의 호광성 작물은 씨를 뿌리고 흙을 얇게 덮어야 하며 섬세한 힘 조절이 필요하다.

이에 반해, 사전에 육묘한 모종을 포장에 심을 경우에는 모종을 포트에서 꺼내어 같은 간격으로 구멍에 심는다. 이를 위해서는 울퉁불퉁한 부분이라도 직선 이동하여 흙에 구멍을 뚫어 씨앗을 뿌려 흙을 덮는 일련의 과정을 정확히 수행해야 하며 대형트랙터로는 어려운 작업이다. 또한 포트에서 꺼낸 모종을 구멍에 채우는 것 또한 섬세한 힘 조절을 요하는 작업이다.

파종·정식은 작물의 종류에 따라 포장의 취급이나 기술이 달라지는

데다가 품질을 유지하는데 핵심이 되는 프로세스이기도 하다. 현 상황에서도 같은 간격으로 파종하는 기계 등이 고안되고 있지만, 농업종사자의 신체적 부담을 경감시킬 수준에 머물러있다.

4.3 》 포장관리의 ICT화

① 포장감시

농작업의 기반인 포장의 경우에는 온도, 습도 등의 기본조건을 파악하고, 동시에 질병과 병해충, 야간의 새나 짐승의 침입으로부터 지켜야 한다. 온도와 습도는 포장에 설치된 온도·습도계 등으로 계측한 데이터를 원격 모니터링하는 시스템이 개발되고 있다.

병해충에 대해서는 과거에는 사람의 눈에 의존했었지만, 최근 드론의 공중사진에서 병해충감염을 알 수 있는 시스템이 개발되고 있다. 잎 표면의 반사광으로부터 엽록소의 양, 잎의 면적, 병해충에 의한 생육불량, 식해(食害, 해충이 잎이나 줄기를 먹어버림) 등을 방지할 수 있다면 포장의 효율적인 모니터링이 가능해질 것이다. 그리고 병해충의 발생원과 감염범위를 특정할 수 있으면, 범위를 좁힌 농약살포로 피해를 최소화할 수 있다. 다만, 외관으로부터는 영향이 현저해지기까지 병해충의 유무를 파악할 수 없다는 아쉬움이 있다. 현재로써는 계측이 엽록체 등의 정보에 한정되어 있으나, 해충이 갉아먹어 생긴 잎 표면의 구멍 등과 같은 다양한 정보가 추가되어 저장되면 더욱 세밀하게 병해충 유무를 파악할 수 있게 될 것이다.

포장의 환경정보와 생육정보는 관수(灌水)시기를 정하거나 병해충이 발생하기 전에 예방책을 강구하거나 수확시기를 추정하는데 있어 중요한 기초데이터이다. 계측된 정보를 축적하고 저장하는 것은 매우 중요한데, 그 이유는 이와 같은 재배작업의 지시, 농약살포 장소의 지시, 품질과 수확량 예측을 관계자에게 통지등, 재배계획시스템, 농약살포의 기계제어시스템, 유통사업자에게 제공되는 정보제공시스템 등의 다양한 작업 · 시스템과 연동할 필요가 있기 때문이다.

② 제초

작물을 건강하게 육성시키기 위해서는 제초작업이 필요하다. 포장, 밭두둑에 잡초가 자라면 작물과 잡초가 비료와 물을 서로 경쟁하고, 잡초가 햇빛을 차단해 생육이 부진하거나, 병해충의 발생확률이 높아지는 등의 문제가 발생하기 때문이다.

제초작업은 작물과 뒤섞여있는 밭두둑 위의 제초와, 밭두둑 밖의 제초로 나눈다. 작물과 뒤섞여있는 잡초는 기계로 제거하기 어려워 수작업에 의존한다. 이에 반해 밭두둑 사이, 포장 주변 등 작물과 뒤섞여있지 않은 잡초는 손쉽게 제거할 수 있는데, 최근 잡초를 제거하는 기계와 로봇이 개발되고 있다.

제초는 작업간격을 넓게 하면 풀의 키가 자라 뿌리를 뻗기 때문에 중노동인 반면, 너무 좁게 하게 되면 노동시간이 증가한다. 기계화될 경우에도 풀의 길이에 따라 로터 높이를 바꾸는 등 조정이 필요하게 된다. 게다가 경사면의 제초는 기계가 미끄러져 떨어지지 않도록 하기 위한 균형이 필요하므로 지금으로서는 원격조작에 머물러있다. 이러한 복잡한 상황에 대응하기 위해 다양한 시스템이 검토·개발되고 있는데, 설비비용의 증가, 메이커별 용장성(여유도:冗長性)의 확대라는 문제가 있다. 앞으로는 분산된 지식과 기능을 집약하여 설비비용을 낮추고 노동부하를 줄일 수 있는 제초로봇이 개발될 것으로 전망하고 있다.

③ 솎아내기·적엽

고품질의 농작물을 육성하기 위해서는 볕을 잘 쐬게 하고 영양분의 불필요한 소비를 줄이기 위해 생육이 안 좋은 싹과 잎을 제거할 필요가 있다. 이를 위해서는 생육의 균형과 식물상태를 정확히 파악하는 관찰력과 「위에서 몇 번째 잎을 딸 것인가」등 작물의 종류에 따른 숙련농가의 노하우가 필요하게 된다. 솎아내기와 적엽(摘葉, 잎 따기)은 농산물의 부가가치를 높이는데 필수적으로 필요한 작업인 반면, 노동의 부하가 높아 수익향상에는 시스템화가 반드시 필요한 작업이다. 토마토와 같이 키가 큰 과채류의 경우 부담이 큰 작업이 된다.

그러나 이와 같은 숙련농가가 가진 노하우의 데이터화는 진척되고 있지 않다. 추비 등과 함께 농가의 근간이라고도 할 수 있는 노하우 중 하나이기 때문에 하루아침에 데이터화하는 것은 불가능하다. 특정 프로젝트를 계기로 하거나 기타 작업을 하나하나 기록해 데이터화할 수밖에 없다. 그것을 분석해 서서히 성과로 이어간다면, 솎아내기와 적엽(摘葉)을 위한 인식, 판단, 뽑기와 절단(切斷)의 기계화, 자동화과정의 아이디어가 생기게 된다.

4.4 》 수확의 ICT화

① 수확시기 판단

수확시기는 농작물의 색깔과 크기, 표면의 모양(생기), 꼭지에서 따기 쉬운지의 정도, 당도 등에 근거하여 판단된다. 이것을 기계화하기 위해서는 센서를 이용해 색깔과 크기 등의 접촉하지 않고도 계측하기 쉬운 정보, 접촉해야 얻을 수 있는 정보, 작업의 결과로 얻어지는 정보 등의 데이터를 세그먼트(segment)한 다음 수집, 분석할 필요가 있다.

수확은 특정한 시기에 많은 일손을 요한다. 농업의 채산성을 크게 좌우하는 작업 중 하나임과 동시에, 정확한 판단이 품질과 수확량에 크게 영향을 주기 때문에 정확성을 유지한 다음 수확시기를 분산할 수 있게 되면 수익성의 개선효과는 크다. 여기서도 곡물재배 등에 있어서는 위성화상으로 포장 내의 작물의 건조 정도(비율) 등을 계측하고, 포장의 어느 지점에서 수확하면 좋을지를 판단할 수 있는 시스템이 만들어지고 있다. 또한 많은 작물에서 재배관리시스템이 채용됨으로써, 파종시기와 방법, 추비시기와 그 양, 기후 등의 정보와 숙련자의 수확 시기 결정의 실적정보가 축적되게 되었다. 이러한 데이터를 종합하여 분석가능하다면, 경험에 의존해왔던 수확시기 판단을 시스템화할 수 있을 것이다.

한편, 수확시기는 시장의 요구를 근거로 하여 판단해야 한다. 지속적으로 변화하는 요구를 정확히 파악하여 적절한 타이밍에 수확, 출하할 필요가 있다. 청과는 신선도가 절대적으로 중요하기 때문에 수확일과 시간대도 시장가격에 영향을 미친다. 반대로 말하면, 시간단위로 정확하게 수확·출하 할 수 있다면 수익성이 향상된다. 따라서 시장의 요구를 수확·출하계획에 수시로 반영하는 수급매칭시스템이 필요해진다. 중기적인 요구를 종묘의 선정부터 수확시기 계획에 반영하기 위해서는 시장예측의 정보가 중요하다.

이와 같은 수급매칭시스템은 대기업소매업 등을 정점으로 한 공급사슬(supply chain)의 일부로 개발되고 있는데, 농업생산자가 널리 이용할 수 있는 상황은 아니다. 유통측 사업자와 농업생산자 사이에서 장벽을 뛰어넘은 시스템을 어떻게 구축할 것인지가 과제로 남아있다.

② 땅속작물 수확

감자, 무, 당근, 생강, 양파 등의 뿌리채소류나 파의 경우에는 연속적으로 뽑아내는 기계가 등장해 작업의 시스템화가 이루어지고 있다. 다만 투자부담이 크기 때문에 대규모적인 사업자가 단독으로 이용하거나, 여러 명의 농업생산자가 공동으로 이용하여야 한다.

채소의 수확기계는 작물별 전용기로 되어있는 경우가 많아서 품종을 늘리게 되면 늘어난 품종의 수만큼 전용기계를 소유해야 하는데 이것은 기계비용에 막대한 비용을 지출해야 하는 부담을 안게 되는 것이다. 작업의 효율성과 수익성을 양립하기 위해서는 유연한 작물선정을 가능하게 해줄 기계가 개발되어 등장하길 기대한다.

③ 일반작물의 수확

수년 전부터 벼와 보리는 콤바인으로 수확해 오고 있다. 이러한 대규모 수확기계와는 조금 다른 기계이지만, 근래 양배추의 줄기부분을 커터로 연속적으로 잘라내는 기계가 개발되어 양상추, 배추나 브로콜리에도 보급될 것으로 기대하고 있다.

뿌리채소와 달리 흠집이 나기 쉬운 잎 채소류를 수확하는 작업은 더욱 섬세한 주의가 필요하다. 수확용기계의 비용은 뽑기용 기계보다 더욱 고가로, 뽑기와 마찬가지로 대규모농가나 여러 농가의 공동사용에 한정되어 있다. 여기에서도 다양한 작물에 이용할 수 있는 설비 등, 투자부담을 적정한 범위내로 줄이는 개발이 중요하게 된다.

④ 적과

딸기 등의 적과(摘果, 과실 솎아내기)는 열매를 상처내지 않도록 조심해서 다루어야 하는 것, 익은 과실을 판단하는 것 등이 기계화의 과제였다. 이에 대하여, 최근 과실에 부드럽게 닿을 수 있는 촉각센서, 열매를 단단히 잡기 위해 과실이 있는 곳을 정확히 파악하는 기술, 과실의 색깔을 화상으로 이해하여 익은 정도를 파악하는 고도의 화상처리 기술 등이 도입되어, 다양한 작물의 적과를 기계화할 수 있게 되었다. 익은 과실을 숙련된 농가에서 손으로 따듯이 자동으로 수확하는 작업을 가능하게 해주는 기술이 개발되고 있다.

그러나 기계의 가격이 고가이기 때문에 보급은 진전되지 않고 있다. 고도의 제어시스템이 개척한 선진적인 영역이지만, 종래의 로봇설계의 발상에서 헤어 나오지 못하면 고가이기 때문에 보급되지 못할 로봇을 개발할 우려가 있다. 종래의 로봇 설계사상에서는 딸기가 열리는 방식, 부드러움을 철저히 분석해서 딸기수확에 적합한 전문로봇을 개발한다는 방법을 취했었다. 이 방법으로는 소품종대량생산이나 부가가치가 높은 작물에 이용이 한정된다. 자동화의 효과를 높이고 로봇의 비용을 낮추기 위해서는 다품종 혹은 하나하나의 형태가 다른 작물에 이용을 확산시켜야 한다.

4.5 ≫ 출하의 ICT 화

① 선별·조정·곤포(梱包)

선별, 포장(곤포: Packing)도 적과와 마찬가지로 작물을 흠집 내지 않도록 조심해서 다루고, 불필요한 부위를 커트하거나 길이를 정돈한 후에 형상과 크기에 따라 적절히 상자에 넣고 포장해야 하는 고도의 작업이다. 선별과 포장에 대해서는 감자, 양파 등은 일찍부터 자동화가 시작되었고 오이와 토마토, 복숭아와 딸기 등으로 자동화가 보급되는 등 실적도 풍부하다. 이와 같은 시스템은 대규모적인 선과센터 등에서 활용되고 있다.

선별에서는 중량과 크기를 계측하고, 화상센서로 색깔 등을 파악하여 크기나 익은 정도에 맞춰 자동으로 상자에 담는다. 컨베이어가 종횡무진 작동하는 공장이기 때문에 가능한 시스템이다. 농업의 공급사슬(supply chain)에 있어서 선별장소는 생산과 물류의 접점이며, 가장 ICT화가 진전되어 있다.

대상품목을 확대하기 위해서는 익은 복숭아나 포도 등의 정교한 작물, 무처럼 형상이 통일되지 않는 작물, 생산량이 적은 작물 등도 대상으로 보아야 한다. 이와 같은 취급하기 어려운 작물의 경우 전용기계를 만들면 비용이 상승하게 된다. 이러한 문제를 해결하기 위해서는 위에서 설명한 공장에서 가능한 시스템과는 다른 설계사상이나 구상력이 요구된다.

② 단가결정

단가결정의 메커니즘은 점차 크게 변화하고 있다. 이전에는 단가는 주로 중앙도매시장 등에서의「경매」등에 따라 결정되곤 하였다. 근래에는 슈퍼마켓 등의 도매시장 외에서의 직접거래가 급증하고 있어, 남은 도매시장에서도 그 대부분이 유통데이터를 활용한 거액거래 수요자 사이의 상대거래를 하게 되었다. 경매는 공정한 거래지만, 당일·현장·현물주의이기 때문에 시장에 따라 상장이 크게 다른데다 출하량에 따라 단가가 크게 변동한다.

슈퍼마켓 등의 거액의 거래 수요처가 설정한 단가가 가격수준을 형성함으로써, 단가변동이 적어지는 경향이 있다. 대기업 유통사업자의 ICT화가 비약적으로 진전되어 소매점의 판매실적과 물류비용 등과 같은 유통정보의 도움으로 유통사업자가 한층 더 대규모화되고 정보의 집약이 더욱 중요해지는 구조가 만들어지게 되었다. 거액거래 수요처에 의한 직접매입은 농업생산자의 안정적인 판매를 가능하게 하고 이에 유통네트워크를 활용함으로써 팔다 남은 것이 별로 발생하지 않는다는 장점이 있다.

다른 한편으로는 단가가 수요측에서 결정되므로 품질차이가 비교적 평가받기 어려워, 가격이 낮게 유도된다는 과제가 있다. 경매에 의한 도매에서도 품질의 차이는 평가되기 어려웠지만 유통사업자의 지배력이 높아지면서 종래의 도매거래이상으로 단가중시 경향이 계속될 것으로 예상된다. 차별성 있는 작물이 평가받기 위해서는 생산자의 차별화 정보가 직접 소비자에게 전해지는 시스템이 필요하다.

4.6 》 유통(가공)의 ICT화

① 수송계획 및 분류·배송

청과물류에서는 신선도유지를 위해 수송·경유루트의 단축과 간소화 등이 요구된다. 반면에 중소 농업생산자로부터 작물을 집하하기 위해서는 다양하고 번잡한 수송과 분류작업이 필히 발생한다. 콜드체인(cold chain, 저온유통: 저온을 유지시킨 상태에서의 식료품 유통 과정)을 구축할 때는 정시성, 안정성을 확보한 다음 재고량을 적정화하고, 짐을 옮겨 쌓는 시간을 단축해야 한다.

이렇게 어려운 조건을 해결하기 위해서는 하물의 종류와 연비, 집하 장소를 고려한 배차계획, 루트를 고려한 효율적인 집하계획, 재고와 창고가 비어있는 상황의 확인과 입고·출고의 수배 등에 대하여 숙련된 판단과 지시가 요구된다.

물류의 ICT화는 일찍부터 개발이 이루어져 창고의 입출하 관리, 분류 관리 등의 시스템이 일부 사업자에게 도입되었다. 그러나 가공업을 포함하는 다수의 사업자 사이의 물류, 거래의 정보수수를 취급하는 EDI(Electronic Data Interchange) 등의 시스템은 출하의 다양성과 시스템의 번잡성 탓에 많이 보급되지 않았다. 중소 사업자 사이에서는 아직 FAX 등에 의한 수발주가 많은 것이 현 상황이다.

이러한 상황 속에서 슈퍼마켓 등의 대기업사업자들은 독자적인 유통망을 선행하여 ICT화 하였다. 근래에는 EDI에서 정보를 연계할 뿐만 아니라, 정보의 규격화에 따라 유통의 전체최적화를 지향한 유통 BMS(Business Message Standard)가 가공과 유통관련 사업자를 중심으로 공급사슬(supply chain)의 관리수법으로써 도입되기 시작하고 있다.

이와 같은 공급사슬(supply chain)관리의 ICT화가 생산자의 생산계획에 접속되는 움직임이 등장하기 시작했다. 더욱 발전하면 생산자와 유통사업자의 수급을 장기적인 시점에서 매칭할 수 있을 가능성도 있다. 그러나 현재로서는 특정 유통사업자와 관계성이 깊은 일부 소규모의 농업

생산자가 정보를 공유하고 있어, 그 밖의 생산자는 유통사업자를 중심으로 개별적으로 연결되어 있는 단계이다.

유통의 ICT화가 농업전체의 수익성을 개선하기 위해서는 생산부터 유통까지를 일관하는 공급사슬(supply chain)의 저변이 넓어져야 한다. 다수의 농업생산자의 작물의 품질과 계획량을 고려한 다음에 유통사업자가 수급을 매칭할 수 있는 장을 구축할 수 있을 것인지가 과제라고 할 수 있다.

4.7 ≫ 판매의 ICT화

「판매정보취득」, 「매입」 및 「가격결정」

슈퍼뿐만 아니라 개인경영의 점포에서도 POS에 의한 판매데이터관리가 보급되어 소비자 구입정보의 데이터화는 나날이 진화하고 있다. 과거의 POS에서는 구입된 상품의 양, 가격, 고객층 등의 정보가 데이터화되었지만, 최근에는 ID와 같이 POS데이터를 취득할 수 있는 클라우드 POS의 도입으로 시스템이 간소화되고, 인터넷판매와 융합된 O2O에 의해 소비자와 다채널로 접속되는 등, 이에 따라 데이터의 정밀성과 그 깊이가 증가하고 있다.

POS는 대표적인 빅데이터로 현재까지도 다양한 분석과 활용방법이 제안되고 있다. 판매점에서는 재고관리, 전략적인 매입, 판매가격 결정 등에서 효과를 발휘하고 있다. 재고관리에서는 번잡한 관리를 하지 않아도 매일의 판매상황에서 매입량을 예측함으로써 재고품절을 방지할 수 있다. 전략적인 매입으로 매상이 호조인 상품을 추출하여 매입량을 조정함으로써 크리스마스 같은 시기에도 유망한 상품을 미리 매입한다. 다른 상품과의 매상 관련성을 분석하여 함께 판매계획을 세우는 것도 가능하다. 농산물의 판매가격결정에서도 사과를 예를 들어, 산지나 품종에 따라 여러 종류로 분류하여, 과거의 판매가격과 판매수량의 실적데이터를 분석해 가격을 결정하여 매상의 최대화를 도모한다.

이와 같이 소매점에 의해 큰 효과를 발휘한 POS 데이터이지만, 대형 소매사업이외의 분야에서는 충분히 활용되고 있다고 할 수 없다. 그 이유는 데이터분석에 고도의 기술이 요구되기 때문이다. 슈퍼나 편의점과 같은 데이터분석 부문을 갖지 않는 점포에서는 데이터분석을 바탕으로 한 전개가 어려웠다. 그만큼 농업에서도 판매단계의 POS데이터를 활용할 수 있으면 ICT화의 성과가 오를 가능성이 있다. 산지와 생산자별 판매경향 등의 수급정보를 치밀하게 취득·분석하여, 공급사슬(supply chain)의 위로부터 전개하면 요구기점에서 농업을 개혁할 수 있다.

한편, 현재의 POS 데이터에 의존한 유통사업자 주도 시장운영으로는 생산자의 의도가 소비자에게 전해지기 어렵다는 것도 과제로 남아 있다. 최근 일부 생산자의 정보가 생산이력(traceability)관리의 관점에서 소비자에게 제공되게 되었지만, 품질을 어필할 수 있는 단계까지는 미치지 못했다. 수급쌍방향의 정보를 조합하는 구조가 형성되지 않는다면 생산자가 부가가치 향상의 동기부여(motivation)를 높이기는 어려울 것이다.

유통사업자 중심의 시장운영은 앞으로도 확대될 것으로 예상되지만, 농업의 부가가치향상을 위해서는 생산자와 소비자를 밀접하게 하는 ICT화가 필요하다.

5 농업의 정보통신(ICT)화 문제점

5.1 》 농업지식 데이터의 축적과 공유화의 지연

　품종선정, 토양확인, 시비(施肥), 솎아내기, 적엽(摘葉), 수확시기 판단 등의 생산 활동에는 마켓 요구, 재배환경에 적합한 품종, 시비량의 실적, 다양한 조건 하에서의 재배데이터 등이 필요하게 된다. 이러한 정보의 대부분은 개별농가나 개인 사업자 안에 머물러 있는 것이 현 상황이다.

　제초, 추비, 관수, 병해충 구제, 수확시기 판단 등에 대해서는 기후예측 등의 정보가 중요하다. 최근에는 이상 기후에 따른 강수량과 기온의 급격한 상승, 그에 따른 병해충의 변화와 증가가 노지재배의 사업 환경을 악화시키고 있다. 농업에 관련된 위험성을 줄이기 위해서는 장기, 중기, 단기의 정확한 기상정보가 점점 더 중요해지고 있다.

또한 경험과 감에 의지하는 면이 많았던 기존의 농작업에서는 조달비용, 작업내용·시간, 시비량, 장소, 기계의 작업효율 등이 적정한지를 파악할 수 없고, 경영상황의 비교분석, 개선도 용이하지 않았다.

그러나 최근에 새로운 사고를 가진 농업생산자나 IT기업 등에 의해 농업관련 데이터가 축적되게 되어 일부에서는 클라우드 서비스도 시작되었다. 그러나 현재 이루어지고 있는 데이터화는 과거 FAX나 종이베이스로 실시되었던 지식의 디지털 데이터화에 그치고 있으며, 재배계획에 반영이 가능한 구조적인 데이터화가 진행되고 있다고 하기는 어렵다. 이런 이유로 종래와 같은 데이터의 분석과 활용에는 숙련된 노하우가 필요한데 이러한 데이터를 활용할 수 있는 일부 대규모농업생산자만이 이용하고 있는 실정이다. 여전히 대부분의 농가에서는 개개의 경험이나 노하우에 의존하고 있다. 구조적인 데이터화의 지연은 농업의 신규참여를 막고 있는 장애물로 농업전체의 생산성 개선을 지연시키고 있다.

또한 경험과 지식에 의존하는 단계가 많을수록 인적인 작업이 많아지고, 자동화할 수 있는 범위가 한정된다. 농업에 관한 전문적인 지식의 구조적인 데이터화가 진전되고, 생산 활동에 관련된 정보, 기상정보, 경영정보가 대규모사업자부터 개별농가까지 손쉽게 액세스할 수 있는 환경이 조성되면 농업의 산업으로서의 발전은 가속화 될 것이다.

5.2 » 농업의 생산 시스템 분석 과정

생산 과정에 따른 '농업 생산의 ICT화' 작업 시스템

- EC계등의 토양계측기, 드론, 리모트센싱을 이용하여 상공에서 찍은 사진과 계측 데이터에 의한 토양의 질소 함유량과 함수율 등을 분석하여 이것을 토대로 데이터베이스화하는 시스템.

- 포장상태와 시장요구에 맞춰 연간의 재배계획을 입안하여 필요한 품종과 자재의 조달량과 시기를 제시하는 시스템.

- 작업환경을 계측하는 시스템.

- 토양과 재배환경의 계측정보를 분석하여 적절한 시비량, 타이밍을 제시하는 시스템.

- 포장에서의 작업, 트랙터 등의 기계를 모니터링 하는 시스템.

- 위성과 무인헬리콥터 등에 의한 상공에서의 계측으로 잎 내부의 반응을 계측하여, 질병이나 육성장해 등의 발견, 수확시기의 판단을 지원하는 시스템.

- 각종 수확로봇 등을 이용하여 효율적인 수확을 위한 기계화와 자동화.

많은 시스템이 개발되고 있지만 통일된 가이드라인 등이 없어서 개발한 기업에 따라 규격이 달라 정보나 제어의 연계가 불가능한 것이 많다. 이 때문에 농업생산자가 일단 데이터를 꺼내 분석하고, 결과를 다음 시스템에 이용하는 등의 작업부담이 크고, 숙련된 농업종사자가 아니면 시스템 간에 연계를 하지 못하고 있는 상황이다.

또한 개발된 시스템이 재배작업을 연속적으로 커버하고 있지 않기 때문에, 효과가 한정되어 있어 전체시스템으로써의 효율성이 높아지지 않는다는 문제도 있다. 농업에 많은 기업들이 관심을 보이고, 타 분야에서 개발, 이용된 ICT의 지식을 도입한 것은 좋았지만, 많은 기업이 개별적으로 시스템화를 진행시킨 탓에 통합적인 시스템의 구축과 운용이 어려워졌다는 면이 있다.

5.3 》 시장요구와 생산을 연계하는 시스템화의 지연

정확한 재배계획의 책정, 품종선정, 수확시기의 판단 등을 위해서는 시장에서의 판매상황, 판매예측, 나아가 창고와 수송차량의 확보 등, 소매와 물류에 관한 정보가 없어서는 안 된다. 또한 수익성을 높이기 위해서는 지역특성, 슈퍼마켓 · 농협 · 직매장 등의 대기업 유통사업자나 소매사업자의 특성을 파악하는 것도 중요한데, 이러한 생산자 측의 정보와 시장, 유통측간의 정보의 접속은 늦어지고 있다.

애초에 청과의 도매시장이 엄격한 현물주의, 당일주의를 바탕으로 한 「경매 · 입찰」로 수급매칭을 해왔기 때문에 소비시장의 거래 데이터화에 대한 필요성이 불충분하고, ICT화가 진전되기 어려웠다는 역사가 있다. 이에 반해, 슈퍼 등 규모가 큰 유통사업자는 POS의 도입을 계기로 급속히 ICT화를 이루어, POS와 물류를 융합시켜 왔다. 이렇게 하여 유통사업자의 시장지배력이 급속도로 확대되게 되었고, 이에 따라 ICT화가 한층 더 진전 될 수 있었다.

한편으로 생산자 측면에서는 소규모 농가가 농업기술센터나 농협 혹은 개인 사업자로부터 종묘, 자재나 기계를 공급받는 시기가 오래 지속되어 온데다, 많은 부분이 정부의 보호에 의해 경쟁력 없는 공급시장이 구축되어 있어 시장정보와의 연계에 대한 의욕이 그리 높지 않는 경향이 있어왔다. 이런 상황 속에서 기후나 병해충 등의 불확정요소의 영향을 강하게 받으면서도 여전히 경험과 감에 의존하여 대처하는 상황이 계속 반복되어 결국 ICT화, 데이터베이스화가 지연되었는데 결과적으로 생산과 유통을 융합하는 시스템의 연계가 진척되지 않았다고 볼 수 있다.

유통사업자가 구축한 대규모적인 공급사슬(supply chain)에 생산자가 정보를 제공함으로써 시장을 넓게 커버하는 시스템을 구축하는 방법도 생각해볼 수 있다. 그러나 그것은 유통사업의 가치관으로 농업의 공급사슬(supply chain)이 운영됨을 의미한다. 때문에 농업생산자가 품질향상과 이에 걸맞은 수익확대로의 동기부여(motivation)를 가지고 농업 특유의 부가가치를 살려 내어야만 산업으로 발전하게 되고 수익은 더욱 증대 될 것이다.

5.4 》 고비용의 기계화

경운, 시비(施肥), 제초 작업과 같이 비교적 단순한 작업에서부터 기계화가 진행되기 시작하였다. 이에 반해 수확, 뽑기 등의 경우 작물의 형상과 품질의 확보, 혹은 뿌리와 잎을 어느 정도 포장에 남길지 등의 전문적인 작업판단이 필요해지기 때문에 기계화로 다 진행되지는 못하고 일부 작업에만 그쳐있다. 게다가 파종, 정식, 포장감시, 수확시기 판단, 솎아내기, 적과의 경우에는 작물의 세밀한 상황파악이 필요한데다 딸기나 복숭아 등은 무르기 쉬워 다루는데 섬세한 작업이 요구되기 때문에 기계화가 지체되고 있다.

이와 같이 부분적으로 기계화가 이루어지면 농업종사자는 부분적으로는 농작업에서 수고를 덜 수는 있게 된다. 농업종사자의 생산성을 눈에 띄게 높이기 위해서는 어느 특정단계의 작업부터 농업종사자를 완전히 해방시킬 수 있는 기계화가 필요하다. 농업에는 다양한 기계가 도입되고 있다. 예를 들어 트랙터의 경우, 제초와 경운이나 수확시에만 이용되고 양배추 수확기의 경우 양배추의 수확시기에만 이용할 수 있다. 이렇듯 기계의 이용시간이 제한적인 점이 가동률을 낮추는 원인이 되고 있다. 그밖에도 자연환경 하에서 사용하기 위한 시동전의 세팅에 노력이 들거나, 작업장소와 보관 장소를 제조업만큼 합리적으로 배치할 수 없다는 점 등이 기계의 실질적인 가동시간을 짧게 만들고 있다.

이러한 농업특유의 조건하에서 개별 작업을 기계화해왔기 때문에 기계와 설비 수는 증가되었으나 가동되지 않는 시간이 누적되었다. 농업기계·설비의 투자를 회수하기 위해서는 그 기계·설비가 농작업에 사용되고 있는 시간이 길어야하는데, 오히려 기계화가 진전될수록 특정 시기 특정 작물에만 국한 되는 경우가 많아 기계화에 따른 농가의 부채는 점점 누적되어 증가하는 상황에 빠지게 되는 악순환으로 연결된다.

6

주요 경작지별(작목별) 농업생산의 스마트화

정보통신기술(ICT)과 자동화 · 로봇기술을 활용한 초생력 · 고품질 생산을 실현하는 농업생산 스마트화의 최근 상황을 작목별, 분야별로 간단히 설명 하도록 한다. 최근 연구동향과 함께 실제의 농업생산 현장에서 활용상황과 최신 동향및 활용사례를 소개한다.

주요 경작지별(작목별) 농업생산의 스마트화로 논 농업(벼농사), 밭 농업, 채소 농업, 과수농업 등 토지 이용형 농업의 ICT중심으로 설명하도록 한다. 시설원예 · 식물공장은 ICT활용이 가장 진전되고 있는 분야로 볼 수 있다. 경작지별 농업생산 작목은 여러 가지를 열거할 수 있지만 대표적인 몇 가지로 국한시켜 살펴 볼 필요가 있다.

6.1 》 논 농업 (벼농사)

　최근 벼농사 경영을 둘러싼 경영환경이 크게 변화하는 상황 속에서, 벼농사 생산관리기술의 혁신에 관심이 쏠려있다. 구체적으로 첫 번째로는 소비자 요구에 입각하여 수출확대까지 고려하여 신기술에 의한 강점이 있는 농축산물 만들기, 두 번째로 대규모경영에서의 생력(省力)화 · 저 비용 생산체계의 확립, 마지막으로 ICT기술 등 민간기술력의 활용 등의 추진으로 혁신을 일으킬 수 있다.

　그러나 ICT를 활용한 생산비용의 감소를 구체적으로 어떻게 실현할 것인가, 쌀의 경쟁력 향상을 위한 전략을 어떻게 구성 할 것인가 등의 질문을 던지면서 영농현장의 실정에 적합한 것을 찾기 위해 다각적인 시각을 가지고 구체적으로 검토해야할 부분도 많이 남아있다.

　이와 같은 과제를 해결하기 위해서는 'ICT를 활용한 스마트 논농업 모델'이 효과적이다. 실제로 벼를 생산하고 판매를 하고 있는 농업인 자신이 큰 역할을 다하지 않으면 실효성 있는 전략과 해결수단을 찾아내는 것은 불가능하다. 그렇기 때문에 이러한 관점에서 벼농사 생산, 경영의 스마트화의 현재와 그 전망을 살펴보도록 하겠다.

　실상 벼 생산에 관해서 이야기 하는 것이 그 범위가 광범위하기 때문에 간략히 정리하기가 쉽지는 않은 주제이지만, 크게 벼의 생육에 관한 생체정보, 벼가 생육하는 환경에 관한 포장 환경정보, 벼 재배의 농작업에 관한 생산관리정보로 나눠서 얘기해 볼 수 있다. 먼저 벼 생체정보수집 · 활용, 논포장환경 정보수집 · 활용, 벼 생산관리정보의 수집 · 활용에서는 이러한 정보의 수집과 활용에 관한 최신동향과 사례를 소개하고, 그 다음으로 벼농사 빅데이터의 해석과 생산관리의 개선, 논벼생육모델에 의한 재배지원에서는 생체정보·환경정보·생산관리정보를 통합한 생산관리개선과 재배지원의 최신동향에 관심을 가져야 한다. 이러한 논벼생산에 관한 정보의 수집·활용과 그것에 기인한 생산개선·재배지원에 따라 논벼생산기술이 향상되는 것이 기대되고 있는데, 이러한 농업기술이 실제효과를 발휘하기 위해서는 작업노하우의 역할도 크다. 스마트 벼농사에 관한 기술혁신은 그리 놀랄만한 일은 아니지만, 이러한 기술혁신이 벼농사생산의 현장에 파급되고 이노베이션을 일으킬지는 정책적으로도 큰 관심거리이다.

6.2 》 밭농업

1) 밭농사의 현재와 스마트 농업으로의 기대

농업인구의 감소에 따른 노동력부족 현상은 앞으로 더욱 심각해질 것으로 많은 전문가들이 한 목소리로 예측하고 있다. 이와 동시에 농가의 경영면적은 계속 확대되어 유럽의 주요 농업 생산 국가인 독일, 프랑스 등과 근접한 수준으로 다가갈 것으로 보고 있다. 그러한 상황아래, 구미의 주요농업국과의 작물에서의 공통성도 있어 위성측위(GNSS)를 활용한 외국산 트랙터 자동조타 장치의 도입이 보다 빨리 이루어 질것으로 전망하고 있다.

농가인구의 감소에 따른 노동력 부족등 생산자, 지역의 절실한 문제에 대한 대응책 모색과 함께 생산물을 소비자와 식품가공회사 등의 실수요에 얼마나 안정적으로 공급할 것인가, 그리고 농산물과 가공식품의 수출확대로 어떻게 연결시킬 것인가 등의 많은 문제를 안고 있는 상황 속에서 결론적으로 그 해결의 한 방안으로써 정보통신기술(ICT)과 자동화·로봇기술(RT)로 대표되는 '스마트 농업'에 큰 기대가 모아지고 있다.

2) 밭작물생산에 관한 ICT·RT의 역할

밭작물에 관한 스마트 농업 기술로는 밭작물에 따라 다른 기계화 작업체계의 성숙도, 복수작물의 포장작부와 윤작(輪作)으로 대표되는 로테이션, 첨채나 사탕수수의 제당(製糖), 밀의 제분(製粉), 감자, 고구마의 제과(製菓)나 양조기업과 같은 실수요와의 강한 관계 등을 들 수 있다. 스마트농업에는 생산자와 지역과 함께 생산물을 원료로써 이용하는 실수요자 쌍방의 요구에 응할 수 있는 농업생산시스템의 구축에 기대를 걸고 있다. 그러한 기술요구를 세 가지 역할로 크게 나누어 생각 해 볼 수 있는데 첫 번째로, 기능(작업의 생력화·기계조작의 간이화) 베이스, 두 번째로 규칙(작업계획의 최적화) 베이스, 세 번째로 지식(작업의 의사결정) 베이스이다.

① 기능 베이스의 지원

밭농사 포장은 논과 같이 구획화 되어 있지 않고 구릉지에 있는 경우도 많이 있다. 이와 같은 포장에서의 트랙터 조작은 난이도가 높아 앞에서 설명한 자동 조타장치 등, 자동화, 로봇화의 요구가 높다. 밭농사가 훨씬 더 품목이 많음에도 불구하고 기업이 자동화기술의 실용화에 관심을 두지 않는 이유는 논에 비해 시장규모가 작아 생산비용 절감이 어렵다는데 있다.

② 규칙(계획) 베이스의 지원

위성화상을 이용한 밀의 등숙(登熟)추정과 같이, 지역 내에서 공동이용의 작업기를 이용하고 있는 경우나 복수의 작물을 재배하고 있는 경우에는 작업계획의 최적화가 중요하다. 생산자 측뿐만 아니라, 식품가공기업측도 수확량과 품질에 맞춘 저장고 이용과 생산계획의 책정에 도움이 되고 서로에게 장점을 기대할 수 있다.

③ 지식(작업의 의사결정) 베이스

밭작물에 있어서도 실수요의 안정공급을 위한 적절한 재배관리와 이익의 확보를 양립시키기 위하여 적절한 시기에 적절한 작업을 하는 것이 중요하다.

그렇게 되기 위해서는 생육정보, 기상 등의 환경정보와 농약과 비료 등 자재정보와 함께 과거의 영농데이터 등을 참조하여, 작물재배면 뿐만 아니라 경영면의 요소도 가미한 종합적인 판단이 요구된다. 의사결정을 지원하기 위한 방법과 정보시스템에 대하여 지금까지도 많이 제안되고 있으며 앞으로의 발전이 기대되고 있다.

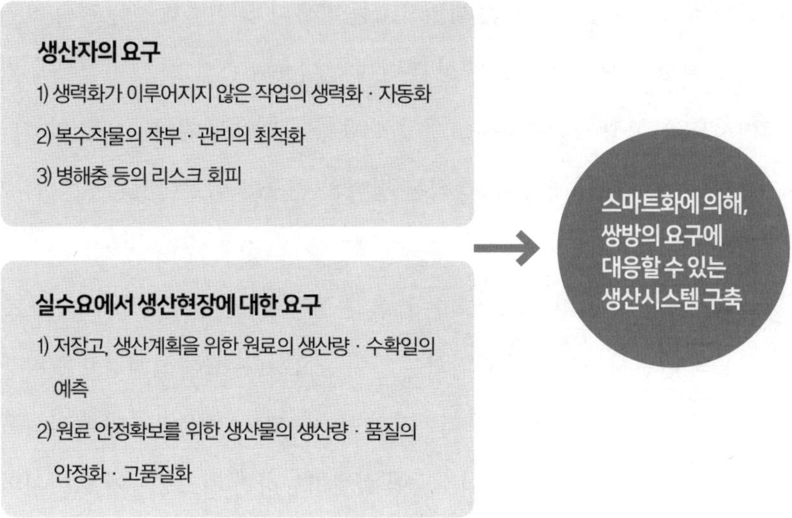

생산자의 요구

1) 생력화가 이루어지지 않은 작업의 생력화 · 자동화

2) 복수작물의 작부 · 관리의 최적화

3) 병해충 등의 리스크 회피

실수요에서 생산현장에 대한 요구

1) 저장고, 생산계획을 위한 원료의 생산량 · 수확일의 예측

2) 원료 안정확보를 위한 생산물의 생산량 · 품질의 안정화 · 고품질화

스마트화에 의해, 쌍방의 요구에 대응할 수 있는 생산시스템 구축

(그림 4.3) 밭농사에 관한 스마트농업의 역할

6.3 》 채소 농업

채소농사에 있어서 스마트화는 주식(主食)이 되는 벼농사와 밭농사에 비해 대상이 되는 품목도 많고, 품종에 있어서도 지역성이 높아 연구대상에 많이 포함된다. 그렇기 때문에 앞으로 해결해야할 과제도 많다. 그러나 노지 채소의 경우에는 재배시의 방대한 환경정보(빅데이터)와, 앞으로 개발이 필요한 채소의 생체정보를 잘 연결시킬 수 있으면, 빅데이터로서의 이용이 가능해진다.

환경정보에 대해서는 필드서버 등에서 많은 정보를 모으고 있다. 식물의 생체정보를 계측하는 방법으로는 비파괴 및 비접촉형의 계측을 필요로 하고 있으며, 리모트센싱 분야에서 이용되고 있다. 채소농사에 있어서도, 초분광(Hyperspectral) 등을 이용하여 토양뿐 아니라 채소자체의 품질(영양소의 함유량)을 계측하는 방법의 연구가 이루어지기 시작하고 있다.

재배에 있어서의 스마트화는 많은 환경정보와 생체정보를 계측하고, 이들의 관련성을 정확히 파악하는 일이 중요하다. 또한 생체정보를 화상으로부터 추출할 경우, 화상데이터와 목적으로 하는 성분과의 관련성을 명확히 해둘 필요가 있다. 이것들이 실현가능하면 채소농사에 있어서의 재배의 최적화가 가능해진다.

또한, 인공지능과 기계학습에 의한 새로운 재배의 지원시스템을 생각할 경우, 보다 많은 데이터가 필요해지고, 계측의 자동화가 필요하다. 그러기 위해서는 자동적으로 정보를 수집하는 시스템의 검토도 필요하다. 이러한 기술개발이 진전되면 채소농사의 재배에 관한 스마트화의 실현이 가능해 진다.

현실적인 문제로, 생산물의 출하시기에 따라 그 가격이 크게 변동하고 생산자의 수익에 큰 영향을 미치는 것은 일반적으로 널리 알려져 있다. 이는 수확시기를 가장 수익이 커지는 시기에 설정할 수 있으면, 효율적으로 채소를 생산할 수 있음을 나타내고 있다. 여기서 중요한 것이 바로 정확한 기상정보이다. 네덜란드에서는 시시각각 변화하고 있는 기상정보를 식물공장 등에 설치된 센서로 정밀도 높은 정보를 수집하고, 열세에 있는 지역의 환경제어에 힘이 되어주고 있다.

재배현장에서 자동기계의 도입과 작업정보의 센싱은 작업의 효율화를 꾀하는데 중요한 요소이다. 채소재배에 있어서는 대상품목도 많고, 그러기 위해 다종다양한 작업이 존재하며, 그 평가방법에 대해서도 검토해야 할 과제가 많다. 센서를 이용한 정보의 자동수집장치의 개발은 이러한 과제 해결을 위한 기초가 되는 운동량 등을 자동으로 계속해서 센싱하는 것에서부터 시작된다. 또한, 재배작업에 관한 작업자의 안전 확보 지원도 중요하다. 자동차산업에서는 자동화와 피로가 원인이라 여겨지는 미스나 사고에 의한 부상을 최소화 하기위한 연구를 하는 것과 마찬가지로 재배현장에 있어서 안전사고 시 작업지원에 관련된 IoT기기의 개발과 그 이용이 기대되고 있다.

6.4 》 과수 농업

과실은 건강한 식생활에는 빼놓을 수 없는 것임에도 그 소비량은 점차 감소하고 있는 추세이다. 소비자는 과실의 좋은 맛과 질 좋은 상품성을 기대하기 때문에 품질설계에서부터 거슬러 올라가는 과수농사의 데이터구동형 스마트화가 필수적이다. 과수농사에서는 과실의 재배, 선별, 저장(保藏)과 수송, 가공의 각 단계에서 일찍부터 고도의 기술도입을 도모하고 있다. 그리고 고도의 센싱기술, 클라우드서비스, 과학적재배 등으로 구성되는 데이터 구동형「스마트 과수원」의 실현과 함께 저장기술, 선별기술 등의 포스트 하비스트(post harvest) 등의 유통과의 인터페이스를 포함한 스마트화가 요구되고 있다.

고품질과실의 안정생산을 위해서는 나무의 수분스트레스 지표가 매우 중요하며, 과수원의 미세한 기상의 파악과 더불어 토양과 수체의 수분상태 파악이 필수적이다. 또한 고품질과실생산을 목표로 하는 재배에 있어서 과실정보는 재배관리에 관한 생육상태나 수확시기의 판단지표로써 유용한 정보이다. 특히 과실의 색깔평가는 과실의 성숙단계의 평가에 이용되므로 과실 컬러차트(Color Chart)가 중요한 위치를 차지하게 된다.

과수재배에서는 근적외선에 의한 비파괴 내관질 측정장치(광 센서)의 사용이 일반화되어 선과공정에서의 CCD카메라에 의한 외관평가와 광 센서에 의한 내관품질평가에 의해 과실 하나하나마다 품질관리가 실현되고 있다. 프로덕트 아웃[product+out:시장의 요구를 고려하지 않고 일방적으로 제품이나 서비스를 제공하려는 경영 방식]형에서 마켓인 [market+in:시장의 요구에 따라 제품과 서비스를 제공하고자 하는 방법]형으로 변화한 시장에서는 전수검사의 의의는 크고, 미각중시의 선과(選果)공정으로 바꿈으로써 생력화와 비용절감을 도모하는 동시에 최고당도를 보장하여 소비자의 신뢰를 얻고 생산자가 납득할 수 있는 정산이 가능해지면서 산지브랜드의 확립과 생산자 수익의 향상이 실현되고 있다.

스마트 과수농사에서는 이 선과(選果) 데이터와 연계된 재배지 진단 GIS의 영농지도의 사용이 중요하다. 최근 재배현장에서도 근적외선과 더불어, 형광X선분광에 의한 수체의 N, P, K, Ca 등의 미네랄성분계측과 색소형광분석 등의 비파괴광분석이 시행되기 시작하고 있다. 또한 재배현장에서의 ICT의 이용과 활용은 재배기술연구의 보급지도와 관련된 측에서 행해져 왔지만, 현재 생산자 사이를 잇는 쌍방향성형으로 인공지능(AI)을 보유하는 기술공유의 시스템조성이 ICT에 요구되고 있다.

환경보전형 농업이라는 관점도 매우 중요하다. 추비와 화학비료의 사용 혹은 농약이 환경리스크를 고려하지 않고 사용되었을 경우에는 토양과 물, 대기를 오염시키는 요인이 된다. 한편 GAP(Good Agricultural Practices)에 기초한 농업에서는 환경과 생태계를 양호하게 유지하면서 지속적 농업이 실현된다. 또한 환경보전을 의식한 종합적인 병해충과 잡초관리 즉, IPM(Integrated Pest Management)은 경제적인 손실을 최소화하면서 화학농약의 사용량을 줄일 수 있도록 하기 위해 스마트과수원으로의 IPM 도입은 매우 중요하다.

과수농사의 스마트화에 있어서는 안전성과 품질유지를 고려한 유통, 저장기술을 의미하는 포스트 하비스트(post-harvest)기술이 중요하다. 포스트 히비스트란 농산물 수확후의 취급전반(수확, 제조, 선별, 포장, 출하 등)에 있어서 안정성과 품질보유를 고려한 유통·저장기술이다. 일반적으로 과실의 유통에서는 추숙(追熟)에 의한 미각의 최적화, 핸들링에 의한 품질저하 등 마케팅에 관한 포스트하비스트의 관련과제가 많아 마켓인(market+in)형의 스마트 과수농사에 있어서는 최신의 포스트하비스트 기술의 도입과 그에 매치(match)된 재배기술 구축은 매우 중요하다.

세계적인 규모로 생각하면 선진적인 과수농사의 스마트화는 와인용 포도의 재배현장에서 많이 보인다. 여기서 스마트와이너리란 원료포도의 재배에서 양조에 이르기까지의 일련의 생산관리에 있어서, 센싱기술과 IT기술을 도입하면서 과학적으로 접근하는 와이너리를 뜻한다. 와인 제조는 만드는 사람마다 개성이 드러나야 하는 예술품인데, 제조사가 의도한 포도품질 및 와인품질을 얻기 위해 센싱데이터를 매일의 포장관리와 양조관리에 결부시키며 데이터를 체계적으로 관리 저장한다.

스마트화된 현장에서도 주된 것은 어디까지나 인간과 식물이다. 양측의 원활한 커뮤니케이션을 서포트하는 데이터 구동형 과수재배시스템의 확립이야말로 디지털농업으로 이어지는 스마트화라고 할 수 있다.

7

농업이 추구하는 ICT화
(농업 IoT 핵심기능)

농업의 생산부터 유통단계까지 많은 소프트웨어와 하드웨어로 구성되지만 (그림4.2)의 농업의 가치사슬구조를 참고하여 그 중에서 특히 중요도가 높은것이 다음과 같은 4가지 농업IoT 핵심기능을 고려하여야 한다. 이 4가지 핵심기능은 농업4.0(Smart Agrik-4.0)의 범주내에 있다.

7.1 ≫ 농업지식의 공통 데이터베이스

① 신규 농업을 촉진하는 공통 데이터베이스
농업생산자에게 있어 효과적인 데이터에는 기후와 병해충 등의 환경조건에 관한 데이터, 마켓수급에 관한 데이터, 품종특성과 육성방법 등의 재배지식에 관한 데이터, 기계설비에 관한 데이터, 비료의 특징, 자재지식에 관한 데이터 등이 있다. 최근 수개월 간 혹은 오랜 기간의 재배계획을 입안하기 위한 장기적이고 정밀한 기후 정보나, 병해충의 정밀한 발생분포 정보 등이 농업특유의 위험을 최소화하는 데 있어서 더욱 중요해지고 있다. 동시에 시비(施肥), 수확시기의 판단 등 숙련된 농가가 오랜 경험 속에서 갈고 닦아 온 지식, 최신작물의 계측·분석기술을 활용한 재배기술의 지식 등은 농업참여자와 신규 귀농자의 위험을 줄이고 부가가치를 증가시키기 위해 더욱 중요해지고 있다.

과거 이러한 데이터의 이용은 일부 대규모 농가와 대기업 유통사업자에게 한정되어 일반농가에게는 취급할 수단이 없었거나, 시스템에 투자해도 채산성이 맞지 않는다는 문제가 있었다. 오늘날 신규 귀농자가 증가하고 있음에도 불구하고 노하우를 취득하지 못하여 정착비율이 낮다는 문제도 있다. 이와 같은 문제에 효과적인 것이 대부분의 사람들이 공유할 수 있는 데이터베이스이다. 특별한 네트워크와 경험이 없더라도 위에서 설명한 바와 같이 데이터 취득이 가능한 환경이 갖추어지면 적절한 시기에 수익성이 높은 작물을 재배할 수 있게 되고, 숙련된 농가와 마찬가지로 시비의 량과 장소, 시기 등을 결정하는 것이 가능하다.

공유 가능한 데이터베이스에 포함되는 데이터는 이미 존재하는 것이 대부분이다. 기후에 관한 데이터는 기상청, 병해충에 관한 데이터는 농업기술원(농업기술센터) 등이 보유, 공개하고 있다. 마켓의 경우에는 도매, 소매사업자가 상세한 데이터를 가지고 있다. 품종이나 육성에 관한 데이터는 종묘사업자나 공적인 연구기관이 보유하고 있다. 기계·설비·농약자재에 관한 데이터는 메이커가 보유하고 있어, 공개되어 있는 것도 많다. 이와 같은 기존의 데이터를 활용하여 필요에 따라 데이터를 충분히 확보해 가면 높은 기능의 데이터베이스를 만들어낼 수 있다.

② 민·관 공동협력의 데이터베이스 사업

관공서와 민간사업자 공동의 데이터베이스 사업을 위해서는 해결해야 할 몇 가지 과제가 있다. 하나는 어떻게 데이터를 제공받을지, 또 한 가지는 데이터베이스의 구축·유지관리 비용을 어떻게 할 것인가 이다. 이러한 문제들을 해결하기 위해 전제가 되는 것은 데이터를 이용하는 측뿐만 아니라, 데이터를 제공하는 측에게도 장점이 있는 데이터베이스의 조직을 만드는 일이다. 그 전제가 되는 것은 이용자가 요금을 지불해서라도 가치가 있다고 생각할 수 있는 데이터베이스사업을 기업화하는 것이다. 유료화함으로써 데이터를 지속적으로 충분히 확보해나갈 수 있고, 게다가 데이터 제공자에게 인센티브를 제공할 수 있기 때문이다. 그러나 이용요금을 사업으로 연결시키기 위해서는 충분한 사업자 수를 확보해야 하는 것과 충실한 데이터등에 대해 여전히 풀어야 할 과제는 남아 있다.

③ 데이터 가공으로 참여자 확대

개개의 데이터소유자의 데이터베이스는 소유권이 다른데다 구조도 다르고 보호성도 높다. 또한 목적이외의 용도로 이용하는 것을 가정한 데이터베이스에는 미치지 못하였다. 이러한 데이터베이스로부터 데이터 제공을 받고, 오픈데이터베이스를 만들어 내는 것은 그리 쉬운 일이 아니다. 여기서 생각할 수 있는 것이 데이터의 가공이다. 데이터소유자가 제삼자에게 제공할 수 있는 데이터형식으로 변환한 후에 적절히 분석하는 형태로 일차가공을 하고 공유데이터베이스로 축적해 간다.

공유데이터베이스로 축적하기 위한 일차가공에는 여러 가지가 있다. 재배이력정보의 경우 있는 그대로의 수집정보가 아니라 「감귤 재배의 적뢰(摘蕾)작업에 있어서의 지역별 엽화율의 지표」와 같이 작업이력의 분석에서 얻은 결과로 축적하는 방법이 있다. 이것에는 국가에서 추진하는 농업정보 등으로 축적이 이루어지고 있는 정보 등을 활용할 수 있다. 예견가능성이 낮은 정보에는 패턴인식 등의 기술을 사용할 수 있다. 물류정보로는 이력이나 경향의 정보뿐만 아니라, 배차 가능한 차량의 대수(台数)나 스케줄 등의 데이터를 가공하는 것도 효과적이다. 이밖에 소매단계의 POS데이터, 종묘정보, 비료 등 각종자재정보, 작업이력, 기계·설비의 센서정보 등이 일차가공의 대상이다.

정부나 지자체 등이 관할하고 있는 보조사업 등에서 데이터제공을 실시조건에 추가하는 것도 효과적일 수 있다. 또한 각종데이터를 교차분석 등으로 독자적인 데이터를 자율적으로 창출해가는 것이 데이터베이스의 부가가치와 구심력을 높일 것이다.

(See & Think)

최신정보기술(인공지능을 이용한 데이터마이닝)을 활용하여 생산, 경영을 더욱 고도로 실현하는ai(agri – informatics)농업이 주목받고 있다. 메뉴얼화가 어려운 농업 생활의 기술이나 노하우, 농작물의 상태 등에 관한 다양한 정보를 일정한 규칙(rule)과 형식(format)에 기초하여 데이터베이스로 만든다. 그리고 데이터마이닝 기술을 활용하여 농업인에게 적절히 조언하는 컴퓨터에 의한 의사결정 지원 시스템을 핵심으로 구축하는 농업 생산 기술 체계 확립을 지향한다. 농업이라고 하면 정보통신기술(ict)과는 크게 관련이 없을 것 같지만 농업을 혁신하는데 있어 ICT활용이 효과적이라는 결과들이 입증되고 있다.

7.2 》 계획·관리·제어의 연계 어플리케이션 그룹

① 성장의 기반이 되는 어플리케이션 그룹

농업생산자가 제조업의 공장자동화(Factory Automation)나 ERP, 공급사슬(supply chain) 등에 해당하는 고도의 사업운영을 하기 위해서는 품질, 비용, 시장투입 타이밍 등을 최적화하는 다양한 어플리케이션이 필요하다.

예를 들어, 농산물의 품질을 높이고 안정시키기 위해서는 포장의 특성을 고려하여 7.1의 데이터베이스로부터 시장요구가 높은 음식 맛을 실현하기 위한 조건을 추출하고, 해당조건에 맞는 품종의 조달계획 그리고 품질을 최적화하는 포장의 제작이나 시비(施肥), 솎아내기 등의 작업계획, 품질을 고려한 출하계획 등을 작성하기 위한 어플리케이션이 필요하다.

비용을 최적화하기 위해서는 포장의 면적당 자재비(비료비나 농약비 등)를 최적화하는 시비계획 등의 운용계획, 농업종사자 1인당 기계설비비를 최적화를 위한 설비계획, 포장의 면적당 인건비를 최소화하기 위한 인원계획, 유통을 최적화하는 유통계획 등의 어플리케이션이 필요하다.

시장투입의 타이밍을 최적화하기 위해서는 작물의 판매량과 단가의 예측, 포장상황과 작물의 조합에 따라 수확량을 최대화할 수 있는 재배계획, 잉여량을 최소화하는 수확계획, 시장상황의 관점에서 단가를 적정화하기 위한 출하계획, 수송수단의 혼잡상황을 고려하여 유통비용을 최적화하는 물류계획 등의 어플리케이션이 필요하다.

이러한 어플리케이션은 생산비용 최적화, 수확량 최대화, 단가 최적화, 폐기량의 최소화, 유통비용의 최적화 등 다섯 가지로 분류할 수 있다. (그림4.5)

① 생산비용 최적화 : 자재의 조달계획, 설비계획, 인원계획 등의 어플리케이션 그룹. 다른 관점에서 비용을 가정하고 최적의 계획을 책정할 수 있다.

② 수확량최대화 : 재배계획, 수확을 최대화하는 작업계획 등의 어플리케이션그룹. 포장조건에 맞는 적절한 품종과 재배시기의 선정, 육성방법을 설정·관리 할 수 있다.

③ 단가의 최적화 : 적절한 품종의 조달계획, 품질을 최적화하는 작업계획, 작물별 예측단가·수확조건, 품질을 고려한 출하계획 등의 어플리케이션 그룹. 작물 단가를 높이기 위한 계획을 책정·관리할 수 있다.

④ 폐기량의 최소화 : 작물의 품질관리, 품질에 맞는 출하계획 등의 어플리케이션그룹. 작물의 품질과 시장의 수급에 맞춰 효율적인 출하를 위한 계획을 책정하고 관리할 수 있다.

⑤ 유통비용의 최적화 : 소매방법, 물류수단, 수송능력을 고려한 유통계획 등의 어플리케이션그룹, 생산, 물류를 최적화하기 위한 계획을 책정·관리 할 수 있다.

분류		주요 어플리케이션의 예	최종평가축		
			품질	비용	적시성
생산 계획 시스템	수확량 최대화	면적당 수확량을 최대화하는 재배계획어플			O
	단가의 최적화	품질을 최대화하는 품종선정어플	O		
		품질을 최적화하는 운용계획어플	O		
		적시성(適時性)을 최적화하는 수확계획어플			O
	생산 비용 최적화	종묘의 구입량과 시기를 최적화하는 계획어플		O	
		면적당 인건비를 최소화하는 설비계획어플		O	
		1인당 설비비를 최소화하는 설비계획어플		O	
		면적당 인건비·재료비를 최적화하는 운용계획어플		O	
유통 계획 시스템	폐기량 최소화	시장요구에 맞는 품질·유통계획어플	O		O
		품질을 최대화하는 출하계획어플	O		
		가격허용도를 최적화하는 출하계획어플		O	
		적시성을 최적화하는 출하계획어플			O
	유통비용 최적화	비용을 최소화하는 물류계획어플	O	O	O

(그림4.4) 분류별 어플리케이션의 예

② 농업생산자의 수입을 올리는 어플리케이션

이와 같은 어플리케이션의 다섯 가지 분류를 적절히 사용할 수 있으면, 「농업생산자의 수익성지표」 = [(수확량 - 폐기량)] × 단가 / [(생산비용 + 유통 비용)]을 관리할 수 있게 되고, 농업생산자도 제조업과 같이 효율적인 사업운영이 가능하게 된다. 이를 위해서는 공급사슬의 각 프로세스를 적절히 매니지먼트하는 어플리케이션그룹, 어플리케이션을 적절하게 이용하기 위한 조언, 지도, 이들이 비즈니스로 이루어지기 위한 시장환경이 필요하게 된다. 어플리케이션그룹을 빠짐없이 만들기 위해서는 시장발전을 기다려야하며 어플리케이션이 없으면 조언, 지도사업은 성립되지 않는다. 또한 제조업과 같은 시스템 투자능력을 가진 농업생산자는 많지 않다.

이러한 문제를 해결하기 위해 전제가 되는 것은 투자부담 없이 저렴한 비용으로 어플리케이션을 이용할 수 있는 클라우드서비스를 구축하는 것이다. 클라우드서비스에서는 초기단계에서 이용빈도가 높은 어플리케이션그룹을 정비하고, 이용스킬의 향상에 따라 어플리케이션을 확대한다. 이를 위해서는 어플리케이션의 이용을 지원하는 어드바이저(Adviser)를 병행하여 육성해야 한다.

현재에도 많은 ICT사업자가 농업시장에 참가하여 핵심이 되는 어플리케이션이 몇 개가 등장하고 있다. 그러나 농업의 공급사슬 전체를 커버하기에는 아직도 어플리케이션의 개발투자가 필요한 상태이다.

따라서 기존의 민간 어플리케이션을 최대한으로 활용하면서 부족한 부분을 보완하는 어플리케이션을 개발하는 모델사업을 일으키는 것을 생각해볼 수 있다.

동시에 시스템회사와 컨설턴트회사를 네트워크하여 어플리케이션 이용을 서포트함으로써, 농가와 시스템엔지니어의 교류를 촉진시키고, 농업의 현장과 ICT비즈니스의 지식이 융합할 기회를 확대한다.

7.3 ≫ 생산 · 유통의 매칭 플랫폼

① 가치사슬(value chain)을 커버하는 플랫폼

농업 4.0(AgriK-4.0)의 특징은 기업의 틀을 넘어선 가치사슬(value chain)을 위 부분에서 아랫부분까지 커버하는 데이터 연계라 할 수 있다. 농업에서도 생산부터 유통까지를 커버하는 가치사슬(value chain)을 구축할 수 있으면 생산, 유통의 효율성이 비약적으로 향상된다. 이것을 위해서 7.2에서 설명한 각종 어플리케이션을 개별적으로 사용하는 것이 아니라 가치사슬 중에서 최적으로, 유연하게 연계할 수 있는 플랫폼이 필요해진다.

농업생산자는 경험과 실적 등에 기초하여 시장의 요구를 상정하여 재배계획을 세워, 종묘, 비료, 농자재 등을 조달하고, 재배작업을 개시한다. 여기서 유통 측으로부터 실시간으로 정보를 제공받게 된다면 유연성 있게 출하업체나 재배계획을 조정하여 수익 위험성의 최소화와 수익의 최대화를 도모할 수 있다. 판매 측도 생산 측에서 수시정보를 얻을 수 있으면 계획적 혹은 전략적인 판매, 마케팅이 가능해진다. 이때 필요해지는 것이 농업생산자와 유통판매사업자를 매칭하는 오픈플랫폼이다.

매칭 플랫폼은 7.1에 나타낸 각종 데이터베이스를 적절하게 활용하여 7.2에 나타낸 각종 어플리케이션을 연계시키는 것으로 사업자간의 매칭을 실현한다.(그림4.6)

지금까지 몇 가지 시스템이 개발되었고 농산물의 수급매칭을 수행하는 시스템에 거는 기대가 크다. 본래의 주요기능은 농업생산자와 수요처 사이에서 수요량과 공급량을 맞추는 것을 목적으로 한 거래지원을 위한 정보 제공 도구(tool) 등 이었다. 그런데 이 시스템은 거래를 지원할 뿐만 아니라 실시간으로의 판매정보의 제공, 유통사업자 혹은 소비자로부터의 품질/가격의 평가, 각종 사업자에 관한 정보제공, 생산 측에서의 재배계획, 운용계획, 출하계획, 판매 측에서의 조달계획 등의 계획내용 등을 가미함으로써 정밀한 수급조정 등을 하는 기능을 높인 매칭플랫폼이 된다.

예를 들어, 생산측에서 재배계획을 입안할 때는 기후 등의 환경조건, 시장요구 등의 데이터베이스정보와 함께 수요 측의 조달계획 어플리케이션에 설정되어 있는 정보를 고려하여 재배하는 품종, 양, 시기, 포장을 재배계획 어플리케이션에 의해 결정한다.

그 다음 경운, 파종 등 최적인 작업계획이 입안되고, 각설비의 운용을 실시하는 최적계획 어플리케이션, 나아가 자재의 사용, 조달 등 최적계획을 하는 어플리케이션으로 계획이 입안된다. 이렇듯 철저한 계획과 그 순서에 따라 품질, 비용, 출하타이밍이 산출된다.

이것을 바탕으로 사업자의 장점이 최대화되도록 생산자 측과 수요 측을 매칭시킨다. 이와 같이 각종 계획어플리케이션이 연동하여 수급의 최적의 조합을 산출하게 된다.

매칭플랫폼에 요구되는 것은 생산 측에 소비자, 소매업자로부터의 평가, 판매루트의 정보를 자동적으로 제공하고, 유통 측에 농업생산자의 정보를 자동적으로 제공함으로써, 생산계획 · 재배계획의 개선, 판매기회의 확대, 생산 측과 판매 측의 협동기회의 확대를 도모하는 것이다.

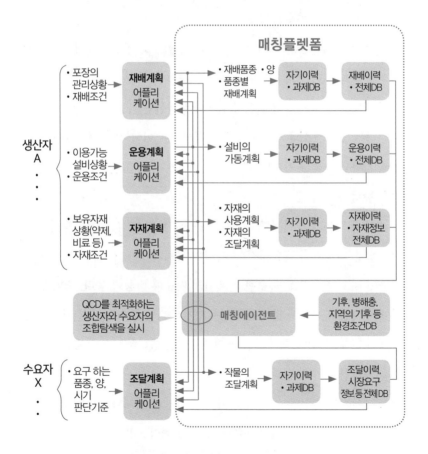

(그림4.5) 어플리케이션 연계에 의한 매칭플랫폼의 구조

7.4 》 소투자 · 다용도 · 무인화를 지향하는 자동화 플랫폼

① 농업의 부가가치향상을 위한 IoT

고품질, 고효율의 농업생산을 하기 위해서는 토양성분의 치밀한 계측 · 분석, 효과적인 경운, 토양과 발육상태에 따른 치밀한 시비, 기후예측을 가미한 관수, 세심한 제초와 솎아내기, 적절한 타이밍의 적과(摘果) 등 다양한 작업의 자동화가 요구된다.

근래 들어서는 트랙터의 자동운전화가 실현되는 등 IoT시대를 향한 성과도 나타나고 있다. 그러나 과거 자동화의 틀에서 자동화 본래의 성과가 기대되는 것은 밀과 같은 단품종대량생산형 작물 중심이다. 그러나 우리나라 노지채소와 같은 다품종소량생산에 이와 같은 구조를 도입하면 투자부담이 늘고 기계의 가동률이 저하하여, 농업경영은 오히려 악화될 가능성이 높다.

따라서 작은 포장에서도 준비(절차) 등의 부담이 적고, 가동률이 내려가지 않는 자동화가 필요해진다. 기계의 가동기간이 짧기 때문에 실제가동율이 낮고 전용으로 특수한 기계이기 때문에 비용이 높다. 준비(절차) 등에서 사람의 개입이 많거나 작업용도가 좁다는 등의 과제를 안고 있어 종래의 기계화 · 자동화에서는 노지채소등을 생산하는 농업생산자가 경영을 효율화 할 수가 없다.

노지채소와 같은 농업에서도 위에서 설명한 기계화 · 자동화의 과제를 해결하기 위해서는 다음과 같은 한국형 농업 IoT 특유의 시스템화의 개념이 필요하다.

① 다목적으로 이용 가능한 기능을 집약한 플랫폼을 만든다.

② 준비(절차)와 운송부담이 적고, 양산화·표준화하기 쉽도록 될수 있는 한 소형화한다.

③ ①을 양산화하고 비용절감을 도모한다.

④ 다용도로 대응 가능한 오픈 어태치먼트(attachment)를 다수 준비한다.

⑤ 사람의 개입을 최소화하고, 무인화를 도모한다.

8

(적용사례) 원격감시의 진화와 IoT 및 BI
(일본 얀마(YANMAR) 농기계 기술의 진화)

일본 얀마(YANMAR)기업은 오랜 세월 육성해 온 엔진과 선박의 원격 감시 기술을 농기계와 건설기계에 도입하여 IoT(사물인터넷)의 진화를 전면에 내세우며 공격경영으로 전환하고 있다. 나아가서는 각자가 소유하고 있는 무인헬리콥터를 드론과 조합시켜 농작업의 극적인 효율화에 도전하고 있다. 수집한 데이터는 분석 툴(tool)을 사용하여 효과적으로 활용한다.

얀마회사는 앞으로 IoT를 활용하여 농업의 많은 어려움을 해결하기 위하여 고객과의 거리를 좁히려 하고 있다. 이것을 실현하기 위한 핵심 키워드는 IoT(사물인터넷)과 BI(비즈니스 인텔리전스) 이다.

이 기업이 사용하는 기계에 센서를 장착하여 고객 쪽에서의 가동상황을 실시간(real time)으로 파악하도록 한다. 기계의 이상이나 도난 등의 문제가 발견되면 영업 담당자가 달려오도록 한다. 이 방법에는 태블릿이나 스마트폰이 사용된다. 트러블정보와 발생장소, 대처방법 등을 손닿는 곳에서 확인할 수 있고 기업 담당자에게는 2500대의 iPad를 배포 완료한 상태이다. 긴급 상황 시에는 고객에게 전화나 메일로 알리는 경우도 있다. "고객들에게 더욱 가까이 다가가기 위해, 전회사원의 IT활용능력을 높인다."

고장의 가능성이 높으면 부품(parts)센터에도 연락해서 부품이나 전문스텝을 수배해 두도록 한다. 즉각적인 대응태세를 정비하고, "공격태세"의 경영으로 전환한다. 핵심이 되는 거점이 2015년에 완성한 리모트 서포트 센터(RSC) 이다. 24시간 365일, 전국에서 가동 중인 기계를 원격감시하고, 고객과 얀마회사가 항상 연결되는 상태를 만들어 냈다.

얀마(YANMAR)에서는 트랙터나 콤바인 등 농기계메이커라는 이미지와 함께 폭넓은 사업영역을 가지고 있다. 이 모든 것들이 RSC의 감시대상이 된다. 현재 농기계와 건설기계가 모두 약 6000대, 에너지사업에서 약 1만 2000대를 감시한다. 일본의 농기계시장으로 한정한다면 24시간 감시로 「안심」을 제공할 수 있도록 얀마회사는 노력하고 있다.

얀마에는 30년 이상에 걸친 원격감시 경험으로 비상용발전기의 감시를 시작한 이래, 에너지시스템으로 감시서비스를 시작하여 선박엔진에까지 그 대상을 넓혀 2013년에는 농기계와 건설기계의 감시서비스「SMARTASSIST(스마트어시스트)」를 개시했다.

이 모든 것의 기능을 통합한 거점이 RSC이다. 얀마회사의 고객은 물론 얀마와 거래가 없었던 사람도 들을 수 있다. 여기서 얀마의현재와 미래를 알 수 있다. 얀마의 최대 강점은 원격감시이며 장차 RSC를 종합고객센터로 만들려고 구상하고 있다.

8.1 》 머신데이터로 농업지원의 혁명

지금까지 얀마사는 트랙터 등의 건설기계를 판매하고 제품 시장점유율(셰어)을 높이는 것에 주력하는 BtoB 주체의 기업이었다. 구축한 SCM(서플라이체인관리)도 제품개발에서 판매, 보수에 멈춰있는 상태이다. 그러나 앞으로는 RSC로 수집하는 머신데이터로「BtoBtoMtoC」로 진화한다. BtoBtoMtoC는 이 회사의 신조어로 M은 머신데이터, C는 농업에 관련된 농업인들을 가리킨다.

IoT가 침투하면 얀마의 SCM은 농업전반의 지원까지 확대할 수 있다. 농가 사람들이 떠안는 수많은 과제해결을 돕는 기업으로 다시 태어날 것이라고 한다. 물론 이 일이 결코 쉬운 일은 아니다. 아무리 많은 데이터를 수집하더라도 '어떻게 이용할 것인가, 고객을 어떻게 접할 것인가'는 얀마 직원들의 응대에 달려있다고 해도 과언이 아니다. 때문에 얀마는 전사원의 IT활용능력을 높이는데 필사적으로 노력하고 있다. 수년전, 이 기업은 데이터분석의 전문조직을 새로 시작하는 것을 계획하고 있었지만 중단하고, 현장을 가장 잘 아는 사원이 데이터를 자유롭게 가공해 활용 가능한 방향으로 방향키를 돌렸다. 이것을 '분석의 대중화'라고 부른다.

'고객을 접하는 영업이나 보수의 담당자가 데이터를 이해하지 못하면 진정한 지식은 얻을 수 없고, 고객에게 제안할 수도 없다.'

머신데이터를 현장에 개방하고, 2016년에는 셀프서비스 BI툴인 Tableau Japan의 「Tableau(타브로)」의 이용도 개시하여, 기계가동시간과 가동대수 분석에 사용하기 시작하고 있다.

일본 마이크로소프트의 「Skype(스카이프)」를 사용해, 텔레비전회의로 떨어진 지점끼리 논의하거나, 농지에서 iPad로 촬영한 사진과 동영상을 보내 그것을 보면서 원격으로 대응을 협의하는 것도 활용하기 시작했다. 이렇게 해서 기계의 다운타임을 절감한다.

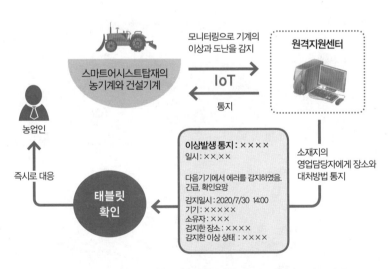

(그림 4.7) IoT로서 농기계와 건설기계를 감시하는 「SMARTASSIST(스마트어시스트)

Chapter **5**

스마트 농업을 견인하는
4차 산업혁명

1. 4차산업혁명과 산업구조의 변화
2. 4차 산업혁명 기반 기술의 발전
3. 핀테크 기술
4. 블록체인의 이해와 그 혁신성
5. 진전하는 공유경제 (Sharing Economy)
6. 진화하는 스마트농업과 리스크 극복

1

4차산업혁명과 산업구조의 변화

1.1 》 IT의 새로운 IoT 시대

　모든 것들이 네트워크에 접속되어 있는 IoT(사물의 인터넷 : Internet of Things)는 빠르고 효율적인 정보 수집을 가능하게 했고 원격으로 조작이 가능해서 일의 효율성도 매우 높다. 이것은 새로운 비즈니스 창출에 있어서 큰 장점이 된다. 과학기술의 급진적인 발전으로 컴퓨터 운용기술로써 시작된 인터넷은 1990년대 후반 이후의 컴퓨터가 대중화에 되면서 전자메일에 의한 정보교환, 홈페이지에 의한 정보제공, 전자상거래를 시작으로 하는 서비스 발달 등으로 확대되어 각 가정과 사무실에서는 없어선 안 될 존재가 되었다. 더 나아가 2000년대 후반부터는 휴대전화 즉 스마트 폰이 폭발적으로 보급되어 개인의 손에 항상 소형 컴퓨터를 가지고 다닐 수 있게 되면서 언제 어디서나 정보를 입수하고, Twitter 등의 SNS를 통하여 정보를 발신하는 시대가 되었다. 드디어 2010년대, 인터넷은 IoT의 시대로 돌입한다. 이제 거의 모든 다양한 사물에 센서가 부착되어 이 센서들이 인터넷으로 연결되어 무한한 정보를 공유하기에 이르렀다.

그리고 이에 더 발전된 형태로는 언제 어디에서나 이용자가 그다지 의식하지 않고 컴퓨터나 인터넷을 이용할 수 있는 환경, '유비쿼터스 컴퓨팅' 혹은 '유비쿼터스 네트워크'라고 한다. 오늘날에는 스마트 폰을 매개체로 하여 늘 디지털 기술에 접근하는 유비쿼터스가 가능하게 되었고, 사물인터넷 혹은 만물인터넷(IoE) 등의 개념으로 더욱 확대 되면서 진화하고 있다.

IoT, 빅데이터, 인공지능과 같은 핵심 기술을 기반으로 하는 4차 산업은 현대 사회 전반에 걸쳐 마치 혈관들이 연결 된 것처럼 긴밀하게 연결되어 있어 어떤 분야에서든지 사물과 인터넷의 연결을 통해 과거에 없던 새로운 차원의 일들을 만들어 낼 수 있다. 수많은 예들이 있지만, 그 중 한 예로 '스마트 락(Smart lock)' 이라는 제품을 소개해 보겠다. 이것은 주택 등의 현관 열쇠를 네트워크로 접속한 것으로서 스마트 폰에서 원격으로 문이 잠겼는지의 상황을 확인할 수 있다. 그리고 실제로 열고 잠글 수도 있는 말 그대로 '스마트한 열쇠'를 가리킨다. 이에 따라 원격으로 문단속을 확인할 수 있는 것은 물론 '어느 열쇠로 열었는지'만 알면 할머니가 외출했는지, 자녀가 돌아왔는지 등의 사실도 알 수 있게 된다. 게다가 일정한 기간을 정하여 문을 열고 닫는 권한을 3자에게 부여함으로써, 민박과 연계하여 이용할 수도 있고, 나아가서는 현재 부동산업자가 문을 열고 있는 임대물건의 내부를 보는 데에도 활용 가능하다. 물론 오작동이나 해킹에 따른 보안에 대해서는 철저히 생각해 보아야 할 문제가 있기는 하지만 열쇠를 네트워크로 연결시킨 것으로도 다양한 활용 방법들을 얼마든지 만들어 낼 수 있음을 실제적으로 보여준 예이다.

실생활에서 필요한 사물을 IoT화 한다는 의미는 원격감시와 원격제어 두 가지 측면에서 볼 수 있다. IoT화에 따라 지금까지 현장에서만 확인할 수 있었던 것을 원격으로 감시할 수 있게 되고 또한 원격에서 정보를 취득하여 디지털 데이터로써 축적할 수 있게 된다. 위의 열쇠의 예에서 살펴보았듯이 안전과 안심에 관한 연장선에서 맞벌이 부부들을 위한 '자녀 보살핌'으로 활용할 수 있으며, 더 나아가 민박과 연계 활용하여 관광에 관련된 과제를 해결할 수 있다. 그리고 부동산 비즈니스에 있어서 그 활용은 직원부족의 대응방안이라는 관점에서 비즈니스 기회 창출의 시장이 크다고 볼 수 있다.

1.2 》 4차 산업혁명을 주도할 신기술

4차 산업혁명은 다양한 제품과 서비스가 네트워크와 연결되는 초연결성과 사물이 지능화되는 초지능성을 그 특징으로 한다. 인공지능기술과 정보통신기술이 3D 프린팅, 무인 운송수단, 로봇공학, 나노기술 등 여러 분야의 혁신적인 기술들과 융합함으로써 더 넓은 범위에 더 빠른 속도로 변화를 초래할 것으로 전망된다.

사물에 센서를 부착해 실시간으로 데이터를 인터넷으로 주고받는 기술인 사물인터넷(IoT)은 센서와 통신 칩을 탑재한 사물(事物)이 사람의 개입 없이 자동적으로 실시간 데이터를 주고받을 수 있는 물리적 네트워크로서, IoT 기술이 확대 될수록 인류는 더욱 편리하게 사물을 조종할 수 있고 또 정교한 정보를 수집하고 활용할 수 있게 된다. 세계적인 경제지 포브스는 "IoT의 가치는 데이터에 있다"고 규정한바 있다. 이는 더 빨리 데이터 분석을 할 수 있는 기업이 더 많은 비즈니스 가치를 가져갈 수 있다는 것을 의미한다.

결국 미래 사회에서 국가나 기업이 생존하기 위해서는 4차 산업혁명의 핵심인 IoT, 빅데이터 그리고 인공지능 기술의 융합으로 IoT를 활용한 데이터 수집, 빅데이터 기술을 이용한 실시간 데이터 저장 그리고 인공지능 기술을 활용한 분석, 분류, 예측 기반의 지능형 시스템이 구축되어 있어야한다.

1.3 》 4차 산업혁명의 특성

4차 산업혁명은 초 연결, 초 융합, 초 지능화 특성을 가지고 있다. 이와 함께 사물인터넷, 빅 데이터, 인공지능, 로봇공학, 3D프린팅 등이 4차 산

업혁명의 핵심 원동력이라고 할 수 있다. 사물인터넷, 클라우드 등 정보
통신기술의 급진적 발전과 확산으로 인간과 인간, 인간과 사물, 사물과
사물간의 연결성이 기하급수적으로 확대되고 이를 통해 초연결성이 강
화되고 있다.

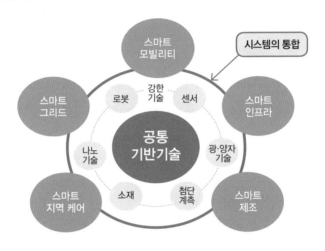

(그림 5.1) 초 스마트 사회의 개념

　4차 산업혁명에 대한 중요성이 인식됨에 따라 데이터 수집, 처리, 분
석을 통해 의미 있는 정보와 지식을 생성하는 빅데이터 기술이 기업의
새로운 경쟁우위로 부각되고 있다.

　정보의 유통이 초연결성이 되고 있고, 초지능의 경우는 사람뿐이 아
니라 사물이나 기계에 인공으로 지능을 만들어 부여 할 수 있는 시대가
되었다. 따라서 기존의 생산방법을 바꿀 수밖에 없는 시기가 온 것이다.
신 성장 동력에 대한 필요성이 대두되면서 인공지능, 빅데이터, 사물인
터넷, 생명공학기술 등 다양한 부문의 신기술들이 융합되고 있다.

(그림 5.2) 4차 산업혁명 용어의 유사개념

인공지능 기술은 단일기술만으로 발전한 기술이 아니다. 여러 가지 기술의 융·복합에 따른 제반기술의 발전의 토대가 있었기에 가능했다. 이러한 기반위에 4차 산업의 산업생태계는 초 연결 네트워크를 통해 방대한 빅 데이터를 생성하고 인공지능이 빅 데이터에 대한 딥 러닝(deep learning) 기술을 토대로 적절한 판단과 자율제어를 수행하는 것이다.

결국 사물인터넷, 빅데이터, 그리고 인공지능 기술은 서로 독립적인 것이 아니라 유기적으로 연관된 하나의 생태계로 볼 수 있다. 이와 같은 개념으로 이론적으로도 신경망 이론, 퍼지이론, 기계학습 등의 이론이 도입되면서 지능화의 상승작용을 하게 된다.

1.4 》 4차 산업혁명과 융합기술

　4차 산업혁명은 크게 초연결성과 초지능으로 대표될 수 있다. 오늘날을 살아가는 사람들 대다수는 늘 손에 스마트 폰을 들고 다니며 통화를 하든지 모바일 쇼핑을 하든지 정보를 검색하든지 정보의 유통이 초연결성이 되고 있다. 그리고 인간과 기계, 기계와 기계를 연결 하는 IoT 시대로 접어들면서 인공지능을 베이스로 한 초지능 시대가 되었다.

　초지능의 경우는 사람뿐이 아니라 사물이나 기계에 인공으로 지능을 만들어 부여 할 수 있는 시대가 되었고, 같이 연결되어 기존의 생산방법을 바꿀 가능성이 열려있는 시대가 되었다는 것이 4차 산업혁명의 중요한 점이라고 할 수 있다. 구체적인 기업의 한 예로, 인텔사가 크게 성장할 수 있었던 이유는 토지나 자본, 노동이 많아서가 아니라 고도의 지식과 기술이 있었기 때문임을 알 수 있다.

　초지능이라는 것은 생산요소 자체를 바꾸는 것과 같은 개념이다. 인공지능 기술개발 자체보다 생산 개발성 자체를 올릴 수 있는 기회라는 것이다. 과거 정보시스템은 기존의 정보시스템을 얼마나 효율적으로 구축하느냐에 달려 있었으나, 지금은 새로운 비즈니스를 어떻게 창조 할 것인가에 초점이 맞추어져 있다.

　4차 산업혁명은 1, 2차 산업혁명이 만든 현실의 오프라인(Offline) 세계와 3차 산업혁명이 만든 가상의 온라인(Online)세계의 융합이다. IoT, 빅데이터/클라우드, 인공지능 등 O2O(Online 2 Offline) 융합 기술로 초생산 혁명을 이룩하는 것이 4차 산업혁명의 1단계라고 할 수 있다. 21세기

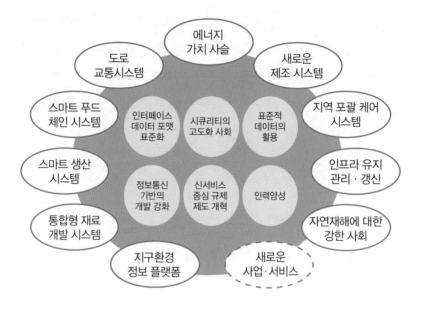

(그림 5.3) 초 스마트 사회 서비스 플렛폼

는 생산-서비스의 융합의 시대이다. PC 시대까지는 분리되어 있던 디지털과 아날로그 세상이 이제는 O2O로 융합하고 있다. 가상과 현실이 융합하는 O2O 융합이 4차 산업혁명의 핵심개념이다. 이제 현실세계와 1:1로 대응되는 가상세계에서 시공간을 재조합하여 현실을 최적화하는 O2O 융합의 세상이 열리고 있다.

만물 인터넷(IoE)이 오프라인 세상의 정보를 온라인 클라우드로 끌어올려 빅데이터를 만든다. 인공지능이 이를 처리하여 예측과 맞춤으로 다시 오프라인 세상의 최적화를 만들어 낸다. 4차 산업혁명은 이러한 O2O의 순환이 본질이다. 사물인터넷, 빅데이터, 인공지능 등은 이러한 순환 과정에 필요한 요소 기술임을 알아야 한다. 따라서 개별 기술로 4차 산업혁명을 이해하는 관점은 극히 일부 측면만을 이해하는 편협한 것으로 큰 오류를 범할 수 있으니 유의해야 한다. 이러한 관점에서 4차 산업혁명을 인간을 위한 현실과 가상의 융합으로만 이해하기 쉬우나, 4차 산업혁명의 본질은 기술이 아니라 인간을 위한 사회 문제 해결이고 그 수단이 기술이라는 것을 유념할 필요가 있다.

1.5 》 4차 산업혁명이 초래할 과제와 산업구조의 변화

현재 진행 중인 4차 산업혁명이 앞으로 세계정세와 경제정세, 사람들의 생활에 어떠한 영향을 초래할지를 미리 예측하고 대비해 두는 것은 매우 중요한 일이다. 과거 세 번의 산업혁명의 분석을 근거로 삼아 인류를 불행한 결과로 내몰지 않도록 주의해야 한다. 그렇다면 지금까지의 산업혁명이 초래한 결과는 어떤 것들이 있는지 짚어보는 것이 필요하다. 그것들을 나열해 보면 신동력원의 개발과 보급, 사회적 인프라 구축, 신산업 구축, 국민총생산(GDP) 증대와 자본축적, 새로운 문명 창조, 새로운 사회구조와 신사상 탄생, 선진적 경영자와 대기업 출현, 경영관리방법 창조, 군사기술로의 전환 등으로 열거 할 수 있다.

미래예측 전문가들은 한 목소리로 가까운 미래에 사라질 직업에 대해 경고하고 있다. IoT, 인공지능(AI) 등을 바탕으로 온라인과 오프라인이 하나의 네트워크로 연결되는 사회가 오고 있으며 로봇공학, 3D프린팅,

나노기술, 생명공학기술과 같이 독립되어 있던 분야들이 경계를 넘어 융(복)합하고 하나로 연결된다.

자칫 4차 산업혁명의 시대적 변화를 제대로 이해하지 못하면 혼돈의 시대로 착각 할 수 있다. 주요기술의 이합집산이 이루어지면서 급격히 발전하여, 제조업 기반이던 산업구조가 완전히 바뀌어 AI 기반의 플랫폼 비즈니스가 중심이 된다. 다시 말해 지금까지 산업의 핵심은 제품을 만드는 제조업에 있었지만, 앞으로는 이런 공정이 완전히 디지털화되어 AI와 로봇이 사람을 대체하게 된다. 그리고 우버(Uber) 같은 공유경제 업체, 구글이나 아마존처럼 생활의 기반이 되는 플랫폼을 제공하는 업체 등이 기업의 중심에 서게 될 것이다.

4차 산업혁명으로의 변화는 거시적 산업구조의 변화만 일컫는 것이 아니다. 산업구조의 변화는 곧바로 각 산업의 흥망성쇠를 결정하게 된다. 마치 자동차의 등장으로 마차를 몰던 마부가 사라지고, 디지털 인쇄가 보편화되면서 조판공(組版工)이 사라진 것처럼 조만간 수많은 직업들이 없어질 것이다. 4차 산업혁명이 시대의 화두로 떠오르자마자 각 기관에서 앞 다투어 직업 전망을 내어놓는 이유는 바로 직업의 변화를 통해 산업 변화를 읽어낼 수 있기 때문이다.

특히 AI 기술의 발달로 다양한 직업군이 대체될 확률이 매우 높아졌다. 여러 조사 결과에 따르면 4차 산업혁명 시기에 가장 많이 빨리 대체될 직업 중 하나는 텔레마케터이다. 매뉴얼에 따라 고객을 응대하는 텔레마케터 업무는 지금도 AI가 어느 정도 대체할 수 있는 분야 중의 하나이다.

예컨대, 드론의 경우 단지 배달원의 일자리만 빼앗는 게 아니다. 이미 드론이 농업에서 활용된 사례는 많이 있다. 최근 우리나라에서도 일자리가 부족한 농촌에서 드론이 대신 농약을 살포해주는 시범을 보인 경우가 있었으며, 머지않아 인공지능을 탑재한 농부 드론이 등장할 가능성도 많다. 싱가포르의 가루다 로보틱스(Garuda Robotics)의 드론은 농장의 상태를 파악하고 온도, 습도 등 주변 환경을 파악하여 적절한 농사 방법을 제안해주는 기능까지 탑재되어 있다. 만약 드론이 AI 로봇과 협업할 수 있다면 농부의 일자리 또한 대체될 수 있게 된다. 즉 오퍼레이션 등의 단순한 작업의 직업은 4차 산업혁명에 의해 없어지게 된다.

1.6 》 4차 산업혁명의 기회와 위기의 공존

20세기 후반에 시작된 3차 산업혁명의 동력은 반도체와 소프트웨어를 기반으로 하는 인터넷과 디지털 기술이었다. 뒤이어 4차 산업혁명은 이 디지털 기술에 인공지능(AI)과 로봇, 바이오 기술이 융합된 형태로 전개되고 있다. 이것은 인류가 지금까지 겪어보지 못한 속도로 빠르게 세상을 바꾸어 가고 있다. 기존 노동집약적 산업은 자동화 시스템에 의해 발전해 왔다. 이 때문에 자동화가 육체노동자들의 고용을 줄일 것으로 예상되었다. 하지만 자동화를 통한 생산성 향상은 국제적인 상품 및 서비스 수요 증가로 이어졌고, 이 과정에서 새로운 고용이 창출되면서 자동화에 따른 일자

4차 산업혁명과 자율화

1차 산업혁명 : 증기기관에 의한 기계화

↓

2차 산업혁명 : 전력에 의한 대량생산

↓

3차 산업혁명 : 컴퓨터에 의한 자동화

↓

4차 산업혁명 : IoT / AI / RPA에 의한 자율화

* **IoT** (Internet of Things)
* **AI** (Artificial Intelligence)
* **RPA** (Robotic Process Automatic)

(그림5.4) 자동화와 자율화의 차이

리 감소가 상쇄된 것이다. 이러한 변화는 제조업 현장에 국한되지 않고 기획에서 판매까지 기존의 비즈니스 모델을 완전히 바꾸어 가고 있다. 더우기 코로나 19로 인한 극도의 경기침체속에 4차산업혁명에 대한 선제적 대응과 전략추진을 통해 새로운 경제도약의 전환점을 마련하는것이 필요하다. 이와 함께 농업도 국가안보차원에서 재조명 되어야 한다.

4차 산업혁명은 혜택만큼 그 충격도 크고 후폭풍도 우려된다. 고도의 자동화 시스템을 요하기 때문에 숙련노동과 굴뚝형 제조업의 가치는 하락할 것으로 예측된다. 대다수 사물과 산업이 인터넷으로 묶이면서 전산망과 고급 소프트웨어를 통제하는 소수가 경제적 수익을 독차지할 가능성이 더 커지고 있다. 반면 기술적 기반이 없는 많은 시민과 소상공인은 저급 노동이나 헐값 하도급의 늪에 빠지게 되어 소득의 불평등 문제가 극심해질 수 있다. 세계적으로도 인공지능 등 첨단 기술을 보유한 선진국과 그렇지 못한 나라 사이의 격차가 엄청난 수준으로 벌어질 것으로 전망하고 있다.

4차 산업혁명은 육체노동자보다는 정신노동자의 고용을 축소시킬 것으로 예상된다. 자동화 시대를 거치면서 세계 전체의 제조업 생산이 이미 충분한 수준에 와 있기 때문에 불행하게도 과거에 익숙했던 고용 선순환 구조는 이제 기대하기 어려운 상황이 되었다. 그런 면에서 4차 산업혁명은 개인에게는 기회가 아니라 거대한 위기일 수 있다. 기업 역시 쉽지 않은 도전에 직면할 수도 있다. 지금까지의 기업은 좋은 상품을 싸게 많이 만들어 유통과 물류를 통해 시장에 판매하여 왔다. 앞으로는 제조업의 서비스화로 인해 제조와 서비스가 일체화되거나 이를 병행하는 사례가 늘어날 것으로 보고 있다. 이미 자동차 회사들은 차량에 유비쿼터스 환경을 구현하는 정보기술(IT) 서비스를 제공하고 있다. 지금까지 설명한 4차 산업혁명을 정리하면 〈표1〉과 같이 요약 할 수 있다.

〈표1〉 4차산업혁명의 개요

항 목	개 요
① 전개된 연대	2010년부터 현재진행 중
② 주도국	독일, 미국, 일본 등
③ 혁명의 계기	선진국의 신흥국(중국, 인도)성장과 기술적 발전에 대한 위협
④ 혁명의 배경	① 글로벌 경제와 세계 분업체제 ② 디지털화하는 생산 · 물류 · 판매 · 금융 · 정보의 네트워크 ③ 인터넷 등에 의한 빅데이터의 존재
⑤ 기술혁신	① ICT(Information Communication Technology)의 고도화 ② IoT(Internet of Things)기술의 진전 ③ AI기술(Architecture Intelligence)딥러닝 기술 ④ 로봇기술(자동운전차, 고객대응 등) ⑤ IPS세포 등에 의한 재생 의료기술

⑥ 혁명내용과 특징	개별최적화생산(오더메이드 제품 · 개발 · 생산 · 판매) 독일 – mass customization(주문제작) 　추진기업 : 보슈(Bosch), 시멘스(Siemens), 잡(ZAPPU) 등 미국 – Industrial Internet IoT기술, 3D프린터 　추진기업 : IBM, GE, 테슬러(tesla), 아마존, 구글 등 일본 – 다양한 로봇개발, 자동운전 자동차, 옴니채널[Omni-Channel Retailing : 복수의 판매채널을 활용하는 멀티채널판매(소매)의 진화형] 　추진기업 : 소프트뱅크, 도요타, 후지(富士)중공업, 고마츠(小松) 등
⑦ 경영관리방법 등 (예상되는 방법)	① AI에 의한 의사결정지원 시스템 ② ICT에 의한 인재육성 시스템 ③ 클라우드에서 ERP · IoT · AI 의 통합시스템
⑧ 산업혁명의 배경과 성과	① 업무의 로봇화(스마트 머신)에 의한 노동력부족 해소 ② 산업전체의 네트워크화(정보 · 자금 · 물류 · 판매거점) ③ 의료분야, 교육분야의 대변혁 ④ 도시의 변혁, 에너지공급원의 변혁, 워크라이프의 변혁

1.7 » 4차 산업혁명의 대응방안

　넓은 개념으로 산업혁명이란 18세기부터 19세기에 걸쳐 영국에서 발생한 기술혁명과 이에 수반하는 일련의 경제, 사회구조의 변혁을 일컫는다. 그전까지 수작업으로 이루어졌던 직물작업이 방직기나 증기기관을 시작으로 한 다양한 기술혁명에 따라 기계화되고, 대폭적인 생산성향상을 이루게 되었다. 일련의 기술혁신은 다양한 분야로 확산되어, 대량생산의 실현과 공업화의 진전이라는 경제적인 측면뿐만 아니라, 사람들의 생활과 사회를 크게 변화시켜 갔다. 자본가와 노동자의 관계부터 자본주의 사회의 확립, 노동문제, 도시로의 인구집중 등 여러 사회적인 영향은 그야말로 '혁명'이라 부르기에 마땅한 것이었다고 할 수 있다.

　4차 산업혁명을 설명하려면 IoT, 빅데이터, 인공지능, 로봇등과 관련된 이러한 키워드에 대한 정확한 의미를 알아야 한다. 이러한 기술이 전제가 되어야 4차 산업혁명이 일어날 수 있는데, 4차 산업의 핵심인 IoT, 빅데이터, 인공지능이란 대체 무엇인지 그 뜻을 명확히 이해하기란 그리 쉬운 일이 아니다. 더욱이 이러한 기술혁신에 따라 일어나려 하고 있는 혁명이란 대체 무엇인지, 그리고 우리 실생활에 어떠한 영향이 있는가에 대해서는 예상하고 예측하는 정도이지 분명하게 정의 내리지는 못하고 있다. 이러한 4차 산업혁명이란 기술혁명이 우리나라에 초래할 영향을 분석할 필요가 있다. 이중에서는 분야별 혹은 산업구조, 취업구조 등 거시적인 관점에서 미래 전망을 분석하며 이와 같은 움직임에 한발 빠르게 대응해 가는 것이 필요하다.

이전에는 상상도 못했던 미국의 배차서비스 '우버(Uber)'는 시작되자마자 선풍적인 인기로 세계 각 지역에 급속히 보급되었다. 그러나 얼마 지나지 않아 기존의 택시 운전기사들이 Uber를 시작으로 하는 다양한 배차서비스에 대해 강력한 항의와 저항 운동을 하면서 시위 도중 일부 차량이 모조리 타버린 사태로까지 발전한 사례가 있다. 과거 영국 산업혁명 때 기계화된 직기의 보급에 따라 실업의 위험을 느낀 수공업자들이 기계를 부순 '러다이트 운동(Luddite movement)'이 있었는데, 시대는 변하였지만 사람이 하는 일을 기계로 대체 될 때 발생하게 되는 문제는 동일한 것임을 여실히 보여준 한 예이다. 이렇듯 4차 혁명으로 인한 변화는 국가나 기업에만 일어나는 것이 아니라 우리 개개인의 일과 생활에도 큰 변화로 다가오고 있으며, 일련의 기술혁명이 우리 스스로의 삶에 큰 변화를 요구하고 있다.

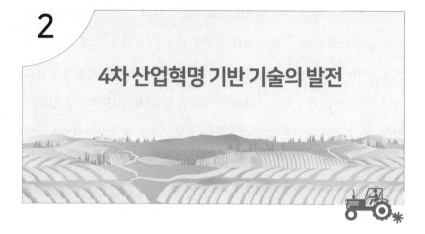

2

4차 산업혁명 기반 기술의 발전

전 세계적으로 활발히 진행 중인 4차 산업혁명이 앞으로 과연 어떤 방향으로 전개가 될 것인지, 각국의 산업과 국민생활이 어떻게 변화될 것인지 여러 선진 국가들이 관심을 가지고 그 변화의 양상을 주목하고 있다. 지금까지의 산업혁명의 분석에서 얻은 지식과 슘페터가 제창한 경제발전의 이론을 활용하여 검토해 보면, 먼저 산업혁명의 기반이 되는 신기술이 어떠한 분야에서 어떤 방식으로 활용될 수 있을 것인지 전망해 보는 것이 중요하다. 즉 이미 개발되어 있는 기존 제품에 신기술을 입혀 서비스, 원재료, 생산방법, 유통경로, 판매조직, 메인테넌스 등을 새롭게 결합하는 것을 의미한다. 이러한 새로운 결합 중에 무궁한 미래의 비즈니스 기회가 존재한다.

따라서 경영자는 사업 환경의 변화에 대응하여 선택해야할 방향성을 의사 결정함에 따라, 기업의 장래 전망을 개척할 수 있게 된다. 기업의 생존을 위해서는 기존 사업과 경영자원을 어떤 방식으로든 새롭게 결합시켜야 한다. 모든 가능성을 배제하지 않고 경영전략의 선택방안을 검토하면서, 동시에 그 선택방안의 장래성을 구체적으로 중·장기경영계획에 따라 수치화하여 미래의 구체적인 모습을 규명해야 한다.

2.1 》 4차산업 혁명과 IoT로 초래될 비즈니스 기회

이미 이 세상에 존재하는 모든 것이 IoT 대상이 될 수 있다. IoT화를 가능하게 하는 기술혁신인 '사물 인터넷'은 기기끼리 접속시켜 자율적으로 제어하는 기능이 있다. 불과 얼마 전까지만 해도 기존의 기술로는 기기 등의 데이터는 목적에 따라 일부만 디지털화되어 있는데 그치고, 디바이스의 기능과 코스트, 통신용량, 보관용량 등의 물리적인 제약으로 인해 로컬 네트워크 내에서만 활용이 되는 한계가 있었다. 그러나 최근 디바이스의 경우 IT기술의 눈부신 발전에 따라 센서의 소형화, 생전력(省電力)화, 저렴화를 달성하여, 정보처리에 대해서도 클라우드의 대규모화, 저렴화가 진전 되었고 더 나아가 네트워크에 대해서도 통신 속도의 고속화와 통신비용의 저렴화가 진행되었다. 급속한 기술혁신에 따라 지금까지 강조되어 온 '모든 것'이 네트워크로 연결되는 IoT가 실현가능한 상황이 갖추어지기 시작한 것이다.

예를 들어, iPhone을 시작으로 하는 스마트폰은 종래의 휴대전화와는 달리, '센서의 결정체'라고 할 수 있다. 위치를 파악하는 GPS센서, 기울기를 파악하는 자이로센서, 움직임을 파악하는 가속도센서, 밝기를 파악하는 조명센서 등 IoT의 진전에 따라 여러 장소에 센서가 필요해질 미래의 세상에는 각 국가의 기업에 있어서도 상당한 비즈니스 기회를 가지고 있다고 할 수 있다.

센서, 정보처리, 네트워크 등의 기술진보는 앞으로 더욱더 발전될 것이다. 다양한 전망이 있지만 IoT로 접속되는 기기는 2020년에는 250억 대로 증대될 것이라고까지 예상하고 있다. 센서의 개수는 현시점에서는 수백억 개라고 하지만, 2030년에는 100조개에 달할 정도로 폭발적으로 확대될 것으로 전망하고 있다. 그야말로 모든 것이 IoT에서 연결되어 세상이 변하는 상황으로 전진되고 있는 것이다.

2.2 》 4차산업 혁명의 요소기술 IoT의 제조업 혁신

제품과 서비스를 제공하는 산업적인 측면인 제조업 분야에서 보면 독일에서는 인더스트리(industry) 4.0 이라는 명칭으로 스마트 공장을 추진하고 있다. 또한 미국에서도 GE사를 중심으로 산업 인터넷(industrial internet)이라는 시도를 하는 중이다. 이러한 시도의 중심에 있는 기술도 역시 IoT, 빅데이터, 인공지능이다. IoT에 따라 온갖 사물들이 인터넷으로 연결되면 제조업에서는 공장 내의 제조라인에서 움직이는 공장기계라 불리는 다양한 기계가 네트워크로 이어지게 된다. 또한 전자 태그를 부착하여 제조라인을 따라 움직이는 제품자체에서도 정보를 수집할 수 있게 된다. 그리하여 공장 내의 어디에서 어느 제품이 돌고 있으며 각각의 기계가 어떤 식으로 움직이고 있는지를 파악할 수 있게 된다.

모든 사물들을 인터넷으로 연결시킨 IoT 기술로 인해 실지로 어떤 유익한 것이 발생하게 되는지를 살펴보면, 첫 번째 손꼽을 수 있는 것이 일의 효율화이다. 제조라인 위에서 움직이는 일련의 제품의 이동 과정, 즉 '제품 프로세스'를 시각화하여 불필요한 일(낭비)이 없는지를 신속하게 파악할 수 있게 된다. 불량품을 발견했을 경우 어디에서 어떤 문제가 발생했는지, 그 앞뒤에 돌아가고 있던 제품에도 같은 트러블이 발생했던 것은 아닌지 등을 파악하는 것이 가능해지므로 불량제품의 경감으로 이어진다.

대개 이러한 스마트 공장은 하나의 공장에 그치지 않는다. 보통 제품을 만들 경우, 소재부터 부품, 그리고 완성품으로 포장되어 유통되기까지 여러 과정과 공장을 경유하게 된다. 이 일련의 흐름을 '공급사슬'이라고 하는데, 각 공장부터 취득되는 데이터를 종합함으로써 공급사슬 전체에서의 효율화가 가능해진다. 이것만이 아니고 공급사슬 다음 단계인 유저에게 건너간 다음 가동상황을 파악하여, 대체 언제 요구(needs)가 발생하는지 등의 경향분석과 미래예측, 제품의 보수(保守)와 유지, 폐기나 재활용 등의 애프터서비스도 가능해진다. 나아가 이러한 유저의 사용법 등의 데이터를 활용하면 제품개발에 활용하는 것까지 가능해진다.

독일이 제창하는 '인더스트리4.0'에서는 이러한 데이터를 활용하여 대량맞춤 생산을 실현하고 있다. '대량 맞춤 생산'이란, 매스(mass:대량)와 커스터마이제이션(customization:고객화)의 합성어로 개별고객의 다양한 요구와 기대를 충족시키면서도 값싸게 대량생산할 수 있는 방법을 말한다. 말하자면 품종을 다양화하면서 대량화함으로써 하나의 품종을 많이 생산하지는 않더라도 그 회사 전체의 생산량은 대량생산체제와 맞먹는 수준을 유지해 이익을 극대화한다는 것이다.

통상 제조라인에서는 한 가지 제품을 대량으로 만들어냄에 따라 제품의 제조비용을 내릴 수 있다. 이와는 반대로 한 가지 제조라인에서 복수의 제품을 만들려면 점점 수작업에 가까워지기 때문에 기계의 수와 일손이 더 들게 되어 비용이 증가되기 마련이다. 그러나 이러한 상식을 뒤엎고 독일의 대표적인 대량 맞춤 생산 '인더스트리4.0'은 공장에 존재하는 많은 제조기계, 그것도 제조기계 자체의 메이커가 다른 것을 연계시킴으로써 비용을 올리지 않고도 한 가지 생산라인에서 다양한 제품을 만드는 것을 목표로 한다.

이러한 매스 커스터마이제이션을 실현하기 위해서는 공장 내 뿐만 아니라 공급사슬 전체에서 최적화되어 가야 한다. 우선적으로 소비자 측의 요구를 파악하고, 실시간으로 완성품공장에 반영시키기 위하여 부품과 부품재료 공장과의 연계가 필수적이다.

일본 도요타자동차의 '간반방식'이라 불리는 생산 방식은 필요할 때 필요한 양만큼을 만드는 생산관리 구조를 말한다. 인더스트리4.0의 공급시설 전체의 최적화란 바로 이 간반방식이 디지털화 되어 강화된다는 것이라 할 수 있다.

2.3 ≫ 빅데이터로 축적되고 분석되는 모든 정보

IoT와 함께 4차 산업혁명을 초래하는 기술혁신으로써 빅데이터를 들수 있다. 문자 그대로 해석하면 대규모적인 데이터가 된다. 무엇을 가지고 '빅'이라 하는지를 포함해, 빅데이터의 정의에 대해서는 다양한 견해가 있고 데이터의 이용자와 그것을 지원하는 사람 저마다 그 관점은 다르지만, 그 중에서도 공통된 특징을 요약하면 다양성(多量性), 다종성, 리얼리티성 등 이라고 할 수 있다.

'빅데이터'란 말은 언론에서도 일상생활에서도 이제는 쉽게 접할 수 있는 단어가 되었다. 그만큼 인간의 삶에 중요한 영향을 미치고 있음을 의미한다. 빅데이터의 사전적 정의보다는, 오히려 왜 빅테이터라는 말이 우리의 삶에서 큰 주목을 끌고 있는가라는 점에서 먼저 생각할 필요가 있다. 과거와는 비교할 수 없을 정도로 많은 사람들이 개인 소유의 스마트폰 등의 디바이스를 갖게 되었다. 더불어 SNS의 보급과 함께 사람들이 일상의 행동을 기록하고 송신하게 된 결과로써, 각양각색의 데이터가 축적되게 되었다. 더 나아가 IoT의 진전과 함께 다양한 기기로부터 취득 가능한 데이터가 축적되어 있다. 즉, 데이터의 생성, 수집, 축적 등이 쉬워

짐에 따라 다양한 종류의 데이터=빅데이터를 간단히 모을 수 있게 되었다. 그리하여 이러한 빅데이터 내에는 지금까지도 장부로 관리되어 왔던 매상과 고객 데이터베이스 등의 '구조화 데이터'에 추가되어, 이미지나 음성 등, 구조화(분류)되어 있지 않은 다양한 종류의 다양(多樣)한 '비구조화 데이터'도 증가하고 있다.

모든 물건이 인터넷을 통하여 연결되는 IoT등장에 따라, 네트워크상 데이터양은 과거와 다르게 방대한 것이 되었고, 빅데이터로써 이용 가능해졌다. 여기서 발생하기 시작한 데이터는 메일이나 인터넷 검색 등, 컴퓨터, 스마트폰등에 따라 인터넷상에 발신되는 정보만이 아닌, GPS단말기에 의한 위치정보, 교통 IC카드에 의한 승차이력, 각종 센서로부터 취득되는 온도나 압력 등의 물리량, 회원카드 등에 의한 구매이력 등, 온갖 사상 것들이 이미 다 데이터로 저장되어 있음을 설명하고 있다.

2.4 》 데이터 분석에 따른 새로운 부가가치 창출

그렇다면 이러한 데이터를 모으는 것의 의의는 무엇일까. 단적으로 말하면, 수집된 빅데이터를 분석함에 따라 대상물의 상황을 시각화(visualization)하거나 이용자의 성향을 파악하거나, 보다 정확한 미래예측과 이상(異常)의 검지(檢知)등을 실시할 수 있게 된다는 점이다. 그리고 이 또한 과거의 업무 효율화와 새로운 비즈니스 기회의 창출로 이어진다. 종합적으로 말하자면, 빅데이터의 의의란 '분석'에 따른 '새로운 부가가치 창출'이라 한마디로 말할 수 있다.

예를 들어, iPhone에는 '헬스케어'라는 어플이 들어 있다. 이것은 iPhone에 내장된 가속도센서(움직임을 계측), GPS센서(위치정보를 계측), 자이로센서(기울기를 계측)등에 따라 모여지는 방대한 정보를 바탕으로 보행수나 이동거리, 오른 계단수를 자동으로 계산한다. 즉, 센서가 수집하는 빅데이터를 근거로 건강에 관한 인간의 행동을 시각화 할 수 있다. 이를 활용하여 다양한 건강 어플과의 연계를 통해 건강유지를 위하여 운동을 재촉하거나, 다이어트 진척상황을 파악할 수 있게 되었다. 나아가 개개인에게 있어 시각화는 당연히 중요하지만, 이와 더불어 몇 만 명에 달하는 분량의 데이터를 모아 전체를 빅데이터로 분석함에 따라 통계적으로 건강정보를 파악하고, 대상을 구상하는 것도 가능해질 것이다.

인터넷쇼핑몰 아마존에서는 상품을 구입한 경험이 있는 사람들을 대상으로 다양한 형태로 '추천 상품'을 볼 수 있도록 한다. 이는 이용자의 과거 구입이력이나 상품 열람이력, 유사 상품을 구입하고 있는 이용자별 구입이력 등으로부터 이용자의 선호상품을 추측하여 이용자가 어떤 상품을 찾고 있는지를 상정하여 표시한 것이다. 이것의 이면에는 방대한 이용자의 구입, 열람정보로부터 형성되는 빅데이터와 이것을 분석하고 최적의 정보를 표시하는 알고리즘이 존재하고 있음을 보여준다.

'추천상품' 소개는 일종의 광고이다. 종래형의 광고, 예를 들어 텔레비전광고의 경우에는 방송 시간대, 방송의 내용, 샘플세대의 시청데이터 등을 바탕으로 텔레비전광고가 방송되는 방송의 대상 즉 시청자 층을 상정하여 그것에 맞는 텔레비전광고를 내보내는 것이 일반적이었다. 이에 반해 오늘날에는 방대한 빅데이터를 축적함으로써 웹사이트라는 대상 유저마다 콘텐츠를 바꿀 수 있는 기술과 더불어, 개개인에게 보다 더 맞춤식 광고를 제공할 수 있게 되었다.

또한 빅데이터의 활용은 다양한 산업용 용도에도 확산되어 있다. 예를 들면 발전기에 센서를 부착하여 (이 부분은 IoT), 거기서 얻을 수 있는 기기의 가동상황을 빅데이터로 축적하려고 시도하고 있는 기업도 있다. 이 빅데이터는 다양한 파라메터(요소)의 시계열 정보로 구성되어 있는데, 이를 축적하고 해석해가면 기기의 고장 전조 등 이상을 발견할 수 있게 된다. 방대한 빅데이터로부터 평소와 다른 점을 찾아내고, 이를 바탕으로 사전에 사고방지 등의 필요한 대책을 강구할 수 있게 되는 것이다. 종래의 이상검지란, 예를 들어 '이음(異音)이 들린다.'라는 등의 인간의 눈과 귀 등으로 감지 가능한 정보를 바탕으로 고장 날지도 모른다고 예측하거나, 실제로 발전(發電)이 충분히 이루어지지 못하고 있다는 사실을 토대로 고장이 났다는 것을 인식하는 등 이른바 '뒤처진' 대응을 하는 경우가 많았다.

그러나 평상시부터 필요한 요소에 대한 정보를 빅데이터로 축적해 둠으로써 이러한 눈에 보이는 고장이 발생하기 전에 그 이상 징후를 감지할 수 있게 되고 이에 따라 사전에 고장의 전조를 검지함으로써 비교적 단시간에 고칠 수 있게 된다. 멈춰 있는 기간의 경제적 손실은 물론이거니와, 수리에 걸리는 시간과 비용도 크게 절약될 수 있다. 게다가 데이터에 따른 판단이 가능해지기 때문에, 고도의 전문가들만이 구별해 낼 수 있었던 직접 망치로 두드려 이음(異音)을 확인하는 것과 같은 꼼꼼한 과정을 거치지 않아도 된다.

이와 같이 빅데이터를 축적하고 분석하여 대상물의 상황을 '시각화'하거나 이용자의 성향을 파악하거나 미래예측이나 이상을 검지하는 일은 효율화와 새로운 비즈니스의 창출로 이어질 수 있다.

2.5 》 2차산업·제조업의 6차산업화

미국의 GE사에서 진행되고 있는 '인더스트리얼·인터넷'을 한 예로 살펴보겠다. 항공기 엔진 분야에서는 엔진에 미리 넣은 센서가 엔진의 가동상황을 파악하는데, 이로 인해 부품 교환 등의 보수와 관리가 필요한 시기를 예측하고, 최적의 타이밍으로 이를 수행할 수 있게 된다. 이렇게 함으로써 부품교환이 필요해지는 타이밍을 알 수 있기 때문에, 이것을 적절한 타이밍으로 생산함으로써 재고량도 필요최저한으로 할 수 있다.

또한 빅데이터에 대한 설명에서 다루었던 바와 같이, 완전히 고장나 버리기 전에 필요한 보수와 관리를 할 수 있으므로 특히 많은 승객의 목숨과 직결되는 항공기 엔진 분야에서는 앞으로 점점 더 필요해질 기술이라 할 수 있다.

GE사의 시도는 이것으로 그치지 않고, 비행데이터의 해석을 통하여 연료비용의 절감을 가능하게 하는 효율적인 운행방법을 이끌어 내어 이 자료를 바탕으로 항공회사에 제안한 적도 있었다. 항공기엔진을 제공하는 메이커로서의 명예와 오래 묵은 틀을 깨고 실용적이면서도 효율적인 오퍼레이션을 실현하기 위한 노력으로 이러한 방법의 제안까지 받아들이고 수행하는 서비스 기업으로의 변모를 꾀하고 있다.

농업분야에서는 1차 산업인 농업에 식품가공업(2차산업), 유통판매업(3차산업)을 조합시킴으로써 새로운 부가가치를 창출하려는 시도가 '6차산업화'와 '농·상·공 연계'라는 말로 나타났다. 이와 마찬가지로 2차산업인 제조업도 인터넷과 이어지는, 이른바 IoT등의 활용에 따라 3차산업인 IT서비스업과 협력하거나, 높은 부가가치를 제공하는 6차산업화로 진화하는 과정에 있다.

일본의 제조업은 개선(改善:생산과 관련된 모든 활동에 대해 좀 더 나은 방법을 찾아가는 것으로, 공장 작업자들이 중심이 되어 생산 설비를 개조하고 공구를 개량하여 업무의 효율을 향상하거나, 작업 시 안전과 관련된 문제를 점검하는 일을 말한다.)이라고 하는 업무효율화가 하나의 강점으로 자리 잡아 왔다. 이러한 현장의 우수한 종업원의 장인과 같은 '암묵지(暗黙知)'는 디지털 데이터화에 의하여 점차 시각화되어 갔다. 현상에 만족하지 않고 IoT, 빅데이터, 인공지능을 활용해 가는 노력이 바로 지금 필요한 것이다.

2.6 》 IoT는 미래의 산업과 사회의 모습,
그리고 일과 업무방식의 변화

IoT, 빅데이터, 인공지능은 사회 기반체제를 변화 시키고 산업 전반으로 확산되고 있다. 이러한 기술들이 초래할 4차 산업혁명에 따라 사회는 어떤 식으로 변해갈 것인지에 관해 앞으로 일어날 수 있는 트랜드를 정리해 본다.

첫 번째로 매스 커스터마이제이션(mass customization) 이다.
특정 개인에게 커스터마이즈 된 제품과 서비스가 저렴한 가격에
창출되는 세계가 실현된다.

두 번째는 공유경제(Sharing Economy)로의 이행이다.
다양한 유휴산업이 공유(share)되어, 효과적으로 활용되게 된다.

세 번째는 인간역할의 변화이다.
인공지능에 따라 지금까지 인간만이 가능했던 역할이
기계에 의해 자동화되게 되면, 필연적으로 이것들을 담당해 왔던
인간의 역할, 즉 인간이 해야 하는 것도 변하게 된다.

매스 커스터마이제이션은 다양한 사물들이 네트워크에 접속됨으로 개인의 요구가 즉시 반영될 수 있기 때문에, 개인에게 커스터마이즈된 서비스를 할 수 있는 상황이 된다. 매스 커스터마이제이션이 IoT에 의하

여 다양한 것과 연결되어 네트워크에 접속되고, 여기서 획득된 데이터가 빅데이터로 축적되어 인공지능에 의해 고도의 분석이 더해짐으로써 개인의 요구에 맞는 제품을 만들고 서비스를 제공할 수 있는 환경이 마련된 것이다.

4차 산업혁명의 가장 큰 기술적 특징은 이와 같은 데이터기술(IoT, Cloud, Big Data, Mobile)로서, 머지않아 미래 사회는 초연결과 인공지능에 의한 초지능화 사회로 나가게 될 것이다. 2016년 '이세돌'과 인공지능 컴퓨터 '알파고(Alphago)'와의 바둑대결에서 이미 우리는 인공지능의 위력과 '초지능화' 사회로의 진입을 경험하였다. 바둑판 위의 수많은 경우의 수와 인간의 직관 등을 고려할 때 인간이 우세할 것이라는 전망과 달리 '알파고'는 학습된 바둑이론과 치밀한 확률계산으로 승리하였다. 이 대결로 많은 사람들이 인공지능과 미래사회 변화에 대해 관심을 갖기 시작했고 마침내 4차 산업혁명의 시작임을 선언하기 이르렀다.

3 핀테크 기술

3.1 》 핀테크 기술의 정의

핀 테크(Fintech)란 금융(finance)과 정보통신기술(technology)이 합쳐진 신조어로서 금융기술 서비스 및 산업의 변화를 의미한다. 여기서 금융이 의미하는 것은 은행과 증권회사, 보험회사 등의 금융기관이 제공하고 있는 다양한 금융서비스를 말한다. 핀테크는 폭넓은 금융서비스 전반에 영향을 미치고 있으며, 인터넷과 클라우드 컴퓨팅, 스마트폰 등 IT기술을 의미한다. 인공지능과 빅데이터의 활용 등도 여기에 포함된다. 이러한 IT기술을 이용하여 새롭고 편리한 금융서비스가 생겨나는 현상을 핀테크라 부른다. 이를 금융과 IT의 융합 혹은 금융의 IT화라고 부르기도 한다.

　세계적으로 핀테크로의 투자가 급속히 증가하고 있는 것을 알 수 있다. 핀테크는 다른 IT분야와 마찬가지로 미국의 실리콘밸리를 중심으로 다양한 기업이 탄생하고 있다. 이와 더불어 과거부터 금융의 중심지였던 미국 뉴욕과 영국 런던, 아시아의 홍콩과 싱가포르도 핀테크가 왕성한 지역으로 알려지고 있다. 구미(歐美)에서는 기존의 대기업 금융기관이 벤처기업과 연계하거나, 혹은 매수하여 자사에 흡수시켜 버리는 등, 기존 금융기관이 핀테크를 활용하는 움직임도 활발하다.

　모바일, SNS, 빅데이터 등 새로운 IT기술 등을 활용하여 기존 금융기법과 차별화된 금융서비스를 제공하는 금융서비스 혁신으로서, 모바일 뱅킹과 앱 카드 등이 있다. 최근에는 고객의 개인정보, 신용도, 금융사고 여부 등을 빅데이터 분석으로 정확하게 파악하는 알고리즘 기술까지 등장하여 개인 자산관리 서비스까지 그 영역을 확대 하고 있다.

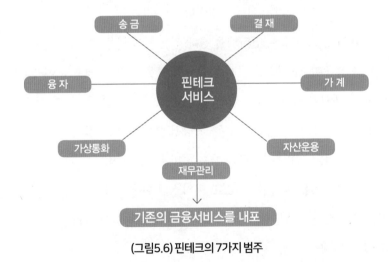

(그림5.6) 핀테크의 7가지 범주

핀테크의 서비스는 결재, 송금, 융자, 재무관리, 자산운용, 가계, 가상
통화의 7가지의 범주로 나누어진다.

3.2 》 핀테크 전용 서비스 구축

핀테크가 빠른 속도로 일상생활에 흡수되면서, 금융 소외계층으로 전
락하고 있는 중·장년층들의 전용 서비스를 구축하여 세대 간 혜택 불균
형을 해소하려고 노력하고 있다. 핀테크는 인터넷·모바일 환경에서 결
제·송금·이체, 인터넷 전문은행, 크라우드 펀딩, 디지털 화폐 등 각종
금융 서비스를 제공한다. 한편 정보통신기술은 인터넷이나 크라우드 컴
퓨팅, 스마트 폰 등의 기술을 의미하며, 이러한 기술을 사용하여 새롭고
편리한 금융서비스가 생겨나는 것이다.

핀테크는 스마트폰, 인터넷을 통해 간편하게 금융 업무를 처리할 수
있도록 해주기 때문에 전 세계에 금융 혁명을 몰고 올 것으로 예측되고
있다. 핀테크가 금융업에 파란을 불러올 것으로 예측되면서, 전 세계 주
요 IT 업체들은 금융업을 새로운 가능성 분야로 보고 경쟁적으로 핀테
크에 뛰어들고 있다. 핀테크를 활용한 비즈니스 서비스의 가장 큰 장점
이라면 수수료를 절감할 수 있고, 서비스의 이용성이 증대되며, 빠르고
간편한 서비스를 제공할 수 있기 때문에 성장 가능성과 기회는 충분하다
고 볼 수 있다.

3.3 》 핀테크 서비스의 분야

　지금 핀테크가 주목 받고 있는 이유는 인터넷거래의 증대와 스마트폰의 보급, 기존 금융기관에 대한 높은 불신 등을 그 이유로 들 수 있다. 주요한 핀테크 서비스에 대하여 국내외의 사례를 중심으로 결제 · 송금, 자산관리 · 운용, 자금조달(투자 · 융자), 보험의 4영역으로 나누어 알아보도록 한다.

1. 결제 · 송금분야에서의 핀테크

　결제와 송금에 관한 핀테크 사례의 하나로 결제서비스의 도입 · 이용을 편리하게 하는 결제 대행서비스를 들 수 있다. 국제 결제서비스에도 대응할 수 있는, 독자적인 온라인 결제소프트웨어를 인터넷 쇼핑몰 기업 등에 제공하고 있다. 이에 따라 기업은 손쉽게 다양한 결제수단을 받아들일 수 있게 되어 이용자의 편리성도 높아지게 된다. 또한 스마트폰과 태블릿을 활용함으로써 실제 점포에서도 신용카드 승인을 저비용으로 간단히 할 수 있게 하는 서비스도 있다. 이에 따라 신용카드대응이 좀처럼 진전되지 않았던 소규모기업과 점포에서도 손쉽게 신용카드 등의 결제수단을 받아들일 수 있게 되었다.

2. 자산관리 · 운용분야에 있어서의 핀테크

　자산관리서비스는 예를 들어 복수의 은행계좌의 잔고정보와 신용카드 등의 이용이력을 자동으로 취득하고, 일체적으로 분류, 표시함으로써 개인과 기업의 자산관리를 편리하게 만드는 것이다. 개인의 경우 가계부의 자동화, 기업의 경우 경리사무나 회계장부의 자동화가 가능해지고 있다.

또한 자산운용에 관한 핀테크로 '로보어드바이저'라 불리는 서비스가 등장하고 있다. 이것은 투자처의 선정이나 재편성, 운용을 인공지능을 활용하여 자동으로 서비스를 제공해 준다. 지금까지의 자산운용은 전문가에게 일임하는 서비스(증권회사 등이 제공하는 위임계좌 등)로 비용이 높아 부유층만을 대상으로 해왔다. 그러나 로보어드바이저 서비스가 등장함에 따라 일반인들이 저비용으로 최적 운용 서비스를 받을 수 있게 되었다.

3. 자금조달(투자 · 융자)분야에 있어서의 핀테크

자금조달에 관한 핀테크로써 대표적인 예는 인터넷을 통하여 자금을 내는 측과 받는 측을 직접 연결해주는 클라우드펀딩이나 소셜랜딩이라 불리는 서비스이다. 클라우드펀딩은 모이는 자금의 성질에 따라 기부형, 구입형, 투자형 등으로 나누어진다. 그리고 소셜랜딩은 그 구조는 클라우드 펀딩과 비슷하지만 기본적으로는 융자 형태를 취한다. 즉 자금을 빌리는 측은 원금에 금리를 얹어 상환할 필요가 있다. 신용이 낮고 은행 등으로부터 돈을 빌리는 것이 어려운 개인이나 기업이 자금의 주요한 차용인이다.

핀테크가 제공하는 이러한 새로운 자금조달의 방법이 지금까지 자금조달이 어려웠던 지방 기업이나 소규모사업자, 신생 기업, 스타트 업 기업 등에 원활한 자금조달을 가능하게 하고, 이러한 기업의 활성화와 사업의 확대에 공헌하게 될 것이라 기대하고 있다.

4. 보험분야에서의 핀테크

보험분야는 장기간으로는 가장 핀테크의 영향이 큰 분야라고 전해지고 있다. 예를 들어 손해보험 분야에서는 지금까지 그 수익의 대부분을 차지하고 있던 자동차보험의 모습이 자동운전기술의 진전에 따라 크게 변할 것으로 보고 있다. 또한 생명보험과 의료보험 분야에 있어서도 스마트폰이나 웨어러블 디바이스(손목시계형단말기 등, 몸에 부착할 수 있는 IT 단말기)를 통하여 개인의 건강정보나 운동이력 등을 취득할 수 있게 되면, 보다 개인의 상황에 적합한 보험료 설정 등이 가능해질 수 있다.

처음부터 보험은 사고가 나거나 병에 걸린 후에 그 손실을 금전적으로 채우기 위한 것이었다. 그러나 다양한 정보의 취득과 그에 대한 해석이 가능해지게 되면, 사고나 질병이 발생하기 이전의 단계에서 그것을 막는 것도 가능해 질지 모른다. 보험업 그 자체가 사고나 질병의 리스크를 사전에 예방하는 서비스로써 변모하게 될지도 모른다.

4

블록체인의 이해와
그 혁신성

4.1 》 블록체인이란?

　최근 4차 산업혁명과 함께 이슈로 떠오른 것이 바로 가상화폐인 비트
코인이다. 가상화폐로 거래할 때 해킹을 막기 위한 기술로 블록체인이
사용되고 있어, 비트코인 열풍 속에 블록체인 기술전문가 수요도 크게
증가할 것이라는 전망이다.

　그러나 블록체인은 아직 사회적으로 정착되지 않은 이론이며, 블록체
인의 개념을 파악하기 위해 공유경제나 핀테크와 함께 설명하는 것이다.
이 기술의 상세한 내용은 여기까지 하고 최근 텔레비전, 신문, 잡지 등에
서 화두가 되고 있기에 그 개념과 농업 관련 부분만을 이해하기 위하여

간단히 소개하도록 한다.

블록체인은 2008년 사토시 나카모토의 비트코인(Bitcoin)에서 블록과 블록을 연결하는 방법에서 유래하였다. 블록체인은 참여자(peer)들에게 원장이 공유되고 블록안의 내용이 투명하게 공개되며 임의로 변경이 불가능한 특성으로 인해 암호화폐에서 필수불가결의 기술로 인정 받았다.

그리고 이제 블록체인은 암호화폐만을 위한 기술이 아니라 여러산업 분야에 걸쳐서 활용가능성을 보여주고 있다. 즉, 블록체인(Block Chain)이란 비트코인을 지탱하는 기술을 말하며, 일종의 분산형 거래 장부라고 할 수 있다. 즉 온라인 금융 거래 정보를 블록으로 연결하여 P2P(Peer to Peer) 네트워크 분산 환경에서 중앙관리 서버가 아닌 참여자들의 개인 컴퓨터에 분산·저장시켜 공동으로 관리하는 방식이다. 즉 거래 정보를 중앙 서버에 저장하는 것이 아니라, 여러 곳으로 분산하여 동시에 저장하는 기술을 뜻한다. 일정 시간 동안 확정된 거래 내역이 하나의 블록(block)이고, 블록들이 연결돼 블록체인을 이루게 된다.

정보가 한 번씩 최신 상태로 갱신되며 네트워크에 있는 모든 참여자가 사본을 갖기 때문에 위(변)조가 어렵다는 장점이 있다. 기술적으로 다양한 요소를 이용하여 구성되어 있으며, 현시점에서 비트코인 등의 통화로써 운용하는데 성공하였다.

4.2 》 블록체인 구조 및 특성

비트코인 등의 암호통화(가상화폐)로 주목받고 있는 블록체인은 거래 기록을 모은 데이터의 블록(덩어리)이 연속해서 사슬(체인)처럼 이어져 있는 구조를 하고 있다.

개개의 거래는 트랜잭션(transaction)이라 불리는데, 블록과 트랜잭션 은 개찬되지 않도록 보호할 필요가 있지만, 그때 암호학적 해시함수, 전 자서명, P2P(peer to peer)통신 등의 소프트웨어 기술을 교묘하게 조합하 여, 블록체인기술이 만들어져 있다. 데이터의 보호에는 2종류 있는데, 하 나는 데이터가 개찬되지 않도록 보호하는 기술, 다른 하나는 데이터의 발신자가 정당한 권리자임을 인증하는 기술이다.(일례로, Bitcoin:〈https:// bitcoin.org/bitcoin.pdf〉, 2018년9월).

블록체인은 비트코인과 같은 가상화폐를 지탱하는 기술이다. 비트코 인은 수많은 가상화폐 중 가장 거래량이 많은 통화로 국가의 권력기관이 발행한 통화가 아닌, 인터넷상에서 규칙에 따라 자동으로 발행되고 있는 통화이다.

블록체인 기술은 현시점에서 비트코인과 같은 인터넷상의 가상 통화 를 운용하기 위한 신용을 형성하는데 성공하였다. 블록체인 기술은 기존 의 IT시스템에 비하여 악의적인 의도로 사람이 데이터를 조작하는 것을 방지할 수 있으며, 일부 장애에 의해 전체 시스템이 정지하는 일이 없는 IT시스템이며, 저렴한 가격에 구축이 가능한 특성을 가지고 있기 때문에 IoT을 포함한 매우 폭넓은 분야로의 응용이 기대되고 있다.

특히 데이터를 한 군데의 서버에서 집중 관리하는 것이 아니라, 분산적으로 데이터를 처리 · 보유하면서 서로 감사(監査) · 확인하는 것을 가능하게 하는 구조를 지니고 있다는 점에서 중앙집권적으로 정보를 관리하는 데 소요되는 많은 비용을 극적으로 절감할 가능성이 있다. 따라서 블록체인이 영향을 미칠 시장의 규모가 엄청나게 크다.

지금까지 우리 사회는 다양한 법제도와 구조를 구축함으로써 경제활동의 기반이 되는 거래상대의 신뢰성을 담보의 수단으로 사용해왔다. 예를 들면 등급을 매기거나 회계감사 등 회사의 변제능력과 회계 적절성에 대한 외부기관에 의한 평가와 공증인 등 제3자에 의한 적법성의 담보 등을 기초로 하고 있다.

그러나 블록체인은 종래의 이러한 구조와는 획기적으로 다르다. 구체적으로는 당사자끼리가 대등한 관계에서 상호 협력하고 감사하는 구조이다. 지금까지 사회시스템을 유지하기 위하여 많은 비용을 지불하며 구축해 온 제3자 기관(중앙기관)이 굳이 필요 하지 않다.

그렇게 되면 제도나 규칙 등에 들여왔던 비용을 비롯하여, 일부 시스템 장애로 전체시스템이 정지하지 않도록 준비하는 정보시스템, 그 시스템의 운영 및 관리비용, 시스템을 관리하는 조직을 유지하기 위한 경영과 종업원을 위한 비용도 일체 필요하지 않게 되기 때문에 시스템을 이용하는 측의 비용부담이 현저히 경감된다.

그러면 이와 같은 일이 왜 가능한지, 비트코인의 과정부터 돌아보며 다음의 순서로 정리해 보도록 한다.

4.3 » 비트코인

블록체인이 비트코인 등 가상화폐를 지탱하는 기술이라는 것은 앞에서 언급한 바와 같지만, 블록체인과 함께 탄생한 비트코인에 대하여 간단히 설명하도록 한다.

비트코인이란 사토시 나카모토 (Satoshi Nakamoto)라는 인물(지금까지 불명이라고 하였지만 최근 자신이라는 인물이 나타남)이 2008년 11월에 암호 기술자가 정보를 교환하는 미국의 메일링 리스트(mailing list)에 있어서, 한건의 논문에 대하여 메일을 보낸 것을 시작으로 비트코인의 시작되었다고 한다. 이 메일링 리스트로 잠시 동안 논의가 벌어진 뒤에, 관심 있는 개발자 몇 명과 함께 공동으로 소프트웨어를 작성하고 2009년 1월부터 비트코인 및 비트코인 블록체인 운용이 시작되었다.

특히 비트코인이 특정 기업이나 주체가 운영하고 있는 것이 아니라, 단지 그곳에 참여하고 싶거나 이용하고 싶어 하는 사람들이 임의로 참여하여 구성되고 있는 구조이다.

그 후, 현재까지 비트코인의 시스템은 정지 상태가 된 적은 없고 전 세계로 이용자가 확대되고 있다. 특정 운영기관을 가지지 않아도 이와 같은 서비스 레벨을 유지할 수 있는 이유는 블록체인 기술에 근거하는 부분이 크다고 볼 수 있다.

2015년에 들어 금융과 테크놀로지가 융합한, 이른바 Fintech(Finance+Technology)의 관심과 함께 블록체인도 다시 주목받기 시작했다.

조금만 관점을 바꾸면, 비트코인은 소프트웨어에 따라 관리되는 데이터 그 자체에 가치를 찾아내어, 유통시키고 있는 것이라 해석할 수 있다. 예를 들어, 비트코인은 중앙은행인 한국은행이 발행하는 법정통화나 특정 기업이 발행하는 전자머니와 같이 명확한 발행자가 존재하지 않는다. 비트코인이라는 시스템 그 자체에 대한 신뢰가 그 가치를 뒷받침하는 것이며, 법정통화나 전자머니와는 달리 통화의 거래이력이 인터넷상으로 전 세계에 공개되고 있어, 이력의 추적이 가능하다는 것이 비트코인만의 특징이다. 이와 같은 특징을 지니는 비트코인의 그 구성요소를 파악해 보면, 사실 몇 가지 기존의 암호기술을 교묘하게 조합시킨 기술로 이루어져 있음을 파악할 수 있다. 그것이 바로 블록체인기술이라 불리고 있는 것이다.

4.4 》 블록체인 기술을 활용한 다양한 서비스

획기적인 블록체인기술을 활용한 서비스와 현재 제안되고 있는 것을 몇 가지 소개하도록 한다. 먼저 가상화폐를 지역한정 지역화폐로 이용하는 서비스가 제안되고 있다. 금융 분야는 이미 기존의 금융 서비스 기술 기반이 구축되어 있어서 가상화폐인 비트코인을 지탱할 수 있는 기술이 충분하고 비록 가상화폐이긴 하지만 금융이란 카테고리 안에서 친화성이 높기 때문에 가상화폐를 실물화폐로 전환하려는 노력들이 자주 제안되고 있다. 오랫동안 지속적으로 금융기관은 IT시스템과 그 운용에 막대한 비용을 지불할 수밖에 없는 상황이므로, 만약 이러한 문제를 블록체인이 대신할 수 있다면 막대한 비용을 절감할 수 있게 되는 장점(merit)이 있다.

금융 용도의 관점에서 포인트 서비스나 리워드 포인트를 블록체인 상에서 제공하고 있는 곳도 있다. 이러한 서비스는 용도나 이용자에 제한을 두는 경우가 많다. 특정 영역 내에서만 이용이 가능한 것을 전제로 한 서비스이다. 예를 들어 미국의 GyftBlock사는 블록체인을 이용한 기프트카드 교환서비스를 제공하고 있고, 기프트카드의 발행ㆍ송신ㆍ교환 등을 블록체인 상에서 수행하는 한편 이용자의 컨트롤이나 이용 상황의 모니터링도 가능하게 하는 것이다. 비트코인 등의 가상화폐와 마찬가지로 매우 손쉽게 포인트를 발행ㆍ관리ㆍ교환할 수 있는 안전한 시스템을 구축할 수 있기 때문에 앞으로도 이 영역에서의 활용은 지속적으로 발전해갈 것으로 기대된다.

블록체인을 이용하여 MSN이나 SNS서비스를 실현하고 있는 것도 있다. 한 예로, SNS 서비스를 제공하고 있는 이스라엘 사업자인 Getgems사는 독자적인 가상화폐인 GEMZ라 불리는 화폐가 광고의 열람 등으로 유저에게 부여되어, SNS로 커뮤니케이션 하면서 유저끼리 화폐 거래를 할 수 있는 시스템을 전개하고 있다.

또 다른 예로, 미국의 Factom 사는 토지의 등기부 등의 설명서를 블록체인에 기입하도록 하는데, 개정이 매우 어렵다는 특징을 살리긴 했으나 여전히 프라이버시 문제에는 주의가 필요하다. 의료분야에서는 미국의 Bithealth 회사에서 환자의 전자진료기록카드와 같은 의료정보를 블록체인 상에 기록해 두는 것을 제안하고 있다. 이것들은 원래 공공적인 기관이나 조직이 정보를 엄밀히 관리함으로써 이루어지고 있는 종류의 서비스이지만, 블록체인의 출현에 따라 특정 권위가 있는 제3자가 없더라도 민간으로 그 정보를 관리하고 수행할 수 있는 여지가 마련되었다고 할 수 있다. 더 나아가 이후에는 혼인신고서나 출생신고서, 퇴거 신청서 등 여러 공공서비스에까지 활용이 확산될 가능성이 있다.

다이아몬드나 보석장식품, 미술품의 정당성의 증명을 블록체인을 이용하여 관리하는 장치도 제공되는 중이다. 독일의 Ascribe사는 미술품 등의 저작권관리를 블록체인 상에서 제공하는 서비스로, 예술가(Artist)가 자신의 작품을 등록하면 소유권 관리와 이전, 이용이력의 관리 등이 가능해지는 것이다. 상품이 어디에서 누군가에게 만들어졌는지 추적하는 것이 가능해진다고도 할 수 있기 때문에, 원재료에서 판매까지의 공급사슬관리에의 적용도 서서히 진전되고 있다.

카셰어링 등을 비롯하여, 최근 주목을 받고 있는 공유경제의 영역에 있어서도 활용되기 시작하고 있다. 공유된 것의 이용권을 블록체인으로 관리하는 것이다. 예를 들어 이스라엘의 벤처기업인 La'ZooZ사는 미국의 Uber사와 같은 라이드셰어(자가용차의 합승)어플리케이션을 제공하고 있다.

인터넷상에서의 디지털콘텐츠 배포에 블록체인을 이용하는 움직임도 있다. 소액결제 구조와 조합함으로써 스트리밍방송에 대하여 시간단위로 과금하거나, 온라인게임 내의 아이템을 관리하는 등의 서비스가 제공되고 있다. 미국의 Streamium 회사는 콘텐츠배포를 지원하는 서비스를 제공하고 있고, 동영상배포 등을 위하여 초단위로의 과금 시스템을 구축하고 있는 상태이다.

현재 매우 주목받고 있는 IoT분야에서도 블록체인이 이용될 수 있다고 여겨지고 있다. 센서가 서로 당사자가 되어, 자율적으로 거래를 하면서 다시 블록체인 상에 등록된 조건에 맞는 처리를 실행해 가는 활용방법이 상정되고 있다. 진정한 IoT시대가 도달하면, 모든 것이 인터넷에 연결되므로 방대한 통신이 발생하게 된다. 따라서 한 곳에 액세스가 집중하기보다는, 이러한 자율적인 처리가 가능한 블록체인기술이 더욱 바람직하다고 생각된다.

4.5 》블록체인의 사회경제 임팩트

블록체인의 기술은 다양한 비즈니스 분야에서의 활용 가능성이 확산되고 있으며, 그 기술은 장래 사회경제와 산업구조에 거대한 영향력을 끼칠 가능성이 크다. 블록체인 기술이 끼칠 엄청난 영향력에 대해 조금의 상상력을 발휘하여 이야기 해 보도록 하겠다.

먼저 가상통화와 포인트 서비스가 보다 일반화되고, 다양한 가치가 교환되어 유통할 때 사용될 가능성이 있다. 블록체인에 따른 지역화폐나 포인트 서비스가 인프라 화 되면 저렴한 가격에 제공할 수 있는 구조가 된다. 이러한 변화는 전 세계에서 개인의 아이디어나 행동 등, 무형의 지적 재산 등을 포함하는 다양한 가치를 누구나가 포인트화 할 수 있고 관리하거나 다른 포인트와 교환할 수 있게 된다. 그렇게 되면 그 가치 있는 포인트는 여러 가지 것들과 거래할 수 있게 되고, 이리저리 유통하게 된다.

바로 이점이 지금까지의 포인트와 본질적으로 다른 점이다. 지금까지는 포인트가 한 번 상품과 서비스로 교환되면, 최종적으로는 발행 주체에서 정산되어 소멸되는 구조였다.

그러나 블록체인의 진전에 따라 보다 법정통화와 비슷한 성질을 가지는 다양한 가치자체로서 사회에 유통되어 경제활동에 사용되어 가기 때문에, 극단적으로 말하자면 지금까지 중앙은행이 화폐유통량을 조정함으로써 경제를 제어하려 했던 금융정책 등의 장치를, 민간주도로 행하는 것이 이론상 가능해졌음을 시사한다.

그 다음으로, 토지의 등기나 특허등록 등에 그치지 않고, 현재 다양한 행정기관이 행하고 있는 각종 공적인 신청과 등록, 법적인 대응력을 가지는 여러 권리 증명절차 등의 대부분을 보다 저비용으로 관리·운용하는 것이 가능해질 것이다. 덧붙여 말하면, 이러한 업무들은 행정적으로 수행할 필요조차 없어지고, 비중앙집권화하는 것이 가능해져, 정부·자치단체 등의 업무를 슬림화할 가능성을 가지고 있다.

또한 현저히 성장하고 있는 공유경제의 세계도 극적으로 변하여, 한정된 자산을 더욱 효율적으로 이용해 가는 흐름이 가속화 될 전망이다. 구체적으로는 현재 화제인 미국이 Uber사(자가용차의 동승 중개서비스)나 Airbnb사(민박중개서비스) 등의 운영회사가 공유의 플랫폼을 제공하고 있어, 중개수수료를 이용자로부터 징수함으로써 이루어지고 있다. 블록체인에서는 제3자가 개입하지 않더라도 서로 신뢰성을 담보로 한 구조를 구축할 수 있기 때문에, 진정으로 유휴자산을 공유(share)하고 싶은 사람과 그 자산을 이용하고 싶은 사람 사이에서의 거래를 실현하는 것이 가능해진다. 따라서 이와 같은 특정 플랫폼이나 중간사업자가 징수하는 부분의 비용이 절감되기 때문에, 이용자의 수는 더욱 증가할 가능성이 있다.

공유경제 뿐만 아니라, C2C옥션 등 개인 간 거래도 이와 같은 이유로 활발해 지게 된다. 일반적인 표현을 빌려 말하자면, 생산자(Porducer)와 소비자(Consumer)의 경계가 희박해진 프로슈머(prosumer)라 부르는 방식이 정착할 가능성이 있다. 그리고 소비자와 생산자가 보다 직접적으로 연결되는 유통 플랫폼의 탄생은 미국 Amazon회사와 같은 대규모적인 중간유통업자의 존재의의가 상대적으로 옅어질 가능성 또한 생각해 볼 수 있다.

온갖 공급사슬로의 적용이 진전됨으로써, 부정, 불량상품이 발생한 경우 추적이 용이해지고 최종소비자와 구입자 간의 접촉도 쉬워질 것이다. 이는 지금까지 상품을 팔면 끝이라는 모델이 중심이었던 제조업의 방식을 완전히 뒤집는 변혁을 일으킬 수 있다. IoT의 진전으로 모든 것이 인터넷과 연결될 전자제품 등은, 제품보증과도 연계됨으로써 최종 소비자로의 판매 이후에도 제품의 사용방식 등을 추적하는 것이 용이해지므로 보다 서비스에 중점을 둔 비즈니스 모델로 업태를 바꾸어, 안정적인 수익을 확보할 필요가 있다.

계약조건, 이행내용, 장래 발생할 프로세스 등을 블록체인상에 기록하는 것도 큰 가능성을 내포하고 있다. 이 발상은 1990년대에는 이미 제창되어 있었던 것이지만, 제3자를 개재하지 않고 실현시키는 것이 가능해진 점에서 블록체인의 신규성이 있다.

온갖 경제활동이나 일상의 업무는 계약이자 프로세스라 할 수 있기 때문에 그 효과는 헤아릴 수 없는 것이며, 현실적으로 어디까지 이 구조가 적용 가능한지는 아직 미지수이다.

현시점에서 서면으로의 계약형태를 취하지 않는 다양한 거래장면이 블록체인에 기입되게 되면, 수많은 거래가 자동으로 실행되어 효율성이 비약적으로 높아질 것으로 예상된다.

그리고 각 기업에서 이뤄지는 백오피스업무(계약이나 거래의 집행, 지불·결제·품의 등 어느정도 의사결정 프로세스가 결정되어 있는 업무)의 대부분을 대치할 수 있게 된다. 그렇게 되면 자질구레한 업무에 매일 끌려 다니는 일 없이, 보다 생산적인 활동에 시간을 나눠 쓸 수 있게 된다.

또한, 블록체인의 실제 설치에 있어 보다 구체적으로 요구되는 것으로써, 블록체인을 활용한 시스템의 성능평가기준 정비를 들 수 있다. 현시점에서는 블록체인을 실제 비즈니스에 적용할 때 필요한 성능요건을 나타내는 공통된 지표가 정비되어 있지 않은 상태이며, 이를 명확히 상정해 가는 노력이 필요하다.

블록체인을 활용한 시스템은 기존 시스템과는 다른 특성을 가지기 때문에 기존 시스템의 평가지표를 블록체인을 활용한 시스템의 평가지표로 단순히 이용하면, 그 특성을 적절히 표현할 수 없고, 결국 그 기술의 활용에 지장을 초래하는 요인이 될 수 있다. 블록체인 영역의 전문가와 기존 시스템의 전문가의 광범위한 정보공유와 논의의 장을 정비하는 것이 중요하다.

4.6 》 데이터의 개찬 방지기술

이 기술에는 암호학적 해시함수를 이용한다. 즉 다시말하면 임의의 데이터를 입력하면 일정 길이의 데이터(해시값=다이제스트라고도 부른다)를 출력하는 함수이다. 이 다이제스트를 비교함에 따라 원래 데이터의 개찬을 검출하는 것이다.

이 암호학적 해시함수에는 다음의 두 가지 성질이 요구된다. 하나는 출력에서 입력을 추출하는 것이 사실상 불가능하다는 성질이고, 또 하나는 입력이 조금이라도 다르면 완전히 다른 출력이 된다는 성질이다. 블록체인으로는 N번째 블록의 해시값을 N+1번째의 거래데이터에 더하고 있다. 이에 따라, 어느 특정 블록의 데이터를 개찬하면 그 이후의 모든 블록의 개찬을 해야 하게 되는데, 그 계산은 매우 어렵기 때문에 데이터 개찬의 가능성은 낮은 것이다.

4.7 》 농업분야의 블록체인 기술 적용

블록체인 기술에서 이용되고 있는 트랜잭션의 인증기능은 가상통화에만 한정하지 않고 일반 상거래에도 응용가능하다. 또한 트랜잭션을 개찬이 어려운 상태에서 블록화하는 기술은 농작물의 재배이력의 보존방법으로써 뛰어나다고 볼 수 있다. 현 시점에서, 몇 가지 시험적인 시스템이 구축되기 시작하여 앞으로는 실용화를 목표로 보급이 본격화할 것으로 기대되고 있다. 예를 들어 일본의 지비에진흥협회에 의한 「Gibier 유통의 추적확인시스템」과 덴쓰 국제정보 서비스(Information Services International-Dentsu, ISID)가 암호화폐(가상화폐) 관련 정보 배포 서비스를 시험하고 있으며, ISID에 의한「유기농산물의 공급사슬 전체에 걸친 생산이력 추적(traceability)」등이 있다.

5

진전하는 공유경제

5.1 》 공유경제의 정의

공유경제(Sharing Economy)란 이 단어는 최근 뉴스나 잡지 등을 통하여 자주 접하는 말이 되었다. 공유경제란 다양한 분야에서 사용되고 있고 그 정의도 제각각이지만, 일반적인 정의에 따르면 '장소·탈것·물건·사람·돈 등의 유휴자산(활용되지 않고 유휴상태에 있는 자산)을 인터넷상의 플랫폼(공급 측과 수요 측을 연결 짓는 장)을 사이에 두고, 개개인이 임차나 매수, 교환함으로써 공유하는 새로운 경제의 움직임'을 의미 한다. 공유경제 속에 대규모 렌터카 회사 등이 제공하는 공유경제 등을 포함하는 경우도 있는데, 최근 화제가 되고 있는 공유경제의 중요한 포인트 중의 하나는 종래 주류였던 사업자와 유저 간의 거래가 아닌, '개개인'이 서로 장소나 물건을 공유하는 형태의 거래라는 점이라 할 수 있다.

공유경제(Sharing Economy)의 구체적인 서비스로는 자동차를 빌려주고 싶은 사람과 빌리고 싶은 사람을 연결해주는 서비스, 예를 들어 '주말밖에 이용하지 않는 자가용차가 평일 주차장에 그냥 방치되어 있어 아깝다'라는 대주와, '평일에 몇 번만, 장보러 갈 때 잠깐 차를 이용하고 싶다'라는 차용인을 매칭(matching)하는 서비스를 제공하는 사업자(플랫폼 사업자)가 등장하고 있다. 이밖에도 이른바 '민박서비스'라 불리는, '사용하지 않는 방을, 여행자들에게 빌려주어 약간의 수입을 얻고 싶다'라고 하는 대주와 '호텔이나 여관과는 다른, 그곳에 살고 있는 사람의 생활을 바로 볼 수 있는 개인 집에 숙박해보고 싶다'라고 생각하는 여행자(차용인)을 매칭 가능한 서비스도 등장하고 있다.

이밖에도 회의실이나 주차장 등의 공간을 공유하는 서비스, 지식·스킬을 공유하는 서비스, 돈을 공유하는 서비스 등, 다양한 서비스가 생기고 있으며 그 시장이 급성장하고 있다.

5.2 》 공유경제의 효용

점차 공유경제가 우리 사회 전반에 확산되면서 일반 시민들의 의식도 자신의 물건을 개인의 소유물이라는 개념의 틀에서 벗어나 조금씩 함께 나눌 수 있다는 생각으로 많이 변화하고 있다. 다시 말하자면, 개인이 물건을 단독으로 소유하는 '소유경제형 사회'에서 물건을 공동으로 이용하는 '공유경제형 사회'로 이행하는 과정에 있다. 그러면 공유경제를 함으로써 우리 사회에 어떠한 이점이 있는지 요약해 보고 정리해 보도록 한다.

먼저 대주는 빈 방이나 이용하지 않는 자동차, 빈 회의실 등 평상시 사용되지 않는 자산(유휴자산)으로부터 수익을 얻을 수 있다는 장점이 있다. 다음으로 차용인에게는 실제로 무언가를 소유하지 않더라도 필요할 때 필요한 만큼만 물건이나 서비스를 이용할 수 있어 비용을 절약할 수 있다는 장점이 있다.

세상에서 활용되고 있지 않은 유휴자산을 플랫폼을 통하여 개인의 요구와 매칭시켜 활용하는 것은 사회 전체의 자산활용 향상으로 이어진다. '사람', '물건', '공간'이라는 한정된 자원을 최대한 활용할 수 있는 매우 가치 있는 경제활동이다.

또 한 가지, 공유경제(Sharing Economy)의 효용으로써 잊어서는 안 될 것이 지구환경에 끼치는 영향이다. 물건이나 공간을 공유하고, 효율적으로 이용함에 따라 지구환경에 좋은 영향을 기대할 수 있다.

예를 들면 어느 장소까지 4명이서 이동한다고 가정했을 때, 4명이 4대의 차로 각자가 목적지로 가는 것보다 라이드셰어를 해서 1대의 차로 이동하는 편이 에너지 절약도 되고 교통체증의 해소에도 도움이 된다.

공유경제(Sharing Economy)의 보급은 생산자(서비스와 물건을 제공하는 측인 프로듀서)와 소비자(서비스와 물건을 소비하는 측인 컨슈머)의 경계를 허물어, 이른바 생산소비자(프로컨슈머)라 불리는 층이 확대되면서 사회에 큰 영향력을 줄 것으로 예상된다.

5.3 》 공유경제 진전의 배경

물건과 장소를 셰어한다는 발상과 이러한 비즈니스 자체가 꼭 새로운 것은 아니다. 예를 들어 카 셰어링이나 셰어 하우스 분야는 2000년 초반에 이미 많은 서비스가 시작되고 있었다. 그렇다면 어째서 지금, 공유경제가 다시금 관심과 화제를 모으게 된 것일까?

그 원인은 스마트폰의 보급과 IoT, 빅데이터, AI기술의 진전, Facebook이나 Twitter 등 SNS 어카운트를 활용한 간편한 본인 확인방법, 저렴한 가격으로 안전한 결제수단과 전자머니의 보급, 물류시스템의 개선 등 정보통신기술의 진전이 공유경제(Sharing Economy)의 급속한 성장을 촉진시켰기 때문이다.

이렇듯 다양한 정보통신기술의 보급에 의하여 세상에 존재하는 온갖 자산을 공유의 대상으로 삼는 것이 가능해지고 있다.

실제로 각종 정보통신기술이 발달되기 시작한 2010년 전후부터 다양한 분야에서 새로운 공유경제 서비스가 지속적으로 등장하고 있는데, 어떠한 형태로 우리 삶의 질을 높이는지 그 서비스 형태에 대해 좀 더 알아보도록 한다.

- 스킬 공유 서비스

스킬공유 서비스는 무엇인가를 하고 싶지만 그것을 하기 위한 '지식과 능력, 시간이 부족하다' 라고 하는 요구와, '자신의 지식과 능력을 활용해서 비어 있는 시간에 수입을 얻고 싶다'라는 요구를 연결(matching)하기 위한 서비스이다. 여기서는 간단히 스킬이라는 용어를 사용 하였지만, 연결의 대상이 되는 스킬은 여러 가지가 있다. 회계나 법률, IT 등의 전문적인 스킬을 연결하는 서비스로부터, 육아와 요리, 식료품 장보기 등의 가사대행, 애완동물 돌보기 등에 대한 요구를 연결하는 서비스도, 이러한 스킬공유 서비스로 분류할 수 있다.

- 공간 공유 서비스

일반적으로 유휴공간이라 부르는 평소에는 사용되지 않는 공간이 많이 있다. 예를 들어 야간이나 토요일의 회의실, 평일의 결혼식장, 폐점시간중의 레스토랑, 휴교일의 학교 체육관과 교정, 여행 중의 자택 주차장, 유휴농지 등 수 없이 많이 있다.

그러한 유휴공간의 가동률을 향상시킴으로써 수입을 늘리고 싶어 하는 사람이 있는 한편, 사원의 체육대회를 위하여 구장을 빌리고 싶거나, 해카톤(Hackathon, 프로그래머 등이 단기간 집중해서 개발하는 이벤트)의 회의장으로 야간의 회의실을 빌리고 싶다는 요구도 많이 있다. 결국 각각의 필요에 의해 공유하는 경제 활동의 시장은 무한하다. 단지 이들을 연결시킬 수 있는 플랫폼을 제공하는 사업자가 그 필요만큼 충당 되어야 시장이 더 활성화 될 수 있다.

6 진화하는 스마트 농업과 리스크 극복

6.1 » 4차 산업혁명 기반 스마트 농업

    과거 우리나라의 산업화는 선진 기술은 없고 값싼 노동력에만 의존하던 열악한 상황에서 시작되었으므로 자본과 기술은 대부분 외국에서 수입을 하고 여기에 국내의 저가의 노동력을 결합하여 공장을 짓고 생산한 제품을 수출하는 방식이었다. 당시 우리나라 농업 상황도 그다지 좋지 않은 환경이어서 농업정책도 정부 보호아래 보호정책으로 이어져 왔다. 그러나 이제는 급변하는 사회 환경에 걸맞은 패러다임(paradigm)으로 변화해야 한다. 과거의 보호정책에서 이제는 성장산업으로 전환시켜 나가야 하는데 먼저 정부의 의지와 정책적 연구가 선행되어야 가능하다.

스마트 농업이란 로봇과 IoT, ICT의 활용에 의해 생력화와 정밀화, 고품질 생산의 실현을 목표로 하고 있다. 이것을 실현하기 위하여 농가 (농업법인) 및 농업관련 종사자들이 큰 어려움 없이도 4차 산업혁명 기술인 IoT, 빅데이터, 인공지능(AI) 기술이 적용된 자율주행 농기계, 지능형 로봇, 농장 자율제어 앱 등을 이용할 수 있도록 교육하고 돕는 것이 필요하다.

농업의 주체인 농가가 미래 농업의 방향을 이해하고 있어야 4차 산업혁명 기술과 ICT 기술과의 융(복)합 기술로 변화될 미래 농업환경과 기반기술에 거부감 없이 전문 농업인으로 성장 발전해 나갈 수 있다.

무엇보다 지금부터라도 우리의 농업을 스마트 농업으로 미래를 준비해 나가야한다. 미래를 개척해 나갈 한국형 스마트 농업(Smart AgriK-4.0) 기술개발이 시급하고 중요한 과제이다. 스마트 농업의 구현으로 농업의 현안문제인 노동력 부족, 생산성 저하, 농가소득 정체 등을 해결할 수 있으며, 이를 해결할 수 있는 하나의 수단이 4차 산업혁명 기술이다. 이미 모든 사물이 실시간 웹으로 연결되는 IoT 기술이 산업 전반에 적용되고 있는 가운데 농업분야도 반드시 적용이 될 것이다. 농업에도 IT를 서비스 형태로 공급받는 클라우드 컴퓨팅기술이 변화와 혁신을 가져올 것이다.

농업 생산 분야에서는 영농과정에 필요한 정보를 실시간으로 획득할 수 있도록 맞춤형 눈높이 컨설팅 등 각종기술과 다양한 정보를 활용한 스마트 농업이 가능하게 된다. 유통 분야에서는 스마트폰을 활용한 스마트 경매, 소셜 네트워크 서비스와 스마트TV를 통한 직거래, 소셜커머스의 공동구매가 새로운 유통질서로 자리 잡아 가고 있다.

더욱 다양한 형태로 진화되어 가는 스마트화는 소비자가 시장에 가지 않고도 안심하고 농산물을 구매할 수 있는 새로운 유통 구조가 형성되어 가고 있다. 최근 코로나 19의 영향인 사회적거리두기의 일환으로 면대면 접촉을 금기시하고 있다. 이러한 영향은 온라인을 통한 재택근무, 비즈니스, 소비, 교육 등 인간관계가 전통적인 오프라인 인간관계를 대체하면서 더욱 가속화 되어가고 있다. 소비분야에서는 농산물의 생산과 유통과정에서의 이력추적과 농산물의 품질과 안전성에 대한 정보 제공을 통해 생산자와 소비자 간의 거리를 줄여감으로써 상호간의 신뢰를 구축해갈 수 있다.

농업은 고령화와 신규 농업인의 부족이라는 어려운 과제를 안고 있는 것이다. 자동주행 트랙터를 시작으로 하는 각종 농작업의 자동화와 생력화는 이러한 노동력 부족 문제를 해결해 가는데 있어 불가결할 것이다. 농업인의 수를 크게 증가시키는 것이 어려운 현실에서는 한 사람당 생산성을 올리는 방안을 고려하여야 한다.

더구나 농업은 경험이 중요한 산업이며 같은 작물이라도 기후와 토양 상황에 따라 재배상황이 다르며 오랜 경험과 감에 따라 최적의 재배방법을 찾아내는 이른바 '장인정신'의 세계라 할 수 있다. 그렇지 않아도 신규 농업인이 부족한 상황 속에서 이러한 장인정신 속에 있는 '암묵지(暗黙知)'를 어떻게 전수해야 할지 심각하게 고민해야 한다.

이러한 암묵지(暗黙知)를 '시각화' 할 수 있어야 후대에 전달 할 수 있다. 오랫동안 농업에 종사해 온 사람들이 아직 건강한 지금이 최후의 기회일지도 모른다. IoT 기술을 십분 활용하여 장인들의 경험을 암묵지(暗黙知)를 통하여 후세에 전달할 수 있도록 해야 한다.

그러면 이제 4차 산업혁명을 기반으로 한 스마트 농업과 관련된 연구 및 개발 사례에 대해 알아보도록 한다. 먼저 자동주행 기술을 농업 분야에 어떻게 적용 시키고 있는지 살펴보겠다. 사람이 직접 모는 트랙터 등과 같은 농업기계에 자동주행기술을 적용시켜 농 작업을 자동으로 수행할 수 있게 한다.

이 기술은 경험이 없는 신규 농업인이라도 농 작업을 할 수 있는 가능성을 열어주고, 야간에도 작업할 수도 있다. 물론 어느 정도의 정밀도로 활용가능한지 안정성 문제를 어떻게 확보할지 등에 대해서 검토해야할 과제로 남아있지만, 농 작업을 훨씬 수월하게 돕는 기술이다.

게다가 농작물 재배의 경우에는 온도와 물의 관리가 필수적이다. 예를 들어 비닐하우스에서 재배할 때에는 바깥 기온의 변화와 일조량 등에 따라 실내를 일정 기온으로 유지하고, 물을 주는 것도 작물의 재배상황에 맞추어 매일 바꿔줘야 한다. 뿐만 아니라 같은 작물이라 하더라도 날씨나 토양 등에 따라 최적의 재배방법이 다르다.

이 때문에 일련의 농 작업이 사람의 손으로 이루어질 수밖에 없고, 오랜 경험으로 뒷받침된 지식과 방대한 노력과 시간을 요하는 것이었다. 그런데 이러한 섬세한 작업까지도 IoT의 활용에 의한 변화, 발전의 조짐이 나타나고 있다.

농업에서 활용되고 있는 IoT 솔루션을 찾아보면, 농장 주위를 센서 네트워크로 연결하여 농장의 온도나 습도, 일조량, 토양 내의 온도와 수분량, 이산화탄소농도 등을 검출하여(sencing) 이 모든 상황들을 시각화하는 것이다. 유저는 PC와 태블릿을 통하여 이러한 다양한 데이터를 파악할 수 있고, 시각화된 데이터를 바탕으로 농작업을 수행할 수 있게 된다. 더 나아가 재배방법이 '레시피(Recipe)'라고 하는 형태로 농가 사이에서 공유되고, 작물의 종류와 생육상황, 재배환경에 맞춘 최적의 재배방법을 실천할 수 있게 된다.

6.2 》 농업의 리스크 극복과 4차 산업혁명

농업은 그 생산에 대하여 입지, 병충해, 기후, 자연재해, 가격결정 등에 대하여 큰 리스크를 떠안고 있다. 농업기술로 어느 정도 이러한 리스크가 개선되어 수확에 대한 위험요소가 전에 비해 크게 줄었다고 해도 여전히 기후의 격변이나 자연재해의 위험성은 상당히 크다. 무엇보다도 시장 수급에 따라 농산물의 가격이 결정되기 때문에 농업은 가격결정권이 거의 없다고 볼 수 있다. 이러한 구조 아래서는 농업인들이 안정적인 수입을 보장 받기가 어려운데, 이러한 리스크를 어떤 식으로 경감시킬 것이며, 안정적인 수입을 확보하기 위하여 무엇을 실시해야 할지 검토할 필요가 있다.

농업기술은 지금까지 품종개량과 신품종개발에 따라 우수한 농산물을 제공해오고 있다. 오늘날에는 병해충에 강하고 기후에도 영향을 적게 받는 효율적인 품종의 연구가 진전되고 있다. 품종 개량에 관한 연구가 교배와 접목 등의 방식이 아닌, 유전자 변형이라는 기술로 실현하고 있는 경우도 있다. 밀가루나 콩 등은 유전자 변형을 통한 품종이 개발되어 대량으로 재배되고 생산되어 전 세계적으로 유통되고 있다. 그러나 이러한 유전자 변형 식물에 대해 반대의 목소리가 점점 커지고 있다. 인간 이외의 자연계 동식물의 유전자 조작에 의하여 자연 생태계에 큰 변화와 피해를 입힐 가능성이 보고된 바 있으므로 사람이 먹는 음식의 식재료가 되는 곡물이 유전자 변형에 조작되는 경우 신중히 검토할 필요가 있다.

농업의 6차산업화에 대해서도 큰 비즈니스 기회가 되기는 하지만, 그 모든 과정에 있어서 다양한 리스크가 존재함을 인식해야 한다. 예를 들어 공장에서의 농산물재배 자동화의 경우, 공장을 제어하는 시스템 고장이나 사이버 공격에 따른 정지상태가 계속되면 기후악화와 같은 상태로 전락하게 될 수 있다.

농업 기술만으로 위험요소(Risk) 극복은 어렵다. 농산물 수확량은 생산입지와 기후에 크게 좌우되므로, 토양이 풍부한 장소에서는 많은 농산물을 수확할 가능성이 있지만 병해충 피해에 의해서 수량이 크게 감소하는 경우가 생긴다. 농부가 정성들여 손질하고, 좋은 비료를 주어 풍작이 확실해보여도 태풍 등과 같은 기상이변으로 인해 모든 노력이 수포로 돌아갈 때도 있다.

예상치 못하는 기후변화에 대처하기 위해 품종개량과 농약에 의한 병해충대책, 홍수에 대한 치수대책 등 끊임없이 연구 발전을 이루어 왔다.

그 결과 저마다의 생산입지에 적합한 품종을 재배할 수 있게 되었고, 농약으로 병해충도 퇴치 가능해졌다. 하천개량과 제방축조, 방풍림 등으로 어느 정도 수준의 자연재해에는 대처할 수 있게 되었다. 이와 같이 농작업의 실천과 경험에 따라 축적된 지혜는 계승되어 농업생산에 공헌하고 있다. 산·학·연·관 연구기관에 의한 농업기술 개량, 새로운 품종의 개발 등이 실시되며 각 지역의 행정기관인 농업기술센터나 농협 등을 통해 농가와 영농사업자에게 각각의 정보가 제공되어 활용되고 있다.

농가와 영농사업자가 농작물을 재배하는 지역과 계절에 따라, 무엇을 재배하면 효과적이고 효율적으로 좋은 성과를 얻을 수 있는지에 대해서도 지금까지의 그 지역의 재배 경험치가 활용되고 있다. 이는 적지적작이자, 생업·사업으로서 자리매김하는 것이 과거부터 입증되어 있기 때문이다.

그러나 농업인에게 있어서 설령 재배가 순조롭다 할지라도 그 수입이 그에 상응하는 것인지 어떤지는 예상하기 어렵다. 농산물을 수확할 수 있어도, 그것을 누군가가 최종적으로 소비하기 위해서는 농협 등을 통해 도시의 중앙시장에 출하하여 도매를 위탁하고, 시장에 중간도매업자의 경매에 의해 비로소 가격이 결정되는 것이다.

이러한 리스크에 대처하기 위해서 이제 4차 산업혁명 기술을 이용하여 농업기술과의 결합에 보다 새로운 재배·생산방식을 구축해야 한다. 이미 식물공장에서는 채소·과일 재배가 이루어지고 있다. 곡물재배는 큰 면적을 요하기 때문에 공장재배에는 적합하지 않지만, 채소·과일이라면 종래의 온실 등에 의한 촉성재배 공장화라 생각하면 된다. 토양을 사용하지 않고 수경재배를 실시한다면 생육상황에 따른 최적의 시설과 비료에 따라 재배가 가능하고, 병해충까지도 방지할 수 있다. 공장 내에 온도 · 습도 · 조명 등을 계측할 수 있는 센서를 설치하고, 재배환경에 적합한 상황을 유지하기 위한 공조설비, 조명설비, 가습설비 등을 가동시키는 것이다. 나아가서는 지금까지의 경험치를 참고하여 AI기술에 따라 최적 환경을 찾아 이를 실현함으로써 품질 좋은 균질적인 생산물을 효과적이고 효율적으로 수확할 수 있게 된다. 24시간 365일 이 공장을 가동시킬 수 있게 되어 계절이나 기후에 좌우되지 않고 재배할 수 있게 되어 안정적인 수확을 계획한 대로 얻을 수 있다.

6.3 》 인공지능과 ICT 기술로 새롭게 진화하는 농업

3.1 ICT 기술을 활용한 농업

다른 산업에 비해 농업분야에서 ICT 기술은 비교적 덜 활용되고 있다. 자연과 시장을 상대로 농산물을 생산하는 농업이 가장 긴 역사를 갖고 있는 산업임에도 불구하고 새로운 기술 활용이 더디게 진행되고 있기 때문에 생산방식, 유통경로, 시장, 행정 등에 ICT의 장점을 제대로 이용하지 못하고 있는 실정이다. 일반적으로 대부분의 농업인들은 농작업의 기계화를 어느 정도 실현하여, 생산성은 높아지고 있지만, 아직은 ICT 기술이 생소해서 인지 농업인들의 농업 현장에서 이용하는 수치는 매우 한

정적이다.

사실 ICT 기술은 농업 전반에 다 적용하여 활용할 수 있는데, 농업의 생산, 유통, 소비를 연결시키는 방법으로도 ICT 기술이 매우 유용하다. 생산 단계에 있어서 ICT 기술은 온실을 이용할 경우에 온도와 습도, 시비 등 상당한 부분을 제어하는데 활용할 수 있다. 수경재배는 공장에서 생산하는 것과 거의 같은 조건으로 ICT 활용이 가능하다. 물론 생산수단으로써의 농기구에 대해서는 공동이용, 렌탈업자, 리스업자 활용에 의한 방법이 있다. 동일지역 내에서는 거의 같은 시기에 같은 농기구가 필요하기 때문에, 국가 전체를 인터넷으로 연결함으로써 분산시킬 수 있다.

유통 분야에서의 ICT 기술 활용 역시 매우 유용하다. 과거와 마찬가지로 유통은 종래의 시장을 경유할 뿐만 아니라, 생산직매, 물류회사 활용, 인터넷 판매업자 등 두 가지 이상의 판로를 확보하면서 시장동향을 파악해야 한다. 유통은 구조적으로 먼저 생산자가 소비자가 필요로 하는 농산물을 소비자에게 정확히 공급할 수 있는 구조를 구축해야 순조로운 유통이 가능하다.

앞으로 미래의 농업은 4차 산업혁명의 핵심기술들이 융합된 농업으로 스마트 농업이라는 새로운 패러다임으로 향해 나아가고 있다. 오랜 세월 농업인의 경험과 감각에 의존하는 주관적이고 추상적이던 농업기술이 센서와 네트워크 기술을 기반으로 계량화되고 객관화되며, 반복적 시행착오와 개인의 노하우에 의해 이루어졌던 의사결정과 농작업의 전문성이 컴퓨터와 인공지능으로 지능화되고 자동화 된다.

그러면 유비쿼터스 혹은 IoT 환경에서 시간과 장소의 제약이 없이 언제 어디서나 농장에서 일어나고 있는 농사환경의 변화를 관측하고 멀리 떨어진 원격지에서도 정밀하게 제어 관리가 가능한 농장 경영을 할수 있다.

세계는 ICT 기술을 융합한 스마트 농업을 농업의 차세대 모델로 인식하고 성장산업으로 육성하기 위해 국가마다 치밀한 전략 속에서 기술개발을 위해 경쟁하고 있다.

3.2 농업의 ICT 융(복)합 기술과 기업의 성장전략

국내에서 생산되고 유통되는 대부분의 농산물은 농협공판장 등을 경유하여 공공시장에서 도매로 판매되고, 시장에서 중간도매업자의 경매에 따라 그 가격이 결정된다. 그리고 그 가격에 근거하여 소매업자가 매입하고, 점두가격을 결정하여 일반소비자에게 판매한다. 이런 구조는 결국 생산자와 소비자 간의 간격(단계)이 크므로 생산자들이 소비자들의 동향을 정확히 파악하는 것이 매우 어렵게 되어있다. 이런 이유로 대부분의 생산자들이 농협에 일괄적으로 맡기는 상황이 되어버렸다.

국내 대형 식품 매장을 운영하는 대기업들은 이와 같은 농업생산물의 유통구조를 ICT 기술을 활용하여 생산 · 유통 · 소매 · 소비의 단계까지 어떻게 연결시키면 생산자 유통업자 소비자가 모두가 만족할 수 있을지 고민하고 있다. ICT를 생산 · 유통 · 소비를 연결시키는 방법으로 활용할 수 있는 경우가 많은데, 그 중 한 가지는 생산품목의 수요예측이다. 이를테면 슈퍼마켓 등 소매업자의 POS 데이터를 빅데이터로 분석하여 이것을 토대로 수요와 그 경향을 예측한 것으로 만들 수 있다.

무엇보다 농산물을 그 맛과 품질이 좋아야 상품성이 있다. 좋은 품종을 개발하여 외국인이 선호하는 농산물을 생산하고 해외에 수출함으로써 더 넓고 새로운 시장을 개척해 나가야 한다. 그리고 AI시대에 있어 그 기술을 활용하고 새로운 결합을 구축하기 위해서는 전체적으로 다음과 같은 접근이 필요할 것이다. 그것은 인력에 의한 서비스제공을 사업으로 하는 기업과 시스템이나 구조에 의한 서비스제공을 사업으로 하는 기업이다. 전자의 경우에는 인력에 의한 부분을 ICT 기술에 의한 생력화, 다시 설명하자면, 로봇으로 대체시키는 생인화(省人化)도 범위에 넣어 둘 필요가 있을 것이다. 이러한 업무를 무리없이 진행하기 위해서는 무엇보다 담당할 인재의 확보와 육성이 절대적이다. 후자의 경우는, ICT를 전제로 한 시스템 구축이 기업의 사업기반이기 때문에 얼마나 소비자의 요구에 부응할 수 있을지가 관건이다. 언제든지, 어디서든지 간단히 저렴한 값으로 서비스를 제공받을 수 있는 인프라를 정비하여 끊임없이 개선하고 개혁해나가야 한다. 즉, 소비자가 어떠한 서비스를 원하는지, 그것을 어떤 방법으로 시스템으로 구축해 나갈지가 핵심이다.

3.3 농업의 사업기회

농업을 비즈니스화하기 위해서는 앞서 설명한 정보를 고려하여 다음과 같은 혁신이 필요하다. 지금까지의 농업 상식을 뒤집어야 한다는 뜻이다. 그것은 지금 우리나라에 유행하고 있는 농업의 6차 산업화라고 하는 개념이다. 기존의 농업은 농산물을 경작하고 재배하는 1차 산업으로써 자리매김 해왔다. 그러나 앞으로는 필요에 따라 농산물 가공과 그것을 원료로 한 제품을 만든다는 2차 산업의 역할도 담당하고, 나아가서는 그 생산물을 직접 소비자에게 전달하는 물류, 소매라는 3차 산업의 역할까지도 염두에 두어야 한다.

밭의 공장화도 그 일환이고 또한 농산물에 가공을 시행하여 가공가치를 더함으로써 판매 수익을 높일 수 있다. 1차 가공으로써 건조시키는 것, 소금이나 설탕을 첨가하여 절임으로 만드는 것, 설탕 · 소금 · 술 등에 의해 가공시키는 것 등도 공장에서 실시할 수 있다. 가공수작업을 어느 정도 기계화하는 것도 가능하다.

과거에는 체인점에 의한 유통혁명의 일환으로 산직(산지직송 · 직매)이 실시되어 유행했던 적이 있다. 그것을 생산자인 농업사업자가 스스로 그 역할을 담당하려는 것이다. 생산기능뿐만 아니라, 가공기능, 물류기능, 소매 판매 기능까지 자기 손으로 이 기능을 전부 해결하려는 방식이다. 물론 가공비용이나 물류비용 부담은 있지만, 시장 실세에 대응한 소매가격으로 판매할 수 있으므로 추가가격으로 수입이 증대된다. 그리고 포털 사이트에 홈페이지를 구축해 직접 소비자로부터 주문을 받아 배송하는 시스템을 구축한다. 또한 포털사이트 사업자(amazon 등)가 설치하는 인터넷상의 시장이나 쇼핑몰에 점포를 설치하여 직접 주문 · 판매하는 EC(전자상거래: e-commerce)도 있다. 그것에 SNS인 페이스북이나 트위터를 평설하여 유저로부터 새로운 고객을 소개 · 유도하게 하는 구조를 활용한다. 결제방법은 배송시의 대금회수도 있지만 신용카드나 전자머니에 의한 회수도 있다.

이와 같이 농업 사업자가 6차 산업화하여 농산물 재배, 가공생산, 물류, 판매까지 소비자의 손에 이르기까지의 모든 프로세스를 파악함으로써 다음번의 주문과 신상품의 소개와 판매 기회도 증가하게 된다. 또한 이러한 데이터를 수집하고 분석함에 따라 앞으로의 생산·판매 계획에 도움이 되는 경우도 있다. 농업사업자가 아니더라도 이 모든 구조를 구축하고 농가와 가공업자, 택배 업자를 연계시켜 생산·가공·택배를 위탁해 판매업무만 담당할 수도 있다.

3.4 4차 산업환경 기반 농업 혁신 기업

4차 산업혁명의 핵심요소 기술은 제조 설비, 사람, 제품의 흐름과 행위(behavior)를 잘 캡처(capture)하는 IoT 기술, 다양한 산업 주체 또는 물류 주체들의 업무 칸막이 및 데이터 칸막이를 극복하고 다양한 주체들의 다양한 가치의 통합을 실현하도록 하는것이다. 빅데이터 분석 지능 서비스를 가능하게 하는것이 데이터 공학과 소프트웨어 기술이며 적어도 2021년 이후에는 소프트웨어가 세상을 지배하는 현실이 될 것이다.

4차 산업혁명을 추진하는 ICT, IoT, AI, 로봇은 기업의 성장전략과 기업발전을 위해서는 핵심적으로 필요한 기술이다. 이 핵심기술은 미래의 신규사업기회를 창조하는데 있어서 절대적인 요소들이다. ICT 하드웨어의 핵심이 되는 반도체 LSI(대규모집적회로)의 용량 및 처리속도의 진전은「무어의 법칙」에서 벗어나고 있다. 앞으로도 더욱 진보된 개선과 개량이 이루어지고, 대용량의 처리속도가 빠른 LSI가 개발되어 가고 있다. AI의 기술개발도 더욱 진화하고, IoT에 의해 수집된 데이터로부터 설비와 기기의 가동상황도 파악하여 보다 효율적인 가동을 제안하여 메인터넌스의 타이밍도 제시할 수 있다. 인터넷 상에서 수집된 다차원 고객데이 터로부터 그 동향을 파악하면서, 고객의 요구를 파악한 다음 신상품·서비스의 신규개발과 수요확대와 동기부여에 이바지 하고 있다.

농업인이 수년간 축적해 온 경험과 기술이 어떤 작물을 얼마만큼 파종하고, 언제 수확해야 하는지 결정하는 것 또한 이제는 그 암묵적인 기술과 지식이 데이터로 축적되어 인공지능과 빅데이터 기술로 결합하면서 다양한 서비스를 창출하는 혁신의 원천으로 등장하고 있다.

그 대표적인 사례로 세계 스마트팜 기술시장을 주도하는 네덜란드 프리바(priva)를 들 수 있다. 이 기업은 데이터 기반의 정밀농업을 선도하며 시설 원예 분야에서 인공지능 기반의 스마트 팜 솔루션으로 세계시장의 70% 이상을 점유하고 있다. 네덜란드 프리바 같은 기업들은 모두 영세 규모에서 출발했으나 사회적 대 타협을 통해 대 규모화와 첨단화에 성공하면서 세계시장을 선도하고 있는 것이다.

우리나라에도 LG CNS가 새만금 산업단지에 대규모 '스마트 팜(Smart Farm)' 단지를 구축하려는 계획과 지난 2012년 동부그룹 계열 동부팜 한농이 수출용 토마토를 재배할 온실을 지었다가 각종 농민단체들과의 갈등으로 인해 중단된 사례가 있다.

그러나 다른 한편으로 농업을 디지털로 전환한 벤처기업 만나 CEA의 성공한 사례가 있다. 만나 CEA는 소프트웨어 기술과 아쿠아포닉스라는 수경재배 기술을 결합하고 시중에 유통되지 않던 특수채소를 선별해서 시장을 차별화하며 혁신을 이루어 낸 대표적 사례이다. 특히 이 기업은 농업이 아닌 공학을 전공한 학생들이 설립한 회사로서 직접 농장을 건설하고 운영하면서 축적한 데이터를 바탕으로 스마트팜을 제어하는 센서 기기와 소프트웨어 솔루션을 개발하여 최근 융복합 기술의 대표적인 기업의 모델이 되었다.

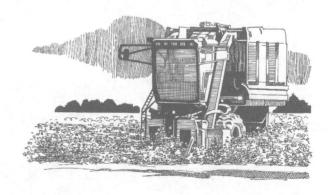

Chapter **6**

농업의 빅데이터
이론 및 적용사례

1
빅데이터의 정의 및 동향

1.1 ≫ 빅데이터(big data)의 등장

　산업혁명은 성장의 정체를 기술혁신을 통해 극복하고 경제와 사회 전
반에 혁신적 변화를 만들어 낸다. 4차 산업혁명은 학문 및 기술의 경계가
없어지고, 여러 분야의 기술이 융(복)합된 새로운 기술혁신의 시대이다.
이렇듯 이전에 상상조차 할 수 없었던 일들이 4차 산업혁명을 통해 현실
화 되는 가운데 모든 것이 상호 연결되고 지능화된 사회로 변화되고 있
다. 오늘날의 스마트 단말기, 사물인터넷, 소셜네트워크 등의 확대로 데
이터 증가량과 그 속도는 거의 폭발적인 수준으로 증가하고 있다.

　스마트 시대의 소셜네트워크, 사물인터넷, 라이프로그 데이터 등은

빅데이터 시대 진입에 중요한 요소들이다. 스마트 단말기는 수많은 데이터를 생산하고 그 기기들로부터 생산되는 수많은 데이터들은 분산파일 형태로 수집되어 중요한 정보로 가공된다. 기기나 설비에 설치된 센서로부터 수집한 데이터에서 현실의 문제점을 발견하고 해결책을 찾는 것이 가능하다. 빅데이터는 기존 데이터에 비해 너무나도 방대하여 기존의 방법이나 도구로 수집, 저장, 분석 등이 어렵고, 데이터를 정형 및 비정형으로 구분하고 있다.

빅데이터 기술은 지금까지 처리할 수 없었던 대용량의 비정형 데이터를 처리하는 기술이다. 즉 데이터를 이용한 지능형 서비스 구현의 기반 기술이라고 할 수 있다. 실시간으로 수집되는 데이터와 그것을 분석하는 시스템을 기반으로 한 지능형 서비스는 가까운 미래에 사용자에게 제공하는 서비스의 질을 높이고 전문가의 역할과 가치를 바꿔 놓을 것으로 기대하고 있다.

빅데이터는 지금까지 이해 할 수 없었던 정보를 이해하고, 분석할 수 없었던 방대한 양의 정보를 분석하는 기술로서, 불가능할 것으로 생각되었던 음성인식이나 자동번역이 빅데이터를 기반으로 현실화되면서 인공지능 기술의 발전에 더욱 접근하고 있다.

예를 들어, 구글에서는 1분 동안 수백만 건의 검색, 유튜브에서는 72시간의 비디오, twitter에서는 수십만 건의 트윗이 생성된다. 세계적인 컨설팅 기관인 매켄지(Mckinsey)는 빅데이터를 기존 데이터베이스 관리 도구의 데이터 수집, 저장, 관리, 분석하는 역량을 넘어서는 규모로서 그 정의는 주관적이며 앞으로도 계속 변화될 것이라고 언급한 적이 있다.

어떤 그룹에서는 빅데이터를 테라바이트 이상의 데이터라고 정의하기도 하며, 대용량 데이터를 처리하는 '아키텍처'라고 정의하기도 한다.

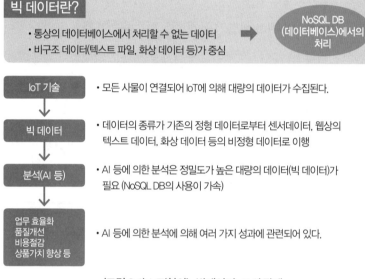

(그림 6.1) IoT(협의), 빅데이터, AI의 관계

1.2 》 빅데이터의 정의

빅데이터란 대용량의 데이터를 저장, 수집, 발굴, 분석, 비즈니스화 하는 일련의 과정을 말한다. 과거 데이터의 개념은 단순한 저장이나 수집하는 것에 불과했었다. 최근 데이터의 영역은 각종 디지털 디바이스들을 통해 저장 수집된 데이터 속에서 가치 있는 정보를 찾아내어 인포그래픽스(Information+Graphic의 합성어)로 표현하여 알기 쉽게 전달하고 정보를

원하는 사람이나 기관에 판매하는 비즈니스 과정을 전부 포함한다.

빅데이터의 핵심은 '데이터의 비즈니스화'에 있다. 공기나 물처럼 흘러넘치는 데이터를 돈으로 바꾼다는 의미이다. 새로운 비즈니스 창출을 위해서는 하드웨어가 아닌 소프트웨어로서의 데이터에 주목해야 한다. 웹에 분산되어 있는 데이터를 분석하여 주어진 규칙에 따라 새로운 2차 데이터를 만들어 내고, 가공된 2차 데이터를 관련자에게 판매하는 비즈니스를 말한다.

빅데이터는 전형적인 데이터베이스 소프트웨어가 파악하고, 축적하고, 운영하며, 분석할 수 있는 능력을 초월한 사이즈의 데이터이다. 빅 데이터가 본래 의미하는 대량의 데이터라는 양적인 측면에 주목하면, 데이터 사이즈로써는 최소 수십 테라바이트에서 수 페타바이트이상의 수치를 나타내고 있다.

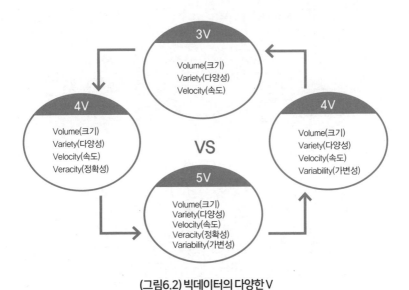

(그림6.2) 빅데이터의 다양한 V

빅데이터는 양적으로 거대할 뿐 아니라, 질적으로 다른 측면도 가지고 있다. 구체적으로는 구조화된 수치와 문자의 데이터만이 아니라, 계측장치에 따라 자동적으로 계측되는 고(高)빈도 데이터나, 시간이나 기간이 일정하게 정해져 있지 않고 폭발적으로 대량 발생하는 데이터 등이 포함되는 경우도 있다.

빅데이터는 말 그대로 엄청나게 거대한 데이터를 뜻한다. 일상생활이 디지털로 이뤄지면서 사람들은 엄청나게 많은 데이터를 쏟아낸다. 데이터가 너무 많은 탓에 이를 유용한 정보로 가공하기란 거의 불가능에 가깝다고 생각해 왔다. 컴퓨터 성능이 발전하고 클라우드 서비스와 하둡(Hadoop, 여러 개의 저렴한 컴퓨터를 마치 하나인 것처럼 묶어 대용량 데이터를 처리하는 기술) 같은 분석 도구가 상용화되어 대용량 정보를 저렴한 비용으로 처리할 수 있게 되면서, 방대한 데이터 속에 파묻힌 의미를 사람이 헤아릴 수 있는 길이 열렸다.

데이터의 크기를 나타내는 단위로서 가장 작은 데이터 단위는 0 혹은 1을 나타낼 수 있는 비트(bit)며, 8개의 비트가 모여 1바이트(byte)가 된다. 이후 1,024를 곱할 때마다 킬로바이트(KB) · 메가바이트(MB) · 기가바이트(GB) · 테라바이트(TB) · 페타바이트(PB) · 엑사바이트(EB) · 제타바이트(ZB) · 요타 바이트(Yotta Byte) 등의 순으로 커진다.

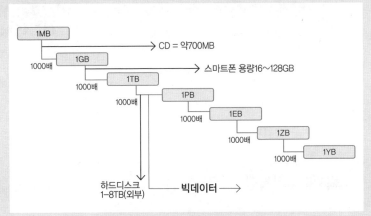

(그림6.3) 빅데이터의 크기를 나타내는 단위

2 빅데이터의 특징

2.1 》 빅데이터의 특징

빅데이터의 특징으로는 크기(Volume), 속도(Velocity), 다양성(Variety)을 들 수 있다. 크기는 일반적으로 수십 테라바이트 혹은 수십 페타바이트 이상 규모의 데이터 속성을 의미한다. 속도는 대용량의 데이터를 빠르게 처리하고 분석할 수 있는 속성이다. 융복합 환경에서 디지털 데이터는 매우 빠른 속도로 생산되므로 이를 실시간으로 저장, 유통, 수집, 분석처리가 가능한 성능을 의미한다. 다양성(Variety)은 다양한 종류의 데이터를 의미하며 정형화의 종류에 따라 정형, 반정형, 비정형 데이터로 분류할 수 있다.

빅데이터 플랫폼은 빅데이터 기술의 집합체이자 기술을 잘 사용할 수 있도록 준비된 환경이다. 기업들은 빅데이터 플랫폼을 사용하여 빅데이터를 수집, 저장, 처리 및 관리할 수 있다. 빅데이터 플랫폼은 빅데이터를 분석하거나 활용하는 데 필요한 필수 인프라(Infrastructure)인 셈이다. 빅데이터 플랫폼은 빅데이터라는 원석을 발굴하고, 보관, 가공하는 일련의 과정을 이음새 없이(Seamless) 통합적으로 제공해야 한다. 이러한 안정적 기반 위에서 전처리된 데이터를 분석하고 이를 다시 각종 업무에 맞게 가공하여 활용한다면 사용자가 원하는 가치를 정확하게 얻을 수 있을 것이다.

1. 빅데이터의 특징 3V, 5V

먼저, 2001년에 META그룹(현 가트너)에서 정의된 빅데이터의 정의에 대해서 살펴보도록 한다. 이 그룹이 정의하기를, 빅데이터는 잘 알 수 없는 큰(big) 데이터이다. 이것을 표현하기 위해 3개의 "V"를 사용했는데, 즉 Volume(규모 : 데이터의 양), Velocity(속도 : 데이터가 입출력 하는 속도), 그리고 Variety(다양성 : 데이터의 범위, 종류, 원천)이다. 이러한 3개의 V가 제창된 이래로 '빅데이터'라는 용어가 탄생된 것이라 할 수 있다.

빅데이터를 설명할 때 4개의 V라는 키워드가 이용된다. 네 가지 키워드는 「Volume」(데이터양), 「Velocity」(발생빈도), 「Variety」(다양성), 「Veracity」(정확성)으로, 「Veracity」(정확성)은 「Value」(가치)로 대체되는 경우도 있다. 빅데이터의 다양한 측면으로 인해 기존의 방식대로 데이터를 다루기에는 불충분하다.

예를 들어, 가트너는 미국의 정보기술 연구 및 자문회사로서 매년 시장의 기술 투자가 어떤 부분에 집중되고 있는지, 사람들의 관심이 어디에 몰려있는지를 쉽게 파악할 수 있게 '하이프 사이클(Hype Cycle)'이라는 그래프를 발표한다. 이 하이프 사이클에서는 기술의 성장주기로서, 기술이 소개되는 단계(**Technology Trigger**), 기술에 대한 기대가 충만해지는 단계(**Peak of Inflated Expectations**), 기대에 못 미친 기술에 실망하는 단계(**Trough of Disillusionment**), 기술 이해도가 상승하는 단계(**Slope of Enlightenment**), 기술과 시장 안정기(**Plateau of Productivity**)의 다섯 단계로 구분한다.

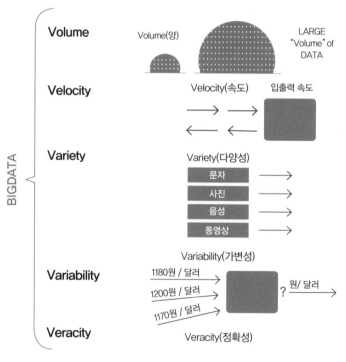

(그림6.4) 빅데이터의 3V와 5V

빅데이터의 3V에서는 대량으로, 따라갈 수 없을 정도로 빠른 속도로 움직이고, 문자나 영상의 차이뿐 아니라 출처나 종류도 제각각인 데이터를 빅데이터라고 정의하고 있다. 최근에는 이 3V에 'Variability'(가변성), 'Veracity'(정확성 : 신뢰할 수 있는 데이터인지의 여부)가 추가되어, 5V라고도 부르고 있다 (그림6.4).

1. Volume (규모 : 데이터의 양)

과거 컴퓨터의 그 전형적인 구성은 계산하는 본체, 본체와 연결되는 케이블, 그 앞의 단말, 키보드가 전부였고, 대부분의 데이터는 사람의 손에 의해 키보드로 입력되었다.

그러나 오늘날의 컴퓨터는 과거의 한정된 기능만 행하던 것과는 완전히 다른 형태로 바뀌었다. 먼저 데이터 수집, 처리기능의 양적인 측면에서 본다면, 빅 데이터의 최저치의 데이터라 하더라도 수십 테러바이트에서 수 페타바이트라는 수치를 나타낼 정도로 어마어마한 양의 데이터를 관리하고 있다. 물론 양적으로 거대하지만, 질적으로 여러 가지 다양한 측면도 가지고 있는데, 구체적으로는 구조화된 수치와 문자의 데이터만이 아니라, 계측장치에 따라 자동적으로 계측되는 고(高)빈도 데이터나, 시간이나 기간이 일정하게 정해져 있지 않고 폭발적으로 대량 발생하는 데이터 등도 포함하고 있다.

앞서 설명한 바와 같이 빅데이터를 형용할 때, 데이터양, 발생빈도, 다양성, 정확성이란 단어로 설명할 수 있다. IoT가 인간의 삶 전반에 확산될수록 그만큼의 엄청난 데이터양이 발생되는 것이다. 종래의 컴퓨터 저장 능력으로는 도저히 수용이 안되는 엄청난 양이므로 이러한 빅데이터를 충분히 수용하고도 여지가 있는 용량의 컴퓨터가 있어야 가능한 일이다.

(1) 구체적인 데이터양의 예

이 인터넷의 보급의 대중화로 컴퓨터는 마치 그물과 같이 촘촘히 망으로 이어져 갔다. 사람의 입력에 의존하고 있었던 데이터는 상관관계를 가지게 되었고, 데이터와 데이터는 결합과 구조화되어 데이터의 양도 늘어갔다.

이 시점에서 데이터는 아직 역동적으로 움직이지 않고, 입력된 데이터는 어딘가에 저장되어, 사용할 때 그들이 출력되어 처리되고 있다. 이때 필요한 장치(시스템)는 검색 장치와 큰 데이터베이스가 전부였다. 비즈니스와 관련하여 무엇인가 중요한 상관관계를 보고 싶다거나, 지역별, 날짜별 제품의 매상을 보고 싶은 경우에는 관계데이터베이스가 있으면 대처할 수 있었다.

관계 데이터베이스(relational database)란 데이터를 순서대로 나열해 둘 뿐 아니라, 데이터간의 관계성을 기술하여 큰 기억장치에 효율적으로 저장해 두는 장치이다. 어디까지나 모아서 나열된, 이른바 정적(靜的)으로 저장된 데이터를, 정확하고 신속하게 검색하는 장치와, 그렇게 입력된 데이터 하나하나가 어디에 있는지, 라는 위치정보와 기억된 정보도 함께 저장하는 장치가 필요하다. 이 장치만 있으면, 이 시대의 데이터베이스를 고성능으로 관리할 수 있고, 비즈니스에 역할을 하기에는 충분하였다. 데이터의 양이 사람이 손으로 입력하는 양과 동일하고, 불필요한 데이터도 거의 입력되지 않았다.

(2) IoT의 빅데이터 발생

오늘날의 IoT도 빅데이터를 발생시키는 큰 원인이 된다. 그전까지 인간이 손으로 데이터를 입력하거나 기록했던 인터넷의 이용형태와 달리, IoT는 인간이 직접 관여하지 않더라도 기계나 자동계량기, 기기나 센서 등 모든 사물이 인터넷을 통해 정보를 수집하거나, 교환하거나, 분배하게 되는 시스템으로 모든 정보가 실시간 저장된다.

기계등과 같이 사물이 직접 데이터를 주고 받는 것이 가능해 진 그 결과 대량데이터와 고속데이터 등, 그전까지 인간이 컴퓨터 등을 이용해 입력했던 데이터양을 훨씬 능가하는 대용량을, 기계가 자동으로 입력하게 되었다.

동시에 방범카메라 영상이나, 교통신호와 조명, 자동차와 전철, 공장의 생산설비, 휴대폰 등 이것들을 사용하고 있는 사람들조차 인식하지 못하는 사이에 기계가 자동으로 데이터를 만들어, 인터넷을 이용해 자동으로 데이터를 송수신 함으로써, 불필요한 데이터나 정확하지 않은 데이터, 취득할 필요성이 없는 데이터의 양도 점차 증가해 가고 있다.

이전에는 기업에서 업무용도의 컴퓨터 사용이 확대 되면서 영상과 화상의 양이 증가함에 따라 데이터양이 증가한다고 여겨져 왔다. 그러나 요즘 같은 때에는 꼭 필요한 업무가 아니더라도 SNS나 twitter 등을 매개로 개인의 사생활이나 근거 없는 뜬소문, 거짓정보 등과 같이 신뢰할 수 없는 데이터도 대량으로 공개되어 있기 때문에 양도 질도, 그 정보의 정확성까지도 다 확인할 수 없는 데이터가 인터넷상에 돌아다니고 있다. 이러한 환경 속에서, 올바른 정보를 찾고 싶어 하는 사람들이 과연 어떻게 해서 필요한 정보를 제대로 찾을 수 있고, 그 정보를 얼마만큼 신뢰할 수 있으며, 어떻게 사용할 것인가 라는 요구도 생겨나기 시작하고 있다.

(3) IoT 등장으로 더욱 복잡화 다양화 되는 빅데이터

오늘날 우리 일상에 IoT 보급의 확대로 빅데이터의 양의 엄청나게 증가했을 뿐만 아니라 어떤 특정한 형태로 파악하기 어려운 특징이 생기게 되었다. 즉 IoT가 등장함에 따라, 빅데이터가 훨씬 더 복잡해지게 된 것이다.

IoT의 출발점은 기계를 움직이는 전기신호와 인간이 사용해온 컴퓨터시스템에서 사용하는 언어의 융합인 것이다. 제조용 기계가 만든 제품의 수량이 전기신호로 수집되고, 그것이 생산관리시스템에도 알 수 있도록 언어로 번역되어, 인간이 그것을 보고 즉시 판단하는 장치인 것이다. 그 통신수단으로써 인터넷을 사용하기 때문에 IoT라고 하는 것이다.

최근에는 공장이나 현장 등의 로봇과 기계가 갖고 있는 데이터를 이용하려고 하면 데이터양만으로 어떤 과제를 해결하지 못한다. 로봇과 기계의 제어는 소프트웨어로 수행되며 그 동작결과도 소프트웨어로 표현된다. 그런데 인간이 입력하는 명령이나 보고서와는 달리, 그들은 언어를 사용하지 않고 전기신호가 사용된다. 전기신호로 명령받고, 일을 하고, 그 결과도 전기신호로 나타낸다.

2. Velocity (속도 : 데이터가 입출력 되는 속도)

데이터의 속도(Velocity)란 네트워크를 통과하는 데이터의 속도와, 디스크에 존재하는 컴퓨터 내부의 데이터 교환이나 처리 속도라고 할 수 있다. 현재는 LAN이나 광섬유를 이용한 가정용 인터넷 회선의 속도는 100Mbps(메가비트/초)라고 하며, 과거의 약1만 배 정도이다.

게다가 과거에는 컴퓨터 회선은 1대1 접속이라 해서, 하나의 장소에서 다른 하나의 장소로 각각 1개씩 연결되어 있었다. 그러나 지금의 인터넷은 복수의 장소에서 복수의 장소로 인터넷이 연결되어 있다.

3. Variety (데이터의 다양성)

초기의 컴퓨터시스템은 소위 문자로 정보처리를 하고 있었다. 그 후의 시스템에서는 YouTube나 인스타그램 등 화상이나 영상, 음성도 충분히 사용하게 되었다. 이것은 데이터의 다양성이라는 측면에 있어서 매우 큰 임팩트이다.

컴퓨터가 원래 이해할 수 있는 문자신호와 기계에서 발생하는 전파신호, YouTube나 인스타그램 등의 영상신호, 교통 IC카드 신호 등의 정보나 데이터가 입력되고, 데이터는 다양해져 갔다.

또한, 다양해진 데이터를 취급해야하는 상황이 되었다. 빅데이터가 다양해지면서도 적당하게 가감되는 데이터의 양, 속도 등도 동시에 그 특징으로써 중요하기 때문에, 그것들의 이용을 가능하게 하는 기술의 진보가 요구된다.

Twitter의 투고정보를 대량으로 수집해 구조화하여 시장의 동향을 파악하는 방법은 지금으로써는 당연해졌지만, 이러한 이용방법을 파악하는 것도 빅데이터 이용의 큰 비즈니스기술의 하나로 생각할 수 있다. 그렇다면 조금 더 다양화한 정보의 이용사례를 들어 보면서 설명해 보도록 한다.

(1) 다양화한 정보의 이용 사례 (방범카메라)

지금은 거리에서도 많이 볼 수 있게 된 방범 카메라이지만 과거에는 모두 사람의 눈으로 확인하고, 수상한 사람을 발견하기 위해 사용되었다. 그런데 지금은 사람의 눈에 의한 확인 작업이 감소하고, 반대로 시스템이 화상이나 영상 해석기술을 이용하여 자동 감시하는 경우가 많아지기 시작하였다.

이것은 언뜻 보면 감시시스템으로 보이지만, 화상처리된 정보가 자동차의 흐름이라면 교통에, 차종까지 파악한다면 자동차회사의 판매조사로, 다양한 빅데이터로써 이용이 가능해진다.

(2) 범죄 이력

미국의 뉴올리언스시를 비롯한 몇 개의 도시에서는 지도상에 범죄이력을 아이콘으로 표시하고 클릭하면, 범죄 종류나 발생 시기, 피해자 이름까지 표시하고 있다. 이것도 얼핏 보면, 지도상의 감시시스템처럼 보이지만 사실은 그 반대이다. 범죄정보는 발생 시기, 피해자명, 발생장소, 이유 등 단순한 범죄 데이터베이스뿐 아니라, 복수의 관리부문에서 가지고 있는 정보를 합함으로써 완성된다. 또한 공개할 수 있는 정보, 공개 할 수 없는 정보, 잘못된 정보, 너무 오래된 정보 등, 정보공개에 있어서의 성격도 저마다 다르다.

애초에 이와 같은 다양해진 정보들은 범죄수사나 범죄억제를 위해 빅데이터 기술을 이용해 수집하고 이용하는 것이 본래의 이용목적이었다. 그러나 그 방대한 데이터를 지도상에 표시하는 것을 착안하여 실행함에 따라, 시각적으로 관광객과 주민에게 위험한 지역이라는 보고를 발신하는 것처럼 된다. 위험이라고 표시된 지역의 주민과 기업은 방범에 대한 의식을 높이고 살기 좋은 마을을 만들고자 하는 의욕을 가지고 변화를 시도하고는 있지만, 토지의 가치가 내려가기 때문에 반대의견을 가지는 부동산업자도 많다고 한다.

(3) 교통감시 시스템

고속도로와 간선도로에는 경찰이 설치한 감시시스템으로 주행 중인 자동차의 넘버를 모두 읽어내고, 동시에 운전자의 사진을 촬영해 자동차 번호와 운전자를 맞춰 정보를 보관하고 있다. 이것은 물론 범죄수사에도 사용되지만, 같은 차가 어느 거리를 몇 분 걸려 통과했는지의 데이터를 취득함으로써 정체예측이나 드라이버에의 각종 경고등에도 이용되고 있다.

(4) IC칩 부착 교통카드

IC칩 부착 교통카드는 역에서 개찰할 때 '삑' 하고 울리는 것으로, 불과 얼마 전까지만 해도 카드 한 면에 칩이 있어서 사용할 수 있었다. 그러나 지금은 과거의 것과는 달리 역의 개찰기가 순간적으로 전기(실제로는 전파)를 교통카드에 보내고, 교통카드는 받은 전기(전파)를 사용하는 형태로 바뀌었다.

순식간에 자신이 가지고 있는 정보를 개찰구에 정보로써 보내는 것이다. 이 개찰기와 교통카드로 이루어지는 쌍방향에서의 신호로 개찰이 열리거나, 잔액을 표시한다. 이 정보가 개찰기를 통해 철도회사에 전달되고, 나아가 통계와 관리에 이용되는 것이다. 또한, 교통카드에 신용카드 기능(잔액이 설정액이하가 되면 자동으로 금액이 보충되는 자동충전기능)이 들어 있으면 그 정보는 신용카드회사에 보내져 데이터는 점점 유통되어 간다.

여기까지 다양해진 정보의 이용에 대해 살펴보았는데, 앞서 설명한 빅데이터의 성격을 나타내는 3개의 V나, 5개의 V만이 아니라 정보를 입수하는 구조나 그것을 전송하는 구조, 물리적 형태에서의 이용 빈도, 상호 이용되는 방법까지, 여러 가지 다양성이 생겨나고 있다.

(5) 은행의 인영(印影) 체크

우리 주변에 가까운 예로, 은행의 인영(印影)의 체크도 그중 하나이다. 과거에는 인간의 눈으로 확인 작업을 했고, 최근까지 시스템화 되어 있지 않은 상태였다. 이것은 다분히 화상인식제도로의 신뢰성의 과제와, 중요한 판단은 마지막에는 인간이 수행해야만 한다는 은행 등의 관습이었다.

그러나 현재는 신분증으로 사용되는 것도 화상데이터 처리의 대상이 되기 시작했다. 주민등록증이나 여권 등, 화상과 전자 칩을 함께 수납하고, 서로 위조방지 시큐리티와 사용이력 보존을 하는 예도 늘기 시작했다. 한장 한장은 개인이 사용하고 있지만, 그것들이 모이면 고도의 빅데이터가 된다. 이것들은 인터넷을 사이에 두고 축적되고, 보관되고, 이용된다.

4. Variability (데이터의 가변성)

(1) 선거속보에 있어서의 당선예측 사례

빅데이터의 성격을 나타내는 3개의 V와 5개의 V 외에, IBM이 제창했던 빅데이터의 특징은 4종류로 4V라 부르고 있다. 이 중에는 이 가변성(Variability)이 포함되어 있지 않지만, 이 가변성도 빅데이터의 중요한 특징이라고 할 수 있다. 보통 가변이라고 번역되는데, 본래의 의미를 그대로 생각하면 가변이 아니라 "데이터가 점점 바뀌어버린다, 그것도 데이터의 숫자가 바뀔 뿐 아니라 종류도 바뀌어 버린다." 라는 의미도 함께 내포하고 있는 것이다.

데이터는 많이 모이면 다른 특징이 나온다. 취득한 시기는 같더라도 데이터의 모집단 수에 따라 데이터가 바뀌어 버린다.

예를 들면, 선거속보에서 보이는 당선예측 등도 알기 쉬운 예이다. 출구조사라고 해서 투표소의 출구에서 투표한 후보자의 이름을 랜덤으로 듣고, 거기에서 특별한 계산식을 이용해, 지역과 인구밀도 등 많은 조건을 부가하여 고도의 계산을 하면, 유권자 중 1퍼센트 안 되는 정보라 해도, 결과적으로 당선의 가능성이 높다고 판단된다.

또한, 출구조사보다도 보다 고도의 방법으로는 개표 속보가 있다. 이것도 조금의 개표결과로부터 전체를 추측한다는 고도의 빅데이터 통계해석의 예이다. 선거에 출마하고 있는 후보자뿐 아니라, 소속되어 있는 당도 마찬가지 분석을 통해, 다음 선거로의 빅데이터로써 이용하고 있는 것도 널리 알려져 있다. 이것은 전형적인 변해 갈 가능성 있는 데이터이다.

(2) 소비자의 기호정보를 이용하는 사례

데이터의 가변성에 관련된 또 하나의 알기 쉬운 예로 어느 지역에 있어서 소비자의 기호정보를 이용하는 예가 적합 할 것이다. 소비자의 기본적인 정보와 기호에 대하여 대규모로 면밀히 파악하고 있다할지라도 시간이 지나면 대상으로 삼은 소비자의 연령도 높아져, 자녀가 태어나거나 전 입출이 발생하는 등, 주민의 기본정보는 거의 바뀌게 된다.

소비자의 정보가 거의 변하지 않는 단기간이라 하더라도 가까이에서 마을이 통합되거나, 역이 생기거나, 재해가 발생하는 등, 환경이 변화함에 따라 소비자의 기호가 급격하게 바뀌어 버리는 경우도 생긴다.

기업 측에도 같은 사상이 일어날 수 있다. 원재료와 유통루트가 갑자기 바뀌어, 지금까지와 같은 내용의 서비스가 계속되지 못하게 되는 경우가 있다. 예를 들어, 그 지역의 소득과 수요에 맞춘 식품을 제공하고 있던 레스토랑 체인점이 채소가격이 크게 뛰어 오른 탓에 타겟층에 맞춘 메뉴를 제공하지 못하게 된 경우이다.

이것은, 모처럼 취득한 소비자에 관한 빅데이터를 효과적으로 업무에 연결시킬 수 없게 된 데이터의 변화이다.

5. Veracity (데이터의 정확성)

(1) 데이터의 신뢰성과 정확성 보증이 없다.

초기의 컴퓨터시스템은 데이터의 발생원과 입력자 모두 제한적이었다. 물론 입력미스는 있었지만, 수주 데이터 등을 의도적으로 조작하여 입력하는 경우는 거의 없었다. 정리되지 않은 데이터나 신용할 수 없는 데이터는 기본적으로 입력되지 않았다. 이때까지만 해도 데이터란 입력하는 것이었다. 즉, 사람이 데이터를 입력하기 위해 장치를 만들고, 의도적으로 데이터를 시스템에 입력하였다.

기술이 진보할수록 데이터 입력이 점차 사람에서 시스템으로, 시스템에서 데이터의 흐름으로, 데이터들이 「모아졌다」, 「취득했다」, 「넣어봤다」, 「써봤다」, 「그려봤다」, 「지웠다」, 「바꿨다」 등의 여러 가지 형태로 모이는 방식이 늘어나게 되었다.

현재의 데이터 입력의 목적에는 데이터를 입력하는 것과 동시에 데이터를 수집한다고 볼 수도 있다. 다른 관점에서 보면, 거기에 있는 데이터를 취한다는 행위도 그 큰 목적이 되고 있다. 이와 같은 현재의 정보는, 과거처럼 전문요원이 업무거래를 위해 정확히 입력했던 데이터와 비교해서, 그 정확성과 신뢰성이 낮아졌다. 고객정보 등에 관해서는, 과거에는 판매 측이 정확하게 입력했는데, 지금은 온라인 쇼핑을 하는 고객 측이 스스로 입력하고 있다. 데이터의 신뢰성과 진실성에 아직 많은 의문이 남은 케이스도 점점 늘어가고 있다.

(2) 데이터의 정확성은 빅데이터의 어려운 요소

지금까지 설명 해온 바와 같이, 데이터가 하나의 규칙과 목적으로 수집되고 나열된 것이라 한다면 빅데이터는 다종다양한 데이터라고 할 수 있다.

예를 들어, 이상기상이나 역사내의 공사 등의 이유로 통근이나 통학자의 행동이 바뀌면 대폭적으로 그 상관관계에 이상(착오)이 발생하기 시작한다. 그밖에도, 예측된 스타디움의 입장자수가 태풍의 영향으로 크게 바뀐 경우도 마찬가지이다. 애초에 특정일의 스타디움 입장자수에 대하여, 빅데이터를 이용해 예측한 데이터 자체가, 기후의 변화에 더해 지하철(전차)의 사고가 더해진 것이 원인으로, 완전히 사용할 수 없게 된 경우도 있다.

6. 아직 제대로 정의되지 않은 빅데이터

위에서 설명한 바와 같이 빅데이터는 어떠한 한 분야를 나타내거나 한 가지 특징을 개념으로 사용하기 어려운 측면이 있다. 데이터의 분석과 활용 과정에 필요한 사항을 설명할 수는 있겠지만, 사용 분야마다 중요하게 생각하는 부분은 다를 수 있고, 필요 없는 것도 있을 수 있다. 또한, 3V, 4V, 5V 등 시간이 지나면서 기존 빅데이터의 특징인 3V에 새로운 속성들이 추가되고 있는 추세에 있다. 이러한 점이 빅데이터의 정의를 어렵게 만들고 있다. 앞으로도 빅데이터의 특징은 새롭게 추가될 것으로 보고 있다. 그러나 빅데이터의 가장 기본적인 속성인 3V는 변하지 않고 빅데이터의 대표적인 특징으로 남을 것 같다.

3

4차 산업혁명에서 빅데이터 역할

신성장 동력에 대한 필요성이 대두되면서 인공지능, 빅데이터, 사물인터넷, 생명공학 기술 등 다양한 부문의 신기술들이 융합되고 있다. 사물인터넷, 빅데이터, 인공지능 등과 ICT기술은 4차 산업혁명을 주도할 주요 기술로 인식되고 있다. 빅 데이터는 4차 산업 혁명으로 가기 위해 필요한 핵심 기반 기술이다.

4차 산업혁명은 학문 및 기술의 경계가 없어지고 여러 분야의 기술이 융합되는 새로운 기술혁신의 시대이다. 즉 4차 산업혁명을 통해 모든 것이 상호 연결되고 지능화된 사회로 변화 시켜나가게 된다.

따라서 4차 산업혁명 시기의 산업 생태계는 초연결 네트워크를 통해 방대한 빅데이터를 생성하고, 인공지능이 빅데이터에 대한 딥러닝 기술을 토대로 적절한 판단과 자율제어를 수행함으로써 초지능적인 제품 생산 및 서비스를 제공한다.

사실 많은 데이터를 이용하여 결과를 도출하는 방법은 흔히 사용하고 있는 것이다. 가령 온도에 따른 물질의 길이 변화 데이터를 이용하여 팽창계수를 도출하고, 교통 사용차량 데이터를 분석하여 향후 주요한 교통수단을 도출하고 있다. 컴퓨팅 기술이 발달함에 따라 처리할 수 있는 데이터량이 증가하고 있을 뿐 기본개념은 과거에도 있어왔던 것이다.

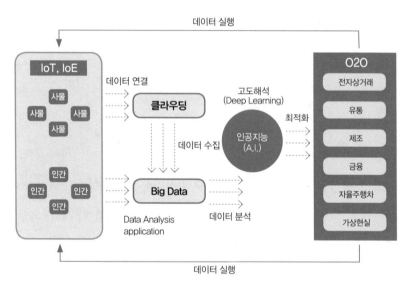

(그림6.5) 4차 산업혁명에서 데이터 처리

따라서 4차 산업혁명에서 빅데이터가 차지하는 중요성을 이해하기 위해서는 단순한 데이터로 볼 것이 아니라 어떤 변화를 가져오는지에 대한 보다 넓은 시야를 가질 필요가 있다.

빅데이터는 기본적으로 상업적인 면에서 필요성을 갖는다. 왜냐하면

산업혁명의 성공으로 인해 더 이상 공급이 우위를 가지는 시장이 아니기 때문이다. 즉 공급과잉시대를 맞이함에 따라 소비자는 자신이 원하는 제품을 마음대로 고를 수 있게 된 것이다. 따라서 소비자를 유치하기 위한 전략이 중요해 진다. 여기에서 빅데이터는 소비자의 잠재적 필요성을 찾아내어 제공하는데 중요한 역할을 한다.

많은 데이터를 활용하여 소비자의 수요를 파악 할 수 있다. 다가올 4차 산업혁명에서의 빅데이터는 개념이 보다 확장된다. 그것은 단순히 많은 데이터에서 필요한 결과를 이끌어내는 통계개념에 그치는 것이 아니라 결과를 바탕으로 유의미한 의사 판단을 이끌어내는 데까지 확장되는 것이다.

예를 들어, 자율주행차는 센서를 통하여 도로에서 수많은 데이터를 받아들인다. 이러한 데이터는 상황에 대한 정보만 주는 것이 아니라, 자동차가 충돌을 피하고 안전한 길로 달릴 수 있도록 판단할 수 있는 근거가 된다. 이처럼 빅데이터는 통계 개념에서만 머무르는 것이 아니라 유의미한 의사 판단을 위한 근거가 된다.

어찌 보면 이는 인간의 의사 판단과 유사하다. 대표적인 예로 딥러닝이라는 머신러닝은 아기들의 학습 방법을 따르고 있다. 딥러닝은 개나 고양이에 대한 이론적인 근거를 심어주지 않는다.

그저 사진으로 된 데이터만 무수히 던져주어도 스스로 개나 고양이에 대한 개념을 익히게 되는 것이다.

이는 아기가 하는 것처럼 주위의 사물에 대한 시각, 촉각, 청각 등에 대한 무수한 정보를 접하면서 스스로 배워나가는 것과 같은 것이다. 앞으로 이러한 개념이 인공지능에 심겨지게 된다면 로봇 스스로 빅데이터를 생성하고 저장하고 판단하여 행동을 할 것이다.

많은 데이터를 컴퓨터로 해석하여 결과를 이끌어내는 것이 이전의 빅데이터였다면, 다가올 4차 산업혁명에서의 빅데이터는 기계 스스로 판단하고 행동을 하기 위한 중요한 근거 정보로 생각하는 것이 될 것이다.

4 빅데이터 핵심기술

4.1 》 빅데이터의 플랫폼의 역할과 기능

빅데이터 플랫폼은 빅데이터 기술의 집합체이자 기술을 잘 사용할 수 있도록 준비된 환경이다. 기업들은 빅데이터 플랫폼을 사용하여 빅데이터를 수집, 저장, 처리 및 관리할 수 있다. 빅데이터 플랫폼은 빅데이터를 분석하거나 활용하는 데 필요한 필수 인프라(Infrastructure)로서, 빅데이터를 찾아내어, 보관, 가공하는 일련의 과정을 통합적으로 제공할 수 있어야 한다. 이러한 기반 위에서 한번 걸러진 데이터를 분석하고 이것을 다시 각종 업무에 맞게 가공하여 사용자가 원하는 가치를 정확하게 얻을 수 있도록 해 줄 수 있다.

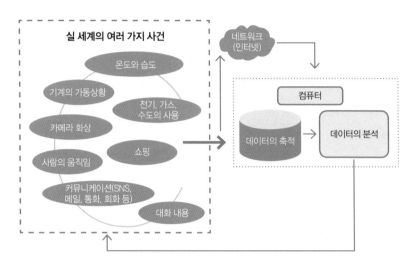

(그림 6.6) 빅데이터에서 가치를 만들어 내는 구조

빅데이터를 다루는 처리 프로세스로서 병렬 처리의 핵심은 '분할 점령(Divide and Conquer)'이다. 다시 말하자면 데이터를 독립된 형태로 나누고 이를 병렬적으로 처리하는 것이다. 빅데이터의 데이터 처리란 이렇게 문제를 여러 개의 작은 연산으로 나누고 이를 취합하여 하나의 결과로 만드는 것을 뜻한다. 대용량의 데이터를 처리하는 기술 중 가장 널리 알려진 것은 아파치 하둡(Apache Hadoop)과 같은 Map-Reduce 방식의 분산 데이터 처리 프레임워크이다.

분산저장소로 크게 4가지 유형이 있다.

1. 대용량 파일을 영구적으로 저장하기위한 하둡.

2. 대규모 메시징 데이터를 영구저장하기 위한 NoSQL

3. 대규모 메시징 처리결과를 고속으로 저장하기 의한 메모리 캐시.

4. 대규모 메시징 데이터를 임시 저장하기 위한 메시지 지향 미들웨어. 이 저장소들에는 각자 다른 성격의 데이터들이 저장된다.

기존의 관리 방법이나 분석 체계로는 처리하기 어려운 막대한 양의 정형 또는 비정형 데이터 집합. 스마트폰과 같은 스마트 기기의 빠른 확산, 소셜 네트워킹 서비스(SNS)의 활성화, 사물 인터넷(IoT)의 확대로 데이터 폭발이 더욱 가속화되고 있다. 기업, 정부, 포털 등에서 빅 데이터를 효과적으로 분석하고 처리하여 미래를 예측해 최적의 대응 방안을 찾고, 이를 수익으로 연결하여 새로운 가치를 창출할 수 있다.

4.2 》 빅데이터를 지원하는 기술

빅데이터를 관리하기 위한 구조로, 과거에 사용 되었던 관계 데이터 베이스 관리시스템(RDBMS)으로는 더 이상 다룰 수 없게 되었고, 현재는 데이터를 위한 NoSQL(Not only SQL)이라 불리는 기술이 이용되고 있다.

구체적인 실제 설치예로는, Google사의 BigTabel, Amazon사의 Dynamo DB, 오픈소스에서는 Apache Cassandra, Apache Hbase 등을 들 수 있다.

한편, 빅데이터는 단일 하드웨어로 유지관리가 가능한 사이즈가 아니기 때문에 그것을 지탱하는 분산 리소스 관리기술도 중요하다. 이에 대해서는, Google사가 내용의 분산파일시스템 관리기술 GFS(Google File System)와, 그것을 다루기 위한 시스템 MapReduce를 논문으로 발표했다. 이 논문을 발표한 후, 빅데이터를 취급하는 프레임워크로써 널리 이용되고 있는 Hadoop은, MapReduce의 처리방법을 기능의 핵심으로써 채용하고 있다. 또한 현재는 빅데이터를 취급하는 데이터센터에서, Google Borg나 Apache Mesos가 사용되고 있다.

이것은 복수의 디스크를 조합할 뿐 아니라, 복수의 CPU, 전원, 인터페이스 등의 각종 리소스의 제어를 수행하는 태스크(task)를 동시에, 그리고 병행적으로 실시하는 OS이다. 앞서 언급한 내용이지만, 빅데이터를 다루는 처리 프로세스로서 병렬 처리의 핵심은 '분할 점령(Divide and Conquer)'에 있다. 결국 빅데이터의 데이터 처리는 어떤 문제를 여러 개의 작은 연산으로 나누고 이를 취합하여 하나의 결과로 만드는 것이다.

4.3 》 빅데이터의 활용

지금까지 설명한 바와 같이, 모바일 단말과 클라우드 · 컴퓨팅, POS 데이터, 각종카드, 기계와 물건에 부착된 센서, 나아가 페이스북 등의 SNS에서 발신되는 정보 등의 각종데이터는 일의적으로는 본래의 목적에 이용되는 것이지만, 그 속에 포함된 여러 데이터를 통합하고 해석해 보면 사회, 경제활동에 도움을 주는 정보가 숨어있다. 이것들을 정보와 메시지로써 활용할 수 있다. 예를 들어, 카드결제 데이터와 POS데이터 등의 판매데이터 조합으로 어떤 한 개인의 구매경향을 파악하는 것이 가능해져, 그 경향에 맞춘 상품과 서비스 추천을 할 수 있고 이러한 광고를 통해 소비자에게 구매동기로 이어지도록 할 수 있다.

다른 한 예로, 스마트 미터(Smart meter)와 스마트 그리드(Smart Grid)의 활용에 따라 전력을 포함한 건물 1동, 지역의 에너지수요를 파악하고, 그 컨트롤과 폐열발전(cogeneration:동일 연료에서 전력과 열을 동시에 만듦)이나 태양광발전 등의 결합에 따라 효율적인 에너지소비를 실현할 수 있다. 자동차에서 발생되는 위치정보 등에 의해, 교통관제에 도움이 되는 구조도 실현 가능성이 있다.

자동차 딜러와 메이커는 구입자의 자동차 이용 상황, 기능 등을 체크한 데이터를 수집함에 따라 구입자에 대하여 유지와 수리 조언을 해줄 수 있다. SNS가 발하는 정보를 해석함으로써 정치적인 테마에 대한 국민 여론의 추세를 확인할 수 있다. 또한 무엇이 사회적, 정치적 문제인지 등도 판별이 가능해진다. 빅데이터가 효과적으로 활용되기 위해서는 AI가 꼭 필요하다. 이미지, 문자데이터로부터 AI의 딥러닝기능(심층학습)으로 마케팅과 매니지먼트, 진단, 진찰 등에 활용할 수도 있기 때문이다.

4.4 》 빅데이터 활용 사례

2014년 월드컵과 2016년 올림픽을 준비한 리우데자네이루는 지능형 운영센터(IOC)를 통해 도시 관리와 긴급 대응 시스템을 갖추었다. IBM의 분석 솔루션이 적용된 지능형운영센터에는 교통, 전력, 홍수, 산사태 등의 자연재해와 수자원 등을 통합 관리할 수 있는 체계가 갖추어져 있다. IBM이 제공한 고해상도 날씨 예측 시스템은 날씨와 관련한 방대한 데이터를 분석해 폭우를 48시간 이전에 예측한다.

싱가포르는 차량의 기하급수적인 증가로 인한 교통체증을 줄이기 위해 교통량 예측 시스템을 도입하였다. 싱가포르는 이 시스템을 통해 85% 이상의 정확성으로 교통량을 측정하고 있다.

4.5 》 인공지능의 자동적인 빅데이터 분석(딥러닝)

IoT, 빅데이터를 연결하는 기술발전이 인공지능이다. 인공지능의 역사는 기술적 발전에 대한 기대에 의한 번성기와, 그 한계에 부딪혀 붐이 식어버린 침체기를 반복하면서 오늘에 이르게 되었다.

이에 대한 자세한 내용에 대해서는 '인공지능 7장'에서 따로 설명하기로 하고, 여기서는 왜 지금 인공지능이 또다시 번성기를 맞이하고 있는지, 왜 각 기업들이 인공지능에 관심을 가지고 있는지에 대하여 간단히 정리해 보도록 한다. 결론부터 말하자면, 요즈음 인공지능이 이 정도로 고조되고 있는 이유는 '딥러닝'이라고 하는 기술적 난관돌파가 있었기 때문이다.

그러면 과연 '인공지능'이란 무엇일까? 인간의 지능을 컴퓨터처리에 의하여 인공적으로 모방한 것이라 할 수 있지만, 우리가 상상하는 사람처럼 생각하고, 말을 하는 로봇을 실현시키는 인공지능은 아직까지 실현되지 않고 있다.

이전까지의 인공지능기술은 간단히 말해 인간이 컴퓨터에 대하여 미리 가르친 규칙 속에서는 기능을 발휘하였지만, 돌발적 사항 등 현실에서 발생할 수 있는 문제에 대응할 수 없다는 과제를 떠안고 있었다. 과학기술의 비약적인 발전으로 여기에 기계학습이라는 것이 가능해졌다. 이는 인간이 학습하는 것과 마찬가지로, 컴퓨터가 방대한 데이터를 처리하는 과정에서 자동적으로 규칙과 지식을 학습하는 기능을 실현하는 것으로, 예를 들어 스팸메일을 분류할 때 몇 가지 스팸메일의 특징을 컴퓨터에 입력하여 분류하는 방법이 있다.

그러나 이러한 종래의 기계학습으로는 자동적으로 규칙과 지식을 학습한다고는 하지만, 의미 있는 교사 데이터(앞서 언급한 사례로 말하면, 스팸메일의 특징을 나타내는 데이터)를 인간이 직접 입력해야 했다. 이 특징을 찾아내는 부분이 어떤 의미에서는 꼼꼼한 작업을 필요로 하는 영역이라, 보이지 않게 손이 많이 가는 작업이었다.

최근 이 영역에서 '딥러닝'이라고 하는 기술적 난관돌파(breakthrough)가 이루어졌다. 기술적인 부분의 자세한 부분까지는 다 소개할 수는 없지만, 기계학습의 방법 중 하나인 딥러닝은 종래의 기계학습으로는 해결하지 못했던 과제인 '특징을 찾는' 작업을 컴퓨터가 자동적으로 실행할 수 있도록 하는 기계학습이 가능해진 것이다.

딥러닝을 깊이 연구하기 위해 미국의 Google 사가 실행한 '고양이'의 화상인식에 대한 실험을 보면, Youtube에서 유출된 1000만 건에 이르는 영상을 바탕으로 미리 '이것이 고양이다'라는 것을 학습하지 않아도 고양이의 화상인식이 가능한 프로그램을 개발하는데 성공했다.

물론 고양이라는 개념 자체를 컴퓨터는 모르기 때문에 '컴퓨터가 추출한 특정 개념'에 대하여 '고양이'라는 라벨을 붙여줄 필요는 있지만, 방대한 화상데이터를 학습시킴으로써 자동적으로 고양이라는 개념을 컴퓨터가 터득하고 새롭게 고양이의 이미지를 보여주면 그것이 고양이인지 아닌지를 판단할 수 있게 되었다.

이러한 실험을 통해 인공지능이 '자율적으로' 학습할 수 있는 길이 열렸다는 점이 증명이 되었으며, 인공지능이 스스로 학습하여 스마트해지는 과정의 가능성을 시사하고 있는 것이다.

5 스마트 농업의 데이터 플랫폼

5.1 » 농업분야에 대한 빅데이터

농업분야에서 보면 작물재배에 직접 관련되어 기온, 강수량, 일조량, 풍향, 풍속 등의 기상데이터, 토양수분량, 토양EC치 등 센서에 따라 획득 가능한 수치이다. 식물공장 등에서 이 데이터들은 제어기기에 대하여 매우 고빈도로 데이터를 송신하고, 기기의 제어에 활용되고 있다(M2M). 더구나 재배에 관한 농작업, 시비, 농약살포이력 등의 관리정보, 투입자재, 수확량, 출하가격 등 농업인에 의해 모든 정보가 수집, 축적되고 있는 데이터이다.

기존의 정보 활용에 있어서 이러한 데이터를 수집하고 축적할 경우,

단일의 포장에 있어서 단일의 모델을 적용해 왔다. 그러나 산지형성을 위해 집락단위와 경우에 따라서는 도 · 시(군) · 면 단위 등 면적의 넓이를 가진 분석을 할 경우, 또한 과거의 수십 년의 기상 데이터 등 시간적으로 넓은 범위를 가진 분석을 할 경우에는 빅데이터로 활용할 수밖에 없다.

특히 리모트센싱 데이터는 종래의 인공위성 데이터나 항공기뿐 아니라, 드론에 의해서도 입수가 가능해졌기 때문에 해상도, 관측 밴드 모두 비약적으로 증가하고 있다. 게다가, 최근에는 포장(논 · 밭)에 있어서 화상정보를 포함한 농작물 자체를 계측할 수 있게 되어 농작물에 발현한 유전적 형질을 보충하고, 생육환경과의 상호작용을 파악할 수 있게 됨으로써, 작물육종을 가속화하거나 혹은 최적인 재배로 이어지게 하는 표현체학(Phenomics)방법도 실현되고 있다.

5.2 ≫ 수직통합 모델에서 데이터 플렛폼 모델

ICT를 활용하는 스마트농업에서는 다양한 정보가 생성되고, 유통되며, 이용된다. 센서로 수집되는 농업환경정보, 드론이나 위성에서 얻어지는 화상정보, 포장데이터, 영농기록, 농업기계 운용정보, 생육정보, 출하정보 등으로 실로 얻어지는 정보들은 다종다양하다. 이에 더하여 IoT(Internet of Things)의 보급에 따라 센서데이터를 시작으로 데이터양이 폭발적으로 증가하고 있다.

다종다양한 대량의 데이터가 생성되는 상황에 대응하기 위하여 스마트농업의 정보시스템은 스스로 수직통합구조에서 플랫폼형으로 크게 바뀌고 있다. 플랫폼은 일반적으로 클라우드 상에 구성되어, Web 상에서 데이터를 투입하고 취득하기 위한 인터페이스인 Web API(Application Program Interface)를 제공한다.

플랫폼의 내부구조를 자세히 알지 못한다고 해도 데이터를 이용하고, 혹은 어플리케이션을 개발할 수 있다. 플랫폼은 일반적으로 특정 프로젝트나 어플리케이션과는 독립적으로 설계 개발되므로 데이터뿐만이 아니라 메타데이터도 획득 가능해, 유연한 어플리케이션 운영이 가능해진다. 센서데이터의 시각화(visualization) 시스템을 예로 들면, 센서의 운영자와 시각화 어플의 운영자가 동일할 필요는 없어지고, 다양한 센서 운용자가 데이터를 투입, 플랫폼을 사이에 두고 다양한 어플리케이션을 다른 사업자가 개발할 수 있다. 농업환경모니터링, 영농계획 · 관리, 생산 등의 각 시스템 내, 혹은 시스템 간에서의 데이터의 상호이용이 실현되기 때문에 데이터 자체로 가치를 지니게 된다.

6
농업 빅데이터로 농산물의
안전 · 안정의 실현

6.1 》 농산물의 계획적 생산

우리나라의 농업은 고령화, 농민 후계자 부족이라는 문제가 심각한데, 농업의 ICT화를 농업의 성장전략으로 세워 이 문제를 타개할 수 있다. 자연환경에 좌우되지 않고 안정적으로 농산물 생산을 확보할 수 있는 계획이 구체화 되어야, 농산물의 수익이 증대되고 국제경쟁력은 강화될 수 있다.

예를 들어, 농업의 달인이라 불리는 숙련된 생산자의 포장(농지)에 센서를 부착하고, 농업의 장인의 경험과 감을 수치화한다. 이 탑재 데이터를 토대로 포장을 적절히 관리하면 작업이 효율화되고, 비료 등의 비용을 절감할 수 있다. 게다가 생산량도 증가하므로 이러한 시도들은 확산되어 각지에서 이루어지며, 실적을 올리기 시작하고 있다.

6.2 》 안정적인 농산물생산은 수익확대·국제경쟁력 강화

농업을 ICT화하기 위해서는 포장에 기온과 습도, 토양의 상태 등을 조사하는 센서를 설치한다. 수집된 데이터에 숙련생산자의 지식과 경험을 더해 분석하면, 「어느 타이밍에서 물을 뿌리면 좋은가」, 「비료는 어느 정도인가」라는 것을 알 수 있다. 이와 같이 생산과정을 데이터로 관리함으로써, 농산물의 안전, 안심을 확보하며 안정적인 수량을 기대할 수 있다.

농가

수익이 나는 것을 만드는 농업으로
농업ICT를 도입하고 빅데이터를 활용함으로써, 수확량의 향상, 작업의 효율화, 고품질 작물의 안정생산이 가능해진다. 가격 절감과 수익확대가 기대 된다.

식량(食)의 안전을 확보할 수 있다.
어떤 공정으로 생산했는지, 어떤 원재료와 농약을 사용했는지 등이 기록되기 때문에, 안심하고 안전한 농산물 생산으로 이어진다.

농업 빅데이터
· 매일의 작업실적
· 작물의 생육정보
· 생산비용
· 수익데이터 등

국가

식량(食) 관련 기업
(식품가공, 도매, 소매, 외식 등)

식(食)의 안전을 확보하고, 국제경쟁력을 강화
식품의 안전, 환경보전, 노동의 안전 등에 대한 노력을 기록, 점검함으로써 농업생산활동을 개선해 가는 GAP (농업생산공정관리)의 실시는, 농산물의 해외수출증가에는 필수적인 농업ICT 도입으로 GAP에 대응하기가 쉽다.

안전하고 안정적인 품질의 농산물을 조달
계약농가에서, 정해진 시기에 안정적인 양·품질·가격으로 식자재를 조달할 수 있게 된다. 전국의 몇 백, 몇 천의 계약농가의 관리도 쉽게 할 수 있다.

(그림6.7) 농업의 빅데이터

고품질의 농산물 수량이 늘면 수익도 늘어난다. 가격과 수량이 안정되면, 농업 ICT 선진국인 네덜란드와 같이 국제경쟁력도 증가하고 지역경제도 윤택해 질 수 있다.

7 데이터 마이닝

7.1 》 데이터 마이닝(Data mining)

대용량 기억 장치의 가격이 과거에 비해 현저히 하락한 것은 많은 분야에서 대규모의 데이터 수집과 보존이 이루어지는데 한 몫을 담당했다. 이러한 방대한 데이터를 단순히 저장하고 보존해 두는 것만이 아니라, 비즈니스 활동에 유용하게 활용 하려고 하는 수요가 높아지고 있다. 데이터 마이닝은 대규모 데이터에 묻혀있는 지식을 자동적으로 발견하게 하기 위한 기술로서 그 활용 기대치가 높아지고 있다.

데이터 마이닝은 기계학습, 인공지능, 통계학을 포함한 다른 연구결과로부터 발전된 최신의 데이터 분석 기술이다. 여기서는 기계학습과 비교하여 설명하도록 한다. 기계학습 분야는 암기학습, 연역적 학습, 귀납적 학습 등으로 나누어진다. 데이터 마이닝은 구체적 사실인 데이터베이스 레코드들로부터 일반화된 지식의 규칙성을 발견하는 작업이므로 귀납적 학습기반을 주로 활용하게 된다.

빅데이터 분석에서는 대량의 데이터를 취급하는 것으로부터 소량의 샘플 데이터에 이르기까지 미세한 데이터의 경향 등을 찾아 낼 수 있다. 그러나 어떠한 경향이 나타나는 가는 사전에 알 수 없기 때문에 자동적으로 데이터의 경향을 발견하도록 하는 분석 방법이 사용되고 있는데, 묻혀있는 데이터(보석)를 채굴 한다는 의미에서 이러한 분석 방법을 '데이터 마이닝(Data Mining)'이라 부른다.

다시 말하자면, 데이터 마이닝은 대규모 데이터에 묻혀있는 지식을 자동적으로 발견하게 하기위한 기술이며, 인공지능(AI) 등의 최신 기술도 활용되어 지고 있다.

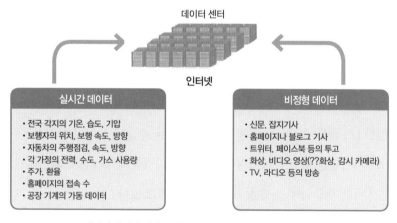

대량의 실시간 데이터, 비정형 데이터를 수집하여 분석한다.

(그림 6.8) 빅데이터 분석의 구조

또한 데이터 마이닝은 대량의 실제 데이터(실제 현장에서 생성되는 수천, 수백만 건 이상의 데이터를 의미)로부터 이전에 잘 알려지지는 않았지만 묵시적이고 잠재적으로 유용한 정보를 추출하는 작업이 가능하다. 즉, 현장에서 통용되는 상식적인 내용을 탐사대상으로 하는 것이 아니라 새로운 정보를 탐사대상으로 한다는 것을 의미한다.

'묵시적'이란 데이터베이스나 시스템 카탈로그에 저장된 명시적 정보가 아닌 숨겨진 정보를 말하며, '잠재적으로 유용한 정보'란 현장에서 의사결정, 성능 향상의 목적으로 활용할 수 있는 정보를 뜻한다.

이와 같이 데이터 마이닝은 방대한 데이터에서 자동적인 방법으로 지식을 추출하는 것이며 관련 자료에 따라 데이터 마이닝이라는 용어 대신에 데이터베이스로부터 지식발견 (KDD:Knowledge Discovery in Data base)이라는 용어를 사용하는 경우도 있다.

7.2 》 추출될 지식의 형태

데이터 마이닝에서 추출할 수 있는 지식을 그 성질에 따라 크게 여섯 가지로 분류할 수 있다. 어떤 지식을 추출하는가에 따라 적용하는 방법이 달라지는데, 추출될 지식의 형태에 따라 분류하면 다음과 같다.

1. 분류화(Classification)
데이터가 여러 개의 클래스로 분할되어 있을 때 데이터가 소속하는 클래스를 결정하는 지식을 획득한다. 즉, 소속 클래스를 알 수 없는 미지의 객체가 있을 때 그 소속 클래스를 결정하는 데 활용된다.

예를 들면 사고율이 높은 차와 낮은 차라는 것을 구분하기 위한 지식이다.

2. 특성화(characterization)

한 집단의 데이터에 대해 그것들에 '공통된 성질을 설명하는 지식'을 찾아낸다. 예를 들면 학생의 성적 데이터가 있을 때 성적이 좋은 학생에게 공통된 지식이 있다.

3. 연관규칙탐사(Association)

여러 개의 트랜잭션들 중에서 동시에 발생하는 트랜잭션의 연관관계를 발견하는 것이다. 규칙 발견에 사용한 측정값은 연관성의 신뢰요인으로 사용된다. 예를 들면 어떤 고장이 발생했을 때 동시에 발생할 가능성이 높은 다른 고장에 관한 지식이다. 또는 어떤 상품을 구입하는 고객이 동시에 구입할 가능성이 높은 상품에 관한 지식이다.

4. 데이터 군집화(Clustering)

데이터 간에 유사성을 찾아내어 유사성이 높은 데이터의 그룹(cluster)으로 분할한다. 인공지능분야에서 분류는 감독학습임에 반해 클러스터링은 비감독 학습으로 불린다. 감독학습이란 감독자가 자료를 집단별로 구분해 놓고 분류기준은 컴퓨터 프로그램이 학습에 의하여 발견하도록 하는 방법이다.

비감독학습은 감독이 없이 컴퓨터 프로그램 스스로가 자료집단의 유사성을 바탕으로 집단을 나누어 나가는 방식이다. 예를 들면 학생의 복수과목의 득점 패턴에서 클러스터링을 행한다. 각 클러스터가 일종의 지식 표현이 된다.

5. 경향분석(Trend analysis)

시계열 데이터(주식, 물가, 판매량, 과학적 실험 데이터)들이 시간 축으로 변하는 전개과정을 특성화하여 동적으로 변화하는 데이터의 분석을 수행한다.

6. 패턴 분석(Pattern analysis)

대용량 데이터베이스 내의 명시된 패턴을 찾는 것이다. 실사회에서는 다양한 형식을 사용하여 데이터와 데이터베이스가 유지되고 있으며, 종류와 특징에 따른 데이터 마이닝 방법의 개발이 필요하다.

(See & Think)

주요 데이터베이스 형식 :

- **관계 데이터베이스(Relational Database : RDB)**
  자주 사용되는 데이터의 저장 형식으로, 표 형식으로 데이터를 저장한다.
- **객체 지향 데이터베이스(Object-Oriented Database : OODB)**
  객체 지향에 기초한 표현 형식으로 데이터를 저장한다. 복잡한 구조를 객체와 관련해 표현할 수 있다는 특징을 가진다.
- **XML 데이터베이스(XML DataBase : XML DB)**
  최근에 보급되기 시작했으며 간단하게 XML 문서(document)를 문서의 구조에 따라 보존하거나 검색할 수 있는 데이터베이스이다.
- **텍스트 데이터베이스**
  텍스트(문자열)로 구성되며 위의 RDB나 OODB와 비교해 볼 때, 큰 차이는 이 형식의 데이터베이스에는 명확한 구조가 없다는 점이다. 때문에 구조가 없는 데이터베이스라고 한다.

7.3 》 실사회에서의 기대

대다수의 기업이 제품의 제조에 관한 데이터, 판매에 관한 데이터, 고객 데이터 등 다양한 종류의 데이터를 대규모로 소유하고 있다. 따라서 비즈니스를 시작하고 확대할 때 데이터 활용에 대한 필요가 더욱 커진다. 기존에는 데이터에 기초하는 것이 아니라 숙련자의 경험과 감(느낌)에 의한 부분이 많았다. 최근에는 상황 변화의 속도와 정도가 커지고 있기 때문에 데이터 마이닝 기술 등을 도입하여 데이터에 기초한 과학적인 비즈니스 전개가 요구된다. 그러한 데이터에 기초한 활동을 지식관리 (KM : Knowledge Management)라고 한다. 지식관리를 촉진하고 기업 내에서 지식에 기초한 합리적인 경영 활동을 행하기 위한 지식 담당중역 (CKO : Chief Knowledge Officer)을 두는 기업도 있으며, CKO를 중심으로 하여 데이터 마이닝 을 비롯한 지식 관리와 AI툴(Tool) 이용의 촉진이 이루어지고 있다.

이미 다양한 분야에서 데이터 마이닝이 활용되고 있다. 다음은 데이터 마이닝의 전형적인 예를 간단하게 열거 둔 것이다.

(See & Think)

- 고객의 구매 이력으로부터 어떤 제품이 어떤 고객층에 판매되고 있는지 그 패턴을 발견한다. 고객 명단에서 그 패턴에 따라 직접 메일로 권유하고 매상 향상과 비용 절감을 달성하도록 한다.
- 통신회사는 통화명세기록(Call Detail Record : CDR)에 관한 방대한 데이터를 가

지고 있다. 이 데이터에서 통신 패턴을 발견함으로써 효율적인 설비 투자를 하려고 한다. 또 고객의 통화 패턴에 기초하여 매력적인 서비스를 제공하려고 한다.

- 금융업계에는 부정자금의 정화 방지가 중요하다. 자금의 흐름에 관한 패턴을 조사해 부정한 움직임을 신속하게 감지할 수 있도록 한다.
- 식품 업계에서는 수요 예측이 중요한 문제이다. 보존이 어려운 식품(예를 들면 도시락)은 수요 예측의 정밀도가 직접적으로 수익에 영향을 미친다. 데이터를 이용하여 정밀도가 높은 수요 예측을 하도록 한다.

지식획득 병목의 해결

지식획득(Knowledge Acquisition)의 병목현상이란 전문가 시스템으로 대표되는 본격적인 AI시스템 개발에서 지식획득이 시스템 개발 시의 병목현상(bottleneck)이 되는 것을 말한다. 기존의 방법에 의한 지식획득에서는 그것을 얻기 위해 다음에 설명하는 세 가지 형(type)의 전문가가 필요하였다.

- 해당 분야의 전문가 : 해당 분야의 전문가. 예를 들면 의사나 화학자 등이다. AI와 컴퓨터에 관한 지식은 가지고 있지 않을지도 모른다.
- 지식 엔지니어(Knowledge Engineer : KE) : AI에 대한 고도의 지식을 가지고 컴퓨터에 대해서도 어느 정도의 지식을 가진다. 인터뷰 기술 등 지식을 끌어내는 기술도 습득하고 있다. 그 분야의 전문가에 인터뷰 할 수 있을 정도로 해당분야의 전문지식도 가지고 있다.
- 시스템 엔지니어(System Engineer : SE) : 컴퓨터의 전문가이며 컴퓨터 시스템에 관해 상세한 지식을 가지고 있다.

KE와 SE 분야의 전문가가 협조하여 지식을 획득하고 지식 베이스를 작성하는 이미지이다. 전문가는 숙련도가 높을수록 자신의 전문적인 판단 과정을 명확하게 하기가 어렵다고 한다. 그래서 KE는 적절한 질문을 하거나 유도를 하면서 해당분야의 전문가에게서 조금씩 지식을 끌어낸다. 그 때문에 KE에게는 해당분야의 전문가와 어느 정도의 전문적인 대화가 가능한 정도의 지식이 요구된다.

이러한 기존의 방법에는 다음과 같은 문제가 발생한다.

• 지식획득의 한계 : KE의 인터뷰 기술에 의존하는 부분이 커지고, 획득할 수 있는 지식에는 한계가 있다. 기대한 만큼의 지식을 얻지 못했다는 실패 사례도 보고되고 있다.

• 비용의 문제 : 세 가지 타입의 다른 기술을 가지는 전문가가 시도할 필요가 있으며 인건비를 포함한 비용의 문제가 발생한다. 정기적으로 지식 베이스를 갱신해야 하며, 그때마다 같은 비용이 발생한다.

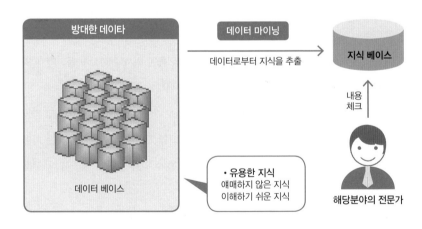

(그림 6.9) 데이터 마이닝에 의한 자동적인 지식획득

이러한 문제를 해결하기 위해 AI시스템을 위한 지식획득 수단으로서 데이터 마이닝이 기대되고 있다. 데이터 마이닝에 의한 지식 획득은 (그림 6.9) 와 같다.

7.4 》 결정 트리란

결정 트리에 의한 데이터마이닝에서는 대상이 되는 데이터는 (표 6.1) 과 같은 형식을 취하고 있다. 이 데이터는 설명을 위해 임의로 작성된 것이다.

데이터베이스의 한 행(가로 방향)이 한건의 데이터를 나타내고 있으므

(표 6.1) 데이터 베이스의 예

마력	타입	연식	색	클래스
저	쿠페	중고	적	사고율 높음
고	세단	신형	흑	사고율 낮음
중	세단	중고	흑	사고율 낮음
고	세단	중고	청	사고율 높음
저	쿠페	중고	황	사고율 낮음
고	세단	신형	자	사고율 낮음
저	쿠페	중고	백	사고율 높음
중	세단	신형	백	사고율 낮음
고	쿠페	중고	흑	사고율 높음
저	쿠페	중고	은	사고율 낮음

로 이 표에는 10건의 데이터가 들어가 있다. 한 건의 데이터는 다섯 항목으로 나누어져 있다. 처음 네 가지 항목(마력, 타입, 연식, 색)을 속성(attribute)이라 하고, 속성에 주어진 값을 속성값(attribute value)이고 부른다. 예를 들면 마력 속성은「고」,「중」,「저」라는 속성치를 취하고, 색 속성은「적」,「흑」,「청」,「황」,「자」,「백」,「은」의 속성값을 취한다. 마지막 항목을 클래스 속성이라고 하며 그것이 취하는 값을 클래스라고 한다. 이 경우에는「사고율 높음」,「사고율 낮음」중 한 가지의 클래스가 된다. 데이터를 이런 표 형식으로 정리하는 것은 매우 일반적이며 간단하게 준비할수 있다. 널리 이용되는 관계 데이터베이스와의 친화성도 높다.

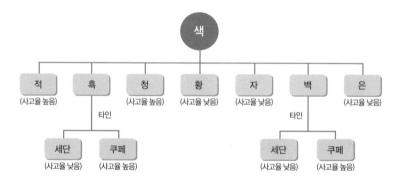

(그림 6.10) 결정 트리의 예(첫 번째)

결정 트리이란 데이터의 클래스를 결정하기 위한 것이다. 그림 6.10과 그림 6.11는 모두 결정 트리의 예이다. 리프 노드 이외의 노드에는 그노드에서 속성치를 테스트해야 할 속성이 부수적으로 딸려 있다. 루트노드에서 시작하여 노드에서 지정된 속성치를 테스트하고, 지시된 가지의 방향으로 향한다. 리프 노드에 도달하면 클래스를 알 수 있다.

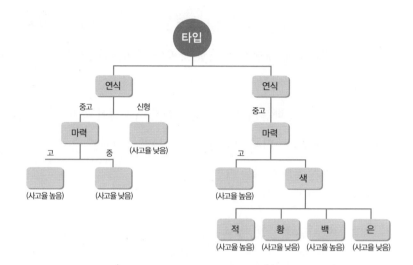

(그림 6.11) 결정 트리의 예(두 번째)

(그림 6.10) 의 경우에는 루트 노드는 색 속성의 테스트이다. 만일 색 속성이 흑 혹은 백인 경우에는 클래스를 결정할 수는 없지만 다른 색이라면 리프가 되므로 클래스가 결정된다. 흑과 백인 경우에는 계속하여 타입 속성을 테스트를 한다. 그 속성치가 세단(sedan)인지 쿠페(coupe)인지에 의해 클래스가 결정된다. 예를 들면 흑이고 세단이라면 사고율 낮음이지만 흑이고 쿠페라면 사고율 높음이 된다.

(그림 6.10)과 (그림 6.11)은 모두 결정 트리이므로 어느 쪽으로 사용하여 속성치를 조사하여도 클래스를 결정할 수 있다. 마찬가지로 클래스를 결정할 수 있다면 가능한 한 단순한 결정 트리를 사용하는 것이 좋다. 그편이 속성치를 테스트하는 횟수가 적어진다.

실제로 (그림 6.10)에서는 대부분의 클래스가 1회 속성치를 테스트하는 것만으로 결정되고 최악이라도 2회의 테스트로 결정된다. 한편

(그림 6.11) 의 경우에는 4회의 테스트(즉 모든 속성)를 해야만 클래스가 실제로 큰 데이터에 대해서는 결정 트리의 사이즈가 크게 결정되는 것도 있다.

이것은 설명이기 때문에 작은 결정 트리를 사용하여 차가 적지만 현실적으로 대량의 데이터에 대해서는 결정 트리의 크기가 크게 되고, 작게 만든 것과 긴 것의 차이는 커진다.

(적용 사례 6.1) 빅데이터를 적용한 농 작업의 효율화

「일본 KSAS」

〈 콤바인을 사용해 최소한의 비료로 최고의 쌀을 만든다. 〉

토마토나 오이 등의 하우스 재배는 일정한 생육조건을 유지하는 것이 비교적 간단하다. 네덜란드의 농업의 ICT화는 하우스재배로 성공을 거두었지만, 일본에서는 기상과 지형, 환경에 좌우되기 쉬운 노지재배의 ICT화로의 도전이 시작되고 있다.

농기계 메이커인 KUBOTA는 2014년 차세대농기개발과 동시에 주로 벼농사를 대상으로 한 농업지원 클라우드 서비스「구보타 스마트 어그리 시스템(KSAS)」을 개시 하였다. 이것은 센서를 탑재한 콤바인이 벼를 벨 때 겉겨에 관한 데이터를 자동수집하고, 생산의 최적화에 도움을 주는 것이다. 콤바인으로는 수확량은 물론 쌀의 맛을 크게 좌우하는 단백질과 수분의 함유량도 측정할 수 있고, 수분 값에 맞춰 겉겨를 건조시킴

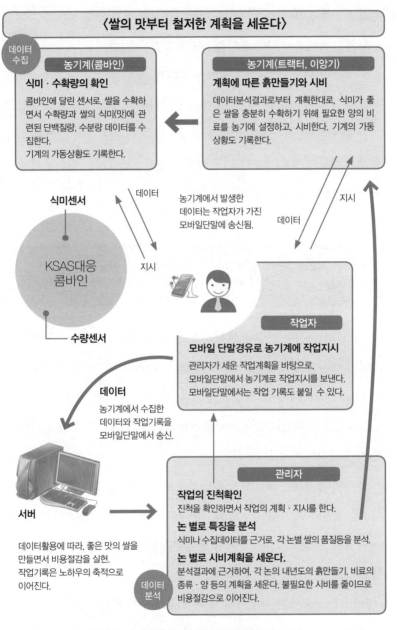

〈쌀의 맛부터 철저한 계획을 세운다〉

데이터 수집

농기계(콤바인)

식미 · 수확량의 확인

콤바인에 달린 센서로, 쌀을 수확하면서 수확량과 쌀의 식미(맛)에 관련된 단백질량, 수분량 데이터를 수집한다.
기계의 가동상황도 기록한다.

농기계(트랙터, 이앙기)

계획에 따른 흙만들기와 시비

데이터분석결과로부터 계획한대로, 식미가 좋은 쌀을 충분히 수확하기 위해 필요한 양의 비료를 농기에 설정하고, 시비한다. 기계의 가동상황도 기록한다.

식미센서

데이터

농기계에서 발생한 데이터는 작업자가 가진 모바일단말에 송신됨.

지시

데이터

KSAS대응 콤바인

지시

수량센서

작업자

모바일 단말경유로 농기계에 작업지시

관리자가 세운 작업계획을 바탕으로, 모바일단말에서 농기계로 작업지시를 보낸다. 모바일단말에서는 작업 기록도 붙일 수 있다.

데이터

농기계에서 수집한 데이터와 작업기록을 모바일단말에서 송신.

서버

데이터활용에 따라, 좋은 맛의 쌀을 만들면서 비용절감을 실현. 작업기록은 노하우의 축적으로 이어진다.

관리자

작업의 진척확인

진척을 확인하면서 작업의 계획 · 지시를 한다.

논 별로 특징을 분석

식미나 수집데이터를 근거로, 각 논별 쌀의 품질등을 분석.

논 별로 시비계획을 세운다.

분석결과에 근거하여, 각 논의 내년도의 흙만들기, 비료의 종류 · 양 등의 계획을 세운다. 불필요한 시비를 줄이므로 비용절감으로 이어진다.

데이터 분석

(그림6.12) 최소의 비료로 최고의 쌀을 만드는 과정

으로써 비용절감이 가능해진다. 단백질의 비율별로 쌀을 선별하고, 브랜드화해서 판매함에 따라 수입증가도 기대할 수 있다.

더 나아가, 데이터를 바탕으로 이듬해의 흙 만들기나, 비료의 분량과 배합 등의 계획을 세울 수 있다. 불필요한 시비를 줄여 저비용화 또한 도모할 수 있는데, 이러한 데이터를 바탕으로 미리 계획하여 맛있는 쌀 만들기가 계획적으로 가능해졌다. 실제로 실증실험에서는 단위면적당 수확량이 약15% 증가하였다.

(적용사례 6.2) John Deere사의 농업 정보화 서비스

John Deere사는 미국에 본사를 둔 전통적인 농업기계 메이커이다. 중국이나 브라질 등 신흥국가로부터 저렴한 가격의 농기계가 들어오는 것이 John Deere사에 큰 영향을 주었다. 여기서 John Deere사는 농가에 실질적으로 가치있는 것이 무엇인가를 농기계나 농작물 등에 관련된 모든 것에 대하여 재 검토하였다.

농가에 농기계는 필요불가결한 것으로 믿어왔다. 그러나 그것은 낡은 사고방식이다. 국가의 입장에서 보면 농가에 필요로 하는 것은 농기계만이 아니라 양질인 토양과 농작물 생산량의 관리이고 농기계는 이들을 실현 시키위한 수단에 불과하다.

John Deere사는 사용자의 실제 요구를 이해하고 그것을 만족 시키기 위하여 차이(gap)를 분석하여 알아 낸다. 농가가 토양을 파고 일구어 관개와 비옥화 한후에 의지하는 것은 전문가로부터의 지도와 지금까지 재배한 경험이고, 토양의 성분 그상태를 이해하는 것이 얼마나 중요한 것인가에 대하여 농가자신이 알게 되었다. 농가는 경작하는 모든 토지에서 같은 방법을 적용하여 그 관리나 경작방법에는 차이가 없다는 것이다.

John Deere사의 경영방식은 이전의 "농가에 농기계를 판매한다"로부터 "농가의 생산성 향상에 기여한다"로 변화하여 갔다.

농작물에는 토양, 물, 습도, 비료 등이 필요불가결하지만 토양의 상태·환경·물과 비료의 상호 성분 등 모든 것을 농가가 안다는 것은 불가능하다. 만일 이들의 정보를 제공할 수 있으면 농가의 경쟁력 강화로 이어진다. 여기서 John Deere는 농기계에 GPS와 토양의 성분을 측정하는 센서를 설치하여 심기전에 흙의 성분을 분석·측정 할 수 있도록 하였다.

이들 데이터는 무선 네트워크를 경유하여 클라우드에 보내져 밭마다 토양성분이 계산된다. 유저는 APEX Farm Management 사이트에서 토양상태의 분석보고와 다른 작물을 재배 할때의 적합성 등의 정보를 얻을 수 있다. 그리고 농가가 계획하는 농작물의 재배 스케줄에 따라 적절한 비료의 종류와 양을 제시하여 비료 메이커에 관한 정보와 온라인 구입에 이르기까지를 지원한다.

이와같이 하면 농가의 경쟁력을 강화와 동시에 비료회사로 부터는 중계료와 농가로부터는 농작물의 관리비용을 얻을 수 있다. 이렇게 하여 John Deere는 농기계 판매회사로부터 농작물 생산 메니즈먼터 서비스 회사로 변모하였다(그림6.14)

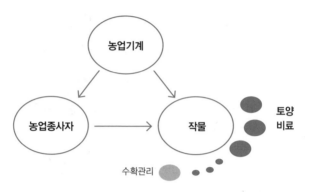

(그림6.13) 정밀한 농업관리

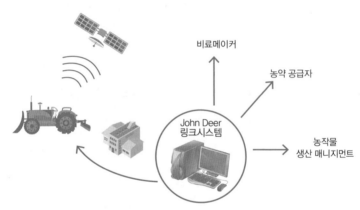

(그림6.14) John Deere의 농업기계 서비스 시스템

인공지능

1 인공지능의 정의와 지적행위

1.1 》 인공지능

　인공지능(Artificial Intelligence)이란 인간이 갖고 있는 추론, 인식, 판단, 학습 등의 사고기능을 컴퓨터에 의해 모델화 하여 인간의 사고활동을 정보처리의 관점에서 규명함과 동시에 컴퓨터상에서 인간의 사고과정 일부를 실현하는 것이다. 즉 보고(see), 듣고(hear), 말하고(speak), 이해하고 (understand), 사고하는(think) 등 인간의 지적인 행동을 컴퓨터에서 실현하려고 하는 것이 인공지능이라고 할 수 있으며, 컴퓨터의 새로운 응용분야를 개척하는 것을 그 목적으로 하고 있다.

　원래 컴퓨터가 처음 생겨날 때부터 인공지능에 관해 많은 관심을 가져 왔으나, 기술적 한계에 따라 침체기와 발전기를 반복하면서 진화해 왔다.

또한 인간을 정보처리 시스템으로 보고 육체는 하드웨어, 마음은 소프트웨어로 간주하여, 인간의 인지(지각, 판단, 기억, 학습, 이해와 같은 마음의 작용)를 정보처리라는 관점에서 컴퓨터를 이용하여 시뮬레이션 하기위한 여러 가지 방법이 시도되고 있다.

인공지능은 크게 두 가지 측면으로 나누어 볼 수 있다. 그 중 한 가지는 인간이 어떻게 사고(생각)하고 이해하는가를 컴퓨터에서 모델을 만들어서 설명하려고 하는 측면이다.

또 다른 한 가지는 인간의 지적능력을 어떻게 하면 컴퓨터에 이식할 수 있는가라는 측면이다. 말하자면 전자는 인지 과학적 측면, 후자는 공학적 측면이라고 할 수 있다. 물론 양자가 정확히 분리되는 것은 아니고 서로 밀접하게 관련 되어 있다.

"기계는 생각할 수 있는가?"라는 문제는 여러 가지 관점에서 많은 사람들에 의해 논의되어 왔다. 그러나 컴퓨터의 출현 당시 컴퓨터는 인간의 두뇌를 대 행할 수 있을 것이라는 희망적인 생각이었다.

그러나 이와 같은 낙관적인 개념은 컴퓨터의 눈부신 발전에도 불구하고 점차적으로 많은 문제가 제기되었다. 지금까지의 컴퓨터는 정보처리를 위한 기계라고는 할 수 있어도 "사고하는 기계"라고는 할 수 없다.

1.2 》 인공지능과 사회의 영향

인공지능(AI:Artificial Inteligence)이라는 명칭이 사용되고 그 연구 분야가 형성된 것은 1956년에 John McCarthy에 의해 제창된 '다트머스회의' 때부터이다. 그리고 1960년대부터 인공지능의 연구개발이 본격화되기 시작했다. 인간이 일상적으로 사용하는 말을 컴퓨터가 이해하고 처리하는 기술인 '자연언어처리'가 복잡한 문제를 해결하는 전문가 시스템(expert system)의 탄생으로 황금시대를 맞이하였다. 그러나 컴퓨터성능의 한계 등의 문제로부터 1970년대 후반에는 침체기를 맞이하였다. 1980년대가 되면서, 고성능 컴퓨터의 등장에 따라 인공지능이 실용화 되면서, 전문가 시스템이 대다수의 기업에서 활용되기 시작하였다. 1990년대에는 데이터마이닝(데이터로부터 유용한 정보를 추출해 내는 기술), 대량의 데이터 해석기술, 지식발견 연구 등이 진행되었다. 1997년에는 IBM의 체스프로그램 '딥블루'가 인간 체스챔피언에 승리하여 컴퓨터의 성능이 월등히 좋아지는 듯 보였으나 이내 인공지능은 다시 침체의 시대를 맞이하였다.

1.3 》 지능의 이해

학문적인 정의로 지능(intelligence)이란「경험으로부터 배우는 능력과 지식을 획득하는 능력」혹은「새로운 사태가 발생했을 때 신속하고 적절히 대응하는 능력」이다. 인간은 환경의 변화에 적응하며 살아가기 위하여 매일 발생하는 문제를 해결하고 자기에게 유리한 행동을 수행하며 생활하고 있다. 이와 같이 매일 발생하는 문제를 인식하고 이해하며 그것에 의하여 얻어진 경험이나 지식을 학습하고 기억함으로써 지속적으로 성장하고 있다. 따라서 새로운 사태가 발생한 경우에는 축적, 기억하고 있던 과거의 경험과 지식을 토대로 하여 어떤 결과를 도출하고 그 문제를 해결할 수 있다. 지능에 관한 정의로 여러가지가 있으나 비교적 널리 알려진 것을 유형화하면 논리적으로 추론하는 능력(Yeasoning), 추상적으로 사고하는 능력(Abstraction), 계획하는 능력(Planning), 문제를 해결하는 능력(Problem Solving), 개념과 언어를 이해하는 능력(Comprehending Ideas and Language), 학습하는 능력(Learning), 유사한 개념이나 사물을 분류하는 능력(Grouping Classificassification)등으로 나누어 진다. 이와 같은 정의는 인공지능을 이해하는데 중요한 개념이다. 인공지능의 연구는 위에서 설명한 인간 고유의 지능을 컴퓨터로 실행하는 것을 목적으로 하고 있다. 또한 인간의 인지(지각, 판단, 기억, 학습, 이해와 같은 마음의 작용)를 정보처리라는 관점에서 보고 컴퓨터를 이용하여 시뮬레이션하기 위한 다양한 방법이 시도되고 있다.

인간의 지능과 유사한 인공지능을 실현하기 위해서는 다음과 같은 세 가지의 능력이 필요하다.

① 학습에 의한 지식의 축적(학습에 의한 지식의 획득능력)
② 문제(새로운 사태)를 판별하는 능력(문제의 이해능력)

③ 축적한 지식을 토대로 추론에 의해서 문제를 해결하는 능력(지식을 이용한 추론 능력)

이러한 능력은 인간만이 가지고 있는 지능이다. 현재의 인공지능은 위의 3가지 능력을 결합한 수준까지는 이르지 못하고 있다. (그림 7.1 참조)

1.4 》 지식 공학

지식 공학(Knowledge Engineering)이란 지식이라는 것은 무엇이며, 지식을 어떻게 체계화하고, 어떤 방식으로 지식 베이스(Knowledge Base)에 축적하며, 축적된 지식을 어떻게 이용하는가를 연구하는 학문이다.

인간과 동물은 인간의 음성, 동물의 울음소리, 자동차의 소음 등을 듣고서 분간할 수 있다. 이러한 능력을 어디까지 기계에 집어넣을 수 있는 것인지에 대한 연구를 '패턴 인식 기술'이라 한다. 앞에서 설명한 인지적 정보 처리의 규명에 의하여 패턴 이해 기술을 개발하지 않으면 음을 듣고 분간하거나 사물을 분간할 수가 없다. 이와 같은 패턴 인식(이해)에는 음성, 그림, 사진, 움직이는 화상 등과 같은 현재 인간이 취급하고 있는 모든 정보 매체(media)가 대상이 된다.

이들 매체는 동물의 시각, 청각, 촉각 등의 감각 기관으로 인식되고 이해되어 그 행동의 근원이 된다. 우리 인간은 어떻게 패턴을 인식하고 있을까? 음성 인식의 경우 음성 파형과 그 크기 등의 신호 성분을 알면 그 음성을 이해할 수 있을까? 만일 그렇게 된다면 책을 읽을 경우에 완전한 패턴, 즉 정확한 문법과 문자를 사용하여 쓰여 있으면 공부를 하지 않아도 내용을 이해할 수 있을 것이다.

우리가 자기의 전문 분야 이외의 책을 읽을 경우, 문자를 읽거나 도면을 보아도, 무엇이 써져 있는지 모른다. 반대로 자기의 전문 분야라면 영어로 미국인과 이야기할 경우 모든 것이 통하지 않아도 상대가 말하는 것을 이해하는 경우가 많다. 이것은 우리가 눈과 귀로 받아들이는 물리적인 패턴인 문자와 음성 파형 중에 이해하는 데 필요한 모든 정보가 포함되어 있지 않는 것을 의미한다.

패턴을 이해하려면 센서(sensor)와 지식 베이스가 필요하므로 센서가 인식한 패턴의 의미를 지식 베이스의 지식을 탐색하여 이해하는 것이 필요하다. 일상 회화를 할 경우 상대가 들을 수 있는 범위의 음성으로 적당

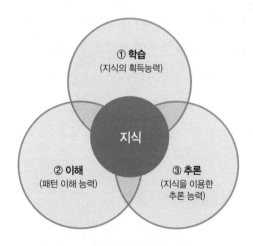

(그림 7.1) 인공지능에 필요한 3가지 능력

히 생략된 말을 사용하여도 상대방에게 전할 수 있다. 그것은 생략하여 말해도 익숙함에 따라 상대방이 이해하기 때문이다. 기계가 패턴을 인식하려고 하여도 불완전한 패턴으로는 인식할 수 없지만 인간은 이해할 수 있다. 그것은 인간이 대상 패턴에 대한 지식과 적응능력(학습 능력)을 가지고 있기 때문이다.

현재로서는 ①의 능력에 대해선 거의 무능력한 상태에서 최근 딥러닝(Deep Learning)의 등장으로 획기적으로 변화하고 있다. ②의 능력은 인간의 눈, 귀에 해당하는 것으로 패턴인식(패턴 이해 시스템)에 해당하는 수준에서 이미 실현되고 있다. 그러나 인공지능 기술의 발전에 의해 패턴인식이 아닌, 패턴 이해가 없이는 인간지능에 접근할 수 없다. 현재의 인공지능으로 가능한 문제 해결 시스템은 ③의 능력을 사용하여 추론하는 컴퓨터이다. 문제해결시스템은 전문가시스템(expert system)이라고도 하며, 패턴 이해 시스템이 결합하여 인간의 손발을 대신하는 조작기(manipulator)가 붙어 있는 것이 지능 로봇이다. 전문가 시스템이란 인간의 전문가(expert)가 하는 일을 일부 대행하고 지원하며 특정 분야의 문제를 해결하기도 하고 조언을 해주기도 하는 시스템이다.

1.5 》 인공지능 기술의 연구 분야

최근에는 인공지능에 의해 제어되는 로봇, 드론 등 디지털 기술이 전통적인 기술과 전통적인 산업의 개념을 송두리째 바꾸는 4차 산업혁명, 즉 디지털 패러다임의 2차 사이클이 시작되었다. 인공지능과 빅 데이터의 출현으로 기존 산업구조는 물론 그 경계까지도 무색하게 되었다.

컴퓨터가 처음 생겨날 때부터 개발자들은 인공지능에 관해 많은 관심을 가져 왔으나 기술적 한계에 부딪혀 침체기와 발전기를 반복하며 발전의 과정을 겪으면서 오늘에 이르렀다. 최근 딥 러닝을 시작으로 인공지능 기술이 다시 발전기를 맞이하고 있다. 인공지능이 처음부터 지향하고 있는 것은 사람의 지능적인 활동을 규명하여, 그것을 기계적으로 실현하려는데 있다. 여기에는 인간지능의 원리와 메커니즘을 밝히려고 하는 과학적 측면과 인간의 지능적인 정보처리 능력을 컴퓨터에 부여하여, 컴퓨터를 보다 유능하게 만들려고 하는 공학적인 측면이 있다.

지금까지의 인공지능은 주로 인간의 지능적인 활동을 규명하기 위하여 다양한 방법으로 지능으로의 접근을 시도하여 왔다. 넓게 해석하면 이와 관련된 모든 학문은 이 최종 목표를 지향하고 있다고 말할 수 있으며, 보다 구체적인 접근방법으로서는 지금까지 잘 알려져 있는 것처럼 생리학적 접근, 심리학적 접근, 철학적 접근, 수리적 접근, 그리고 공학적 접근 등 여러 가지 접근 방법을 열거할 수 있다.

일반적으로 인공지능이라고 하면 공학적 접근, 즉 인간의 지능적인 활동을 기계적으로 실현하는 것을 의미하고 있다. 인공지능 기술은 공학적 문제영역을 중심으로 점차적으로 많은 분야에 이용되고 있다. 그러나 인공지능 시스템은 자체의 단일 기술만을 바탕으로 하고 있는 경우는 거의 없고, 여러 가지 기술을 융복합하는 형태로 실현되고 있다. 주요한 부분으로는 지식베이스, 추론 기구, 지식표현, 전문가 시스템, 기계학습, 자연언어 이해, 패턴인식 등을 열거할 수 있다. 최근 이와 관련된 이론으로는 기계학습, 신경망 이론, 퍼지이론 등 많은 분야에서 연구되고 있다.

따라서 매우 광범위한 인공지능 기술의 연구 분야를 현재의 종합적인 관점에서 요약 정리하여, 상호 관련성을 나타내면 (그림7.2)와 같이 나타낼 수 있다. 인공지능의 연구 분야는 지속적으로 확대되고 진화하면서, 시대의 흐름에 따라 다양한 요소기술에 관한 연구도 계속되고 있다. 그 중에서도 기계학습은 매우 주목을 받고 있고, 최근에는 데이터 마이닝과 Web관련 기술과도 관련되어 인터넷상의 빅데이터 해석과 연결되어 있다. 또한 자연언어 처리와 에이전트도 연구테마 중의 하나이다.

1950년대에 컴퓨터의 등장과 함께 탄생한 인공지능은 지난 60여 년 동안 두 가지의 큰 패러다임으로 발전되어 왔다. 초기 30년 동안 (1960-1990)의 제1기 기호주의 인공지능(Symbolic AI) 패러다임은 철학적으로 합리론에 기초하여 지식 프로그래밍을 통하여 지능을 구현하고자 하는 접근방법이다. 즉 기호(Symbol)와 기호들간의 연산에 대한 규칙(Rule)이 정의 되어야 하며 초기 인공지능 연구는 기호화, 규칙화에 중점을 두는 규칙기반 인공지능(Rule Base AI)으로 발전하게 된다. 후기 30년 동안 (1990-현재) 제2기의 연결주의 인공지능(Connectionist AI) 패러다임은 철학적으로 경험론(Empiricism)에 기초하여 데이터로부터 학습함으로써 지능 시스템을 구현하는 접근방법이다.

후기 패러다임은 특히 최근 몇 년 사이에 딥 러닝을 통해서 빠르게 발전하고 있다. 딥 러닝은 복잡한 문제를 잘 해결하는 장점은 있으나 많은

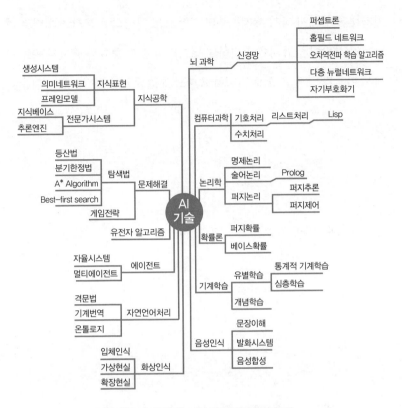

(그림 7.2) 인공지능 기술에 관련된 연구 분야

학습 데이터를 필요로 하고 모델의 해석이 어렵다는 한계를 가지고 있다. 반면에 기호주의 인공지능 모델들은 해석은 쉬우나 학습을 잘하지 못하는 단점이 있다. 이제는 기호주의 AI와 연결주의 AI를 바탕으로 그 장점을 살리고 한계를 극복하는 새로운 인공지능 패러다임을 열어 갈 때이다. 4차 산업혁명의 시대에는 IoT 환경을 통해서 새로운 종류의 데이터와 서비스가 등장하고 컴퓨터 환경 및 정보 인프라가 다시 한 번 크게 변화 할 것이다. 특히 자동차, 드론, 로봇과 같은 자율 주행 체들과 사물

인터넷을 통해서 물리 세계로부터 자동으로 생성되는 센서 데이터는 지금까지 사람이 컴퓨터에 입력하던 데이터와는 그 종류와 규모와 속도 면에서 비교가 안 될 정도로 거대하고 빠르게 진행되고 있다.

2 신경망
(뉴럴 네트워크)

2.1 ≫ 신경망의 발전과정

컴퓨터는 뇌가 가진 정보처리 능력을 인공적으로 실현하려고 하는 뇌 자신의 욕구에서 나온 자연스러운 표출이며 뇌의 연구와 컴퓨터의 연구는 역사적으로도 밀접한 관계를 가지고 있다. 초기의 컴퓨터를 인공두뇌(Artificial Brain)라고 부른 것도 뇌 연구와 컴퓨터 연구의 관계를 나타내는 하나의 예이다. 1940~1960년에 걸친 기간은 뇌와 컴퓨터를 학술적으로 연구해서 지적 정보처리의 기본원리를 규명하려고 하는 열기가 높았던 시기였다. 인공신경망(artificial neural network)은 신경계의 정보전달 기구를 모방한 정보처리 방식이다. 일반적으로 말하는 뉴로컴퓨터는 신경망을 연산소자로 하는 정보처리장치를 의미한다. McCulloch와 Pitts(1943)는 뇌의 기본 소자인 신경세포(Neuron)의 단순한 모델(형식 뉴런 모델)을 만들고, 그 논리 연산기로서의 완전성을 보였다.

또한, 이 시기에 Wiener의 사이버네스틱, Hebb의 학습 모델, 바이오닉스(Bionics : biology(생물학)와 electronics(전자공학)의 합성어) 등 현재에 이르기까지 커다란 영향을 미치는 생체 연구의 기본 원리들이 제안되고, Rosenblatt의 퍼셉트론에 의해 학습하는 인공 시스템의 구체적인 설계 지침이 주어졌다. 즉 1940년부터 1960년까지의 시기는 뇌로부터 배우는 컴퓨터 연구의 첫 번째 융성기라고 할 수 있는 시기이다. 그런데 1960년대 후반부터 컴퓨터 연구와 뇌 연구는 서로 독립적으로 연구하게 되었고, Minsky와 Papert (1969)에 의해 퍼셉트론의 능력에 한계가 있음이 밝혀져 학습하는 기계에 기대를 많이 하던 연구자들은 크게 실망하였다.

그러나 반도체 기술의 눈부신 진보에 의한 전자장치의 고집적화, 고속화 및 저가격화에 따라 컴퓨터 연구는 Neumann과 Turning 등에 의해 제안된 알고리즘 원리에 기초한 프로그램 내장 및 직렬 순차 정보처리 방식에 따라서 뇌의 연구와는 무관하게 눈부신 발전을 하고 있다. 더욱이 여기에 통신기술(communication)의 혁신이 추가되어 오늘날 고도의 정보화 사회에 이르게 되었다. 또한 이와 같은 컴퓨터 기술의 진보를 배경으로 인지과학 연구와 함께 뇌의 정보 처리 메커니즘과는 전혀 다른 형태로 인공지능(AI)이 실현되어 거대한 시장을 형성해 가고 있다.

최근 IoT 환경의 도래와 컴퓨터를 중심으로 한 IT 기술의 비약적인 발전과 더불어, 컴퓨터를 쉽게 사용하기 위한 인간과 기계의 인터페이스가 중요시되고, 인간의 지능적인 판단을 컴퓨터에 대행시키려는 요구가 점차 증가함에 따라 지능 시스템의 필요성도 더욱더 증가되고 있다.

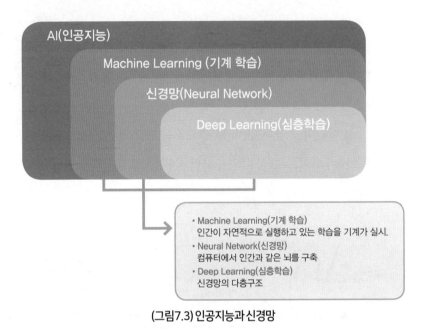

(그림7.3) 인공지능과 신경망

2.2 》 신경세포의 구조

뇌는 거대한 수의 뉴런(신경세포)이 결합된 대규모 시스템이다. 인간의 경우 뇌의 뉴런 수는 약 140억 개라고 전해지고 있다. 그리고 뉴런에는 많은 종류가 있고(인간의 경우 50종류 정도가 있다고 알려져 있음) 크기나 형상은 각각이다. 그러나 그 형상에는 공통의 특징이 있고 또한 그 동작도 대개 같은 원리를 따르고 있다.

뉴런은 매우 복잡한 형태를 하고 있지만 전체가 하나의 연속적인 세포막으로 둘러싸여진 단일 세포이다. 그리고 (그림 7.5) 에서와 같이 뉴런 본체의 주변에 몇 개의 가지처럼 돌기가 나와 있는 것이 그 공통의 형상이다.

생체의 뇌신경계는 외계로부터 정보를 감각기(시각, 청각, 후각, 미각, 촉각)를 통하여 입력하고, 뇌에서 정보처리를 수행한 후 효과기를 거쳐서 외계로 출력하는 고도로 정밀한 대규모 시스템이다. 뇌신경계는 기능적, 구조적으로 대단히 복잡하지만 기본적으로는 뉴런 혹은 신경세포가 기본 구성 소자가 되며, 그들의 다수가 모여 3차원으로 밀접하게 결합된 신경망을 형성하고 있다.

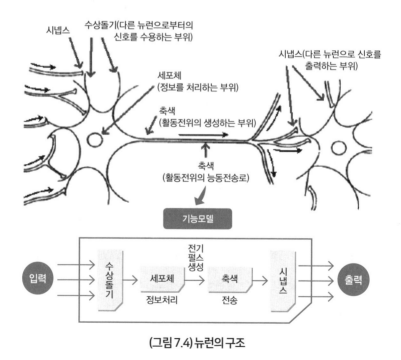

(그림 7.4) 뉴런의 구조

인간의 뇌는 수백억 개의 뉴런으로 구성되어 있다. 하나의 뉴런은 그 형태적 특징에서 세포체(soma), 수상돌기(denderite), 축색(axon)의 세 가지 요소로 나누어져 있으며 뉴런의 구조는 (그림 7.5)와 같다.

각 뉴런의 본체 부분은 핵이 존재하는 세포체(soma)와 많은 가지들로 이루어진 수상돌기(dendrite : 뉴런의 입력부), 능동 케이블의 역할을 하는 축색(axon : 신호 전송로), 시냅스(synapse : 뉴런의 출력부) 등으로 구성된 하나의 세포이다. 동작의 기본과정은 전기현상이며 전기회로만 알고 있으면 동작은 쉽게 이해할 수 있다.

2.3 》 신경망의 학습

기존의 정보처리에서는 처리 절차를 미리 자세한 프로그램의 형태로 컴퓨터에 주어야만 한다. 신경망이 기존의 정보처리와 크게 다른 점은 학습 기능이다. 학습에 의해서 수치 데이터가 주어진 것만으로 판단 논리를 자동적으로 형성할 수 있게 된 것이다.

신경망에는 다음의 학습을 (그림7.5)와 같이 요약하여 나타낼 수 있다.

① 뉴런 함수의 학습
② 뉴런의 결합 방법의 학습
③ 뉴런 사이의 결합의 강도 학습

우선, ① 의 뉴런 함수의 학습이란 뉴런모델에서 사용되는 다양한 입출력 함수의 형태로 학습을 하는 것이다. 이외에도 기울기가 처음에는 완만하게 되지만 차츰 급격한 경사로 되어 가는 방법을 사용한 신경망이 있다. 볼쯔만 머신이라고 부르는 신경망은 엄밀한 의미에서는 뉴런 함수의 학습이라고는 말할 수는 없지만 매우 흥미로운 아이디어이다.

학습 초기에 기울기가 작다고 하는 것은 의견을 확실히 결정하지 않고 방황하고 있는 상태라고 생각할 수 있다. 그리고 학습의 진행과 함께 기울기가 급하게 되어가는 것은 차츰차츰 의견이 명확해 지는 것이다. 인간의 사고 과정 특징의 일부를 뉴런 함수의 기울기를 변화하는 것만으로 표현할 수 있는 것이다.

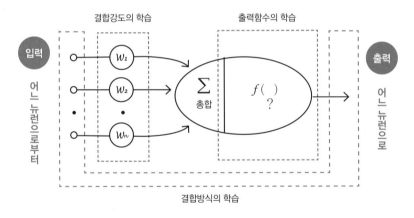

(그림 7.5) 신경망의 학습

② 뉴런의 결합 방법 학습은 신경망의 구조를 결정하는 중요한 것이다. 예를 들면, 의자의 높이를 엄밀하게 측정하려고 한 경우 긴 자를 사용하는 것이 가장 적당할 것이다. 측정 정도가 높다고 하여 마이크로미터

나 버니어캘리퍼스(Verniar calipers)를 사용하면 도리어 정확하게 측정할 수 없게 된다. 신경망의 경우도 마찬가지이다. 대상으로 하는 문제의 난 이도에 따라 그것에 적절한 네트워크의 크기가 있는 것이다. 그러나 이 것을 수학적으로 구하는 것은 매우 곤란하다.

마지막으로 제일 중요한 것이 ③ 뉴런사이 결합 강도의 학습이다. (다음부터 간단히 뉴런의 학습이라고 하면 ③을 나타내는 것으로 한다). 결합의 강도 는 뉴런의 신뢰도를 나타내고 있다. 뉴런 사이의 결합 강도의 학습이 현 재 신경망 학습의 핵심이 된다.

2.4 》 뉴런의 학습

기계학습은 학습방식에 따라 교사학습(supervised learning, 감독학습), 준교사학습(semi-supervised learning), 비교사학습(unsupervised learning, 자 율학습), 강화학습(reinforcement learning)으로 분류된다. 교사학습은 미리 구축된 학습용 데이터(training data)를 활용하여 모델을 학습하며, 준교사 학습은 학습용 데이터와 정리되지 않은 데이터를 모두 훈련에 사용하는 방법이다.

비교사 학습은 별도의 학습용 데이터를 구축하는 것이 아니라 데이터 자체를 분석하거나 군집(clustering)하면서 학습한다. 강화학습은 학습 수 행 결과에 대해 적절한 보상을 주면서 피드백을 통해 학습한다.

예를 들어, 우리에게 주어진 사진 자료들이 "이 아이는 영희, 이 아이는 철수, 이것은 강아지……"와 같이 사진마다 일일이 라벨링이 되어 있다면 이를 학습하고 다른 사진들에서 영희, 철수, 강아지들을 찾아내는 문제는 교사학습 문제로 볼 수 있다. 반면 여러 동물 사진을 섞어 놓고 이 사진에서 비슷한 동물끼리 자동으로 묶어보라고 이야기한다면 이는 비교사학습 문제라고 볼 수 있다. 인간은 이러한 교사학습과 비교사학습의 과정을 모두 이용한다고 알려져 있으며, 아직까지의 인공지능은 교사학습 연구가 더욱 활발하다. 하지만 인간이 세상을 라벨링 없이도 이해할 수 있듯이(예를 들어 굳이 '강아지'라고 배운 적 없어도 비슷한 종류를 모두 강아지라고 구분할 수 있다), 미래의 인공지능 역시 라벨링 없이 세상을 이해할 수 있는 비교사학습이 더욱 강조될 전망이다.

기계학습은 어떠한 종류의 특징값(feature)들을 입력값으로 이용하는지가 기계학습의 성능에 매우 큰 영향을 준다. 예를 들어 기계학습을 이용해 우리가 사진 속 얼굴들이 누군지 인식해야 한다면 우리는 이미지의 개별 픽셀들을 기계학습의 입력 값으로 사용할 수도 있겠지만, 그 대신 눈, 코, 입 등을 따로 떼어서 입력값으로 이용할 수도 있을 것이다. 또 다른 예로 인간의 보행동작을 기계학습을 이용해 분석하려고 한다면, 관절들의 위치를 기계학습의 입력값으로 사용할 수도 있겠지만, 관절들의 각도 또는 각속도를 입력값으로 선택할 수도 있을 것이다. 이처럼 우리가 선택할 수 있는 특징값의 형태는 무궁무진하다. 더욱 좋은 기계학습 성능을 얻기 위해서는 같은 사물들을 비슷한 특징들로 묶어주고 다른 사물들을 구별되는 특징들로 묶어주는 특징값을 찾는 것이 매우 중요하다.

기계학습은 여러 재료(입력값)를 받아 요리를 하는 요리도구와 같다. 어떤 재료를 요리에 넣느냐가 그 맛(성능)을 크게 좌우하는 것과 같다.

뉴런의 학습 알고리즘이 개량되어 있는 것은 매우 많고 각각 장단점이 있다. 비교사학습에서는 신경망에 입력 데이터를 주는 것만으로 그들에 대해서 선택적으로 반응하는 네트워크를 자동적으로 형성할 수가 있다. 네트워크 자신이 그 조직 형성을 수행하기 때문에 자기조직화라고도

기계학습을 도입하는 주된 목적

목적	활용예
데이터분류	속성등에 따라 고객의 그룹으로 나눈다.
미래의 예측	매상과 주가의 예측, 설비의 이상 감지 등
데이터의 최적화	검색앤진의 표시순위, 디지탈 광고의 타케팅 등
대상의 인식	화상 인식, 음성인식

기계학습을 유용하게 활용하는데에는?

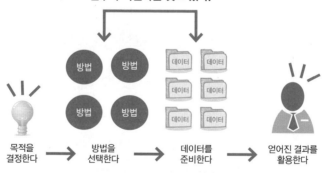

전후가 역전하는 것도 있다.

목적을 결정한다 → 방법을 선택한다 → 데이터를 준비한다 → 얻어진 결과를 활용한다

목적에 따른 방법을 선택하는것이 중요

(그림 7.6) 기계학습의 주된 목적과 활용방법

부른다. 이것은 입력 데이터에서 비슷한 것끼리 모아서 자동적으로 분류하는 것(클러스터링이라고 한다)에도 자주 사용된다. 비교사학습의 대표적인것은 헤브형 학습 알고리즘이며 뉴런의 최초 학습 알고리즘이고 지금도 많이 사용된다.

교사학습에서는 우선 입력 데이터와 교사 데이터를 사용하여 네트워크를 학습시킨다. 그러면 학습 후의 네트워크는 미지의 입력 데이터에 대해서도 적절한 출력을 내게 된다. 따라서 패턴인식과 같은 문제에 가장 적절하다. 교사학습의 대표적인 것은 오차역전파법(backpropagation) 학습 알고리즘이다.

3

딥 러닝이 이끄는
인공지능의 미래

딥 러닝(Deep learning)의 우수성이 컴퓨터 비전, 자연언어처리, 영상처리, 음성인식, 로보틱스 등의 분야에서 학술적인 연구뿐만 아니라 개인 비서, 게임, 자율 주행, 무인 상점 등과 같이 우리생활에 밀접하게 관련되어 있는 응용문제에도 광범위하게 사용되고 있다. 여러 산업 현장에서도 생산성 향상 제고 등을 위하여 적용되기 시작 하였다. 이제 딥 러닝을 사용하는 것은 시대의 흐름이 되어 버렸다.

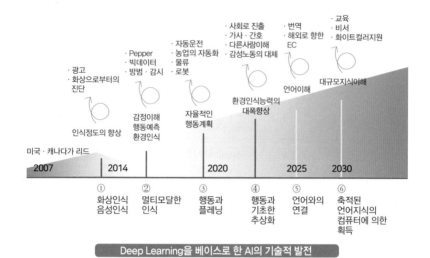

3.1 》 딥 러닝에 의한 난관돌파

비즈니스나 사회 본연의 모습 그 자체를 뿌리부터 뒤흔드는 4차 산업 혁명이라는 대혁명이 착실히 진행되고 있다. IoT, 빅데이터, 인공지능 시대가 도래 한 것이다. 오늘날 모든 사물들이 인터넷에 접속되고, 사이 버세계가 급속히 확대되고 있다. 알지 못한 곳에서 방대한 데이터가 축 적되고, 눈에 띄지 않는 곳에서 국경이 없는 광대한 디지털 공간이 확산 되고, 경제활동뿐만 아니라 개개인의 생활에도 큰 영향을 미치기 시작하 고 있다. 세계의 데이터양이 2년마다 배로 늘고, 인공지능이 급격하게 진 화를 거듭하는 상황 속에서, 앞으로 수년 사이에 사회의 양상이 격변한다 해도 이상할 것이 없다.

이러한 사태에 수수방관하고 있어서는 지금까지 국제경쟁 속에서 싸워 온 기업과 산업이 단기간 안에 경쟁력을 잃는 사태나, 높은 부가가치를 낳아 온 숙련인재의 지식과 기능이 순식간에 진부해질 위기가 곧 현실로 나타나게 될 것이라는 우려까지 있다.

한편, 과감히 새로운 사업에 뛰어드는 사업자에게는 절호의 기회이다. 특히 드디어 침체의 굴레에서 해방되어 미래로의 투자를 하려는 사업자들에게는 눈앞에 무한의 가능성이 펼쳐져 있다고 할 수 있다. 속도감 있는 대담한 도전에 뛰어들지 말지가 승패를 가르는 열쇠가 될 것이다. 이러한 변혁의 흐름을 잘 받아들이는 사회로 나아갈 수만 있다면, 저출산 문제나 고령화에 따른 인구감소가 초래하는 노동력부족 등, 다양한 사회문제와 에너지, 지구환경문제의 해결이 실현될 수 있다. 과거에는 상상할 수조차 없던 스피드와 임팩트로 사회 변화가 진행될 것이며, 이러한 움직임의 배경에는 앞서 언급한 딥러닝(심층학습)의 실현이 있다.

딥 러닝이란 무수한 데이터를 학습하여 그 특징을 획득하는 기술을 말한다. 이것은 캐나다 토론토대학의 Geoffrey Hinton교수에 의해 제창되고, 그 자신이 직접 제안한 슈퍼비전이라는 화상인식프로그램이 화상인식대회(ILSVRC:ImageNet Large Scale Visual Recognition Competition)에서 2012년에 압승하여, 그 실력이 증명되었다. 화상인식 중, 얼굴인식기술에 대해서 최근 주목을 모으고 있는 이 딥러닝은 화상인식 외에도, 지금까지의 기술로는 해결할 수 없었던 음성인식, 자연언어, 동영상을 다룬 문제에 효과가 있다고 인정받고 있다.

음성인식에서 딥 러닝을 활용하면 자연언어처리, 의미이해, 자동번역, 사람과의 자연스러운 음성대화 등이 실현가능 하게 된다. 지금까지의 기계번역으로는 문법적으로는 일치하지만 실제로는 적합하지 않는 문장이 되어버리는 현상이 자주 발생하였다. 그러나 딥 러닝을 이용함으로써 문장내용을 이해할 수 있는 자동번역을 완성시킬 가능성이 커지기 시작했다. 또한, 동영상인식에 대해서는 영상 중에서 정밀도 높은 물체 또는 개인을 인식할 뿐만 아니라, 환경이나 사상(事象)의 인식(교통사고가 발생하고 있다거나, 야구 시합에서 피날레가 펼쳐지고 있는 상황에서의 인식)이 기대된다.

3.2 》 딥 러닝

딥 러닝(Deep Learning) 또는 딥 뉴럴 네트워크(Deep Neural Network)라고 하는 기술은 사실 오랜 역사를 가진 인공신경망(Artificial Neural Network)이 발전한 형태라고 할 수 있다. 이 방법은 사람의 뇌가 수많은 신경세포들에 의해 움직인다는 점에 착안하여 만들어졌는데, 많은 수의 노드들을 연결하여 이들의 연결값들을 훈련시켜 데이터를 학습한다. 즉, 관측된 데이터는 많은 요인들이 서로 다른 가중치로 기여하여 만들어졌다고 생각할 수 있는데, 인공신경망에서는 요인들을 노드로, 가중치들을 연결선으로 표시하여 거대한 네트워크를 만든 것이다. 딥

러닝은 간단히 말하면 이러한 네트워크들을 층층이 쌓은 매우 깊은 네트워크를 일컫는다.

1920년대부터 꾸준히 연구되어 온 인공신경망은 이내 한계에 부딪혔는데, 그 이유는 거대한 네트워크를 학습시키는 방법이 많이 발달되지 않았기 때문이었다. 또한 거대한 네트워크를 학습시키려면 많은 양의 데이터와 이를 처리할 수 있는 컴퓨팅 파워가 필요했는데, 당시에는 이러한 조건들이 받쳐주지 않아 인공신경망은 불완전한 방법으로 여겨져 왔다. 하지만 2000년대 중반부터 다층 인공신경망인 딥 뉴럴네트워크를 학습하는 방법이 개발되어 현재는 이미지인식, 음성인식, 자연어처리 등 다양한 분야에서 표준 알고리즘으로 자리 잡고 있으며, 매우 빠른 속도로 기존의 기계학습 방법들을 대체하고 있다

그렇다면 딥 러닝이 여러 머신러닝 중에서 다른 기계학습 방법들을 압도할 정도로 좋은 성능을 보일 수 있는 비결은 과연 무엇일까? 그것은 바로 특징값 학습(representation learning)에 있다. 기계학습의 단점 중 하나는 좋은 특징값을 정의하기가 쉽지 않다는 점이었는데, 딥 러닝은 여러 단계의 계층적 학습 과정을 거치며 적절한 특징값(입력값)을 스스로 생성해낸다. 이 특징값들은 많은 양의 데이터로부터 생성할 수 있는데, 이를 통해 기존에 인간이 포착하지 못했던 특징값들까지 데이터에 의해 포착할 수 있게 되었다.

딥 러닝은 마치 인간이 사물을 인식하는 방법처럼, 모서리, 변, 면 등의 하위 구성 요소부터 시작하여 나중엔 눈, 코, 입과 같이 더 큰 형태로의 계층적 추상화를 가능하게 하였는데, 이는 인간이 사물을 인식하는

방법과 유사하다고 알려져 있다. 구체적으로는 나선형 뉴럴네트워크 (Convolutional Neural Network, CNN)와 순환형 뉴럴네트워크(Recurrent Neural Network, RNN)라는 방법이 널리 쓰이는데, 최근의 이미지인식이나 음성인식 등의 비약적 발전은 대부분 이들 방법의 역할이 크다고 할 수 있다.

3.3 》 딥 뉴럴네트워크의 모델

구글은 딥 러닝과 빅데이터를 이용해 컴퓨터가 스스로 많은 사진들을 학습하여 사람의 얼굴과 고양이의 얼굴을 학습해내는 비교사학습 결과를 발표해 세상을 놀라게 한 바 있다. 딥 러닝은 하드웨어의 발전과 함께 더욱 날개를 펴고 있다. 딥 러닝은 수많은 뉴런과 깊은 신경망을 학습해야 하기 때문에 기존 컴퓨터로는 학습에 몇 주가 소요되기도 한다. 하지만 최근에는 GPU를 이용한 병렬처리 연산의 발달과 함께 딥 러닝을 위한 미래 하드웨어 디자인도 고안되고 있어 그 처리 속도가 더욱더 빨라지고 있다. 또한 클라우드 컴퓨팅을 이용하여 많은 양의 연산을 디바이스가 아닌 서버에서 처리하도록 함으로써 딥 러닝의 혜택을 모바일로도 가져오고 있다. 바야흐로 딥 러닝이 점점 우리의 생활 속에 침투하고 있다고 해도 과언이 아닐 것이다.

딥 러닝의 또 다른 장점 중 하나는 다양한 분야에서 공통적으로 활용

될 수 있다는 것이다. 예를 들어, 이미지 인식과 자연언어처리는 과거에는 전혀 다른 방법들이 적용되었지만, 딥 러닝은 이 두 가지 문제를 같은 방법으로 해결할 수 있다. 이를 이용하면 더욱 흥미로운 상상들을 할 수 있는데, 그 대표적인 예가 딥 러닝을 이용해 이미지를 분석하고 이에 대한 자막을 자동으로 달아주는 것이다. 이 방법이 보편화된다면 미래엔 시각장애인도 컴퓨터로부터 눈앞의 상황에 대한 설명을 들을 수 있는 날이 올 것이다.

3.4 》 딥 러닝의 특징값 추출 예시

딥 러닝은 깊은 학습구조 속에 단계적으로 좋은 특징값들을 자동적으로 추출한다. 예를 들어 이미지 인식의 경우 낮은 단계에서는 선들을 추출하는 반면, 더욱 높은 레이어에서는 사람의 얼굴 부분도 추출한다. 이러한 단계적 특징 추출 방식 덕분에 딥 러닝이 비약적으로 발전할 수 있었다.

딥 러닝은 미래 인공지능의 희망으로 떠오르고 있다. 이것은 이미지 인식 등의 분야에선 이미 인간의 오차율을 넘어섰으며, 지금까지 불가능이라 여겨졌던 일들도 척척 해내고 있기 때문이다. 테크기업들의 인공지능 기술 경쟁은 이미 시작되었다. 특히 그 경쟁은 미래 인공지능 기술의 핵심으로 불리는 딥 러닝 연구 인력들의 영입 전쟁으로 촉발되고 있다.

딥 러닝의 거장으로 불리는 토론토대학의 제프리 힌톤 교수, 뉴욕대학의
얀 레쿤 교수, 그리고 스탠퍼드 대학의 앤드류 응(Andrew Ng) 교수는 구
글, 페이스북 등에 각각 영입되었고, 딥 러닝 인재들이 모여 만든 기업 딥
마인드는 50명 남짓의 뚜렷한 제품도 없는 작은 기업임에도 구글에 무
려 5000억가량에 인수되어 세계를 놀라게 하기도 하였다. 최근에는 테
슬라 자동차의 창업주 엘론 머스크 등의 지원 하에 엄청난 규모의 비영
리 인공지능 연구단체 오픈 에이아이(Open AI)가 출범하기도 하였다.

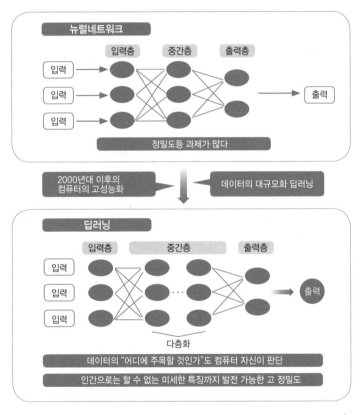

(그림 7.8) 신경망(Neural Network)으로부터 딥러닝으로 진화

4 기계학습

4.1 》 기계학습 이란

기계학습이란 인공지능을 실현하기 위한 기술의 하나로 데이터로부터 반복적으로 학습하여 패턴이나 특징을 발견해 내는것이다. 기계학습 이전의 고전 인공지능은 다양한 상황들에 대해 인간이 정해준 규칙에 따라 판단하는 논리 기계와 유사했다. 하지만 세상일은 워낙 다양한 요인들에 의해 발생하고 일반적인 규칙으로는 설명할 수 없는 예외적인 상황도 종종 발생하여 실제 문제의 적용에 있어서 고전 인공지능은 무한한 경우들에 대한 끝없는 수정과 보완을 필요로 했었다. 그럼에도 불구하고 우리는 무한한 경우들 모두를 대응할 수 없기에 기존의 인공지능은 단순한 문제에만 적용 가능한 불완전한 인공지능일 수밖에 없었다.

기계학습은 기존 데이터의 패턴을 기반으로 새로운 질문에 답을 하는 알고리즘인데, 그 성능은 데이터의 양과 질에 크게 의존하기에 무엇보다 예측에 필요한 양질의 데이터를 수집하는 것이 중요하다. 이것이 바로 구글과 같은 기업이 사용자 데이터 수집에 사활을 걸고 있는 이유이기도 하다.

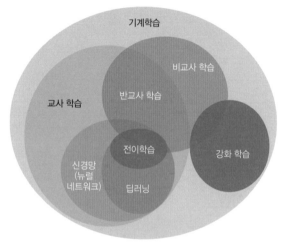

(그림 7.9) 기계학습에 관련된 기술

4.2 ≫ 기계학습의 3요소

AI 기술의 기본인 기계학습을 이용하기 위해서는 (그림7.10)과 같이 정보과학, 컴퓨터 환경, 빅데이터의 3요소가 필수이다. 정보과학이라 함은 딥 러닝등과 같은 알고리즘이다. 기계학습의 어떤 알고리즘을 이용하는가는 AI벤더와 그 데이터 사이언티스트가 선택하게 된다. 컴퓨터 환경이란 고속 컴퓨터와 클라우드와 같은 컴퓨터 자원이다. 딥 러닝을 이용하는 경우에는 학습시에 방대한 연산의 양을 필요로 하기 때문에 충분한 컴퓨터 환경이 없으면 실용성이 희박하게 된다. 최근에는 GPU라는 고속 칩이 기존 가격에 비해 저가로 이용 가능하게 되었다. 이전부터 딥 러닝의 학습에 수일부터 수주일도 걸렸지만, 현재는 GPU를 다수 사용하는 것으로 비교적 단시간에 연산이 종료하게 된다. 또한 최근의 클라우드 환경에는 이 알고리즘과 고속의 컴퓨터자원이 패키지로서 준비되어 있고 '클라우드 ML'과 '클라우드 AI'와 같은 서비스 명칭으로 제공되어 있다. 이 클라우드 AI가 등장한 것으로 기계학습의 실험이 매우 간단하게 되었다. 그 전까지는 스스로 고속 컴퓨터를 준비하여 알고리즘도 프로그래밍할 필요가 있었기 때문에 실험만으로 수개월이 걸렸지만, 이 클라우드 AI의 덕분으로 실험에서 수일 안에 결과를 도출해 낼 수 있게 되었다.

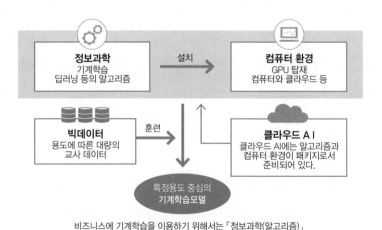

비즈니스에 기계학습을 이용하기 위해서는 「정보과학(알고리즘)」
그 용도에 따른 「빅데이터」 고속CPU등의 「컴퓨터환경」의 3요소가 필수적이다.

(그림 7.10) 기계학습의 3요소

빅데이터는 이 기계학습의 이용목적을 위하여 준비하는 데이터이다. 이것은 교사 데이터로 되기 때문에 대량으로 동시에 깨끗한 데이터일 필요가 있다. '깨끗함'이란 노이즈가 포함되어 있지 않고 결손치도 없는 데이터이다. 현실적으로 그와 같은 데이터가 기업 내에 있는 것은 적기 때문에 그와 같은 데이터의 수집으로부터 시작되는 것이 대부분이다.

예를 들어 우리가 개와 물고기 사진을 구분하는 분류(classification) 문제를 기계학습으로 풀어야 한다고 생각해보자. 색깔이 이들을 구분하는 데 좋은 특징값이 될까? 아마도 아닐 것이다. 한 가지 가능한 방법으로는 사진에서 먼저 털을 검출해낸 뒤 털이 많은 것을 개, 털이 거의 없는 것을 물고기라고 판단할 수 있을 것이다.

이처럼 우리는 원본 사진 대신 전처리(preprocess)를 통해 사진 속의 털을 강조한 사진을 기계학습에 입력값으로 이용할 수 있는데, 이것이 바로 좋은 특징값을 이용한 한 예이다.

이처럼 기계학습의 성능은 기계학습 알고리즘의 우수성과도 관련이 있지만, 이에 못지않게 사용자가 입력하는 특징값에도 많은 영향을 받게 된다. 좋은 특징값을 찾기 위해 기계학습 연구자들은 원래의 데이터를 또 다른 공간으로 매핑하여 사용하는 커널(kernel) 방법을 이용하기도 한다.

그럼에도 불구하고 어떠한 특징값을 사용해야 좋은지는 여전히 기계학습의 어려운 과제 중 하나이다. 이러한 어려움을 극복하기 위해 새로운 방법론이 제시되었는데, 이것이 바로 최근 큰 관심을 끌고 있는 딥 러닝이다.

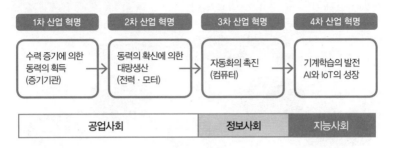

(그림 7.11) 기계학습으로 시작되는 새로운 산업혁명

4.3 » 4차 산업혁명을 지원하는 기계학습

AI나 IoT 등의 기술혁신에 의해 현재 일어나고 있는 사회구조의 큰 변화와 혁신이 4차산업혁명이며 그것을 지원하는 것이 기계학습이다. 18세기에 일어난 산업혁명 이후 큰 사회변혁을 초래하고 있다. 세계적으로 각 국가마다 AI를 4차 산업혁명을 견인하는 가장 중요한 기술의 하나로 보고 전략적으로 연구개발에 집중하고 있다. AI와 IoT 등의 기술혁신을 가능하게 하는 것은 딥러닝을 시작으로 한 기계학습 기술의 진보이다. 이미 화상의 식별율은 인간 보다도 우수하고 앞으로 암이나 난치병의 조기발견 등의 응용이 기대되고 있다. 이미 미국은 Amazon과 Google 등의 IT 기업이 기계학습의 활용에 의해 큰 성과를 올리고 있다.

(그림 7.11) 1차 산업혁명에 의해 농업사회로부터 공업사회로 변화 한 것과 같이 기계학습에 의해 정보사회는 지능사회로 변화할 것이다. 향후

(그림 7.12)과 같이 기계학습은 다양한 분야와 연계하여 지속적으로 응용 분야가 확대되어 갈 것으로 보고 있다.

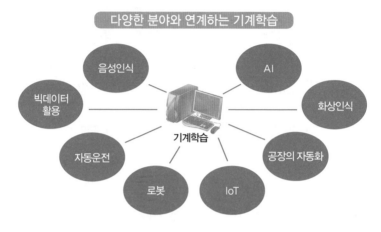

(그림 7.12) 다양한 분야에 적용되는 기계학습

4.4 》 강화학습

강화 학습(Reinforcement learning)은 기계학습의 한 영역이다. 행동심리학에서 영감을 받았으며, 어떤 환경 안에서 정의된 에이전트가 현재의 상태를 인식하여, 선택 가능한 행동들 중 보상을 최대화하는 행동 혹은 행동 순서를 선택하는 방법이다. 이러한 문제는 매우 포괄적이기 때문에 게임이론, 제어이론, OR(Operations Research), 정보이론, 시뮬레이션 기반 최적화, 다중 에이전트 시스템, 떼 지능(Swarm Intelligence), 통계학, 유전 알고리즘 등의 분야에서도 연구된다.

운용 과학과 제어 이론에서 강화 학습이 연구되는 분야는 "근사 동적 계획법"이라고 불린다. 또한 최적화 제어 이론에서도 유사한 문제를 연구하지만, 대부분의 연구가 최적해의 존재와 특성에 초점을 맞춘다는 점에서 학습과 근사의 측면에서 접근하는 강화 학습과는 다르다.

경제학과 게임 이론 분야에서 강화 학습은 어떻게 제한된 합리성 하에서 평형이 일어날 수 있는지를 설명하는 데에 사용되기도 한다.

강화 학습에서 다루는 '환경'은 주로 마르코프 결정 과정으로 주어진다. 마르코프 결정 과정 문제를 해결하는 기존의 방식과 강화 학습이 다른점은, 강화 학습은 마르코프 결정 과정에 대한 지식을 요구하지 않는다는 점과, 강화 학습은 크기가 매우 커서 결정론적 방법을 적용할 수 없는 규모의 마르코프 결정과정 문제를 다룬다는 점이다.

강화학습은 또한 입출력 쌍으로 이루어진 훈련 집합이 제시되지 않으며, 잘못된 행동에 대해서도 명시적으로 정정이 일어나지 않는다는 점에서 일반적인 지도학습과 다르다. 대신, 강화학습의 초점은 학습 과정에서의(on-line) 성능이며, 이는 탐색(exploration)과 이용(exploitation)의 균형을 맞춤으로써 제고된다.

탐색과 이용의 균형 문제 강화학습에서 가장 많이 연구된 문제로, 다중슬롯 머신문제(multi-armed bandit problem)와 유한한 마르코프 결정 과정 등에서 연구 되었다.

기계학습이 예측과 판단을 행하기 위한 공정은 판단기준을 발견하기 위한 학습과 만들어낸 모델을 사용하여 실제의 작업을 행하는 추론으로 나누어진다. 학습이란 데이터의 특징을 조사하여 모델화하는 작업이다.

예를 들어, 우리가 개와 고양이 사진을 구분하는 분류(classification) 문제를 기계학습으로 풀어야 한다고 생각해보자. 많은 화상 중에서 고양이와 개의 화상을 선택하는 경우 고양이와 개가 가진 몸체의 모양과 눈, 귀의 형, 크기, 털빛 그 이외의 대량의 특징을 도출한다. 그 중에서 '이것은 고양이', '이것은 개'로 판단 할 수 있는 특징을 수치화한다. 이 수치를 특징값이라고 한다.

이처럼 기계학습의 성능은 기계학습 알고리즘의 우수성과도 관련이 있지만, 이에 못지않게 사용자가 입력하는 특징값에도 많은 영향을 받는다. 어떠한 특징값을 사용해야 좋은지는 여전히 기계학습의 어려운 과제로 남아 있는데, 이러한 어려움을 극복하기 위한 새로운 방법론으로 제시되고 있는 데 바로 그것이 딥 러닝이다.

특징값을 준비하면 샘플이 되는 데이터(학습 데이터)를 읽어 고양이와 개의 화상을 식별하기 위한 최적인 특징값의 조합을 결정하여 간다. 최적인 특징값의 조합을 결정하여 가는 과정이 학습이 된다. 이렇게 하여 학습한 결과 실제의 데이터로부터 추론하기 위하여 추론 모델이 구축된다.

구축한 추론 모델을 사용하여 실제로 많은 화상 중에서 고양이와 개의 특징을 갖는 화상을 선택하여 간다. 이 작업을 추론이라고 하는데, 이와 같이 기계학습에서는 데이터로부터 목적에 적합한 판단과 예측을 행하여 간다.

기계학습에 의해 고양이와 개의 특징을 발견해내는 데에는 대량의 데이터가 필요

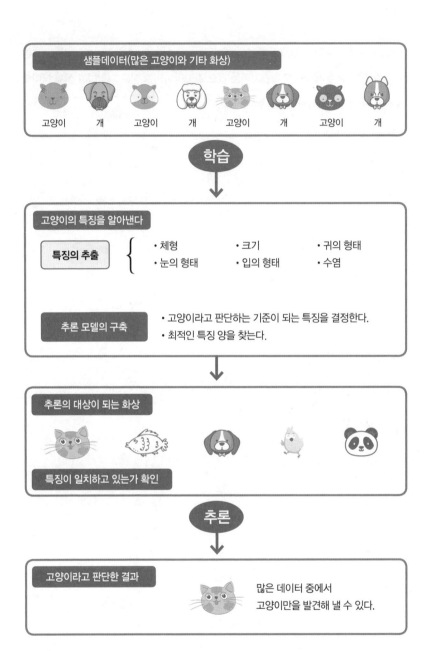

(그림7.13) 기계학습으로 화상을 인식하는 구조

하다. 충분한 데이터가 없으면 좋은 추론 모델을 구축할 수 없을 가능성이 있다. (그림 7.13)과 같이 샘플 데이터를 학습시키는 것으로 고양이의 특징을 기억하여 실제 데이터로부터 고양이를 인식하여 분류할 수 있다.

5 농업분야의 인공지능

5.1 》 농업에 인공지능(AI) 적용

인공지능(AI)의 농업분야에 대한 응용연구의 역사에 대해 간단히 설명하고, 현재의 AI 이용에 대해 소개 하도록 한다. 농업에 AI 이용에 대해서는, 컴퓨터가 보급되기 시작할 때부터 연구가 이루어지기 시작하여, 초기의 인공 언어인 LISP과 Prolog등에 의한 프로그래밍과 전용 엑스퍼트 툴(expert tool)에 의한 전문가 시스템에 관한 연구가 한창 이었다. 특히 당시의 컴퓨터 처리능력은 낮아, 언어에 의한 추론을 이용한 전문가 시스템에 의해 병해충 진단 등에서는 효과를 발휘한다.

전문가 시스템(Expert System)은 전문가로부터의 지식을 획득하여 축적한 지식베이스에서, 각종 질문에 대한 응답을 추론엔진을 통해 추론해 내는 대화형의 시스템이다. 전문가의 지식을 규칙(rule)화하여 지식베이스(Krowledge Base)로 만들기 위해서는, 대상 분야에 대한 고도의 전문지식을 필요로 한다. 애매한 결론(해답)이 존재할 경우, 해답에 도달하지 못하는 문제가 발생한다. 이 문제에 대응하기 위해, 퍼지이론(fuzzy theory)에 근거한 함수를 계산에 이용함으로써 해답의 확립을 도출해내는 방법 등이 도입되었다. 퍼지이론은 애매함을 나타내는 멤버십함수에 따라, 애매함을 표현하는 것이 가능해져 결론(해답)을 도출해낼 수 있다. 퍼지이론은 제어계의 시스템에 이용되는 경우가 많다 (9장 참조).

식물은 자연환경에 유래하는 환경요인과 재배방법 등의 인적작업 등의 영향을 받은 결과로 자란다. 농업에서 식물을 인간의 계획대로 잘 성장시키기 위해서는 이들의 영향에 따라 어떻게 성장할 것인가의 모델이 필요하다. 이처럼 환경요인과 인적작업으로 식물의 성장과 반응을 출력으로 하여 생각한다면 시스템 동정적인 방법이 효과적일 것이다. 시스템 동정에 있어서는, 시스템이 수식 등으로 표현되는 등의 수학적 모델로 풀 수 있는 경우는 화이트박스로써 다룰 수 있다.

한편, 식물의 성장과 같이 미지의 부분이 많은 시스템을 모델로 생각할 경우, 블랙박스로써 다루는 것이 일반적이다. 블랙박스로 이것을 해결하는 방법은 몇 가지 있는데, MA(Moving Average:이동평균) 모델, AR(Autoregressive:자기회귀) 모델, ARMA(Autoregressive and Moving Average:자기회귀 이동평균)모델과 유한요소법 등의 방법들이 있다.

그러나 식물의 성육(成育)에 대해서는 많은 요소가 관련되어 있어서 이와 같은 방법에 따라 모델을 얻는 것은 어렵다. 이런 이유로 복잡한 시스템을 해결하는데 이용되고 있는 것이 인공신경망(인공 뉴럴네트워크:ANN) 이다. ANN이란 뇌 활동을 인공적으로 모방(Simulation)한 정보처리시스템을 말하며, 다수의 신경세포(뉴런)로 이루어지며, 인간과 마찬가지로 학습을 통해 복잡한 입력과 출력의 관계를 모델화 해 나간다.

계층형 뉴럴네트워크는 입력층, 중간층, 출력층 3층으로 되어 있으며, 각각의 층 사이를 잇는 신호의 세기(결합강도 : Weight)로 이루어져 있다. 이 결합강도를 많은 교사신호(기지의 입식과 출력)를 이용하여 오차역전파법(Backpropgration) 등에 따라 학습(결합강도를 결정)한다. ANN은 학습 결과(결합강도)를 이용해, 새로운 입력신호에 대한 해답(출력값)을 정할 수 있다.

최근 고속연산이 강점인 GPU칩이 과거에 비해 훨씬 쉬운 구조로 바뀌어서 복잡하고 어려웠던 시스템이 일반인들도 사용하기 쉬운 환경으로 만들어졌다. 게다가 딥 러닝등의 복잡한 ANN시스템의 연구가 급속히 이루어져 바둑이나 장기 등의 게임에서 인간의 능력을 능가하는 영역까지 도달하고 있다.

농업분야에 있어서도 재배, 식물공장의 관리와 그 이용에 대한 연구는 더욱 진전되고 있다. 스마트 농업에서 계측된 환경의 입력데이터와 식물의 성장 출력데이터를 교사신호로써 성육모델을 구축하는 데 힘쓰고 있다.

이러한 모델이 제대로 구축이 되면 그 사용범위는 성육의 예측과 제어에 이르기까지 농업 전반에 널리 이용할 수 있다.

5.2 》 기계학습에 의한 스마트 농업의 전개

우리의 농업을 성장산업으로 전환시키고, 안정적인 경영을 실현하기 위해서는 농산물을 정시, 정량, 정품, 정가에 가능한 근접시키기 위한 기술개발이 필요하다. 그러기 위해서 작물의 생육상태, 농업생산환경, 작업 기록 등 다양한 정보를 필요로 하며, 그 정보를 기준으로 하여 세밀한 재배관리, 환경제어를 실시해야 한다. 즉, 포장과 작물의 3차원적인 불규칙한 정보수집과, 이것을 매핑하는 기술(현상파악), 복잡한 과제와 요구를 해결하기 위한 의사결정지원기술(정보 분석과 대책의 입안), 불규칙함에 대응한 재배, 관리 작업을 실행하는 가변작업기술(대책의 실행)이 필요하다. 이러한 과정들은 2차 산업 시기인 1960년 즈음부터 지극히 일반적으로 실

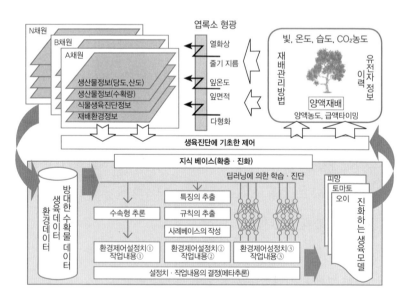

(그림7.14) 딥러닝에 의한 스마트 농업의 전개

시되고 있는 QC(Quality Control) 활동 개념에서 나온 것으로, 이 활동이 국내에 확산되어 농산물의 우수한 품질 향상에 크게 공헌할 것이다.

이 개념을 1차 산업에 적용하는 것이 중요하며, 가속도적으로 진전시키기 위해서는 IoT와 로봇기술을 활용한 환경, 생육정보 등의 정확한 센싱기술의 확립과, 기계학습에 따라 복잡하게 얽힌 정보의 관련성을 도출해낼 필요가 있다. 더불어 입안된 대책을 내용에 맞추어 실행하기 위하여 제어기술과 로봇기술의 개발이 필요한 상황이다.

여기서 언급한 기계학습이란 인간이 내놓은 데이터를 근거로 데이터 간의 관련성과 가중치, 그룹별 규칙(rule) 등을 도출하는 기술이다. 학습 방식에는 화상데이터 등을 포함하는 각종정보와 함께 사람이 정답과 해답의 정오(正誤)를 내놓는 것을 목적으로 할 때에는 주로 데이터 학습으로 이용되는 경우가 많다. 요즘 들어 보다 많은 정보와 복잡한 정보의 관련성을 이끌어 내기 위해서는 딥 러닝이 주로 이용된다. 말할 것도 없이, 식물은 온습도와 풍속 등의 환경상태, 병해충의 발생상황, 배지(培地)와 수분상태, 인간에 의한 작업내용 등의 다양한 요인이 얽혀 생육상태가 변화한다. 딥 러닝은 이러한 복잡다단한 내용들을 정리하는 것이 강점이다. 적절한 대책의 입안에 얼마나 기계학습이 공헌할 수 있을지가 핵심이라고 할 수 있다.

5.3 》제조업과 농업 프로세스 비교

제조업과 농업의 프로세스를 비교해 보면 제조업분야에서는 데이터 연계를 통하여 안전하게 생산성을 높이고 제조 프로세스를 목표로 한다. 농업분야에서는 최첨단 기술과 데이터를 구사하여 생산성과 수익의 향상을 목표로 한다. 측위위성을 이용한 농기계의 자동주행이 시작되고있다. 향후 농업개혁을 가속화하여 세계 톱레벨의 스마트 농업을 실현 하기 위하여 생산현장을 강화하고 가치사슬 전체에서 부가가치를 향상시

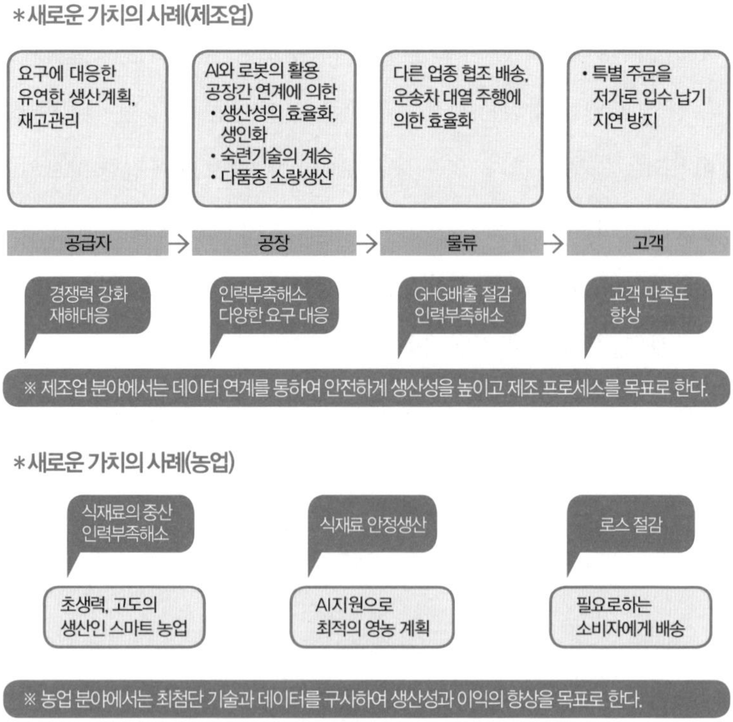

*새로운 가치의 사례(제조업)

요구에 대응한 유연한 생산계획, 재고관리	AI와 로봇의 활용 공장간 연계에 의한 · 생산성의 효율화, 생인화 · 숙련기술의 계승 · 다품종 소량생산	다른 업종 협조 배송, 운송차 대열 주행에 의한 효율화	· 특별 주문을 저가로 입수 납기 지연 방지
공급자 →	**공장** →	**물류** →	**고객**
경쟁력 강화 재해대응	인력부족해소 다양한 요구 대응	GHG배출 절감 인력부족해소	고객 만족도 향상

※ 제조업 분야에서는 데이터 연계를 통하여 안전하게 생산성을 높이고 제조 프로세스를 목표로 한다.

*새로운 가치의 사례(농업)

식재료의 증산 인력부족해소	식재료 안정생산	로스 절감
초생력, 고도의 생산인 스마트 농업	AI지원으로 최적의 영농 계획	필요로하는 소비자에게 배송

※ 농업 분야에서는 최첨단 기술과 데이터를 구사하여 생산성과 이익의 향상을 목표로 한다.

(그림7.15) 제조업과 농업의 프로세스 비교

커 데이터와 첨단기술을 최대한 활용한 스마트농업의 실현을 목표로 할 필요가 있다.

제조업의 경우 공장내의 기기간과 기업의 틀을 넘은 데이터 연계를 통하여 혁신적인 제품·서비스의 창출과 낭비없는 최적화된 공급사슬, 안전으로 생산성이 높은 제조프로세스를 실현한다. 제조현장의 다양한 기기를 접속하여 엣지측에서의 실시간 분석과 제어로 생산성과 가동율의 향상을 도모하는 데이터 연계이다. 향후 디지털 기술, 로봇, Iot를 제조서비스 현장에서 설치하여 노동생산성과 부가가치를 향상시킨다.

(See & Think)

> 배지 : 미생물이나 조직, 식물 따위를 인공적인 조건 아래에서 발육, 증식 시키기 위해 여러 가지 영양물을 조제한 액체나 고형 혼합물.

5.4 》 기계학습을 활용한 농업 정보수집

각종 정보의 수집 단계에서도 기계학습의 활용이 시도되고 있다. 예를 들어, 병해충의 발생상황을 모니터하기 위해 병해충의 화상데이터를 기계 학습시켜 병해충의 동정(同定)과 각 구역(Area)마다 발생수를 카운트하여, 맵(map)화하는 것이다. 물리적, 생물적 방제법을 적절하게 실시하고, 화학농약의 사용량을 적게 하는 종합적병충해관리(IPM)의 확립을 목표로 하고 있다.

구체적으로는 이미 보급하고 있는 병해충 방제용 점착시트를 포장 내에 일정간격으로 배치하고 이것을 카메라로 촬영한다. 화상데이터 내에 있어서 해충의 종류와 좌표정보를 교사데이터로 하여, 병해충의 화상을 기계학습 한다. 얻어진 학습결과를 이용해 방대한 양의 화상데이터로부터 해충의 카운트가 가능해지고, 다 지점, 고빈도로 해충의 발생상황을 확인할 수 있게 되었다.

또한, 작업자의 행동을 촬영한 내용을 학습시켜, 작업내용과 작업정도 등을 모니터하는 시스템도 연구되고 있다. 뿐만 아니라, 과실수확 로봇의 수확기의 판정과 파지의(把持) 위치, 열매꼭지 절단위치의 인식에도 이용되기 시작하고 있다.

(적용 사례 7.2) 기계학습이 일으키는 농업혁명

• 농업 X AI의 농업 정보학(agri – informatics)

농업인의 고령화와 농민 후계자 부족이라는 현실적인 문제의 대책으로서 AIai(agri-informatics) 농업으로 대처방안을 검토 할 수 있다. 이 대처방안은 농업에 AI를 활용하여 농업의 기능향상과 계승에 도움이 되는 것을 그 목적으로 하고 있다. 숙련된 농가의 감이나 경험에 기초한 노하우를 계승 가능한 곳으로 기계학습이 사용된 것이다.

AI농업에서는 숙련된 농가가 아이카메라와 동작 센서를 몸에 부착하여, 어디서 어떠한 작업을 했는지를 기록한다. 밭에도 센서를 설치하고 기후나 작물의 상태를 기록한다. 숙련농가의 작업결과 데이터도 기록하여 이들 데이터를 기초로 기계학습을 활용한 'AI 시스템'을 구축한다. 그러면 이러한 AI 시스템에의 데이터에 의거하여 효율적인 인재육성이 가능하게 된다.

농업에 대한 기계학습의 활용 예로서는 잎의 화상으로부터 작물의 병충해를 진단하는 시스템과 양상추 재배에 기계학습 시스템을 탑재한 트랙터를 사용하여 잡초와 양상추의 싹을 식별하여 잡초에만 제초제를 살포하여 제초제의 사용량을 줄이는 시도를 하고 있다.

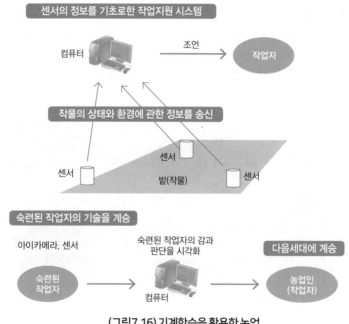

(그림7.16) 기계학습을 활용한 농업

농업문제는 개별 농가의 경제문제라고 생각할 수 있지만 전 세계의 식량문제로서 그 문제의 심각성은 크며 진지하게 논의되고 있다. 농업의 대규모화—공업화에 버금가는 변혁으로서 기계학습에 의한 초효율화를 기대할 수 있다. 농업에 기계학습을 활용함에 따라 식량문제 해결에 유익이 된다면 바야흐로 농업혁명이라고 말 할 수 있을 것이다.

앞으로 기계학습은 식량문제 외에 에너지 문제와 같은 미래 산업 전반에서의 응용이 기대된다.

(적용 사례 7.3) (소 X 센서 X 기계학습)의 낙농혁명

• 축산농가의 최대의 과제인 '번식'도 기계학습으로 극복한다

사물과 인터넷을 연결하는 'IoT' 기술을 최대한 활용하기 위해서는 기계학습이 필요하다. IT기업이나 대규모 공장뿐만이 아니라 축산농가에도 'IoT×기계학습'의 영향이 미

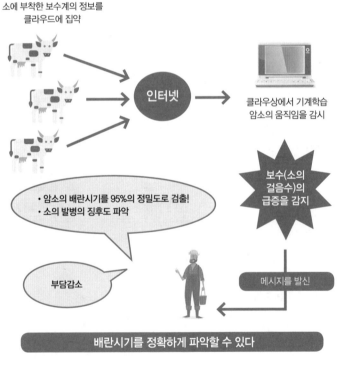

(그림 7.17) 소의 감시 시스템으로 효율화

치고 있다. 축산농가에 암소의 발정을 미리 아는 것은 매우 큰일이었다. 암소의 발정은 주기나 기간의 비율로 파악이 어려운 타이밍을 알기 위해서는 축산농가 스스로 목장에 있는 많은 소를 일일이 다 감시해야 한다.

기계학습의 방법을 활용하는 것으로 암소의 발정을 감지 할 수 있다. 처음 컴퓨터에 "암소가 발정하면 걸음의 수((步數)가 증가한다." 라는 소의 습성에 관한 데이터를 학습시킨다. 그리고 인터넷에 접속한 IoT 보수계(步數計)를 암소에 장착하여 매일의 보수를 계측하여 그 데이터를 클라우드의 'Azure Machine Learning 시스템'에 송신한다. 기계학습에 의해 만들어낸 모델로부터 암소의 움직임을 감시하여 보수가 급증하면 암소가 '발정하였다'라고 판단하여 축산농가에 메시지를 보낸다. 그 메시지를 받은 축산 농가는 적절한 시기에 인공 수정 시키면 성공할 확률이 높아진다. 이 시스템은 또한 암소의 질병 발견에도 연결된다. 계측하고 있는 보수의 패턴으로부터 여러 종류의 소의 질병을 검출할 수 있게 되었는데, 바로 기계학습을 통하여 가능해 진 것이다.

6

웹 지능

오늘날은 세계 곳곳에서 공개되고 있는 다양한 정보를 웹에 접속하여 손쉽게 얻을 수 있는 시대가 되었다. 그러나 기존의 웹 역시 방대한 정보를 제공하는 데에는 한계가 있다.

때문에 지능화의 기술을 도입함으로써 웹을 지능적인 것으로 만들려는 노력이 진행되고 있는데, 웹상에서의 자동적인 의미 처리를 베이스로 한다고 하여 '시맨틱 웹(semantic web)'이라고 부른다. 이러한 기술을 이용한 비즈니스 활동도 이미 시작되었다.

6.1 » 웹 지능의 이해

21세기는 인터넷과 웹의 시대라고 말해도 과언이 아니다. 웹(World Wide Web)을 통하여 정보 발신과 서비스의 제공이 전 세계를 대상으로 이루어지고 있으며 다양한 정보와 서비스를 유저 단말기로부터 간단하게 입수할 수 있게 되었다. 이러한 웹의 출현은 정보의 수집 방법, 처리 방법, 이용 방법에 큰 변화와 혁신을 가지고 왔다.

개개의 웹 정보 시스템은 급속도로 발전하고 있지만 웹 전체로서 발휘할 수 있는 고차원적인 기능을 실현하기 위한 기술은 체계적으로 연구되고 있지 않다. 웹 지능(Web Intelligence)은 인공지능 기술과 첨단적 정보 통신 기술을 구사하여 지혜로운 웹(4W : World Wide Wisdom Web)의 실현을 목적으로 한 새로운 연구 개발 분야이다. 웹 지능은 웹 정보 시스템의 지능화에 관한 연구 분야로서, 웹을 활용한 고도의 지식 정보 시스템을 실현하기 위한 기술이다. 이 연구와 실용화를 촉진하기 위한 웹 지능

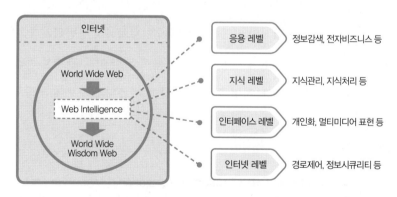

(그림 7.18) 웹 지능의 위치와 기능 계층

컨소시엄도 설립되어 활발한 활동이 전개되고 있다. 웹은 인공지능뿐만 아니라 정보 기술 전반의 가장 유망한 응용 분야가 되고 있다.

(그림7-16)은 웹 지능의 위치와 4가지 단계로 구성되는 기능계층을 나타낸 것이다. 각 단계의 계층에서는 해결해야 하는 중요과제가 있다.

(표7.1) 웹 지능의 응용 분야

개인중심 서비스	비즈니스 분야
Web 정보검색 Web 사이트 네비게이션 지원 Web 정보 필터링 Web 인터페이스의 개인화 Web 사이트의 개인화 전자도서관(Digital Library) e-학습(e-Learning)	전자비즈니스(E-Business) 전자상거래(E-Commerce) 전자커뮤니티(E-Community) 전자금융(E-Finance) 전자출판(E-Publishing) 전자정부(E-Government) 비즈니스지능(Business Intelligence)

6.2 》 웹 지능의 응용 분야와 기초 기술

웹 지능의 응용 분야는 (표 7.1)에서 알 수 있듯이 개인용 서비스를 중심으로 한 것부터 본격적인 비즈니스 분야에 이르기까지 광범위하다. 여기서는 비즈니스 분야의 구체적인 예로서 웹에 의한 고객 관계성 관리, 웹에 의한 전자 데이터 교환, 지적 기업 포탈 및 비즈니스 지능에 대해 알아보도록 한다.

1. 고객 관계성 관리(CRM: Customer Relationship Management)

고객이 상품과 서비스의 구입을 계속하기 위한 기업과 고객 간의 커뮤니케이션 방법이며 마케팅 전략의 상위에 위치한다. CRM은 고객의 기호와 속성에 기초하여 고객을 개별 고객으로서 다루고 개별고객과 대화를 하여 한 사람 한 사람의 요구에 적합한 상품과 서비스를 제공하는 고도의 다이렉트 마케팅이다.

2. 전자 데이터 교환(EDI : Electronic Data Interchange)

물품과 자재 등을 구입하는 경우에 기존과 같이 상대에게 전화와 전표에 의해 주문하는 것이 아니라 회사 내의 단말기에서 통신 회선을 통해 상대의 단말기에 데이터를 보내 주문하는 형태의 상거래를 말한다.

3. 지적 기업 포탈(Intelligent enterprise portals)

단순한 웹 콘텐츠만이 아니라 각종 어플리케이션, 데이터 웨어 하우스, 데스크 탑 문서, 협조 툴 등을 통합하여 모든 기업 정보를 행동으로 옮기는 것을 목적으로 한다. 지적 기업 포탈이 제공하는 주된 서비스는 ① 콘텐츠 관리 ②정보 카탈로그 생성 ③정보 축적 관리 ④메타 데이터 관리 ⑤개인화 ⑥유저 프로필 관리 ⑦유저 활동 추적 ⑧접속 제어 등으로 다양하다.

4. 비즈니스 지능(Business intelligence)

매우 추상적인 용어로서 넓은 의미의 해석도 이루어지고 있지만 간단하게 정의한다면 웹에 공개되어 있는 정보 혹은 웹을 이용하여 독자적으로 수집한 정보로부터 비즈니스에 도움이 되는 지식과 지혜를

획득하기 위한 기술이다.

6.3 》 웹 마이닝과 웹팜

마이닝(mining)이란 "파다" 또는 "채굴하다"라는 의미로 방대한 각종 데이터 중에서 유용한 지식을 발굴해내는 지식 발견(knowledge discovery)을 위한 대표적인 방법이다. 웹 마이닝(Web mining)은 웹에 관련된 어떤 데이터를 마이닝의 대상으로 하는가에 따라 다음의 세 가지로 분류한다.

1. 웹 콘텐츠 마이닝(Web content mining)
2. 웹 로그 마이닝(Web log mining)
3. 웹 구조 마이닝(Web structure mining)

또 웹 마이닝은 마이닝의 대상이 되는 데이터의 타입에 의해 다음 세 가지로 분류할 수 있다.

1. 데이터 마이닝(data mining)
2. 텍스트 마이닝(text mining)
3. 멀티미디어 데이터 마이닝(multimedia data mining)

데이터 마이닝은 주로 수치를, 텍스트 마이닝은 텍스트를, 멀티미디어 데이터 마이닝은 수치, 텍스트, 정지화상, 동영상, 음성 등이 혼재된 데이터를 마이닝의 대상으로 한다. 일반적으로 데이터 마이닝에서 다루는 데이터는 수치 자체의 데이터뿐만이 아니라 데이터베이스로서 확실히 정리되어 있는 경우가 많다. 그에 대하여 텍스트 마이닝은 웹 페이지와 고객으로부터의 이메일 등 형식화되어 있지 않은 텍스트 데이터에서 유용한 지식을 찾아내는 것을 목적으로 한다. 그렇기 때문에 텍스트 마이닝에서는 자연언어이해 등의 인공지능을 비롯하여 통계해석 방법, 가시화 방법 등이 중요하다. 최근에는 연속적인 흐름으로서 데이터가 도착하는 환경에서 모든 데이터를 보존하고 나서 처리하는 것이 아니라 실시간으로 데이터 마이닝을 행하는 데이터 스트림 마이닝(data stream mining)의 연구개발이 이루어지고 있다.

한편으로 웹 파밍(Web farming)은 데이터 웨어 하우스와 웹 기술에서 생겨난 새로운 기술 분야이다. 데이터 웨어 하우스(data ware house)란 기간계 시스템으로 관리되는 데이터를 의사 결정을 위해 정리, 통합하여 조직의 전략 입안(立案) 전용으로 한 정보시스템이다. 보통의 데이터 웨어 하우스는 조직내부의 데이터만 기초로 하고 있으므로 외부의 비즈니스 환경의 변화를 의사 결정에 충분히 반영할 수 없다. 그래서 웹의 정보원을 육성하여(farming) 비즈니스에 도움이 되는 지식을 계통적으로 수집하고, 데이터 웨어 하우스의 콘텐츠를 증강하는 것이 웹 파밍의 주된 목적이다. 웹 파밍에 의해 비즈니스 환경의 변화를 항시 감시하고 조직의 내부 요인과 외부 요인 두 가지의 균형이 이루어진 의사결정이 가능해진다. 웹 파밍은 웹을 닥치는 데로 조사하여 대량의 검색 결과를 수집하는 것이 아니라 그 기업의 비즈니스에 중요한 콘텐츠를 발견하고 정리하여 구조화하면서 진행한다. 이렇게 모인 대량의 데이터를 다차원 데이터베이스에 저장하고 이것을 다양한 각도에서 검색, 집계하여 앤드 유저가 알기 쉽도록 가시화하는 것을 온라인 분석 처리(OLAP : On-Line Analytical Processing)이라고 한다. 예를 들면 고객의 구입 이력을 해석하고 매상을 지역별, 제품별, 월별 등 다양한 차원에서 순식간에 분석할 수 있다. 단, 주의해야 할 점으로 프라이버시, 기업 비밀, 지적소유권, 정보 스파이 등과 같은 사회적 문제에 대한 보안에 각별히 주의를 기울여야 한다.

Chapter 8

농업용 로봇과 드론

1

스마트 농업의
실현을 위한 로봇

농업은 이농현상과 영농인구의 고령화로 인해 노동력 부족이 심각한 상황이다. 따라서 최근 이 문제의 해결책으로 IT와 로봇을 활용한 스마트농업에 대한 기대가 높아지고 있다. 농업을 지속적으로 발전시키기 위해서는 노동력을 요하지 않는 농업기계의 로봇화가 반드시 필요하다.

이미 앞에서 차량로봇(Vehicle Robot)과 시설원예의 로봇기술 동향부터, 농업로봇의 스마트화에 대하여 설명한 바 있지만, 좀 더 구체적으로 어떻게 농업에 적용하여 노동력을 절감하는지에 대해 알아보도록 한다. 먼저 차량로봇은 이앙기, 트랙터, 콤바인 등 논 농업에서 사용되는 농업기계를 로봇화 한다. 그 다음은 로봇의 지능화를 진전시켜 독농기술에 다가 갈수 있도록 더욱 소형화하여 중산간 지역에서 사용 가능하게 하는 것이 차량로봇의 발전방향이다. 로봇의 지능화에 대한 구체적인 예를 들어보면, 논벼, 보리등 작물의 질소스트레스를 인식하여 최적의 추비작업을 하는 로봇이 있다. 그리고 작물과 잡초를 식별하여 잡초에만 부분적으로 (스폿)방제하는 로봇, 더 나아가 병해충이 발생한 장소를 찾아내어 피해가 확산되기 전에 방제할 수 있는 로봇 등이 있다.

사실 스마트화를 향한 핵심 과제는 바로 센서에 있다. 작물의 질소스트레스 검출센서는 실용화되어 있지만, 그 외의 작물, 잡초의 식별, 병해충 예측검출 등의 센서는 아 직 개발 중에 있다. 이 과제를 해결하는 데 빅데이터와 AI(인공지능)가 효과적이라는 점에서 국제적으로 개발이 활발히 이루어지고 있다. 다시 말하자면, 이동을 위한 다리는 차량 로봇, 눈과 두뇌는 정밀농업기술이 담당하여 개발이 이루어지고 있는데, 이 두가지를 통합함으로써 「단순작업 로봇」에서 「스마트 로봇」으로 진화하는 길이 열린 것이다. 더 깊이 생각해 보면 로봇의 눈과 두뇌가 반드시 차량로봇과 일체할 필요가 없어진다. 왜냐하면 눈의 기능을 담당하는 드론이 상공에서 정보를 효율적으로 수집하고, 그 정보를 뇌의 기능을 담당하는 외부의 고성능컴퓨터에 전송·해석하여, 그 최종 결과만 차량 로봇에 전송하여 정밀한 작업을 하는 것도 가능하기 때문이다. 이와 같은 형태를 취하게 되면 개개의 로봇에 눈과 뇌가 불필요해질 뿐 아니라, 공동이용에도 발전가능하기 때문에 로봇의 저비용화에 기여하게 된다. 중 산간지역에 농지가 많은 우리나라 농업의 경우 소형 로봇이 반드시 필요하다. 소형로봇의 활용도가 점차 확대되고 그 필요도 증가하면서 미국과 유럽 등지에서 소형로봇을 그룹으로 작업시키는 멀티로봇 사업이 크게 주목받고 있다. 현재 대규모 농업을 실천하고 있는 구미에서는 대형기계에 의한 토양답압(踏圧)이 생육환경을 악화시켜, 그 대책으로써 불가결한 심토파쇄(心土破砕)작업의 소비에너지가 증가하고 있다.

EU의 조사에서는 농업생산에 사용되는 석유에너지의 90%가 심토파쇄에 소비되며, 석유에너지 소비확대를 일으키고 있다. 또한, 최근의 기후변동에 의해 강수량이 증가하고, 포장의 지내력(地耐力)이 저하함에 따라, 트랙터작업을 할 수 없는 날이 증가하는 등 농작업에 지장이 생기고 있다. 게다가 대형트랙터의 차폭도 한계에 달해, 법 규제에 따라 도로주행이 불가능한 나라도 존재한다. 이와 같은 상황에서 소형로봇을 그룹으로 관리하는 멀티로봇의 설계사상은 전 세계의 농업에 큰 변혁을 불러일으킬 가능성이 있다.

농업현장에서는 시설 내에서 작동하는 로봇에 대해서도 기대가 크다. 시설원예에서는 육묘, 관리, 수확, 조제, 출하 등 대부분의 작업이 수작업으로 이루어지고 있기 때문에 노동력 부족이 심각하다. 부드러운 과일이나 채소를 다룰 때 힘의 조절이 매우 중요한데, 딸기 등의 과채류를 수확하는 로봇을 개발하는데 있어서 필요한 요소기술을 살펴보면 센싱기술, 핸들링기술, 주행기술로 세 가지이다. 주행기술을 언급하자면 시설에서는 레일 등의 주행가이드를 부설할 수 있기 때문에 그다지 어렵지는 않다. 오히려 기술적인 과제는 과실의 센싱기술과 핸들링기술에 있다. 센싱기술이란 잘 익은 딸기나 토마토를 인식하여 그 위치를 계측하는 것이다. 과실을 상하지 않도록 따내는 것, 과실이 잎에 숨어있을 경우나 과실이 서로 포개져 있을 경우, 과실 하나하나를 정확히 인식하는 것의 어려움을 극복하는 것이 과제라 할 수 있다. 이와 같이 로봇과 인간의 역할분담이 가능해지면, 작업자의 과도한 노동량을 줄이면서 굳이 최고 성능의 로봇을 사용할 필요도 없으니 로봇의 제조비용도 줄일 수 있다. 과일, 채소와 같은 높은 가격의 농산물을 농업 법인등이 로봇을 도입하여 대규모로 생산한다면, 우수한 우리 농산물을 해외로 수출할 수 있는 가능성이 높아질 수 있으므로 이러한 시설원예용 로봇을 농업에 적극적으로 활용할 필요가 있다.

로봇의 실용화가 의미하는 것은 농가가 농업기술을 보유한 종업원을 고용하는 것과 마찬가지로 볼 수 있다. 따라서 노동력 부족은 대폭 경감되고, 경영규모는 확대될 것이다. 더 나아가 로봇에 주어지는 농작업이 많아질수록 경영자인 농가의 일의 질도 상당히 바뀌게 될 것이다. 로봇이 할 수 있는 일은 로봇에게 맡기고, 농가는 경영전략책정 등과 같은 창조적인 업무에 더 집중할 수 있게 된다. 로봇기술이 발전되면 농업도 크게 변한다. 가까운 장래에 농업정책에 따른 구조개혁과 로봇기술이 연동함으로써 농업의 생산성이 극대화 되는 일을 기대해 본다.

2 로봇의 기초 지식

2.1 » 로봇의 정의

　지금 우리들이 생각하는 로봇이란 어떤 것일까? 실제로 이 질문에 답하는 것은 그리 쉬운 일이 아니다. 왜냐하면 로봇의 정의는 너무나도 다양해서 일의적으로는 결정할 수 없기 때문이다.

　일반 사람들에게 익숙한 로봇에 대한 개념은 대부분 인기 있는 로봇 애니메이션들의 영향으로 인간이 조종하는 기계정도로 구조적으로는 자동차와 다를 바 없는 형태로 인지하고 있다. 쉽게 말하자면, 대부분의 사람들은 로봇을 '사람과 같은 모습을 한 기계가 로봇'이라고 이해하고 있다. 그러나 로봇의 본질은 형상과 기능에 있는 것이 아니다. 로봇의 본질은「어떤 작업을 시키기 위해 개발되었는가?」라는 그 목적과 용도에 있다.

2.2 》 로봇의 종류 / 로봇의 분류

로봇의 정의 그 자체가 어려운 만큼 범주화해서 정리하는 것도 그리 간단하지는 않다. 로봇은 용도에 따라 산업용 로봇, 비산업용(서비스용) 로봇, 특수목적용 로봇으로 구분할 수 있다. 산업용 로봇은 산업 현장에서 인간을 대신하여 제품의 조립이나 검사 등을 담당하는 로봇이다. 서비스용 로봇은 청소, 환자보조, 장난감, 교육실습 등과 같이 인간 생활에 다양한 서비스를 제공하는 로봇이다. 특수목적용 로봇은 전쟁에서 사용되거나 우주, 깊은 바다, 원자로 등에서 극한적 작업을 수행할 수 있는 로봇이다.

(그림 8.1)에서 가장 크게 구분되는 산업용 로봇과 비산업용 로봇 이다. 이 구분법은 다른 많은 자료에서도 공통으로 사용되고 있는데, 명칭은 약간 다르지만 자료에 따라서는 비산업용 로봇을「차세대 로봇」이라고 부르는 경우도 있다. 이것은 이미 검증되고 실적이 많이 있는 산업용 로봇을 새로운 비즈니스 차원을 고려하여 구분한 것으로서 그다지 일반적인 명칭은 아니다. 정확한 명칭이 아니기 때문에 여기서는 많은 로봇 기업 등을 참고하여, 비산업용 로봇을「서비스 로봇」이라고

부르도록 한다.

산업용 로봇과 서비스 로봇의 차이는 용도와 형상만이 아니라 설계사상에도 있다. 주로 공장에서 일하는 산업용 로봇의 경우에는 기능의 다양화보다도 정형 작업에 있어서의 효율성과 고속성, 정확성 등이 매우 중요하다. 반면에 가정이나 직장에서 사람과의 교류가 많은 서비스 로봇의 경우에는 상황의 변화에 유연하게 대응하는 능력이 중요하다. 이렇듯 「주어진 과제를 확실히 처리해 가는 산업용 로봇」과 「사람과 커뮤니케이션을 취하면서 다음 동작을 생각하는 서비스 로봇」은 요구되는 조건이 완전히 다르기 때문에 그 차이가 명확히 구분된다.

로봇의 구분	분야	예
산업용 로봇	제조업 분야	용접 시스템
		도장 시스템
		연마 시스템
		입출하 시스템
		작업지원
		조립 시스템
	비제조업 분야	농림업 로봇
		축산 로봇
비산업용 로봇 (차세대 로봇)	생활분야	경비 로봇
		청소 로봇
		커뮤니케이션 로봇
		엔터테이먼트 로봇
		다목적 로봇
	의료/복지 분야	의료 로봇
		복지 로봇
	공공분야	재해대응 로봇
		탐사 로봇, 해양 로봇
		원자력 로봇
		우주 로봇
		건설 로봇
		서비스 로봇

(그림 8.1) 로봇의 분류

현재 서비스 로봇을 크게 「생활」, 「의료/복지」, 「공공」으로 분류되어 있으나 앞으로 새로운 로봇이 개발되어 감에 따라 더욱 세분화 되어 분류될 것이다. 새롭게 업그레이드되는 로봇 속에 어태치먼트나 소프트웨어를 바꾸는 것만으로도 생활분야에서 공공분야까지 폭넓은 활약을 기대할 수 있는 다목적 로봇도 생길 수 있기 때문에 로봇의 분류를 명확히 하기가 그리 쉽지만은 않다.

2.3 》 산업용 로봇의 기초지식

산업용 로봇은 1950년대 중반부터 미국 메이커에서 먼저 실용화되기 시작했다. 오늘날에는 일본이 세계 산업용 로봇 생산대수를 2014년 시점에 연간 20만대이상 생산 판매하게 됨으로서 산업용 로봇 시장의 주류가 되었다.

수치제어가 가능한 공작기계와 함께 공장자동화(FA)화를 담당해 온 산업용 로봇은 생산라인에서 용접, 조립, 반송, 도장, 연마, 세정, 검사작업에 사람을 대신하여 수행하고 있다. 현재 로봇 중에서 가장 큰 시장을 점유하고 있는 것이 산업용 로봇이다. 대표적인 것으로는 '팔 형태 로봇'이라 불리는 것으로 그 형태는 인간의 팔과 손에 유사한 기구를 가졌을 뿐인 단순한 머신(Manipulator)인데, 「가르친 동작을 프로그램으로써 기억해 재생한다.」라는 티칭 플레이백 기능(teaching playback method)에 의해 다채로운 작동방식이 가능하기 때문에 용접이나 도장, 가공 · 조립, 반송 등의 생산 공정의 폭넓은 분야에서 이용할 수 있게 되어있다.

물론 공장에는 그밖에도 다양한 「자동으로 움직이는 기능」을 하는 로봇들도 많이 있는데 대부분 어떤 특정 작업 하나밖에 하지 못하는 전용기가 많다. 그러나 이것과는 달리, 산업용 로봇은 프로그래밍에 따라 작업내용을 바꿀 수 있는 다양성이 있는 기계라는 것이 최대의 특징이자 장점이다. 또한, 어느 정도의 자율성을 가지게 함으로써 「상황에 맞춰 힘을 조절한다.」라는 자동제어가 가능하기 때문에 이것도 활용영역의 확대로 이어졌다.

산업용 로봇은 기구의 구조에 따라 주로 다음과 같이 분류할 수 있다. 분류방법은 메이커 등에 따라 다르며, 이것은 어디까지나 하나의 예임을 미리 밝혀둔다.

- 수직 다관절 로봇
- 수평 다관절 로봇(SCARA robot)
- 직각좌표 로봇
- 병렬링크 로봇(Parallel Link Robot)

다관절로봇은 인간의 관절에 해당하는 「축(軸)」의 수에 따라 3축, 4축, 5축, 6축 등으로 나뉜다. 축의 수가 많을수록 자유도가 증가하고 보다 복잡한 움직임이 가능하지만, 그만큼 제어가 어려워지는 것은 당연지사이다. 물론 수직과 수평은 축의 방향을 나타낸다. 직각좌표 로봇은 겐

트리 로봇(gantry robot)이라고 불리는데 3개의 직교 슬라이드 축에 의해 3차원의 움직임을 한다. 병렬링크 로봇(parallel link robot)은 복수의 축을 조합시킨 병렬형 메커니즘(Parallel Mechanism)에 의해 다관절형 로봇보다 고속 동작을 가능하게 한 것이다.

2.4 》 로봇의 3요소 기술

로봇은 구조적으로도 기능적으로도 복잡한 기계지만 로봇을 구성하는 요소기술은 크게 나누어 3종류로 집약할 수 있다. 로봇의 3 요소는 센서 부분, 지능·제어 부분, 구동·구조 부분으로 구분하여 부른다.

1. 센서부분은 인간의 감각기관에 해당하는 것으로 눈이나 귀 등과 같이 외부로부터 정보를 얻는데 사용된다. 기계내부의 상태를 아는 내측 센서도 중요하다.
2. 지능·제어부분은 인간의 두뇌와 신경망에 해당하는 것으로 센서로부터의 정보를 처리하여 전체를 컨트롤 하는 컴퓨터시스템을 가리킨다.
3. 구동·구조부분은 인간의 근육과 골격 등에 해당되는 것으로 모터 등의 액추에이터(actuator, 작동 장치)나 동력전달기구, 암(arm), 핸드 툴, 이동기구, 본체(케이스) 등으로 다양하다.

위에서 로봇의 요소기술에 대해서 알아보았다. 그럼 이제 다시 한 번 로봇과 자동차를 비교해보자. 자동차를 간단하게 만들어 본다면 구동·

구조 부분만으로도 만들 수 있다. 컨트롤 유닛과 같은 지능 · 제어 부분과 차의 내부와 외부의 상태를 아는 센서 부분은 어디까지나 옵션에 지나지 않는다. 이에 반해 로봇은 처음부터 이 3개의 요소를 다 필요로 한다. 그것도 각각이 서로 연계되면서 통합한 기능을 다함으로써 자율적인 움직임이 가능하다.

최근의 자동차는 진화한 내비게이션시스템과 운전지원시스템, 자동운전시스템 등에 의해 점차 로봇화 되어가고 있다. 그러나 센서 부분으로부터 지능 · 제어 부분을 경유해오는 정보가, 직접, 구동 부분에 전달되는 것은 아니고, 인간(드라이버)의 작동에 의해서 구동된다. 아직까지는 인간의 개입이 완전히 빠질 수는 없다. 바로 이 점이 로봇과의 최대의 차이점이다. 이미 출발점 단계에서부터 이 두개는 설계사상이 완전히 다른 것이다.

(표 8.1) 인간과 대응시킨 로봇의 요소기술

인간		로봇
지능		정보 · 정보처리
운동	팔	팔(arm)
	손 · 공구	엔드이펙터(핸드 · 툴)
	근육	액추에이터
	다리	이동기구
감각		센서(외측센서 · 내측센서)

2.5 》 로봇의 감각은 자유롭게 설계 가능

인간의 감각은 시각(눈), 청각(귀), 촉각(피부), 미각(혀), 후각(코)의 오감으로 외부의 자극을 감지하고 반응할 수 있다. 과학기술의 발전으로 오늘날에는 오감 이외에 삼반규관(반고리관 : 三半規管)에 의한 평형감각이 있음이 밝혀졌고, 또한 동물의 종류에 따라서 전기나 자기를 강하게 느낀다는 사실을 알게 되었다. 이렇듯 생물의 감각은 우리가 일반적으로 알고 있는 상식 그 이상으로 매우 다양하다.

로봇의 외측센서도 사람과 동물의 감각기관과 같은 기능을 목표로 개발되어 왔다. 이를 테면 시각용인 화상센서, 청각용인 소리센서, 촉각용인 감압센서 등을 예로 들 수 있다. 로봇의 경우에는 생체에 따르는 많은 제한이 없어서 비교적 자유롭게 센서를 설계할 수 있다는 특색이 있다. 로봇이 가질 수 있는 감각에 대해 알아보도록 한다.

① 목적에 맞춰 취사선택 가능하다.

산업용 로봇은 그 용도에 따라 필요한 센서만 있어도 되므로 다른 불필요한 감각 센서는 추가하지 않는다. 즉 주위를 관찰하는 역할을 하는 로봇의 경우 시각 기능만으로 충분하기 때문에 소리를 감지하는 센서는 필요하지 않다. 반면에 인간과 커뮤니케이션을 취하는 서비스 로봇의 경우에는 청각이 필수적이다. 이처럼 설계요건에 따라 감각기관을 선택할 수 있다.

② 목적에 맞춰 능력을 바꾼다.

인간의 시각은 전자파의 일부인 빛(가시광선)만을 감지하지만, 로봇은 적외선과 X선, 전파 등도 구별해 내어 이용할 수 있다. 반대로, 복잡한 화상인식을 필요로 하지 않는 기종이라면 빛의 유무나 강약만 판단하면 되므로 간단한 센서로 불필요한 지능·제어계의 부담을 줄일 수 있다.

③ 새로운 감각을 더할 수 있다.

장애물을 피하면서 움직이는 로봇은 대체로 초음파에 의한 거리센서가 탑재되어 있다. 그 밖에 원자력발전소에서 일하는 로봇은 방사선량계측용 센서를 갖추는 등, 생물에게 없는 완전히 새로운 감각을 추가하는 것도 가능하다.

로봇이 가질 수 있는 감각

	시각	화상 센서(CCD, CMOS), 광전센서 등
	시각(확장)	적외선 센서, X선 센서, 보조광용 조명 등
	청각	음 센서, 성문(Voice Print)인증센서 등
	촉각	감압 센서, 감열 센서, 습도 센서 등
	촉각(확장)	방사 온도계 등
	미각	미각 센서
외계 센서	후각 냄새	냄새 센서, 이온 농도 센서, 가스 농도 센서 등
	평형감각	가속도 센서, 자이로 센서 등
	거리 감각	초음파 센서, 근접 센서, 변위 센서, 레이더 등
	자기 감각	지지기 센서, 금속 탐지센서 등
	시간 감각	시계, 타이머 등
	위치 감각	가속도 센서, GPS 등
	전파 수신	안테나
	방사선 계측	방사선 센서
	동작 제어	회전 인코더, 포텐셔미터, 역각 센서 등
내계 센서	자세 제어	가속도 센서, 자이로 센서 등
	전력 제어	부스터, 인버터 등
	온도 제어	온도 센서

(그림8.2) 로봇의 감각

3 로봇산업은 4차 산업혁명의 신산업혁명

3.1 》 4차 산업혁명의 신 산업혁명

4차 산업혁명에 걸맞은 본격적인 신산업은 바로 로봇산업이다. 생산 공정에 사용되고 있는 생산 로봇은 엄청난 강점을 갖고 있다. 이는 3차 산업혁명을 겪었을 때 생산자동화 혹은 공장자동화 FA화(Factory Automation)를 추진하여, 생산 공정에 혁명을 가져왔다. 이어 자동공작기 계도 프로그램으로 작동시켜 수치를 제어하는 기능(CNC)으로 진화되었 다. 이제 4차 산업혁명에 걸맞은 로봇산업은 인간의 일을 대체하는 로봇 의 생산이다. 인간이 하는 일을 대체하는 업무 분야는 1차 산업부터 2차, 3차 산업으로까지 그 범위는 매우 광범위하다. 어느 분야의 업무를 수행하든, 얼마만큼의 일의 양을 감당하든, 특별히 고난도의 지식과 기술 그리고 경험이 필요한 업무라 할지라도 AI와 연계하면 충분히 그 역할을 다해 낼 수가 있다.

로봇기술의 비즈니스 기회와 리스크에 대해 간략히 살펴보면, 이미 로봇기술은 생산의 자동화에 크게 활용되어 생산성 향상에 많은 공헌을 하고 있다. 더 나아가 앞으로 기대되는 로봇 기술 분야는 서비스제공 분야로서 인간을 대신하여 다양한 서비스를 수행할 수 있는 로봇을 발명하고 개량하는 일이다.

일본의 소프트뱅크가 개발한「페퍼(Pepper)」는 어플을 탑재하여 은행·증권회사의 안내, 어린이와 고령자들의 말벗이나 보육·간호 지원 등을 하고 있다. 또한 로봇과 AI기술을 결합하면 보다 고도의 업무도 수행할 수 있다.

고객대응로봇에 투자 노하우를 AI로부터 공급시키면 투자 상담원이 될 수 있고, 의료상담이나 재활지원도 할 수 있다. 모든 일과 행동을「AI+로봇」으로 실현가능한 시대가 열리게 될 것으로 전망한다.

3.2 》로봇혁명의 성공이 시장성장의 조건

앞으로 우리나라에서 로봇 혁명이 실현되기 위해서 어떠한 전략적인 목표를 두고 나아가야할지 그 방향을 크게 세 가지로 나누어 살펴보도록 한다.

첫째로 세계적인 로봇 이노베이션 국가가 되기 위해서는 로봇의 기술력을 살려 미래 세계의 로봇개발을 주도하는 나라가 되는 것을 목표로 두어야 한다. 구체적인 과제를 예를 들어 보면, 종래의 대량생산라인용 로봇과 더불어 「다품종변량생산의 현장에서 인간과 협조하며 일하는 차세대산업용 로봇」의 실현은 새로운 로봇 시장을 만들어 내는 역할을 하게 될 것이다.

둘째로 세계적인 로봇을 활용하는 사회를 만들기 위해 로봇의 사용영역을 증가시켜 시장 확대를 도모하는 것이다. 기술개발과 규제완화, 표준화 등을 정부가 적극적으로 지원함으로써 제조업용 로봇의 시장 확대, 농업과 간호·의료, 인프라, 서비스 등 비제조 분야를 포함하여 지금보다 수십 배 이상의 성장을 목표로 한다.

셋째로 IoT(Internet of Things)시대의 로봇으로 세계를 선도한다는 것을 목표로 로봇과 IT의 융합을 진전시켜 빅데이터와 인공지능을 구사해 내는 새로운 로봇의 실현을 주도해 나감으로써 로봇선진국으로 육성하는 것이다.

현재는 일본이 산업용 로봇의 연간 출하 액, 가동대수를 기준으로 봤을 때 세계 제일의 로봇강국이다. 그러나 유럽, 중국 등 신흥국 사이에서도 새로운 로봇 개발경쟁이 더욱 격화되고 있는 때인 만큼, 우리나라도 로봇혁명을 목표로 하는 로봇 신전략으로 관심을 집중하여 미래사회를 준비해야한다.

3.3 » 지능형 로봇의 정의

    인공지능 기술은 로봇과 그 설계, 제작, 사용법 등에 대한 연구의 급속한 발전을 재촉하고 있다. 산업용 로봇은 순서 로봇(sequential robot: 미리 설정된 작업 조건-순서와 위치에 따른 조작기(manipulator)-인간의 손발에 해당하는 것이 동작한다)과 플레이백 로봇(playback-robot: 미리 컴퓨터를 조작하여 가르치는 것으로 그 작업 조건, 즉 순서 위치 등을 기억시켜 필요에 따라 읽어내어 작업한다)이 실용화되고 있다.

    경제 사회가 성숙화 되고 이전의 대량 생산, 대량 판매 시스템이 가능하지 않게 된 현재에는 다품종 소량 생산 시스템으로, 이전의 대량 생산과 같으나 그 이하의 가격으로 제작하는 것을 요구하고 있다.

    인공지능에 의한 문제 해결 시스템과 패턴 이해 시스템을 결합하여 이것에 조작기에 접속하면 지능 로봇이 되는 것이다. 이 시스템은 인간은 눈과 귀라고 하는 감각기관(sensor)을 통하여 외부의 사상을 인식하고, 이 정보를 두뇌에 보내어 기억하고 있는 지식을 활용하여 외부에서 일어나고 있는 문제를 이해한다.

    최근에는 농업, 의료, 교육, 국방 등 다양한 분야에서 로봇기술의 융복합화를 통해 지능화된 서비스를 창출하는 로봇 개념으로, 즉 외부환경을 인식(perception)하고 스스로 상황을 판단하여 자율적으로 동작하는 로봇이 각광을 받고 있다.

3.4 》 로봇의 활동영역의 확대

실용적인 로봇은 제조업 중심의 산업용 로봇으로부터 발달하여 왔다. 그러나 서서히 그 용도가 확대되고 기능이 다양화됨에 따라 공장 이외에서도 로봇의 활용영역이 더욱 확대되고 있는 추세이다. 이와 마찬가지로 산업용 로봇 이외의 분야에서도 RT(Robot Technology)의 연구 및 개발이 진행되고 있다. 처음 개발당시에는 산업용 로봇과 비산업용 로봇(서비스 로봇)의 개념이 구분되어 분류되었는데, 점차 그 경계가 허물어지면서 양쪽의 기술을 융합시킨 로봇이 출현하고 있다.

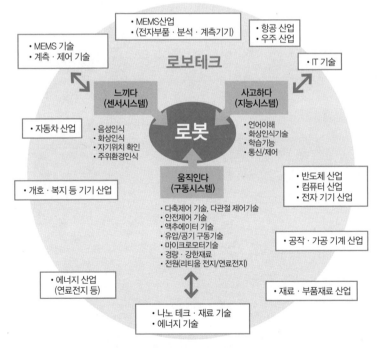

(그림 8.3) 로봇 기술의 진보와 로봇의 활동영역의 확대

최근에는 로봇과 자동시스템과의 구분마저 애매해지고 있다. 이러한 변화를 여실히 느끼게 되는 것이 자동창고 이다. 물류센터에서 물건을 입고하고 출하시키는 작업의 기계화는 1950년대부터 진행되어 왔으며 본격적으로 산업용 로봇이 등장하면서 리프트와 컨베이어를 완전히 컴퓨터로 움직이는 무인 창고로서 완성하게 되었다.

로봇은 인간의 삶에 밀접하게 연관되어 있다. 군사용 로봇 개발은 물론이고, 산업용 로봇이나 청소와 간호 도우미 로봇, 기존의 의수, 의족을 대체할 로봇 팔다리 등 인간의 생활을 더욱 편리하고 풍요롭게 해 주는 로봇들이 더 많이 개발되고 나날이 발전을 거듭하고 있다.

4 농업용 로봇

4.1 》 농업용 로봇 기술의 확대

농업로봇이란 자동운전농기계에 의해 정밀한 농작업의 자동화를 도모하고 있는 것을 말한다. 농업로봇에는 차량형, 설비형, 매니퓰레이터 (로봇 팔:robot arm)형, 어시스트 형 등으로 그 종류가 다양하다. 많은 기업과 연구기관이 농업로봇을 개발하고 있는데, 최근 주목을 받고 있는 것이 토마토와 딸기 등의 자동수확 로봇이다. 가장 일반적인 수확로봇은 타이어와 크롤러를 갖춘 이동유닛과, 그곳에 접속된 로봇팔로 구성되어 있다. 로봇 팔 끝에는 화상센서나 거리센서 등의 센서가 부착되어 있으며, 토마토와 딸기 등 과실의 견고성을 측정하기 위한 압력센서를 갖추고 있는 경우도 있다.

수확로봇은 수확물의 위치를 정확히 파악하여 과실을 따고, 센서의 정보로부터 익은 정도를 판별하여 수확의 적절한 시기를 선별하는 기능도 가지고 있다는 점이 중요하다. 지금까지 농산물의 최적의 수확 타이밍의 판단은 장인의 노하우에 의존해 판단하곤 했었지만, 노하우를 데이터로 대체함으로써 경험이 많고 적음에 관계없이 정확한 타이밍에 농산물 수확을 할 수 있게 된다.

센서의 종류와 수를 늘리면, 예를 들어 과실내부의 함수율 등과 같이 사람이 판별할 수 없는 정보도 취득할 수 있다. 이렇게 수확판단을 자동화할 수 있게 되면, 수확물의 품질(익은 정도, 당도 등)의 평균치를 높일 수도 있다.

잘 익은 과실의 위치의 특정과 익은 정도의 판별과 같은 두 가지 기능으로, 수확작업의 효율화뿐만 아니라 맛이 한결같지 않은 현상도 줄이는 등 작물의 부가가치를 향상시킬 수 있다는 것이 수확로봇의 장점이다. 효율화, 생력화만으로 농업로봇의 투자회수가 어려울 경우에도 부가가치를 향상시켜 단가를 높일 수 있으면 회수가능성은 높아진다. 효율화와 부가가치향상 모두 확보할 수 있는 것이 농업로봇개발의 요점이라 할 수 있다.

다양한 형상과 기능을 가진 농업로봇이 개발되는 상황 속에서, 실용화가 단연 앞서고 있는 것이 시설원예 분야이다. 시설원예는 불안정한 환경(강우, 고온, 강풍 등)에 영향을 받지 않으므로 농업로봇이 먼저 도입되어 왔다. 네덜란드 등의 시설원예 선진국에서는 선과, 곤포, 장내운반 등의 폭넓은 작업이 자동화 되어있다. 네덜란드의 농업법인의 대형온실을 시찰해 보면 엄청나게 넓은 온실 내를 유원지의 미니전차와 같은 자동운반기가 달리고 있는 모습에 놀라게 된다. 일본에서는 네덜란드를 따라가는 형태로 옥내작업용 농업로봇의 개발을 추진 중이며, 위에서 설명한 딸기와 토마토의 자동수확 로봇과 수확물의 선별로봇이나 무인운반기 등도 개발하고 있다.

제초용 로봇도 실용화가 진전되고 있는 분야다. 제초로봇은 밭이나 논의 무성해진 잡초를 제거하는 기능을 가진 로봇이다. 논둑의 잡초를 방치해 버리면 논으로 퍼져 벼의 생육을 저해할 뿐만 아니라, 잡초가 논둑에 작은 구멍을 만들어 전면수(田面水)의 누수를 일으킨다. 제초는 장시간 노동을 요하고 농업종사자의 부담이 크기 때문에 특히 고령화가 진행된 지역에서는 로봇의 도입이 기대되고 있다.

다만 이것이 현실화되기 위해서는 농업생산자의 경제적, 기술적인 부담을 낮춰야 한다. 필요한 지역에 로봇 보급을 서두르기 위해서는 지자체의 농업기술센터나 영농단체가 로봇을 도입하고, 농업생산자로부터 제초작업을 위탁하는 모델 등을 생각할 필요가 있다.

수확이외의 작업에서도 로봇의 연구개발이 이루어지고 있는데, 이 영역에서 벤처기업이 존재감을 발휘하고 있다. 벤처기업이 기능을 한정한 저가격의 농업로봇을 개발하고, 현장의 요구와 잘 합치되었을 경우에는 효율성, 경제성 양면에서 효과를 기대할 수 있다.

각 연구기관의 연구 성과와 선행적으로 상품화된 한정적인 용도의 농업로봇에 대한 사용자(user)의 의견을 반영시킨다면 개발이 한층 더 진전될 것이다. 이와 같은 로봇개발의「로봇농기계의 안전성확보 가이드라인」을 책정하고 농업로봇을 개발하여 상품화할 필요가 있다.

4.2 》 농림·수산·임업 분야의 로봇 활용

4차 산업혁명에 걸맞은 본격적인 신산업은 바로 로봇산업이다. 세계적으로 생산 공정에 사용되고 있는 생산로봇의 대부분은 일본에서 만들어 지고 있다. 일본이 생산로봇에 강점을 가지고 있는 이유는 바로 3차 산업혁명을 겪었을 때 생산자동화(Factory Automation)를 추진하여, 그것을 담당하는 산업로봇과 생산시스템을 개발하고 수출해 왔던 과정이 있기 때문에 가능했다. 이러한 과정이 토대가 되어 전 세계 시장을 상대로 제조, 조립하는 산업로봇을 수출할 수 있었다. 또한 자동공작기계도 프로그램으로 작동시켜 수치를 제어하는 기능(CNC)을 보유하고 있어, 이 분야에서 세계의 선두를 달리고 있다.

4차 산업혁명에 걸맞은 로봇산업은 인간의 일을 대체하는 로봇의 생산이다. 대체하는 업무 분야는 널리 1차 산업부터 2차·3차 산업으로까지 미친다. 다양한 업무를 수행하는 것이 가능하며, 지식·기술과 경험이 필요한 업무라 할지라도, AI와 연계하면 충분히 그 역할을 다할 수 있게 될 것으로 예상하고 있다.

예를 들어, 1차 산업에서 농림수산업분야에서의 활약이 기대된다. 이

분야에서 일하기를 희망하는 사람은 적고, 고령화 문제도 있어서 로봇에 대한 기대가 매우 크다. 광대한 농지에서 경작하는 자동 트랙터나, 인간 대신에 움직이며 사업자를 지원하는 농작업 로봇이 활동하는 광경을 보게 될지도 모른다. 또한 공장에서 농산물을 재배함에 있어서도 기계설비의 점검, 자동제어를 수행하고, 그 수확과 작물의 등급분류 · 상자포장 · 출하작업에 로봇이 활용되고 있는 것도 생각할 수 있다.

임업에도 식림(植林), 시비(施肥), 제초, 가지치기, 운반 작업에 이르는 일까지 로봇이 대신하는 날이 오지 않을까 생각해 볼 수 있다. 작업환경이 힘든 만큼 일손을 구하기 어려운 임업에 로봇은 큰 역할을 할 수도 있다. 어업에서도 원양어업은 상당히 기계화가 진행되고 있으나, 근해어업의 경우 로봇의 활약도 기대해볼만 하다. 자동운전선에 로봇이 승선하여 근해에서 어획하고 어항까지 운반하여, 어시장 경매에서 도매로 판매하는 것도 생각해볼 수 있을 것이다.

4.3 》 차세대 농업로봇의 5가지 개념

4차 산업혁명의 영향으로 사회 전반의 모든 산업들이 IoT를 기반으로 새로운 변화를 하고 있다. 농업도 기계화, 자동화의 단계를 넘어 농업로봇으로까지 발전되는 양상으로 나가고 있다. 차세대 주목받고 있는 농업로봇에 대해 5가지 개념을 중심으로 살펴보겠다.

첫 번째로 기계화와 자동화에서 공통된 기능 혹은 가장 비용이 드는 기능을 빼고 플랫폼화 함으로써, 투자효율의 향상과 비용절감을 도모하려는 개념이다. 구체적으로는 각종계측, 어태치먼트의 구동, 제어, 통신 등의 기능을 집약하는 것으로, 다수의 기능을 집적한 플랫폼이라 할 수 있다. 따라서 오픈플랫폼, 로봇, IoT, 농업생산, 농업기계 등의 전문가가 서로 협력하여 기획하고 설계를 진행해야 한다. 다양한 작업에 필요한 기술을 평가하여 핵심기능을 집약한 다음 개별 작업은 어태치먼트(attachment)에 맡겨 확장성을 확보한다. 오픈플랫폼의 OS기능의 디자인, 설치방법의 검토가 시스템화의 열쇠가 된다.

두 번째로는 농업용기계의 고비용구조를 단일기능의 대형기계를 이용하는데 기인한 문제로 인식하고 이러한 문제를 표준 플랫폼화한 다용도의 소형기계에 의해 해결하도록 하는 개념이다. 농기계를 소형화하면 이동과 준비(절차)의 부담이 줄고, 여러 포장에서 동시에 작업할 수 있고, 콤팩트화된 핵심기능에 개발투자를 집중할 수 있고, 규제의 제약이 적고 완전자동운전이 시야에 들어오며, 다용도화 함으로써 가동률이 높아지는 등의 많은 장점이 있다. 한편, 포장에서의 작업은 힘을 요하기 때문에 경운, 이랑짓기, 시비, 파종, 적과 등을 안정적으로 하기 위해서는 어느 정도의 본체중량이 필요하다. 이러한 소형화의 장점과 과제의 밸런스가 맞는 기본 디자인이 시스템성공의 열쇠를 쥐고 있다.

세 번째는 가장 비용이 드는 부분을 플랫폼화, 소형화함으로써 양산효과에 의해 획기적인 비용절감을 도모하는 개념이다. 미국이나 브라질과 같은 나라의 광대한 농지에서 곡물을 재배하는 경우에는 대형기계를 만들어 단위수확량 당 설비비용이 내려갈 가능성은 앞으로도 존재한다 하더라도 앞서 설명한 표준화된 소형기계가 보급된 경우라면 소형기계 쪽이 경제적일 가능성도 충분히 있다. 농지가 분산되거나 다품종소량생산이 되면 소형화 쪽이 유리해질 가능성이 한층 높아진다. 한편, 소형화해도 자동주행을 위한 센서의 수나 제어기능은 크게 달라지지 않으므로 고비용을 초래할 가능성도 여전히 과제로 남아있다.

네 번째는 농업기계에 요구되는 다용도 기능의 어태치먼트를 분리하여 개발함으로써 개발 참가자를 확대하고, 비용절감과 성능향상을 도모하는 개념이다. 먼저 아이디어나 농업의 전문지식이 사물을 말하는 어태치먼트의 개발을 오픈하고, 개발의욕이 있는 농업생산자, 벤처기업, 연구기관 등의 참가를 재촉하여 어태치먼트의 종류와 기능을 충분하게 한다. 동시에 어태치먼트개발의 시야를 넓히고, 경쟁을 촉진시키며 가격저하를 도모한다. 농업을 IoT산업 창업의 시발점으로 하고 싶어 하는 사업자가 참가하게 되면 농업은 최첨단산업이 될 수도 있다.

다섯 번째는 기계의 준비나 자동화에 누락된 작업 등을 최소화하여 농업종사자를 농작업의 고된 노동을 경감시켜주고, 재배계획, 생산관리, 경영개선 등에 주력함으로써 경영능력이 있는 농업종사자를 키우는 개념이다. 완전한 무인화를 이루기 위해서는 자율적인 로봇화가 필요해진다. 소형화, 다채로운 어태치먼트에 의한 성능향상에 더해 AI를 활용하여 자율화를 도모함으로써 완전무인화를 지향한 방안를 만들 수 있다. 한편, 완전자동화는 기계적인 면으로만 실현하는 것은 불가능하다. 농업로봇의 작업누락, 오판별을 최소화하고, 농업로봇의 설계를 간이화하기 위해서는 포장 측의 개조도 반드시 필요하다.

이와 같은 시스템 실현의 전제가 되는 것은 농업이 산업으로써 성장하도록 하는 것이다. 독일에서는 Industry 4.0에 대하여 공장근로자의 반대가 있었다. 생산을 최적화함으로써 취업자의 직장을 빼앗긴다는 우려가 있었기 때문이다. 한국의Agrik-4.0에는 이와 같은 반대는 생기기 어렵다. 신규참가자가 요구되고 있는 이상, 고령화와 만성적인 일손부족이 한층 심각해지는 상황 속에서 생력화, 자동화를 위한 투자는 환영받는 경향이 있다. 이에 농업 업무방식의 개선, 1인당 수익성의 최대화라는 방침을 확실히 하면 분명히 큰 지지를 얻을 수 있을 것이다. IoT는 앞으로 모든 산업 · 인프라 분야에 도입 되겠지만, 농업은 그중에서도 도입효과가 가장 높은 분야 중 하나이다.

4.4 》 농업용 로봇의 개발과 과제

한국의 농업은 매우 어려운 상황에 처해있다. 예를 들면 기간적인 농업종사자는 5년 전과 비교하면 15% 줄었다. 저출산 고령화로 인해 현재 농가의 평균연령은 67세, 65세 이상의 농가가 65%에 육박한다. 앞으로 로봇을 포함한 초생력기술의 개발이 농업을 지속시키는데 있어서 필수적일 것이다.

세계 인구는 2010년에 70억 명, 2030년에는 84억 명에 육박할 것이고, 그때의 식량수요는 현재의 50% 증가로 예측하고 있다. 앞으로 세계의 식량수요 밸런스는 무너져, 식량부족 사태가 일어날 것으로 전망하고 있다. 선진국이나 신흥국 모두 농업분야에서 노동력부족 문제를 다 안고 있다. 농업종사자의 감소, 특히 기술을 보유한 인재의 부족이 문제가 되고 있는 현실에 직면하고 있기 때문에 국제적으로 농업의 로봇화에 대한 요구가 높다. 우리나라뿐만 아니라 전 세계적으로 농업의 로봇화를 주제로 연구가 활발히 진행되고 있다. 더욱이 유엔식량농업기구(FAO)도 신종코로나 사태가 장기화 되면서 식량위기를 경고했지만 식량무기화의 가속화가 우려되고 있다. 일본의 농업 사례 가운데 한 예로, 일본 농업의 자동화·로봇화는 2015년 1월에 발표된 보고서「로봇 신전략」에 근거하여 이루어지고 있다. 그 내용을 살펴보면, 농림수산업과 식품산업분야에서는 로봇 기술 도입을 적극적으로 추진하여 로봇 기술을 최대한 활용함으로써 작업을 기계화하고 자동화하여 노동력을 보충함과 동시에, 센싱 기술 등을 활용한 생력화, 고품질생산으로의 대폭적인 생산성을 향상시키는 것을 목표로 하고 있음을 알 수 있다. 또한, 불볕더위나 급경사면 등 험한 노동환경에서 여전히 사람의 노동력이 필요한 분야에서 중노동을 줄이기 위해서는 ICT와 일체적으로 로봇기술을 활용할 수 있다.

앞으로 중점적으로 집중해야 할 분야로써는 다음의 3개의 기술에 대해 정리해 보도록 한다.

① GPS자동주행시스템 등을 활용한 작업의 자동화.
② 노동력에 의존하고 있는 중노동의 경노동화와 자동화.

③ 로봇과 고도의 센싱기술 연동에 따른 생력화와 고품질생산.

먼저 GPS자동주행시스템 등을 활용한 작업의 자동화에 대해 살펴보겠다. 트랙터와 같은 농업기계를 여러 대 동시에 야간에도 자율운행이 가능하도록 해서 지금까지 없었던 대규모의 저비용 생산을 실현하는 것을 목표로 하고 있다. 이 자동주행시스템의 실용화에는 로봇농기계의 안전성확보 가이드라인이 제시되어야 한다.

두 번째로 노동력에 의존하고 있는 중노동의 경노동화(輕勞化)와 자동화는 풀베기 작업을 예를 들어 설명해 보겠다. 풀베기작업은 고된 노동의 작업이며 경작포기지 발생의 한 요인이 되고 있다. 이 작업 중에 특히 넘어지거나 굴러 떨어지는 등 작업 중의 사고도 많아, 농작업 사고의 많은 부분을 차지하고 있다. 이와 같은 이유로 크롤러식으로 저중심위치로 하여 경사 40도까지 작업할 수 있는 급경사대응의 풀베기 로봇이 개발 중이다.

또한, 작업자가 장착하는 어시스트 슈트도 중량 야채의 수확이나 컨테이너운반 등 다리와 허리에 부담강도가 큰 작업을 편하게 하는 기술로 유망하다. 이미 국내외에서 상품화된 것도 있지만 아직 보급은 되어 있지 않고 있다.

세 번째로 로봇과 고도의 센싱기술 연동으로 생력화, 고품질생산은 온도, 탄산가스농도, 배양액농도 등 생산 환경을 제어할 수 있는 시설원예에 먼저 도입 된 기술이다. 재배 노하우의 시각화와 데이터화는 차세대의 시설원예분야에 있어서 중요한 과제로 당연히 농업로봇의 도입이 기대되고 있다. 여전히 사람의 수작업이 필요한 육묘, 관리, 수확, 조제, 출하 등 대부분의 작업에서 노동력부족은 심각한 상태이다. 이러한 작업은 인간의 시각과 인식판단이 중요한 작업이기 때문에 관리작업과 수확작업의 로봇화는 기술적으로 해결해야할 문제가 많이 남아있다. 한편으로 부가가치가 높은 과일, 야채, 화훼 등의 높은 가격의 농산물을 법인기업 등에서 대규모로 생산하는 구조는 로봇 도입의 효과를 최대화할 수 있다. 차세대시설원예는 소비자가 요구하는 오더메이드 식료품생산을 가능하게 하고, 농산물의 생산부터 소비까지 푸드 체인 전체를 대상으로 한 자동화가 진전된 생산시스템이 될 것으로 예상하고 있다.

4.5 》 농업상식을 뒤집어야 농업이 산다

농업이 비즈니스로써 자리 잡기 위해서는 앞서 기술한 정보를 고려하여 다음과 같은 변혁이 필요하다. 지금까지의 농업상식을 뒤집어야 한다. 그것은 농업의 6차 산업화라 일컬어지는 사업방식이다. 종래 농업은 농산물을 경작 · 재배하는 1차 산업으로써 자리매김해왔다. 그러나 앞으로는 필요에 따라 농산물 가공과 그것을 원료로 한 제품을 만든다는 2차 산업의 역할도 담당하고, 나아가서는 그 생산물을 직접 소비자에게 전달하는 물류 · 소매라는 3차 산업의 역할까지도 감당해야 할 것을 염두에 두고 검토할 필요가 있다.

농산물을 판매할 때 가공을 시행하여 가공가치를 더해 판매할 수도 있다. 1차 가공으로써 건조시키는 것, 소금이나 설탕을 첨가하여 절임으로 만드는 것, 설탕, 소금, 술 등에 의해 가공시키는 것 등도 공장에서 실시할 수 있으므로 가공수작업을 어느 정도 기계화하는 것도 가능하다.

과거에는 체인점에 의한 유통혁명의 일환으로 산직(산지직송 · 직매)이 실시되어 왔지만, 그것을 생산자인 농업사업자가 스스로 그 역할을 담당하려는 것이다. 즉, 생산기능뿐만 아니라, 가공기능, 물류기능, 소매판매 기능까지 모든 공정을 자기 손으로 해결하려는 방식이다.

물론 가공비용이나 물류비용 부담은 생기겠지만, 시장 실제시세에 대응한 소매가격으로 판매할 수 있는 장점이 있으므로 추가가격은 수입 증대로 이어진다. 이러한 시스템으로 판매하기 위해서는 먼저 포털사이트에 홈페이지를 구축해 직접 소비자로부터 주문을 받아 배송하는 시스템을 구축한다. 또한 포털사이트 사업자(Amazon 등)가 설치하는 인터넷이나 쇼핑몰에 점포를 설치하여 직접 주문을 받아 판매하는 EC(전자상거래, E-commerce)도 있다. 그것에 SNS인 페이스북이나 트위터를 사용하여 유저로부터 새로운 고객을 소개받고 유도하게 하는 구조를 활용한다. 결제방법은 배송 시의 대금 회수도 있지만 신용카드나 전자머니에 의한 회수도 있다.

이와 같이 농업 사업자가 6차 산업화하여 농산물 재배, 가공생산, 물류, 판매까지 소비자의 손에 이르기까지의 모든 프로세스를 파악하게 되면 다음번의 주문과 신상품의 소개와 판매 기회도 따라서 증가하게 된다. 또한 이러한 데이터를 수집하고 분석함에 따라 앞으로의 생산, 판매

계획에도 도움이 된다. 농업사업자가 아니더라도 이 모든 구조를 구축하고 농가와 가공업자, 택배업자를 연계시켜 생산·가공·택배를 위탁하는 판매업무만 담당할 수도 있다.

농업의 6차 산업화에 있어서도 비즈니스의 기회가 많이 있지만 주의해야 할 점은 그 모든 과정에 있어서 다양한 리스크가 있음을 인식해야만 한다. 농산물을 6차 산업이라는 프레임(틀)만 적용하면 무조건 성공이라는 관념은 위험하다.

(적용 사례 8.1) 자동운전 농기계와 농업용 로봇의 출현

1. 1 자동운전 농기계

농작업의 시간에서 특히 농기계의 운전이 차지하는 비율이 높아 자동화를 위한 연구와 개발이 적극적으로 진전되고 있다. 스마트농업의 대표격이라고 할 수 있는 자동운전 농기계에 대해서는 (표8.2)와 같이 일본의 경우 다양한 기관이 연구, 개발 중에 있다.

① GPS가이던스와 협조 운전트랙터

자동운전농기계에 앞서 실용화가 진전되고 있는 것이 GPS가이던스(GPS에 의한 운전지원)의 트랙터로 이미 상품화되어 있다. 유인기와 무인기의 협조운전 개발도 진행 중에 있는데, 협조운전이란 농업종사자가 운전하는 트랙터(유인기)에 무인기(수반 트랙터)를 협조시켜 반자동운전하는 시스템을 말하며 여러 대의 농기를 동시에 운전하여 농업종사자 1인당 작업효율을 대폭 향상시킬 수 있다.

트랙터로 기른 자동운전기술은 콤바인이나 벼 이앙기 등 다른 농기에도 적용할 수 있으며, 얀마 등 대기업 농기메이커는 자동운전농기계의 라인업을 충분히 갖추기 위한 개발에 힘쓰고 있다.

예를 들면, 미국 농기계 제조사인 존디어앤컴퍼니(John Deere)가 발표한 8370R인 농기계는 GPS와 카메라 영상을 이용한 자동운전 트랙터로서, 무인 주행이 가능하다.

(그림8.4) GPS와 카메라 영상을 이용한 자동운전 트랙터

존디어 측은 GPS 기술을 이용해 주행 라인 오차를 2.5cm 이내로 둘 만큼 정확도를 높였다고 밝히고 있다. 일반 스마트폰의 GPS 정확도가 3m 가량이라는 점을 감안하면 상당한 수준이다.

이 정도라면 농지의 좁은 통로 같은 곳에서 트랙터가 자율 이동할 수 없다. 10cm 가량 간격을 두고 규칙적으로 심은 작물이 있어도 자칫 밟아버릴 수도 있다. 8370R은 GPS와 컴퓨터비전을 이용한 제어를 이용하며 운전석에 있는 모니터로 주행 라인을 확인할 수도 있다. 만일 라인에서 벗어나도 운전자가 타고 있다면 그 자리에서 라인 수정을 할 수 있다. (그림8.4)의 사진은 위의 설명한 내용과는 차이가 있음.

(표8.2) 일본 스마트 농업 기술의 사례

대분류	소분류	회사명 · 단체명	사례
자동운전	운전지원 트랙터	농연기구(農研機構)	자동 직진 벼 이앙기
		농연기구	자동추종 트랙터
		농연기구, 구보타	자동조타(操舵) 트랙터
		이세키농기(井關農機)	트랙터용 주행지원시스템 「리드아이」
	자동운전 트랙터	구보타	자동운전 트랙터
		얀마	자동운전 트랙터 「로보토라」
		홋카이도대학	자동운전 트랙터
	자동운전기기 (콤바인 등)	얀마	인텔리전트콤바인(탈곡 · 선별상황, 유량등을 순식간에 파악)
농업로봇	파종 · 정식(定植) 로봇	농연기구	전자동 벼 이앙기 로봇 (GPS+자세센서)
		파나소닉	식물공장에서의 자동정식로봇
		스프레드	식물공장에서의 자동정식로봇
	제초로봇	후지중공업(富士重工)	풀베기로봇
		농연기구	휴반(畦畔)제초로봇
		기후현(岐阜県)정보기술연구소	아이가모로봇
	드론, 헬리콥터	DJI	농업용 드론 「Agras MG-1」
		구보타	농업용 무인헬리콥터
	수확로봇	파나소닉	토마토수확로봇
		스큐즈	토마토수확로봇
		신슈대학(信州大学)	시금치수확로봇, 양배추수확로봇
		농연기구	딸기수확로봇
		시부야 정밀기기, 신농업기계실용 화촉진주식회사	딸기수확로봇
		마에가와제작소 (前川製作所)	딸기수확로봇
		오사카부립대학	토마토수확로봇
		고치공과대학 (高知工科大學)	피망수확로봇
		나가사키대학	아스파라거스수확로봇
	곤포(梱包)로봇	농연기구	딸기 팩 포장로봇
		얀마그린시스템	딸기 팩 포장로봇
어시스트 슈트	과수수확 어시스트슈트	구보타	라쿠베스트
		닛카리(NIKKARI)	과수용 가지들기 작업보조기구
	파워 어시스트슈트	도쿄농공대학 (東京農工大)	파워어시스트슈트
		와카야마대학 (和歌山大学)	파워어시스트슈트

(참고) 농업로봇에는 그 외의 방제로봇, 운반로봇, 선별로봇 등도 개발되어 있다.

② 자동운전 트랙터

대기업 농기계 메이커가 모두 자동운전트랙터 개발에 주력함에 따라 실용화가 더욱 가까워지고 있다. 호주(Australia)에서 시행한 실증실험에서는 오차 5cm이내의 정밀도로 자동운전에 성공했으며, 기술적으로는 거의 실용화 단계에 다가와 있다. 2015년에는 자동 운전트랙터에 센서를 탑재하여 벼의 생육상황을 모니터링하는 실증사업을 추진하는 등 실물기기 사양에 가까운 프로토 타입이 가동 중이다.

또한 일본 구보타는 GPS(전 지구측위시스템)와 기체자세 등을 센싱하는 IMU(관성계 측유닛)를 이용한 자동운전트랙터를 연구개발 중이다. NTT와 연계하여 농작물의 생육에 관한 지식을 데이터화하여, 벼 이앙기나 비료살포 등의 작업을 농기계에 지시하는 새로운 시스템도 개발하고 있다. 자동운전트랙터와 작업관리시스템이 갖춰지면 원격조작으로 농작업이 가능해진다. 트랙터 이외에도 벼 이앙기나 콤바인의 자동화도 계획에 넣고 있으며, 미래의 자동운전농기계 라인업의 확충이 기대된다.

일본 얀마와 히타치제작소(日立製作所)가 연계하여 자동운전트랙터의 실용화를 추진하고 있다. 얀마의 자동운전트랙터는 GPS와 더불어 준천정위성(準天頂衛星) 지도를 이용하고 있는 점이 특징이다. 준천정위성(準天頂衛星)의 활용으로 측위의 정밀도가 현저히 높아진다.

(See & Think)

1. 준천정위성(準天頂衛星): 특정의 한 지역 상공에 장시간 머무는 궤도를 도는 인공위성.
2. 착상, 구상, 개념, 아이디어. 제품개발, 시장투입 등에 대한 구상, 사고방식. 실제로는 각각의 역할에 따라서 상품 콘셉트, 디자인 콘셉트, 마케팅 콘셉트 등으로 세분화 된다.

이와 같이, GPS나 위성측위시스템을 이용하는 무인주행기의 실증이 진전되고, 실용상 문제없는 기술수준에 도달했다고 전해지며, 해외에서는 일부가 실용화되고 있다. 트랙터뿐만 아니라 벼 이앙기 등도 GPS를 이용한 자동조타기능이 상품화되어 자동운전의 실현이 목전에 있는 상태이다.

미국의 대기업 농기계 메이커가 곡물 밭용 자동운전 농기계를 개발하여 일부는 선행적으로 상품화되어 있다. 일반적으로 광대한 농지를 경작하는 미국이나 호주와 같은 농업대국이나 유럽의 중규모농업국의 농업은 대형 자동운전농기계가 적합하기 때문에 자동운전농기계의 상품화 속도는 일본보다 훨씬 앞서 있다고 볼 수도 있다.

그러나 다른 한편으로 보면, 넓고 메마른 농지에서 곡물을 수확하는 자동운전농기계는 아주 단순한 작업을 하는 즉, 매우 한정적인 일을 대상으로 한 상품이다. 물론 서구의 대형화 된 농기계와 일본의 자동운전농기계와의 직접적인 경쟁관계에 있다고 말하기는 어려우나, 일본의 특화된 농기계는 상황변화에 신속한 대응이 가능하고, 다양한 품목에 대응할 수 있는 제품의 실용화가 가능하기 때문에 효용가치가 매우 높다.

2.2 자동운전농기계 보급 확대의 장벽

적극적인 연구개발로 어렵게 만들어 낸 자동운전의 상품화는 여러 장벽에 부딪혀 멈춰있는 상태이다. 물론 완전히 다 해결하지 못한 기술적인 요소들이 남아 있기는 하지만, 더 큰 난제는 기술이외의 장벽들이다.

예를 들면, 자동운전자동차의 실용화가 되기 위해서는 농장 내에서 자동운전농기계 사고(대물사고, 인명사고)가 발생할 경우의 책임소재가 명확해야 하는데, 이에 관한 법규가 아직 마련되어 있지 않은 문제가 있다. 또한 공도상의 주행 장벽도 있다.

우리나라 농지의 특성상 한 구획의 농지면적이 좁고, 어느 정도의 재배규모가 있는 농업생산자의 경우에도 규모가 큰 농지보다는 여러 개의 중소농지를 소유하고 있는 형태가 대부분이다. 근린구획의 농지에 이동할 때 무인운전이 규제가 되면, 포장 간

이동을 위해 자동운전농기계로 운행을 하게 되면 작업자가 구속되어 버리는 문제가 발생한다.

향후 자동주행트랙터를 실용화하거나 보급화 하기 위해서는 도로교통법과 도로운송 차량법 등의 관련법 규제완화가 필요하다. 현재 사유지 안에서와 공장에서 자동차의 자동운전 이용에 관한 제약은 그다지 많지 않다. 농업에서도 사유지인 농장 안에서라면 자동운전의 장벽이 높지 않다. 농도에서 자동운전이 인정받게 되면 자동운전농기계로 얻은 지식과 기술력을 바탕으로 다른 자동운전차량 개발에 피드백 할 수도 있다.

5 농업용 드론

5.1 》 드론의 출현 과정 (유래)

드론은 조종사가 탑승하지 않고 무선전파 유도에 의해 비행과 조종이 가능한 비행기나 헬리콥터 모양의 무인기를 뜻한다. 드론에는 여러 정의가 있는데 일반적으로 무인항공기(UAV:Unmanned Aerial Vehicle)를 의미한다. 드론은 영어로 (벌 등의)붕-붕-하고 울리는 소리에 착안하여 붙여진 이름이며, 멀티콥터가 비행할 때의 소리가 이것과 비슷하다는 것에서 드론이라고 불리게 되었다고도 한다.

2010년 iPhone으로 조종이 가능한 멀티콥터가 프랑스의 Paroot사에서 AR.Drone이라는 명칭으로 발매되어, 이 제품으로 인해 멀티콥터=드론이라고 불리게 되었다. 그 후, 사람이 탑승할 수 있는 대형 멀티콥터가 개발되어, 이것도 드론이라 부르게 되었다. 드론은 단일 보드 컴퓨터와 다양한 센서를 활용하여 자율적으로 비행할 수 있는 무인 이동체로 정의 될 수 있다.

멀티콥터가 등장하기 전부터 미사일 등의 표적이 되는 무인기와 무인 공격기를 드론이라 불렀다. 드론은 애초 군사용으로 탄생했지만 이제는 고공 영상과 사진 촬영과 배달, 기상정보 수집, 농약 살포 등 다양한 분야 에서 활용되고 있다. 이에 따라 2017년 12월 국토교통부와 과학기술정 보통신부 등 관계부처는 현 700억원대 수준인 국내 드론 시장을 2026년 까지 4조 4천억원 규모로 키우겠다는 내용의 '드론산업 발전기본계획' 을 발표했다. 육군은 지난 9월 '드론 봇 전투단'을 창설하여 정찰드론, 무 장 드론, 전자전 드론, 정찰 및 다목적 로봇 드론을 운용하겠다고 발표하 며 드론을 이용해 정찰과 폭격을 하는 등 미래 전에 대비하겠다고 밝혔 다. 2018년 2월 평창 동계 올림픽에서는 반도체 기업인 인텔의 '슈팅스 타(Shooting Star)' 드론 쇼 팀이 1218대의 드론으로 군집비행 기술을 선 보여 화제가 되었다. 1200여대의 드론이 유기적으로 움직이며 오륜기 등을 만들어 내면서 높은 수준의 기술력을 보였다.

드론은 크기에 따라 무게 25g의 초소형 드론에서부터 무게 1만 2000kg에 40시간 이상의 체공 성능을 지닌 드론까지 다양하다. 드론에 조명, 사운드, 카메라, 마이크, 센서, 로봇 팔 등의 기술을 추가 할 수 있 다. 다양한 조합으로 그 응용이 무궁무진하다.

세계 무인기시장은 2014년 기준 미국 54%, 유럽 15%, 아태 13%, 중

동12% 등으로 미국과 유럽이 79%를 차지하면서 과점체제를 형성하고
있다. 최다 드론 보유국가인 미국은 120여종 1만 1000여대의 드론을 보
유하고 있고, 미국 외에도 이스라엘, 프랑스, 영국, 러시아 등이 드론을
개발하고 활발히 운영하고 있다. 그러나 각 국가마다 국가의 규제로 상
업화가 지연되고 있다는 지적도 나오고 있다.

한국에서도 개인의 사생활 보호와 안보문제로 드론 상업화에 대한 명
확한 기준이 모호하고 서울 도심은 대부분 비행금지나 비행제한구역으
로 설정되어있어 드론 활용에 제약이 있다. 드론과 관련해 해킹으로 인
한 보안 문제와 사생활 침해 논란도 여전히 있지만, 드론으로 인한 변화
의 물결은 이미 시작됐다.

5.2 》 IoT로서의 드론

무인헬리콥터는 일정한 고도를 유지하며 비행할 수 있는 숙련된 조종
실력이 있어야 한다. 무인헬리콥터로 농약살포를 하기 위해서는 이러한
고도의 조작을 기체에 탑재한 마이크로프로세서(CPU)에 대체시킬 필요
가 있었다. CPU의 연산능력은 급격히 향상하여, 복수의 화상에서 자기
위치를 추정하는 SfM(Structure from Motion) 및 동영상에서 실시간으로
자기위치추정과 환경지도작성을 수행하는 SLAM(Simultaneous
Localization and Mapping)이 이용가능하게 되었다. 보통의 GPS(측위오차는

수m)와 더불어, 3cm이하의 측위정밀도를 보유하는 RTK-GPS도 탑재할 수 있다.

이것과 병행하여 모터와 배터리의 성능도 비약적으로 향상되었다. 멀티콥터에서는 CPU가 프로펠러의 회전수를 바꾸어 속도와 비행방향을 제어하기 위해, 하드웨어가 매우 단순해졌다. 이러한 기술을 조합시킴으로써 드론의 코스트 퍼포먼스는 급속히 향상되었다. 최근에는 셀카가 가능한 드론도 있다. 또한, Wi-Fi나 LPWA(Low Power Wide Area)등의 무선 통신기능이 추가되어 인터넷에의 접속, 화상 등의 전송이 가능하여, IoT(Internet of Things) 중 하나가 되었다.

(See & Think)

1. IoT의 통신방식(목적에 따라 여러 가지 통신방식이 존재)

IoT의 통신방식의 이해를 위하여 통신 네트워크의 분류를 (그림8.5)에 나타낸다. 5G의 규격은 IoT를 고려한 규격으로 목적에 따라 여러 가지 통신방식이 존재한다. 목적과 IoT 기기에 합치한 통신방식을 선택 할 필요가 있다. 일반 통신과 마찬가지로 IoT 통신도 경쟁적이다.

(그림8.5)를 보면 알 수 있는 바와 같이 Wi-Fi와 LTE는 고속통신이고 고비용으로 소비전력이 큰 통신방식이다. 즉 고속통신을 위하여 동영상을 시청 할 수 있는 등 장점은 있지만, 자주 충전이 필요하고 통신비용이 비교적 높다는 단점도 존재한다.

이와 같이 스마트 폰 등에서는 고속통신이 필수지만 IoT기기는 고속통신이 필요하지 않는 것도 많이 있다. 예를 들어, 하루에 한번 획득한 데이터를 보내기 좋

▶ 5G에서 변화하는 다양한 분야

속도와 용량이 격변한다

고속 · 대용량

AR/VR

데이터시간지연 감소

4K/8K 스트리밍

방대한 수의 단말이 동시에 연결

자동운전지원

5G

스마트시티 스마트홈

지연감소

원격진료

농업ICT

다수의 단말과의 접속

▶ 5G의 특징

광역, 원거리

· 통신거리가 짧다.
· 고속으로 대용량의 데이터 통신
· 소비전력이 높다.
· 동시접속수가 많다.
· 레이턴시(Latency)가 낮다.

LPWA
(Low Power Wide Area)

산림에서 상태 확인과 목장의 소와 말의 상황 파악 등 원격으로 배터리(저소비전력)으로 동작해야 하는 경우에 사용된다.

특징
· 통신거리가 길다.
· 저속으로 소용량의 데이터 통신.
· 소비전력이 낮다.
· 동시접속수가 적다.

LTE(Long Term Evolution)

스마트 폰과 pc 통신에 사용되어 종래부터 모바일 통신의 주류인 통신방식이다. (가격이 비교적 높다)

5G(5세대 이동통신)
저소비전력화되어 IoT기기에도 사용할 수 있는 차세대의 모바일 통신

소비전력 소(小) · 저속 · 저비용

소비전력 대(大) · 고속 · 고비용

Bluetooth
RFID
(Radio Frequency Identifier)

NFC
(Near Field Communication)

ZigBee

PC의 주변 기기와 스마트 폰 통신 등, 근거리/ 저속의 통신

Wi-Fi

PC와 스마트 폰 등을 제한된 영역 내에서 무선을 사용한 LAN(Local Area Network)기술. 무료 Wi-Fi를 사용하면 인터넷을 사용할 때에도 통신비용이 절약된다. 모바일 통신을 사용하지 않는 외국인 관광객에는 Wi-Fi 환경이 필수이다. 스마트 폰 등에 있어서 모바일 통신과 Wi-Fi 변환이 자동적인 경우가 많으며 의식하지 않고 Wi-Fi를 사용하고 있다.

근거리

(그림8.5) 통신 네트워크의 분류

은 측정기기 등 이다. 또한 원격지의 전원이 없는 곳에서 사용하여 배터리만으로 장기간의 사용 할 수 없는 기기도 있다. 이들 IoT 기기의 증가에 의해 저속이지만 소비전력이 적고 저 비용의 통신방식도 다수 나타나고 있다. 또한 휴대 전화용의 차세대 통신의 5G(5세대 이동통신)는 소비전력도 의식하면서 더욱이 '고속', '동시 접속수 증가', '지연시간 저하'를 실현하는 규격으로서 가까운 장래의 상용화를 예상 할 수 있다.

2. IoT의 통신방식 (IoT 게이트웨이에 의해 통신의 중계가 가능)

IoT 통신방식을 속도, 소비전력, 비용, 통신거리 관점에서 분류하였다. 단, 실제의 데이터를 송신하는 방법은 한 가지 방법만이 아니라 복수의 방식을 조합시키는 것도 있다. 예를 들어, 일단 Bluetooth(근거리용의 무선통신으로 컴퓨터 주변기기와 게임기기 등에 폭넓게 이용)에서 스마트 폰과 통신하여 그 스마트 폰으로부터 인터넷에 데이터를 송신하는 방법도 있다. 또한 게이트웨이라는 중계기를 매

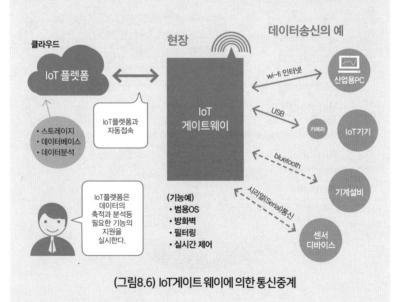

(그림8.6) IoT게이트 웨이에 의한 통신중계

개로 하여 통신방식의 차이를 흡수하는 것도 가능하다. IoT 게이트웨이는 (그림 8.6)과 같이 USB, Bluetooth 등의 통신방식의 디바이스와 접속 가능하고 상위의 통신으로서 인터넷 통신도 실시한다. 게이트웨이는 통상의 네트워크에서도 사용되지만 IoT 게이트웨이의 특징은 IoT 프렛폼의 설정을 실시하여 가는 것 등이 있다. IoT 프렛폼은 데이터의 축적과 분석 등 IoT에 필요한 기능의 지원을 실시하는 IoT의 실행 기반이다.

5.3 》 드론 개발을 위한 구조

드론의 구조를 크게 구분하면 프레임과 컴퓨터 보드 등으로 이루어진 하드웨어, 컴퓨터 보드에 내장된 소프트웨어, 그리고 하드웨어와 소프트웨어를 연결하는 펌웨어로 구성된다.

1. 하드웨어

드론의 하드웨어 요소로는 비행체가 있고, 컴퓨터, 항법장비, 송수신기, 가시광선과 적외선 센서 등의 장비로 구성된다. 하드웨어는 연산을 수행하고 신호를 발생시키는 컴퓨팅 보드, 드론의 뼈대를 구성하는 프레임, 드론의 날개를 회전시키는 로터, GPS 등 주변의 환경정보를 수집하는 센서 등으로 구성된다. 드론과 같은 비행체에 특화된 컴퓨팅 보드를 플라이트 컨트롤러(Flight Controller)라고 한다. 플라이트 컨트롤러는 각종 센서로부터 수신된 정보들을 취합하여 현재 위치나 주변 환경, 드론의 자세 등을 파악하고, 이 정보들을 활용해 프로그래밍 된 알고리즘에 따라 연산을 수행한다. 그리고 연산의 결과를 이용해 로터를 회전시키기 위한 신호를 발생시켜 드론의 자세를 보정하거나 지정한 위치로의 움직임을 수행한다. 로터는 드론의 날개를 회전시키는 모터로 드론의 실제 움직임이 수행되는 장치이다. 한 대의 드론에 달려있는 로터의 개수, 로터 프레임에 따라 드론의 종류를 구분하는데, 현재의 드론에 가장 많이 사용되는 로터 프레임들로는 로터가 4개인 쿼드드론(Quad drone), 6개인 헥사드론(Hexa drone), 8개인 옥타드론(Octa drone) 그리고 수직으로 이착륙을 하고 비행 시에는 수평으로 날 수 있는 구조인 VTOL(Vertical take off and landing)이 있다. 어떤 로터를 어떤 세기로 회전시킬지는 컴퓨팅 보드의 연산에 의한 결과를 통해 이뤄지고 로터의 개수와 프레임에 따라 다르게 적용된다.

2. 소프트웨어

소프트웨어 요소로는 지상통제장치(임무계획 수립과 비행체와 임무 탑재체의 조종 명령, 통제, 영상과 데이터의 수신 등 무인항공기 운용을 위한 주 통제장치), 임무탑재체(카메라, 합성구경 레이더, 통신중계기, 무장 등의 임무 수행을 위한 장비), 데이터링크(비행체 상태의 정보, 비행체의 조종통제, 임무 탑재체가 획득 및 수행한 정보 등의 전달에 요구되는 비행체와 지상간의 무선통신 요소), 이착륙장치(비행체가 지상으로부터 발사, 이륙과 착륙, 회수하는 데 필요한 장치), 지상지원(지상 지원설비와 인력 등을 총칭, 무인항공기의 효율적인 운용에 필요한 분석, 정비, 교육 장비 시스템을 포함) 등으로 구성된다.

드론을 제어하기 위해서는 먼저 네트워크가 연결되어 있어야 한다. 그 다음 드론의 모터제어 신호를 보낼 수 있어야 한다. 네트워크의 경우 드론에 필요한 무선 네트워크 장비를 장착해야 한다. 그 다음 단계로 플라이트 컨트롤러와 연계하는 시스템을 구성 할 수 있는데, 일반적인 RC(Remote Controller)부터 Telemetry, Wi-Fi 등으로 다양하다. 드론의 모터를 제어하는 경우에는 일반적인 사용자가 의도하는 제어를 위해 정밀하고 복잡한 센싱 및 신호 제어가 필요한데, 이와 같은 신호를 사용자가 빠른 속도로 실시간으로 명령할 수 없기 때문에 명령 체계를 일반화하는 중간 계층, 그리고 사용자 경험치(user experience)를 높이기 위한 소프트웨어 인터페이스가 필요하다. 즉 드론 제어를 위한 소프트웨어는 사용자에게 운용 중인 드론에 대한 정보를 정리하여 보여주고, 사용자가 키보드 및 마우스 등의 표준 입력장치를 통해 드론에 명령을 내릴 수 있는 인터페이스를 의미한다.

5.4 》 스마트 드론과 인공지능 기술

드론은 학술, 군사, 각종 산업분야에서 매우 주목하고 있는 중요한 기술이다. BI Intelligence의 조사 보고서에 따르면 2021년까지 드론 판매는 120억 달러를 넘을 것이며, 산업용 드론 시장의 연평균 성장률은 51%에 달할 것이라고 한다. 드론의 하드웨어적 기술이 비교적 안정화된 상황에서 소프트웨어적으로 드론을 '스마트'하게 만들려는 노력이 계속되고 있다.

드론은 과거 군사용으로 개발되었지만, 민수용으로 확대되면서 수요가 급증하는 추세이다. 가격이 하락하고, 소형화되고, 이동성이 강화되면서 상업적 사용이 확대되고 있다. 머지않아 '1인 1드론 시대'가 도래할 것이라는 전망도 나오고 있다. 스마트 드론은 기존의 1명당 1개의 드론을 수동으로 조종하는 현재의 일반적인 드론 조종의 한계들을 해결하기 위해 연구되고 있다. 일반 드론 조종은 1명이 여러 개의 드론을 조종 할 수 없으며 눈에 보이는 곳에서만 조종 할 수 있다는 단점이 있다. 반면에 스마트 드론은 자율 비행기술을 사용하여 자율비행이 가능하고 네트워크를 통하여 각 드론들이 연결되어 1명이 연결된 드론들을 모니터링하는 것이 가능하다. 또한 기존의 드론 조종이 조종자의 숙련도에 의존하여 안전사고의 위험도가 높았던 것에 반하여 자율 주행을 통하여 초보자도 쉽게 조종이 가능하다.

다양한 전문 분야에서 드론이 적극적으로 도입되고 있다. 의학분야에서는 응급환자를 탐지하고 수송하는 용도로 활용한다. 기상분야에서는 기상관측과 태풍 등 기상변화를 실시간으로 모니터링 하는데 이용된다. 과학 분야에서는 멸종동물의 지역적 분포와 이동경로를 확인하고 지리적 특성을 파악하고 정밀한 지도를 제작하는 데 활용된다. 보험 분야에서는 인재나 자연재해가 발생했을 때 신속하게 피해규모를 조사하거나 손해액을 산정할 수 있다. 또 재해나 사고 발생 시 드론을 통해 사고 위치와 손해 발생 상황을 실시간 확보해 보험사기 방지에 활용되고 있 다. 미디어 분야에서는 영화와 방송 등의 다양한 촬영에 활용되고 정유분야에서는 송유관 파손점검과 해상석유시설관리 등에 활용된다.

스마트 드론을 활용한 산업을 정리해 보면, 물품 수송 사업에서는 화물운반과 재난지역에 구호품을 전달할 수 있다. 산림보호 및 재해 감시 사업 분야에서는 산불예방과 병해충 진단을 위해 활용할 수 있다. 안전진단을 위해서 시설물 안전진단 사업교량과 고압 송전선 등을 진단할 때도 활용할 수 있으며, 국토조사 및 순찰 사업을 시행할 때 측량이나 재난현장 조사를 위해서도 필요하다. 해안 및 접경지역 관리 사업에서는 불법어로와 해안선 안전감시, 통신망 활용 무인기 제어 사업에서는 물체 식별과 영상 스트리밍 작업, 레저 스포츠 및 광고 사업에서 취미나 오락 등 스마트 드론을 활용한 분야들이 점점 더 확장 될 전망이다.

우리 생활에 밀접하게 연관되어 활용되고 있는 스마트 드론의 구성요소로는 5G, 인공지능 기반 드론 네트워크, 지상 클라우드와의 스마트 협력, 인공지능 기반 드론 정보전달 및 처리, 드론 간 협력을 통한 작업 수행 등이 존재한다. 이러한 필수적인 구성 요소들의 개발을 위해서는 드론 서비스를 효과적으로 관리, 개발할 수 있는 플랫폼 개발과 동시에 인공지능, 클라우드, IoT기술 등 드론 이외의 다양한 분야와 연계한 기술 결합이 필요하다. 더욱 고차원적인 서비스를 위해서는 다수 드론의 지능적 협력이 필요하다. 여러 대의 드론들이 어떻게 상호작용을 해야 하는지는 유저가 원하는 서비스의 목적에 따라 다르며 이를 위한 인공지능 기술이 필요하다.

6

4차 산업혁명 기반
농업용 드론

6.1 》 농업용 드론

최근 여러 분야에서 드론(특히 소형, 중형의 멀티콥터)이 많이 사용되고 있다. 농업분야에서도 포장정보 수집이나 종자살포 등에 드론을 이용하는 사례가 등장하기 시작하였다. 우리나라에서는 전국 각지 농지를 대상으로 농업용 드론의 실증실험을 하고 있으며, 외국에서도 드론을 이용한 벼농사용 실증사업을 실시하고 있다.

3차 산업 혁명은 인터넷으로 연결된 컴퓨터 정보화 및 자동화 생산시스템이 주도했다. 인터넷이 이끈 세상에 이어 인공지능, 네트워크, 로봇, 사물인터넷 및 바이오 기술 등의 폭넓은 분야가 서로 융합해서 빚어내는 새로운 산업혁명의 흐름이 바로 4차 산업혁명이다. 완전한 패러다임의 전환, 새로운 시스템, 제품, 서비스 등 4차 산업혁명은 이미 우리 생활전반에 깊숙이 들어와 많은 영향을 주고 있다.

드론으로 공중 촬영한 논의 화상데이터와 토양의 센서에 의한 성분데이터를 토대로 논의 고르지 못한 생육상황 등을 파악할 수 있다. 그 자료에 따라서 시기적절하게 비료를 공급함으로써 브랜드 쌀의 품질향상을 도모할 수 있다. 물론 인공위성 리모트 센싱으로 대략적인 생육상황과 토양상황을 파악할 수 있지만, 드론을 이용하면 병해충으로 인한 부분적인 변색 등을 보다 세밀하게 파악할 수 있다.

드론 개발과 연구에 힘을 쏟는 다국적 기업의 움직임도 활발하다. 일본의 KUBOTA는 농약살포기능을 갖춘 농업용 드론을 발매할 것이라고 발표했는데, 이 기계의 판매 예상 가격이 과거의 농업용 헬리콥터의 1/5 정도의 가격으로 책정되어 있어 보급률이 증가될 것으로 전망하고 있다. 이밖에도 와인용 포도를 재배할 때 드론으로 잎의 상태를 센싱하고 생육상황과 병해충의 유무를 파악하는 일도 이루어지고 있다. 특히 드론은 수고(樹高, 나무의 키)가 높고, 잎이 잘 안 보이는 과수를 중심으로 널리 응용할 수 있어서 필요에 따라 최적화 된 다양한 드론 상품개발이 기대된다.

또한 드론은 과거의 유인 헬리콥터와 비교해서 위험한 상황에 따른 빠른 대처가 가능한데다, 조종성과 안전성이 뛰어나 경제적인 부담도 낮아서 일반 사람들도 사용할 수 있는 정도로 대중적으로 보급될 가능성이 있다. 다만 현재 시판되고 있는 드론의 대부분은 하중 허용가능이 수 kg에서 수십 kg 정도에 불과해서 대량의 농약이나 비료를 싣는 것은 현시점에서는 불가능하다. 따라서 드론으로 넓은 농지에서의 농약과 비료를 대량 살포하는 작업에는 적합하지 않다는 것이 남은 과제라 할 수 있다. 현재로서는 울퉁불퉁한 부분이 많은 농지와 고저차이가 큰 과수원 등에서 정보수집, 혹은 소량으로 효과를 발휘하는 농약의 살포와 같은 작업 수준에서 활용할 수 있다. 본격적인 효율화와 그 효과를 발휘하기 위해서는 기동력 높은 드론의 개발이 필요하다.

6.2 » 농업현장에서의 드론의 이용

농업 현장에서 드론이 실제 사용되는 사례에 대해 알아보자. 드론이 농업에 활용되던 초창기에는 농약을 살포하는 데 많이 사용되었다. 그리고 순찰하는 일에 많은 시간이 소요되는 큰 규모의 농장에서는 드론으로 촬영하는 것만으로도 노동력을 많이 절감할 수 있다. 앞으로는 부족한 일손을 보충해주는 단계에서 더 나아가 인공지능을 탑재한 농부 드론이 등장할 가능성도 있다.

싱가포르의 가루다 로보틱스(Garuda Robotics)의 드론은 농장의 상태를 파악하고 온도·습도 등 주변 환경을 파악해 적절한 농사 방법을 제안해주는 기능까지 탑재되어 있다. 만약 드론이 AI 로봇과 협업할 수 있다면 농부의 일자리 또한 대체될 수 있는 날이 올 것이라는 전문가들의 전망들이 나오고 있다.

특히 미국, 호주와 같이 대규모 농업지대가 많은 나라의 경우 드론을 이용하여 공중촬영으로 농지를 파악하는 회사가 설립되어, 드론에 의한 공중촬영 서비스가 비즈니스로써 제공되고 있다. 드론의 더욱 기술력이 진보되어 다중분광카메라(multi-spectral camera), 초분광카메라(hyper-spectral camera) 등에 의한 리모트 센싱, 작물의 3차원계측이 가능하며 또한 이것들을 이용한 페노타이핑(phenotyping) 등에도 활용되고 있다.

6.3 》 드론이 바꾼 세상

많은 분야에서 드론의 활약으로 사람의 수고와 위험 부담을 줄일 수 있게 되었는데, 특히 미디어 분야에서 드론의 활약상은 대단하다. 과거 1986년 우크라이나 체르노빌 원전 폭발 현장을 그 누구도 근접해서 촬영을 하거나 방송 자체를 할 수 없었다. 30년이 지난 이후 아직도 안전성을 확신할 수 없는 사고 현장에 대해 미국 CBS는 드론을 이용하여 체르노빌의 곳곳을 취재해 생생한 영상을 담아 방송을 내 보냈다.

CNN도 2013년 발생한 터키 반정부 시위의 생생한 모습을 드론으로 촬영해 보도했다. 드론이 있었기에 지금껏 볼 수 없었던 위험한 현장을 카메라에 담을 수 있었다. 드론의 출현으로 세계 각지 언제 어디서든지 영상촬영이 가능하게 되었고, 실시간으로 온 세계에 방송을 내 보낼 수 있게 되었다.

물류 분야에서 드론의 사용은 단순한 배송 확대가 아니라 기존 물류 시장 구조 변화를 가져올 것으로 전망된다. 드론을 활용한 배송으로 배송의 정확성, 효율성, 반품의 편리성 증가 등으로 '구매'에서 '리스'로 소비패턴이 변화할 것으로 예측된다. 이러한 변화의 여파는 슈퍼마켓이나 편의점 등 동네상권의 매출감소에서 시작해 점차 대형마트의 매출감소까지 이어질 것으로 예상된다.

농업 분야에서는 노동력 부족을 드론으로 대체하는 방식으로 활용하고 있다. 일본은 2013년까지 2500여대의 농업용 드론을 판매하여 전체 논의 40%에 대한 살충제와 비료 살포에 드론을 활용하였다. 호주에서는 100여대의 농업용 드론을 수입해 제초용으로 이용하고 있다. 우리나라에서도 농협이 농약살포, 작물 씨뿌리기, 살림보호 등을 위해 150여대의 드론을 보유하고 있다. 앞으로 드론이 AI 로봇과 협업하게 된다면 농업인의 일자리 또한 대체될 수 있는 셈이다.

지금 우리가 살고 있는 이 시대 기존 일자리들이 앞으로 수년 내에 사라질 것이라는 전망은 앞으로 다가올 사회가 암울하게 느껴질 수 있다. 그러나 세계경제포럼에서도 710만개의 일자리가 사라지는 대신 200만개의 일자리가 새로 생겨난다는 점을 함께 강조했다. 드론으로 인해 택배원의 자리는 없어지게 되겠지만, 드론 조종사, 드론 엔지니어 등의 일자리가 생겨나고, 자율 주행 차에 적합한 교통 모니터링 전문가, 응급상황 처리 전문가 등이 새로 생겨난다. 이처럼 앞으로 다가올 미래의 직업은 지금과도 많이 달라질 것이다. 사라질 직업을 살펴보면 앞으로 어떤 기술과 비전을 갖는 것이 필요한지 알 수 있다.

7

새로운 드론 농업의 개척

7.1 ≫ 공중의 산업혁명

드론이 공중의 산업혁명이라고 불리는 이유는 2차원 평면시점을 실시간으로 3차원 공간시점을 갖게 하는 것, 물자를 무인으로 운반하는 것, 점의 센싱을 공중에서 입체적으로 센싱하는 것을 '비약적으로 간편하고 저비용'으로 실현가능하게 했기 때문이다.

〈공중의 산업혁명〉
- 공중촬영 (새의 눈)
- 물류 (물건을 운반)
- IoT×드론
  = 공중에서 디지탈 스케닝

〈드론에의한 농업혁명〉
- 공중촬영 (새의 눈)
  – 포장상황관찰 · 관광농업
- 물류(물건을 운반)
  – 씨앗 · 비료 · 농약살포
- 디지탈 스케닝
  – 식생의 리모트센싱

7.2 》 농업 리모트 센싱

드론을 사용한 농업리모트센싱의 비즈니스 성장기반이 되는 센서기술도 매우 빠르게 진화되고 있다. 드론에 탑재한 각종미미지센서로 농작물의 화상을 취득하여 그 화상을 해석함으로써 농작물의 생육상태와 병충해, 잡초의 유·무를 진단하는 화상해석기술이 선진국 중심으로 연구개발이 진행되고 있다.

드론을 사용하여 농지를 상공으로부터 센싱하여 농작물의 생육진단의 결과를 시비나 품질의 관리에 사용할 수 있다. 이것은 농작물의 수량과 부가가치를 향상시킬 뿐만 아니라 불필요한 비료를 절감하여 비료에 소요되는 비용을 절약 할 수 있다. 또한 생육진단으로부터 농작물의 수확시기와 수량을 높은 정밀도로 예측하여 출하시기와 수송수단을 최적화하여 비용을 절약 할 수 있다.

병해충과 잡초의 진단은 적정한 방제에 도움이 되기 때문에 농약비용의 절약으로 이어진다. 이와같은 드론을 사용한 농업리모트센싱의 진화가 지금까지의 농업기계기술의 발전과 크게 다른점은 단지 드론기술만의 진보가 아니라 센싱기술과 빅데이터 해석기술, 인공지능(AI)기술 등 다양한 첨단기술이 고도로 융합하면서 발전하고 있다는 점이다.

농업생산자 관점에서 드론에 대한 농작물의 생육·병해충·잡초진단의 장점은 ① 포장전체를 빈번하게 빠짐없이 관측 할 수 있다. ② 비접촉으로 병해충과 잡초의 씨앗이 유입하거나 확대시키는 위험요소

(risk)가 적다. ③ 진단 데이터를 용이하게 보존·연계 할 수 있다는 등이며 이것을 정밀 농업이라고도 한다.

7.3 》 드론에 의한 리모트 센싱

드론에 의한 식생 리모트센싱이란 논밭의 생육상태를 공중에서 화상 센싱하여, 수집한 데이터를 합성하고 각종식생지수(알고리즘)를 이용해 수치화하여 논밭 맵에 겹쳐보아 논밭을 시각화하는 것이다. 그리고 그 데이터를 축적하여 AI해석에 따라 논밭의 시각화에서 논밭의 생육단계별 '정상적인 상태'를 판단하고, 그 때 어떤 조치를 취하면 좋을지 이끌어 주는 것이 가능해진다.

중요한 것은 그 '정상적인 상태'를 언어화하고 형식화하는 방법이다. 데이터를 정확히 효율적이고 대량으로 취득할 수 있는가, 더욱더 지상·지중의 환경모니터링, 위성리모트센싱과도 조합하여 드론이 그 데이터를 얼마나 취득하고, AI해석을 활용할 수 있을지가 핵심 요인이 된다.

드론 × 농업 리모트센싱에 있어서 극복해야 하는 기술과제는 아직도 남아 있다. 드론의 경우에는 배터리의 지속시간과 컨트롤, GPS 비 의존형 항행, 전파간섭 방어, 가변하중의 안정항행, 항행 금지구역으로의 진입회피 등이다.

그리고 농업리모트센싱의 경우에는 정확한 식생해석을 위한 태양광의 노이즈 캔슬링, 작물별 생육과정에 맞춘 식생지수의 판단방식, 애초에 식생지수치가 생육 분석하는데 있어서 어떤 식으로 실제 재배에 반영하고 응용하면 좋을지 정하는 것 등이 앞으로 극복해야 할 문제라 할 수 있다.

(See & Think)

식생 지수 [植生指數] : 식물의 잎 길이와 엽록소 함량, 엽면적 따위의 식물 군락의 특성 및 밀도와 빛의 파장대에 따른 반사 특성에 기초를 두고 각 파장대 간의 특성을 조합하여 식생의 활력도를 나타내는 지수.

8

드론에 의한 농업혁명

기존의 농업이 안고 있는 문제를 극적으로 바꿀 수 있는 디바이스로서 기대되고 있는 것이 드론이다. 공중에서 눈을 가지고, 공중에서 쉽게 작업할 수 있는 이와 같은 디바이스는 없었기 때문에 이것이 주는 영향력은 매우 강하다. 다른 농기계에 비해 비교적 저렴하고, 누구든 조종할 수 있으며, 큰 기체에서 작은 기체까지 있으며, 이것에 탑재하는 카메라와 센서류의 기술향상도 있어 농업에 큰 변화를 가져오기에 충분하다.

대다수 농가가 소규모 논, 밭을 경작하고 고령화와 일손부족으로 영농활동의 어려움을 호소하고 있는 가운데, 농촌에서 드론을 통한 벼재배시, 육묘작업 생략, 제초제와 비료 살포 등이 가능해 기존농업 대비 50% 이상의 노동력 절감 효과가 있는 것으로 밝혀졌다. 그리고 드론농업은 접근성과 운용이 쉬워 꼭 필요한 만큼의 적절한 농약을 살포하여 무분별한 농약사용을 줄이고, 농약이 토양에 침투하는 양을 줄이고 인체 노출도 막을 수 있어 농업인들의 건강까지 지켜줄 수 있다.

그동안 무인헬기와 광역방제기는 가격이 대략 1억 원대 이상의 고액이어서 농업인들이 구입하는데 어려움이 많았다. 그러나 상대적으로 드론의 기술 발전으로 가격은 대당 5천만원대 이하로 낮아지고 자동비행 시스템 개발과 유지보수 업체의 증가로 드론농업이 활성화 될 수 있는 여건이 갖춰졌다.

8.1 》 농약살포용

먼저 농약 살포용 기체에 대하여 살펴보도록 한다. 농약살포라 해도 드론이 하는 일은 공중살포이며, 고농도로 살포해도 문제없는 등록농약을 살포한다. 중심이 되는 작업은 액재의 공중살포로, 농약의 공중살포에 적합하지 않는 환경인 경우 비행은 시키지 않는다. 1ha 당 필요량(약 8L인 것이 많음)을 1비행(10분간 정도)으로 살포한다.

이것을 동력 분무기로 실시하면 3시간정도가 소요된다. 여기에 크게 생인화(省人化), 효율화라는 요소가 있다. 논밭의 중앙은 사람이나 기계가 들어가기 쉬운 환경은 아니지만, 공중을 비행한다면 상황과 환경은 아무 상관이 없다.

예를들어, 운용규칙은 오퍼레이터의 등록번호와 기체의 등록번호 및 비행허가가 갖추어져야 비로소 시작된다. 살포 시의 규칙으로는, 풍속 3m/s정도 이하로 비행하고, 작물로부터 2m 상공을 비행하여 등록농약을 살포한다. 비행속도는 10~20km/h, 살포량은 1분에 1L인 것이 많지만 농약패키지 표시에 따른다. 살포하는 폭은 4m로 되어 있다. 그밖에 낙하분산의 기준과 시인성의 기준 등도 따로 있다. 또한 비행 시에는 오퍼레이터 외에 네비게이터가 필요하므로, 효율적인 살포가 가능하도록 계획을 세우고, 사고가 발생하지 않도록 주의를 기울이고 있다. 연차점검과 보험가입이 의무이며, 안심ㆍ안전에 대한 배려와 만일의 사태가 발생할 때의 대응이 정해져 있다. 물론 식품(食)의 안전에는 충분히 배려하고 있어, 사용농약의 종류나 그 분량, 희석배율 등, 잔류농약문제와 드리프트사고가 발생하지 않도록 최선을 다하고 있다. 농가는 물론, 판매기업과 메이커도 수익이 없으면 계속 이어나가기 어려워지고, 신규참여기업도 증가하지 않기 때문에, 적절한 가격을 유지하고 가격경쟁의 결과로써 위와 같은 안심ㆍ안전 부분이 소홀해지지 않도록 하는 것이 중요하다.

이와 같이 안심ㆍ안전에 충분히 신경을 쓰고 배려하면서 농약살포용으로써 최대의 효과가 나도록 면밀히 설계한 기체가 요구된다. 기체는 많이사용(heavy use) 하는데 견딜 수 있게 튼튼히 설계되어 있으며, 10L 적재하여 다 살포할 수 있는 비행시간을 계산하여 설계한 다음, 무엇보다 살포효과가 나지 않으면 의미가 없으므로, 아래쪽으로 불어오는 바람의 강하기와 기류의 흐름을 가미한 다운 워시(down wash)라 불리는 구조로 되어 있다. 비행 시의 호버링(hovering) 성능만을 고려하면 프로펠러 매수가 많은 쪽이 좋을지도 모르지만 농약을 작물에 정확히 살포하기 위하여 기류를 의식하면 호버링 성능을 너무 요구해도 충족은 불가능하다. 구입한지 얼마 되지 않으면 기체 상태가 좋은 것은 당연하지만, 몇 년 사용한 후에도 변함없이 상태가 좋은 기체로 만들어야 한다. 이 사업에 관련된 모든 기업과 농가에 대한 보증수리(after+follow)도 빼놓을 수 없다. 드론은 항상 최상의 조건으로 사용해야 하며, 기체의 조정과 관리 등의 유지관리는 매우 중요하다. 그러나 아직까지 이 단계까지 가능한 기업이 거의 없으며, 이 보증수리 네트워크를 전국적으로 전개하여, 어디에서나 같은 안심·안전한 서비스를 제공할 수 있는 시스템이 구축되어야 한다. 사업이 성공하기 위해서는 판매 전보다도 판매 후가 더 중요한 것이다. 따라서 판매만이 아니라 보증수리까지도 확실히 보장 되어야 계속적인 생인화와 효율화를 이룰 수 있다.

8.2 》 리모트 센싱

작물의 생육상황을 조사하고 해충과 역병과 같이 심각한 피해를 초래하는 위험을 막기 위해 감시하는 것, 그리고 수확량과 품질의 향상을 목적으로 적절히 비료를 뿌리기 위해 포장의 상황파악을 하는 것까지 모든 것을 총칭한 것을 리모트 센싱이라고 부른다. 최근에는 이것에 오토파일

럿하기 위한 정보수집도 추가되기 시작했다. 드론이 비행하고 수집한 정보를 잘 활용하는 방법이 이전보다 늘고 있는 것은 분명하다.

이 리모트센싱 기술은 다양하며 파악하고 싶은 정보에 대하여 어떠한 기술로 어떤 각도에서 접근할지에 따라서 그 효과도 달라진다. 센서가 수집한 정보를 분석하는 기술과, 집적된 정보를 관리하는 기술도 진보하고 있기 때문에 이렇게 집적된 정보는 축적되어 수년 후에 농업분야에 큰 변화를 이뤄낼 가능성이 있다.

리모트 센싱기기와 농약 살포기기의 동기(同期), 리모트 센싱기기와 대형 농업용 기계의 동기도 이루어지고 있다. 그리고 이들의 전체 기술에 빼놓아서는 안 되는 것이 바로 클라우드 서비스이다. 이러한 기술군은 앞으로 농업전체의 눈과 두뇌의 역할을 하며 중심기술이 될 것이다. 지금까지는 농가가 자신의 눈으로 보고 과거의 경험으로부터 다음에 무엇을 해야 할지를 생각했기 때문에, 경험의 차로 인해 취해야할 행동이 바뀌고, 획일적인 작업이 이루어지지는 않았다. 그러나 앞으로는 드론이라는 새로운 눈을 가진 농가가 본 것을 자신의 경험만으로 판단하는 것이 아니라, 드론이 수집한 화상데이터를 클라우드에 올림으로써, 언제 무엇을 해야 할지를 AI가 판단한다는 두뇌를 가지게 된다.

작업을 할 때도 농가 스스로가 작업하는 대신, 로봇이 대부분의 것들을 대신해줄 수 있다면, 생인화(省人化), 효율화가 분명 가능해질 것이다. 꼭 인간이 필요한 작업은 빼놓고, 인간이 실제로 일하는 것을 얼마나 줄일 수 있을지는 이 리모트센싱기술에 달려있다.

8.3 》 조수피해 대책

야생조수에 의한 농작물 피해액은 매년 엄청나게 증가하고 있다. 그 대부분은 사슴(고라니)과 멧돼지에 의한 것이다. 이 조수피해는 우리나라만의 문제가 아니라 세계적으로 있는 일반적인 문제로, 이 주된 원인에는 조수의 생식영역 확대와 수렵자의 감소가 있으며 이 두 가지 원인에는 상관관계가 있다.

수렵자의 감소로 인해 조수의 개체수가 늘고 생식영역이 확대되어 그만큼 개체수가 증가하고 있는데다가 필요한 수렵자는 부족하여 계속해서 악순환에 머무르고 있다. 이 조수 피해에 대하여 현재는 논밭 등의 철망 등으로 둘러싸는 등의 방법으로 대응하고 있지만, 이 문제를 드론으로 해결할 방안을 검토하고 있다.

드론에는 크게 두 가지 용도가 있다. 첫 번째는 드론으로 조수를 발견해서, 수렵자의 보조를 하는 것이며, 두 번째는 드론으로 조수를 추적하여, 작물을 지키는 구조물(棚)의 보조를 하는 것이다.

전자는 보통 열카메라(thermal camera)를 탑재하여 조수의 체온을 감지해서 발견하고, 수렵자가 쏴서 잡아 포획하는 것으로 이 기술은 조난자의 수색과 작물 안에 곰이 숨어있는지 아닌지를 확인할 때 사용되고 있다. 산속은 넓기 때문에 드론에 탑재된 열카메라만으로는 좀처럼 발견하지 못하는 경우도 많으므로 사전에 정해진 좌표에 고정센서를 설치하고, 드론 카메라와 양측에서 수색하게 된다.

고정센서에 반응한 부근을 드론으로 수색하고, 발견된 개체에 대하여 수렵자가 대응하는 식이다. 또 다른 방식으로 TEAD사가 진행하고 있는 것은 조수가 싫어하는 소리를 발생시키는 장치를 드론에 탑재하여, 조수를 수렵하기 쉬운 장소까지 유도하는 것이다.

수렵자가 산속을 이동하는 것은 힘든 일이고, 무엇보다 수렵한 조수를 가지고 돌아가는 것도 중노동이다. 때문에, 수렵하기 쉬운 장소나 운반에 적합한 구역부근까지 유도해서 수렵하면, 얼마 안 되는 수렵자로 큰 성과를 올릴 수 있다. 이것이 수렵자를 보조하는 드론이다.

후자는, 포장주변의 선반에 보통 전기를 통하게 하거나 가시철선으로 만들어서 조수가 다가오지 못하게 하는 연구를 하고 있는데, 매일의 변화가 없기 때문에 아무래도 시간이 지나면 틈새로 빠져 나가버려, 또 다시 비용이드는 어려움이 있다.

순찰하는 드론을 설치하면 조수에게는 새로운 위협이 될 뿐 아니라, 조수가 싫어하는 소리를 내는 장치를 드론에 탑재하면 효과는 커진다. 포장주변에 조수가 싫어하는 소리를 내는 장치를 설치하면 좋겠지만, 아무래도 비용문제가 있기 때문에 이 순찰드론을 정해진 시간이 아니라, 부정기적으로 순회시키면 효과는 있다.

단 이때, 순찰하는 것은 야간이 중심이 된다는 점에서, 오퍼레이터에 의한 조종이 아니라 오더파일럿으로 비행이 가능하다면, 생력화(省力化)에 크게 공헌할 수 있다.

8.4 》 물류

　지금까지 소개한 드론은 안심·안전한 활용을 기본으로 하여 실제로 활용이 시작되고 있는 것이며, 과학기술의 향상, 운용노하우의 축적, 법규제의 개혁 등에 따라 급속히 비즈니스로서 굳건히 자리를 잡게 될 것이다.

　물류라 하면 대표적으로 '배달과 운반'을 떠올릴 수 있는데, 먼저 농업 분야의 운반을 생각해 보자. 농부가 수확한 수확물과 농구류, 자재 등을 운반할 때 농업 용지는 운반에 적합하지 않는 경우가 많다. 이러한 작업장 사이를 연결하는 물류가 운반이다. 현재는 농약살포용의 드론을 개조하여 이용하고 있는데, 드론이 커지면 유료하중(payload)도 증가하여 농장간과 작업장 간의 이동속도도 빨라지게 되고 효율성도 크게 증가할 것이다. 수확한 것을 소비자나 물류센터에 전달하는 경우뿐 아니라, 배달 작업에 있어서도 마찬가지로 드론을 이용할 수 있다.

(적용 사례 8.2) 드론이 개척할 차세대 농업

Ⅰ. 실용화 되고 있는 농업용 드론

일찍부터 농업분야에서는 논벼의 방제에 무선조종의 무인헬리콥터가 이용되어 왔다. 최근 들어 멀티콥터타입의 드론에 크게 주목을 받고 있는데, 그 이유로는 보다 저렴한 가격인데다가 소형인 덕에 손쉽게 이용할 수 있 기 때문이다. 그러면 드론의 인기가 왜 그렇게 급속히 높아졌는지 살펴보면, 자율안정성이 우수한 전자제어를 전제로 한 비행체이며, 구조가 단순(simple)하고, 가격이 저렴하며, 조정이 손쉽다는 점 때문이다. 여러 개의 프로펠러(propeller)의 회전을 전자제어 함으로써 비행하는 원리이므로, 모터에 프로펠러를 위를 향하도록 달아 비행하는 것이다. 전자제어라는 점에서 GPS와 기압센서로부터의 정보를 토대로, 위치와 고도를 일정하게 유지할 수 있는 장점이 있다. 멀티콥터의 조종장치는 두 개의 레버를 조작하여 전후좌우이동, 상승하강, 좌우회전을 하는 것으로, 크레인게임(crane game)처럼 조작이 용이하게 되어 있다. 이와 같은 특성 때문에 드론은 여러 분야에서 활용이 진행되고 있는데, 농업과 같은 1차 산업에서는 비용 대비 효과가 커서 더욱 빨리 실용화가 이루어지고 있다.

Ⅱ. 드론의 활용

(1) 액제 살포

이미 전 세계에서 활용되고 있는 것이 방제를 목적으로 한 액제살포이다. 그림(8.7)은 일반적인 액제살포용 드론으로, 기체의 하부에 액제탱크, 분무용펌프, 분무용노즐이 달려있다. 논용은 5리터부터 10리터정도의 액제를 적재하고, 5∼15분정도 만에 살포한다. 멀티콥터의 대부분은 전동이기 때문에, 엔진식인 무인헬리콥터에 비해 비행시간과 적재량은 적다. 그러나 10리터를 탑재할 수 있는 기체로도 기체중량이 배터리 포함해서

15kg 정도로, 유료하중(payload)에 비해 기체중량이 가볍고, 가지고 다니기가 편해서 좁은 포장 등에서는 이용하기 좋다. 앞으로 배터리 성능이 더 좋아져서 더욱 경량으로, 유료하중이 큰 기체가 개발되면, 논에 한정되지 않고 채소나 과수 등의 작물에도 활용이 이루어질 것으로 전망된다.

(그림8.7) 일반적인 액제 살포용 드론(멀티콥터)

(2) 직파재배(直播栽培)

직파재배는 논에 모종을 심는 종래의 방법이 아닌 논에 직접 씨앗을 뿌리는 재배방법으로, 직파용 철 코팅된 씨앗 등이 개발되고 있다(그림8.8). 이 때문에 육묘, 모내기(이앙)의 생략으로 벼농사의 대규모화, 생력화를 도모할 수 있고, 직파용 드론의 개발도 진전되고 있다. 저공에서 비행하는 드론에 최적화 된 작업이라 할 수 있으며 또한 드론은 일정속도로 정해진 코스를 자동비행하는 것도 수월하기 때문에 효율적으로 고르게 (씨앗을) 뿌릴 수 있다.

(3) 운반

중산간지에서 수확되는 농산물 중에는 부가가치가 높은 것이 있다. 예를 들어 고급

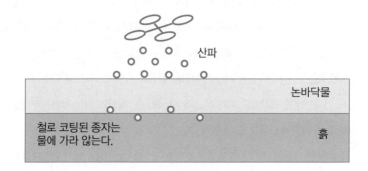

산파

논바닥물

철로 코팅된 종자는
물에 가라 않는다.

흙

(그림8.8) 직파재배(벼, 철 코팅의 예)

요릿집에서 요리를 장식하는 잎사귀 등으로, 요릿집에서 주문에 따라 계절의 잎사귀를 순차 출하하는 서비스를 하고 있는 기업도 있다. 잎사귀는 경량이지만, 신속히 출하할 필요가 있기 때문에, 산간지역에서의 출하에 이 드론을 이용하려는 시도가 검토되고 있다.

산을 넘어 집배소까지의 운반을 위해서는, 산길을 자동차로 운반하는 것보다 신속하고 비용이 적게 든다. 드론도 대형화함으로써 무거운 화물의 운반도 가능해져, 중산간지에서의 물류에도 역할을 감당할 수 있게 된다.

(4) 식생분석

지구온난화 등의 환경변화, 토양 중의 탄소저유량 분석 등, 농작물의 장래 예측을 하기 위해, 위성리모트센싱 등의 연구가 이루어지고 있다. 광범위한 지역에서의 토지생산성은 이와 같은 리모트센싱이 효과적이지만, 각 농가의 생산성을 높이기 위한 정량적인 분석은 그다지 이루어지지 않고 있어서 베테랑의 농업인의 지식에 의존하는 부분이 크다. 잎의 색깔을 보면 어떤 상태인지 아는 경험치 높은 농업인도 있지만, 젊은 세대의 농업인에게 그 지식을 계승해주기에는 정량적인 분석과 그 대응방법을 제시하는 것이 효과적이다.

드론은 좁은 영역에서의 정보수집에 최적의 비행체이다. 가시광카메라로 포장의 모습을 촬영하고, 여러 장의 사진왜곡을 수정하여 짜 맞추고, 큰 항공사진으로 합성한 화상(Orthoimagery, 정사영상)으로 조명해봄으로써, 포장상태를 이해할 수 있다. 더욱이 인간의 눈으로는 판별할 수 없는 복수의 파장을 촬영하는 멀티스펙트럼 카메라를 사용해 파장의 인과관계를 계산함으로써, 식생지수라 불리는 식물의 활성상태를 파악할 수 있어 추비 등의 대책에 도움을 줄 수 있다.

드론을 이용한 식생을 조사용의 가벼운 소형카메라로, 상공120m에서 촬영으로 8cm의 해상도 촬영이 가능하며, 5개의 파장(청, 녹, 적, 레드에지, 근적외)을 동시촬영하여 NDVI(Normalized Difference Vegetation Index, 식생의 분포상황과 활성도를 나타내는 지표)화상을 촬영할 수 있다.

더 나아가 최근에 초분광카메라(Hyperspectral Camera)가 드론에 탑재 가능한 사이즈로 개량되어 개발되고 있다. 초분광카메라는 분광된 수십 종류 이상의 스펙트럼 정보를 취득할 수 있는 카메라로, 자외(紫外)부터 가시, 근적외선 영역까지 넓은 영역의 빛을 관측할 수 있다(그림8.9).

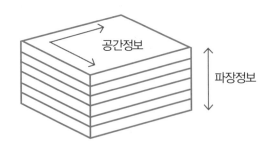

(그림8.9) 초분광 카메라(Hyperspectral Camera)가 수집하는 정보

눈으로 볼 수 없는 영역의 광선까지 관측할 수 있어, 반사하는 파장의 특성부터 생물의 상태를 관측하는데 적합한 센서로 세포가 반사하는 빛 파장의 차이부터 피부암 등도 검지할 수 있도록 되어 있다. 농업에서도 송충이 등의 피해구분을 산출해 내는 데에도

효과적이어서 활용이 기대되고 있다. 그러나 초분광카메라는 가격이 매우 높아 이 센서로 관측한 데이터의 해석사례가 아직은 그리 많지 않다. 앞으로 드론의 탑재로 인해 많은 데이터를 수집함으로써, 식물의 상태와 파장의 인과관계가 해석되면 정보화농업이 더욱 진전될 것으로 생각된다.

(5) 새나 짐승의 피해 대책

농업에서 새나 짐승에 의한 피해도 매우 크다. 그리고 산 돼지와 고라니 등의 야생동물이 증가하고 있어 조수해대책을 위한 로봇산업 추진되고 있는 중이다. 이러한 새나 짐승을 내쫓기 위한 로봇은 드론만이 아니라 무인차량 등의 개발로도 이어지고 있다. 종래의 허수아비에 비해 이동형 로봇이 내쫓는 효과가 훨씬 높다.

(6) 드론과 AI기술을 적용한 농업

비행하는 드론은 아니지만 드론에 사용되고 있는 로봇기술은 농업을 지원하는 기술로써 유망하다. 드론에 사용되고 있는 GNSS(전지구항법 위성시스템, GPS 등)에 의한 위치의 제어와, IMU(관성계측장치, 자이로, 가속도센서로 구성된다)에 의한 자세제어는 트랙터 등의 자동운전에 도움이 된다. 점차 고령화되고 있는 우리나라에서는 노동력이 감소하고 있어 이 부분을 보완하기 위해서 농작물을 운반할 경우에도 자동운전의 운송차를 이용할 수 있어야 한다. 그리고 원격조작 풀베기 등을 활용함으로써, 시원한 사무실에서 여성이 풀베기를 하는 것도 기술적으로 가능해졌다. 과소화(過疎化)가 진전되는 지방농가에서도 이와 같은 하이테크를 활용한 방법으로 일을 하게 되면 취업인구도 증가할 것이다.

무엇보다 불볕더위와 같은 힘든 환경 하에서 인간이 작업할 필요가 없는 스마트한 농업이 요구되고 있다. 이것은 인공지능을 병용함으로써 농장을 공업제품의 공장처럼 기계화할 수 있게 된다. 인공지능이 농작물을 인식하고 수확하거나 병해충을 분별해 적절한 방제를 할 수도 있게 된다. 예를 들어, 토마토와 같은 식물의 분별과 해충에 피해를 입은 상태를 학습시키기 위한 클라우드 서비스로, Web브라우저상에 표시되는 사진에 마크하여 학습시킬 수 있다.

이와 같은 서비스가 활용되면 농업의 노하우가 정보시스템에 축적되고, 로봇과의 연계에 의한 새로운 농업모델이 실현될 수 있다. 드론을 비롯한 농업용 로봇의 개발과 효과적인 사용이 고부가가치의 농작물 생산으로 이어져갈 것이다.

Chapter 9

스마트 농업의
혁신방향 및 관련이론

1

스마트 농업·농촌 혁신방향

지금까지 농업 스마트화의 핵심기술인 인공지능, IoT, 로봇, 드론, 빅데이터 등을 중심으로 설명 하였다. 스마트 농업에 관련된 핵심기술 외에 다양한 관련기술을 지면 관계상 몇 가지 기본적인 부분만을 설명 하도록 하였다. 여기에서 언급한 일부 농업 스마트화 관련이론 및 기술적 범위는 저자의 주관적 관점에서 정리한 내용임을 밝혀 둔다.

1.1 ≫ 급변하는 농업의 스마트화 기술

농업의 스마트화 기술이 최근 급속히 발전한 가장 큰 원인은, 반도체

기술의 급속한 진보이다. 컴퓨터를 비롯한 디지털신호의 처리 및 기억장치의 성능대 가격비(cost performance)는 급속히 높아지고 있다. 또한, MEMS(미소전기기계시스템)기술 등을 응용한 환경센서 등 반도체 소자의 성능대 가격비도 마찬가지로 향상되고 있다.

예를 들어, 농업현장에서 환경계측에 빼놓을 수 없는 온습도 계측에서는, 습기 등의 다습환경에 내성을 갖게 하는 필터가 달려, 컴퓨터를 통한 보정으로 상대습도0~100%에서 ±2%, 기온0~90℃에서 ±0.2℃의 디지털값을 직접 출력 가능한 2.5mm의 고분자 정전용량형 온습도 센서를, 저렴한 가격으로 구입할 수 있다.

10여년 전에는 동일한 기능을 가진 온습도 센서는 비교적 고가 이었다. 그것에 더불어, 인터넷, 모바일 네트워크의 보급에 따른 통신코스트의 극적인 저하는 정보의 전달·축적에 있어서의 공간적·시간적 제약에서 벗어났다.

지금까지 기기의 도입에 막대한 비용이 들기 때문에 시험연구기관에만 도입할 수밖에 없어, 시험 연구수준 상태였던 ICT를 활용한 각종 농업 스마트화 기술이, 농업 생산현장에 잇따라 도입되게 되었다. 제품을 구입해 도입할 뿐만 아니라, 스마트화 기술을 조금 공부한 생산자는 패브(Feb)라 불리는 소량로트 제품 제조기술을 구사하여, 스마트화기술응용 시스템을 자작(自作)할 수 있게 되었다.

예를 들어, RaspberryPi라는 Linux가 동작하는 낮은 비용의 컴퓨터 범용기판을 사용해 카메라와 모터를 제어하고, Google이 제공하는 딥러닝(심층학습)의 TensorFlow 백 엔드를 이용해, 오이 화상으로부터 형상의 우열을 학습해 자동 선별하는 시스템을 생산자가 직접 제작할 수 있다.

1.2 》스마트 농업 핵심기술

스마트 농업기술의 분류에 관해서는 제1장에서 상세히 설명하였으나 여기서는 중요한 부분을 요약하면 다음과 같이 정리 할 수 있다.

① 스마트 농업의 눈

드론과 인공위성을 활용한 농지의 원격 센싱

농지 센서를 활용한 재배환경의 센싱

당도 센서와 함수율 센서에 의한 농산물의 품질의 시각화

② 스마트 농업의 두뇌

농업에서 PDCA를 가능하게 하는 생산관리시스템

농업인이 연결되는 "농업데이터 연계기반"

AI를 활용한 병해충 진단시스템

농업데이터의 활용사례 – 수확예측 시뮬레이션

③ 스마트 농업의 손

상품화가 시작되는 자동운전농기계

저가격화를 지향한 단기능형 농업로봇

기능이 향상되는 농작업용 드론

논의 히트상품 "논 자동급배수벌브"

1.3 》 농업·농촌의 디지털 전환(DX) 혁명

디지털 전환 (DX : Digital Transformation) 이란 디지털 기술을 사회 전반에 적용하여 전통적인 사회구조를 혁신시키는 것이다. 일반적으로 기업에서 사물 인터넷(IoT), 클라우드 컴퓨팅, 인공지능(AI), 빅데이터 솔루션 등 정보통신기술(ICT)을 플랫폼으로 구축 활용하여 기존의 전통적인 운영방식과 서비스 등을 혁신하는 것을 의미한다. 농촌 DX는 디지털 기술을 활용하여 농업 · 농촌의 구조혁신을 일으키는 것이라고 할 수 있다.

1.4 》 농촌 디지털 전환(DX) "CASE"활성화

1. 농업 · 농촌의 디지털화

농촌 DX의 실현의 비결은 농업과 농촌생활을 모두 디지털화 하는 것이다. 농촌에는 농업이라는 산업과 주민(농업인 포함)의 생활이 일체화하여 존재하고 있다.

2. 농촌 디지털 전환 (DX)의 핵심 "CASE"

농촌 DX를 실현하기 위한 핵심이 되는 것이 "CASE"라는 개념이다. 본래는 2016년에 독일의 다임러사의 CEO가 제창한 자동차 산업의 금후의 전략을 나타내는 신조어로서 "Connected(연결성)", "Autonomous(자동화)", "Shared/Service(공유/서비스화)", "Electric(전동화)" 약자이다. 이때 농업분야의 CASE는 마지막의 E를 Energy(전력)으로 본다.

1. Connected (연결성)

Connected화는 농촌 DX를 구축하는 주된 요소이다.

① 스마트 농업 ② 농업인 · 주민 ③ 지역 인프라 ④ 자연을 IoT에 의해 상호연결하여 네트워크하는 것이다. 이것에 의해 농업과 농촌생활을 일체적으로 디지털화 할 수 있다.

② 농촌 디지털 네트워크는 외부의 시장과 인재와 접속하여 사람, 사물, 돈이 쌍방향으로 흐른다.

③ 농촌의 연결화에 있어서 스마트 농업은 디지털 네트워크를 구축하는 요인이다.

2. Autonomous(자동화)

① Autonomous(자동화)는 스마트 농업에 의한 농업의 생력화 · 자동

화와 드론을 사용한 지역 일괄 모니터링의 자동화이다.

② 농업의 자동화에 의해 경쟁력이 향상됨과 동시에 인프라 관리의 자동화는 지방자치단체의 비용 절감으로 이어진다.

③ 향후 승용차의 자동운전과 생활지원 로봇 등에 의한 생활 장면 (scene)의 자동화의 실용화가 기대된다.

3. Shared/ Service (공유/서비스 화)

① Shared/ Service (공유/서비스 화)는 농기계 자동차 주택 등의 자산의 공동이용이다.

② 자산의 공유에 의해 취농 이주에 관한 초기투자 비용이 대폭적으로 저하하여 농업참여의 장애(huddle)가 낮아진다.

③ 스마트 농기계를 활용한 작업수탁과 자동운전 자동차에 의해 지역내 이동서비스와 같이 이용자(농업인, 주민)는 자산을 보유하지 않고 외주 사업자로부터 서비스를 받는 모델이 증가하고 있다.

4. Energy(전력)

① 농촌내에 산재해 있는 풍부한 바이오매스(biomass), 수력(소수력), 태양광등 다양한 재생가능 에너지를 유효활용 한다.

② 농업용 드론과 농업 로봇과 같은 전동의 소형 농기계가 증가하고 향후 트랙터 등의 대형 농기계에도 전동화의 여파가 찾아온다.

③ 이들의 전동 농기계의 에너지를 지역내의 재생가능 에너지로 제공하는 것 으로 에너지 자급률을 높인다.

④ 동시에 바이오매스의 유효활용에 의한 열의 유효이용도 도모한다.

농업 · 농촌을 전부 디지털화하는 농촌 CASE에 의해 다음의 효과를 기대 할 수 있다.

1. 농업의 자동화 · 생력화, 노하우 공유, 스마트 농기계의 공유, 작업 외주에 의한 생산성의 향상, 유통개혁에 의한 농업의 경쟁력이 강화된다.
2. 충실한 생활지원 서비스와 자동차 · 주택 등에 대한 공유의 증가와 매력적인 농촌생활의 재 발견에 의한 생활의 질(QOL) 향상으로 이주자가 증가하게 된다.
3. 농업 인프라와 생활 인프라의 일원관리에 의한 지방자치 단체의 운영비용이 절감된다.
4. 재생가능 에너지의 효과적인 이용과 농업자재의 적정이용에 의한 환경부하가 절감된다

이와 같이 농업 CASE에 의해 농업 · 주민 · 지역 인프라 · 자연의 4요소 사이의 벽을 없애고 농업 · 농촌의 과제를 포괄적으로 해결하는 것이 농촌 DX의 본질이다.

1.5 » 농업개혁을 위한 다양한 정책

우리나라의 혁신적인 농업개혁을 위하여 다양한 정책을 추진할 필요가 있으며, IoT 등의 첨단기술을 활용한 것이 스마트 농업이다. 스마트 농업의 사회 인프라와 IoT, AI를 활용한 스마트 푸드체인의 구축을 향후 주요 정책으로서 검토할 필요가 있다.(일본농업정책 참조)

1. 농업개혁의 방향성 3가지 관점

① 생산현장의 강화

- 경영체의 육성 · 확보
- 농지중간관리 기능강화 등
- 쌀 정책개혁

② 가치사슬 전체에서의 부가가치 향상

- 유통 · 가공의 구조 개혁
- 생산자재개혁의 지속적인 추진
- 지적재산의 전략적 추진

③ 데이터와 첨단기술 활용에 의한 스마트 농업의 실현

- 데이터 공유의 기반정비
- 첨단기술의 설치
- 스마트 화를 추진하는 경영자의 육성 · 강화

2. 스마트 농업의 중점 추진 사항

- 원격감시에 의한 농기계의 무인주행 시스템의 실현
- 드론과 센싱기술과 AI의 융합에 의한 농약살포, 시비 등의 최적화
- 자동운전 농기 등의 도입·이용에 대응한 토지개량사업의 추진
- 농업용 수리용의 효율화를 지향한 ICT기술의 활용
- 스마트 폰 등을 사용한 재배·사육관리 시스템의 도입
- 농업 데이터 연계기반을 매개로한 농업자간에서의 생육 데이터의 공유와 미세한 기상데이터의 활용 등에 의한 생산성의 향상
- 농업데이터 연계기반의 장래의 전개를 전망한 농업인·식품사업체에 의한 마케팅 정보, 생육정보의 공유 등을 통한 생산·출하계획의 최적화

위에서 열거한 중점 사항을 스마트 농업기술을 활용하여 농업 비즈니스와 농업 커뮤니티에 어떻게 개혁하여 가는가에 초점을 두어야 한다.

2 스마트 농업의 관련 이론

2.1 》 농업의 클라우드 서비스 활용

1. 클라우드 컴퓨팅

클라우드 컴퓨팅은 하드웨어, 소프트웨어 등 IT 자원을 필요한 만큼 빌려 쓰고 사용량에 따라 요금을 지불하는 서비스로써, 시스템 도입 비용 절감 및 신속한 IT 서비스 구축과 제공 등의 장점으로 인하여 전 세계적으로 그 중요성이 부각되고 있다. 아울러 일상에서 접하는 모든 것들이 똑똑해지면서 사람뿐만 아니라 각종 기기나 공간, 스마트워크, 스마트 시티 등 혁신적이고 새로운 가치 창출을 위한 스마트라는 용어가 많이 쓰이고 있다.

2. 클라우드 서비스 개념

클라우드 컴퓨팅은 인터넷 기술을 활용하여 'IT자원을 서비스'로 제공하는 컴퓨팅으로 IT자원(SW, 스토리지, 서버, 네트워크)을 필요한 만큼 빌려서 사용하고 서비스 부하에 따라서 실시간 확장성을 지원 받으며 사용한 만큼의 비용을 지불하는 컴퓨팅 특성을 가지고 있으며 클라우드 서비스 및 응용, 클라우드 클라이언트, 클라우드 플랫폼, 클라우드 인프라 등이 주요 표준화 분야로 연구되고 있다.

클라우드 서비스 및 응용은 클라우드 컴퓨팅의 다양한 서비스 및 응용이 어플리케이션 또는 소프트웨어 형태로 서비스가 제공되기 위한 기술로 구분되며 클라우드 클라이언트는 클라우드 경량 단말 플랫폼 기술, 모바일 클라우드, 클라우드 푸시 에이전트 등 클라우드 컴퓨팅 서비스 활용을 위한 클라이언트 기술이다.

클라우드 플랫폼은 사용자가 쉽게 서비스를 만들 수 있도록 필요한 기본 기능을 제공하는 플랫폼을 서비스 형태로 제공하는 클라우드 컴퓨팅 기술이고, 클라우드 인프라 서버, 스토리지(storage), 네트워크 등의 자원을 사용자에게 서비스 형태로 제공하는 클라우드 기술이다.

또한, 네트워크, 서버, 스토리지(storage), 어플리케이션, 서비스 등의 구성 가능한 컴퓨팅 리소스의 공용 풀에 대하여, 편리하고 온디맨드(on demand)로 액세스할 수 있고, 최소의 관리노력 혹은 서비스 프로바이더 간의 상호동작에 따라 신속히 제공되어 이용할 수 있는 모델 중 하나이다」라는 것이, NIST(미국 국립표준기술연구소)에 의한 정의이다. 간단히 말해, 인터넷 경유로 다양한 IT리소스를 온디맨드로 이용할 수 있는 서비스의 총칭이라고 정의해도 좋다.

클라우드의 서비스는 주로 SaaS, PaaS, IaaS 3개의 타입이 있다. 클라우드의 배치모델에는 프라이빗클라우드, 퍼블릭클라우드, 하이브리드 클라우드 3개가 있다. 이전까지의 시스템운용형태로써, 자사운용(on-premises)이나 외부로의 아웃소싱, 호스팅 등이 있다. 각각 장점과 단점이 있기 때문에 시스템을 구축하는데 있어서 어떤 식으로 조합시킬 것인지가 열쇠가 된다.

또한, 클라우드에 빼놓을 수 없는 5개의 특징으로, ① 온디맨드 · 셀프서비스, ② 폭넓은 네트워크 액세스, ③ 리소스 공유, ④ 신속한 확장성, ⑤ 서비스가 계측가능 · 종량과금이 가능하다는 점을 들 수 있다. 일반적으로 이용자는 이용하고 싶은 서비스만을 종량과금으로 이용할 수 있고, 초기투자나 개발, 운용보수에 관련된 고정비를 제어, 경비로써 변동비화해, 기능의 신축확장성에도 뛰어난 것이 장점으로 여겨진다.

농업의 연구 · 조사는 물론 생산, 유통 · 가공, 판매 · 소비의 푸드체인을 주축으로, 각 공정 혹은 복합적으로 걸쳐있는 공정에 각각 대응한 클라우드서비스를 개발, 제공, 이용이 가능하다. 종래부터의 작업을 생력화, 효율화, 전자화하는 효과와 더불어, 새로운 방법론까지 탄생시키고 있다.

일본의 현재 농업 클라우드 서비스의 브랜드로, Akisai(秋彩, 富士通), 재배나비(Panasonic), 농업ICT솔루션/어그리네트(NEC · 네폰), GeoMation (日立, 히타치), KSAS(구보타), 스마트어시스트(얀마), 페이스 팜(소리마치) 등이 있다.

예를 들어, Akisai(秋彩)는 생산공정용으로 농업생산관리SaaS, 시설원예SaaS, 포장환경센서 등, 유통이나 경영용을 포함해 다수의 서비스로 구성된다. KSAS에서는 경영자(PC), 작업자(스마트폰), 메이커, 농업기계가 클라우드를 사이에 두고 서로 데이터를 송수신한다. 주된 기능은 전자지도에 의한 포장관리, 작부계획, 작업기록(일지)과 재배이력의 작성, 농업기계의 감시와 보수지원이 있다. 또한, 데이터를 수집하여 각종 정보분석 서비스가 제공되고, 실시간으로 식미(食味)·수량분석과 경영지표 출력을 실현하고 있다.

향후의 농업 클라우드 서비스에 요구되는 요건은 다음과 같다.

첫 번째로, 데이터 플랫폼으로써의 역할이다. 클라우드는 강력한 데이터 수집기능을 가지고, 빅 데이터의 기반이 된다. 오픈데이터로써 정비, 공개되는 사례도 늘어, 데이터구동형 농업의 실현에는 필요불가결하다. 그리고 가까운 장래에 농업데이터연계기반(WAGRI)이 본격적으로 제공될 전망이다.

두 번째로, 데이터의 소유와 이용에 관한 권리를 어떻게 생각하고, 지적재산권의 관점에서 어떻게 보호할 것인가, 법적 및 기술적으로 어떻게 관리할 것인가에 관한 사항이다. 이는 정보 보안(security)의 확보와 프라이버시의 보호와도 밀접하며 불가분의 관계이기도 하다.

세 번째로, 농업 담당자를 어떻게 확보하고, 육성할 것인가, 취농 촉진에의 기여에 관한 사항이다. 작업현장에 있어서 가장 문제가 될 수 있는 것이 작업습득 속도와 언어·비언어커뮤니케이션일 것이다. 그 때문에 한층 작업공정의 공학적 어프로치(간소화, 합리화, 교육연수, 디렉션, 매뉴얼화(Web, 텍스트, 정지화상, 동영상, 음성, CG, AR, VR)가 요구되며, 그것의 백본 (backbone)이 될 것이다.

마지막으로, 6차산업화를 유기적으로 추진하는 수단이 되고, 농업의 생산성과 수익성을 향상시키는 것이다. 위 단계에서 아래 단계까지 매끄 럽게 전개할 수 있어야 바람직할 것이다. 특히 경영, 회계, 판매(EC포함), 수출무역, 마케팅, 교육, 홍보부터 SNS까지, 대규모뿐만 아니라 중소규 모 농가에도 희망을 초래한다.

2.2 》 DSS (의사결정지원시스템)

컴퓨터의 발달로 이용자가 취급하기 쉬운 소프트웨어가 개발된 것을 배경으로, 1970년대에 들어 DSS(Decision Support System)의 개념이 생겼 다. 경영조직에 있어서 주로 비정형적인 문제를 해결할 때의 의사결정을 지원하는 시스템으로 여겨져,「이용자가 대화를 통해, 그 문제 상황을 명 확히 하고, 문제에 대한 이해를 깊이 하며, 나아가 문제해결이 가능하도 록 컴퓨터를 통해 지원하는 시스템」이라고 DSS를 정의하고 있다. 한편, 수집축적한 데이터를 정리하여, 다양한 관점(수법)으로 검색 가공하는 이용형태의 정보시스템도 DSS로써 다루어지고 있다.

농업에 있어서는, DSS를 영농을 위한 의사결정을 지원하는 시스템으 로 파악할 수 있다. 의사결정을 내리는 장면은, 생산계획, 작업계획, 기계·노력의 배분, 자재구입, 판매계획 등 다방면에 걸쳐 있다. 여기에서는, 영농지원시스템의 대표적인 것으로써 생산계획과 작업계획에 관한 시스템을 설명하도록 한다.

생산계획으로는, 시산계획법과 수리계획법 등의 OR(Operations Research)의 수법을 채용해, 작물별 비용·수익·노동시간 등의 데이터를 기본으로, 작부계획 작성과 농업기술의 경영적평가가 이루어져 왔다. OR수법을 이용할 수 있는 범용적인 시스템은, 시판제품에서 무상 소프트웨어까지 많이 있지만, 농업이용을 목적으로 한 시스템도 대학과 국가의 농업관련기관에서 개발되고 있다.

예를 들면, 농업용으로 손쉽게 선형계획법 등을 이용할 수 있는 시스템으로 Windows용 Excel의 추가(add-in)로써 개발된 XLP, 다양한 영농 리스크와 경영목표를 명시적으로 고려할 수 있는 영농계획수법을 간편하게 이용할 수 있도록, 목표분석과 리스크 분석이 가능한 Excel의 모듈을 주체로 한 영농계획지원시스템 FAPS가 있다.

이용시에는 영농계획모델의 작성이 필요하며, 그를 위한 데이터수집이 필요한데, 이 시스템으로는 영농계획모델의 작성을 자동화하는 기능과 분석에 필요한 데이터를 정리한 농업기술체계데이터베이스의 제공에 따라, 농업경영의 연구자뿐 아니라, 보급관계자와 농업경영자 이용의 추진을 도모하고 있다.

작업계획으로는, 농작업 일지의 발단이 되는 작업 기록을 주체로 한 작업의 진척관리에 기인하여 나날의 작업계획의 입안을 지원하는 농지·작업관리지원 시스템의 생산현장에서의 이용이 진전되고 있다. 대규모적인 개별경영과 조직경영에의 농지집적을 반영해, 다필지의 포장을 관리하는 요구가 늘고 있다는 점에서, GIS를 베이스로 한 포장도(圃場図)를 표시 · 입력의 유저인터페이스로써 내포한 일필지 포장 관리시스템과 작업계획 · 관리지원시스템 PMS 등의 컴퓨터용 소프트웨어로 발전해왔다.

이러한 시스템은, ICT벤더나 농기계 메이커를 비롯해 이미 상업베이스에서의 제공 · 이용이 개시되고 있다. 최근에는 클라우드상에서 데이터를 관리하는 Web형 어플리케이션이 주류가 되어, 스마트폰이나 태블릿으로도 이용 가능해, 조직경영 등에서의 그룹으로 데이터를 입력 · 공유할 수 있는 시스템도 많다.

농지 · 작업관리지원시스템은 앞으로의 스마트농업에 있어서 영농에 관련된 다종다양한 정보를 수집 · 축적 · 활용하기 위한 데이터웨어하우스로써의 역할을 맡고, 포장에 설치된 기기류, 농업기계, 드론 등과의 연동에 따른 포장의 환경정보, 작물의 생육정보, 작업시의 GPS정보와 가동정보 수집의 자동화 · 간이화의 진전과, 농업데이터연계기반를 사이에 둔 시비나 수확, 병해충이나 잡초방제 등의 작업적기를 추정하기 위한 작물의 생육모델과 병해충의 발생 예측모델과의 접속에 의해, 농업경영자의 작업계획의 의사결정을 고도로 지원하는 시스템으로 발전하는 것이 기대되고 있다.

2.3 ≫ 지리정보시스템 (GIS)

지리정보시스템 (GIS : Geographic Information System)이란 지리공간정보를 정리하여, 일체적으로 처리하는 정보시스템을 말한다. 여기서 지리공간정보란, 공간상의 특정지점이나 구역의 위치를 나타내는 정보, 이것들의 위치정보에 관련된 시각을 포함한 속성데이터를 가리키며, 위성측위시스템에 의해 얻어진다. 자동차나 스마트폰 등 이동물체의 위치정보도 포함한다. GIS의 장점은 지도상에 다양한 종류의 데이터를 기록하고 종합적으로 관리할 수 있는 것, 데이터의 시각화에 따라 정보가 이해하기 쉬워져, 의사결정을 지원하는 것, 위치정보를 이용한 해석이 가능해지는 것, 그리고 WebGIS의 경우, 데이터의 공유시스템으로써 기능한다는 것을 들 수 있다.

GIS의 데이터는 크게 나누어 2개의 종류가 있고, 벡터(Vector)형 데이터와 래스터(Raster)형 데이터 이다. 벡터(Vector)형 데이터는 기하학적 분류에 따라, 점데이터, 선 데이터 그리고 다각형(polygon) 데이터 3종류로 나눌 수 있다. 예를 들어, 트랙터의 위치와 이동궤적, 포장구획 등의 정보이다. 래스터(Raster)형 데이터는 화소(픽셀)나 격자(cell)의 배열에 의해 구성되어 있는 데이터이며, 각 화소에는 그 위치에 관련된 양적·질적 데이터가 기록되어 있으며 항공영상, 위성영상 등의 정보를 표현하는 데 용이하다. 예를 들어, 리모트 센싱으로 얻어진 화상과 토지이용·피복 종류 등의 정보이다. 베이스가 되는 지도화상도 래스터형의 데이터이다.

농업은 물과 흙 등 지역 내의 여러가지 자원을 이용해 이루어지고,「지역」과「공간」의 장과 분리할 수는 없다. 그리고 생산된 농작물은 저장과 가공, 유통, 판매 등, 푸드시스템에 있어서 여러 과정의 사람을 거쳐 이동해간다. 따라서, 농업정보의 대부분은 지리공간정보이며, GIS는 스마트 농업을 지탱하는 기술·시스템으로 평가된다. 예를 들어 농작업 정보(위치·시간·종류)의 기록과 관리, 트랙터의 자동주행과 UAV에 의한 포장의 센싱 시스템 등에서 널리 이용되고 있다. 농지의 지번, 임차권 설정의 유무, 농지중간관리기구가 차용인을 찾고 있는 농지 등을 확인할 수 있고, 농지정보의 시각화에 따라 농지집적업무의 효율화를 도모하고 있다.

앞으로 스마트농업의 진전에 있어서, GIS의 이용은 더욱 확산되고, 중요성은 더 높아질 것이다. 스마트농업의 주된 목적으로써 생력화와 고품질 생산을 들 수 있는데, 중장기적으로는 농업과 농촌지역의 지속성에의 기여가 중요해질 것이다. 그것은 농업이 경제적인 역할과 함께, 생태 환경적 그리고 사회적·문화적 역할도 담당하기 위한 것이다. 그러한 관점에서, 환경보전형 농업과 온실효과가스배출량의 저감을 고려한 저환경 부하형 농업의 보급, 그리고 그것의 영농방법의 평가를 행할 경우에는, 농지의 정확한 위치정보, 토양과 작물 상태의 모니터링 데이터, 그리고 농지나 그 주변환경을 대상범위로 한 영농에 관련된 환경정보와 작업정보가 필요하게 된다. 이러한 정보들을 GIS에 의해 통합하고, 라이프 사이클 어세스먼트(LCA : life cycle assessment) 등의 환경매니지먼트방법과 조합시킴으로써, 적정한 시비량 등, 저환경 부하형의 대처의 시안검토와 실시가 가능해질 것으로 생각된다. 또한, 농업과 농촌이 가지는 다면적 기능은 농촌지역뿐만 아니라, 유역을 기본단위로 하여 도시지역과 연안 지역을 포함해 넓은 범위에 초래된다. 광역의 환경정보 관리와 공유의 관점에서도 GIS가 맡는 역할은 크다.

2.4 》원격(리모트) 센싱

원격 센싱(remote sensing)은 대상을 원격에서 계측하는 수단으로, 인공위성과 항공기로부터의 광역관측이 잘 알려져 있다. 일기예보 시에 소개되는 구름 동향의 화상이나 지도검색 시에 나오는 화상 등이 그 예이다. 한편, 비교적 근거리의 장소에서 대상을 계측할 경우에는 화상계측이라 부르는 경우가 많은데, 떨어진 장소로 부터를 강조하고 싶을 때에는, 이 경우에도 리모트센싱을 사용한다. 농업분야에서는 광역관측에 더해, 공간해상도가 높고 고빈도 혹은 연속관측이 가능한 근거리부터의 리모트센싱이 효과적이다.

리모트 센싱의 특징은 눈으로 보이는 가시광뿐 아니라, 눈으로 보이지 않는 전자파를 파장별로 분광(分光)하고, 대상으로부터의 분광반사와 방사 등의 화상을 계측하는 점에 있다. 예를 들면, 가시에서 근적외역의 분광반사나 열적외(온도)방사의 수동적 리모트 센싱은 식물과 토양정보를 얻는데 적합하며, 광역, 근거리에 상관없이 농업분야에서는 자주 이용된다. 또한, 레이저나 마이크로파 등을 계측대상으로 조사(照射)하여, 대상까지의 거리와 대상으로부터의 반사, 형광 등을 계측하는 능동적인 방법도 발달하기 시작하고 있다.

인공위성과 항공기에서의 광역 리모트센싱은, 오랫동안 토지 피복이나 지도작성, 수량예측, 기상예측, 농촌·환경 계획 등, 농업과 환경에 관련된 분야에서 폭넓게 이용되어 왔다. 인공위성에서의 광역리모트센싱의 기술적 트렌드는, 고공간해상도화나 다채널화, 3차원화, 능동적 센서이용, 고빈도 관측, 모델과의 동화 등이다.

또한, 최근에는 상용(商用)과 코스트를 낮추기 위해 목적을 좁힌 소형화의 요구가 있다. 이러한 인공위성에서의 리모트 센싱의 발달로 인해, 종래의 위성화상으로는 어렵다고 여겨졌던 소면적 경지에서도, 실용적인 이용이 가능해지고 있다. 그러나 인공위성에서의 리모트 센싱에는 관측빈도와 공간 해상도, 구름영향 등의 문제가 있고, 농지와 식물기능의 정보를 얻기에는 불충분한 점이 많아, 인공위성이외의 관측으로 얻어진 지식과 지리공간정보시스템의 데이터와 병행하여, 해석과 모델링, 검증 등을 실시할 필요가 있다.

그때, 보다 자유도가 높은 항공기나 무인비행기(UAV, 드론), 계측차량, 농작업 차량, 관측 폴 등의 플랫폼으로의 관측과의 병용 이용이 유용하다(그림9.1). 이러한 관측들에서는, 무선과 유선의 정보통신기술(ICT)과 조합시켜, 온라인으로 기상과 토양 등의 데이터에 추가하여, 고공간해상도의 분광반사, 온도, 형광, 거리 등의 화상정보를 얻을 수 있다. 그리고 이러한 화상정보를 해석함으로써, 농지정보와 식물의 형태, 구조, 함유색소, 증산, 광합성, 성장 등의 식물기능에 관한 보다 많은 정보를 2차원, 혹은 3차원적으로 얻을 수 있고, 기초과학분야 뿐만 아니라, 식물진단과 최첨단 농업기술개발, 표현형을 유전자와 환경의 양면에서 연구하는 식물 페노믹스[Phenomics, 표현체학]연구 등에 이용되고 있다.

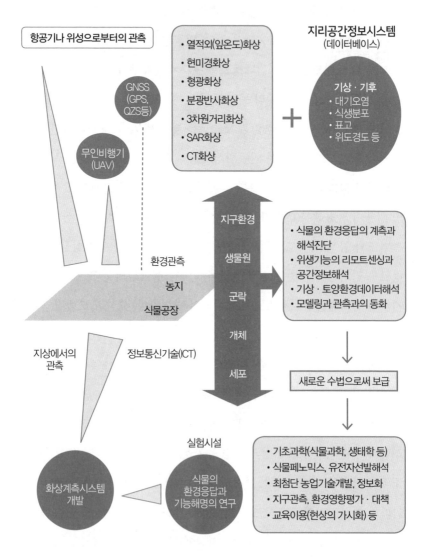

(그림9.1) 계층적 원격센싱의 개념도

2.5 》 레이저 거리 측량기 (라이더)

1. 레이저 거리측량기 이란?

라이더(LiDAR : Light Detection And Ranging)란, 레이저빔을 대상에 쏘아
서 그 반사광을 검출해 대상까지의 거리를 산출하는 장치이다. 대기관측
을 하는 라이더도 있지만, 여기서는 수평방향과 수직방향으로 레이저 스
캔을 하고, 대상의 3차원점군화상을 얻는 스캐닝 라이더에 대해 설명 하
도록 한다.

2. 스캐닝 라이더의 종류와 활용법

스캐닝 라이더에는 항공기 탑재형과 가반형이 있다. 항공기 탑재형으
로는, 항공기에 라이더본체와 GPS, 자세정보를 얻는 관성계측장치(IMU :
Inertial Measuring Unit)를 탑재하여, 그것의 기기들로부터 얻어지는 정보
를 통합함으로써 대상의 3차원점군화상이 얻어진다.

대상까지의 측거원리로써는, 레이저펄스가 반사하여 돌아오기까지
의 시간을 계측하는 ToF(Time of Flight)법이 이용된다. 이 라이더시스템
에 의한 레이저빔지름은 수10cm이상이며, 그 대상은 비교적 사이즈가
큰 것이 주를 이루며, 삼림관리나 육역생태계모니터링, 지형파악 등에
활용가능하다. 가반형으로는, 삼각대 등에 의해 한 지점에 고정해 사용
되는 타입이 대표적이다.

본 장치에서는 거울 등을 통해, 수직과 수평방향에 레이저스캔이 이
루어진다. 그 거리 정밀도는 0.05~10cm의 범위로, 대상의 보다 세밀한

구조정보를 얻을 수 있다. 측거원리로써 ToF방식을 이용한 타입의 경우, 반사광의 검출감도가 높고 장거리어도 안정적인 측정이 가능해지는데, 검출소자가 고가인 탓에 장치자체의 가격도 높아진다. 이와는 달리, 레이저빔에 변조를 주어, 대상에서 돌아온 반사광의 위상차를 검출해, 거리를 구하는 방식(위상차법)을 이용하는 타입도 있다.

이 방식은 ToF방식보다 장치자체를 저가로 할 수 있고, 거리정밀도와 공간분해도 mm오더로 매우 상세한 대상 3차원정보를 취득할 수 있는 반면, ToF방식보다 빛의 검출감도가 떨어져, 대상에 따라서는 결손점이 나온다는 문제가 있다. 이러한 가반형스캐닝 라이더를 이용함으로써, 식물의 상세한 구조정보를 취득할 수 있다.

예를 들어, 잎의 면적에 관한 잎면적 밀도와 잎면적 지수, 잎의 각도에 관한 잎 경사각도, 수목의 기관별 바이오 매스, 작물의 수량과 각 생육 스테이지마다 기관별 바이오매스와 투영 면적밀도 등이 있다. 최근에는 라이더의 레이저광원의 파장을 변화시킴으로써, 식물의 구조와 생리특성 양측의 정보를 얻을 수 있는 장치도 보고되어 있다. 이와 같은 식물특성정보를 토대로, 영농관리에 필요한 작물생육모니터링과 수량추정 등의 응용에 더해, 임업에 필요한 수목의 재적량의 추정과 벌채 가능한 나무의 판정, 수목의 건강상태 파악 등의 응용도 생각할 수 있다. 또한, 항공기탑재형과 함께 이용함으로써 대기오염과 온난화의 육역(陸域)식생의 영향평가라는, 환경 모니터링을 실시하기 위한 툴(tool)로써도 활용가능하다.

3. 새로운 타입의 스캐닝라이더

위의 장치와 함께, 최근, 세로로 늘어선 여러 개의 라이더센서를 고속으로 회전시키면서 이동체로 이동하면서 실시간으로 3차원정보를 취득 가능한 스캐닝라이더도 등장하기 시작 하였다. 이 장치는 자동차의 자동 운전을 위한 센서로 최근 주목받고 있으며, 이동체의 순시위치정보와 주변의 3차원점들 화상을 작성해 갈 SLAM(Simultaneous Localization And Mapping)이라는 기술을 핵심으로 삼고 있다.

이 방식에 의해 이동체로 고속 이동하면서 지상이면서 비교적 넓은 에리어의 3차원점군화상을 얻을 수 있고, 도시녹지나 삼림수목의 모니터링, 농작물관리로의 응용을 생각해볼 수 있다. 또한, SLAM에 의한 이동체의 자기위치추정법을 사용하면, 농업기계의 자동주행과 작업으로의 적용도 가능해질 것이다. 이밖에도 자동주행기술의 보급을 주시하여 MEMS방식의 초소형라이더 개발도 빠르게 이루어지고 있으며, 라이더의 양산화에 따른 저가격화가 기대되고 있다. 이러한 상황으로부터, 라이더의 농·임업분야로의 응용은, 앞으로 점점 속도를 높여갈 것으로 보인다.

2.6 》 모델링·시뮬레이션·최적화

1. 모델링(modeling)

모델링(modeling)은, 일반적으로는「모형제작」,조각에서는 명암(明暗)·음영(陰影)에 의한「양감표현(量感表現)」, 회화(絵画)에서는「음영에 의한 입체감 효과를 조정하는 것」이라고 되어 있다. 이에 대하여, 수리과학, 경영과학, 정보과학 등의 분야에서는 연구대상의 현상을 수식으로 표현(모델화)하는 것을 의미하는 경우가 많다.

수식으로 표현함으로써 컴퓨터로 시뮬레이션(simulation)할 수 있게되고, 다양한 조건 하에서 현상의 거동을 사상적으로 해석하거나, 혹은 일정의 조건 하에 있어서의 현상예측을 할 수 있다. 나아가 최적화(optimization)하는 것도 가능해져, 일정조건 하에 있어서, 가장 바람직한 농업생산을 설계하는 것도 가능하다. 이처럼 시뮬레이션이나 최적화는, 스마트농업의 실현에 효과적인 이론·수법이며, 그 기초에는 모델링 기법이 있다.

예를들어, 모델이란 간단히 말하면 알고리즘으로부터 만든 수식으로 근사적으로 현실을 표현하는 것이 모델이다. (그림9.2)에서와 같이 어떤 공장의 기계로부터 작업별로 상세한 데이터가 출력되고 있다고 가정한다. 그 데이터를 사용하면 알고리즘을 사용하여 작업에 걸리는 시간을 예측하는 모델을 만들기도 하고, 불량품을 검출하는 정도를 높이는 모델을 만들 수도 있다.

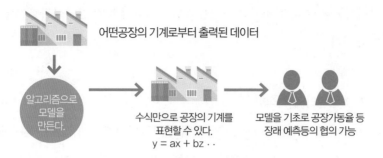

어떤공장의 기계로부터 출력된 데이터

알고리즘으로 모델을 만든다.

수식만으로 공장의 기계를 표현할 수 있다.
y = ax + bz ··

모델을 기초로 공장가동율 등 장래 예측등의 협의 가능

(그림9.2) 알고리즘으로부터 모델을 만드는 예

2. 농업분야의 시뮬레이션

시뮬레이션은, 일반적으로는 「물리적 · 생태적 · 사회적 등의 시스템의 거동을, 이것과 거의 같은 법칙에 지배되는 다른 시스템 혹은 컴퓨터를 통해 모의(simulation)하는 것」이다. 시뮬레이션을 하기 위해 모델화된 것을, 시뮬레이션 · 모델이라고 한다. 복잡한 시뮬레이션 · 모델을 용이하게 사용하기 위해, 시뮬레이션 전용의 기법, 언어와 시스템도 개발되고 있다.

농업분야에서는 작물생육 시뮬레이션, 병해충발생 시뮬레이션, 농작업 시뮬레이션, 농업경영 시뮬레이션 등이 널리 알려져 있다.

이밖에, 많은 학술분야에서 널리 이용되고 있는 시뮬레이션 기법 · 언어로는, 예를 들어 로마클럽 『성장의 한계』(1972년)에서 활용된 「시스템다이나믹(system dynamics)」이 있고, 농업분야에서도 야생생물개체수 시뮬레이션, 미시장구축시뮬레이션, 농업시뮬레이션 등 폭넓게 활용되고 있다. 이밖에, 경영과학(Operations Research(OR))에서는, 「대기행렬이론(Queueing Theory)」에 기인한 시뮬레이션기법이 발전하였으며, 농업분야에서는 벼(水稻)건조시설 운영문제에의 적용이 초기 연구성과로써 알려져 있다.

3. 농업분야의 최적화

최적화는, 일반적으로는「특정목적에 최적의 계획 · 시스템을 설계하는 것. 프로그램을 특정목적에 가장 효율적이도록 생성하는 것」이라고 한다. 최적화를 위해 모델화된 것을 최적화 모델이라고 한다. 다른 모델과 비교했을 때, 특정목적에서 보아 어떤 계획과 시스템이「최적」인지를 평가하기 위한 평가함수(목적함수)와, 선택(실행)가능한 영역을 나타내는 제약함수를 가진다는 점이 최적화모델의 특징이라고 할 수 있다.

가장 널리 알려지고 많은 분야에서 활용되고 있는 최적화이론 · 기법은 수리계획(mathematical programming)인데, 이를 위해 모델화한 것을 수리계획 모델이라고 한다. 수리계획 모델은 목적함수의 형상과 함수의 계수에 대한 가정(전제)에 따라, 선형계획법(liner programming), 2차계획법 (quadratic programming), 비선형계획법(non-linear programming), 확률계획법(stochastic programming)등으로 분류된다.

농업분야에서는, 가축의 사료설계, 농업경영의 영농계획, 지역농업계획 등에서 활용되고 있는데, 확률계획법의 적용을 특징 중 하나라 할 수 있다. 농작물의 생육은 기온 등 기상요소의 영향을 받기 쉬워, 수량과 가격의 연차변동이 큰 경영적인 과제라 할 수 있다. 또한, 곡물의 수확작업 시기와 스케줄은 강우영향을 크게 받기 때문에, 수확작업 가능시간의 연차변동이 경영규모의 확대와 작부계획의 제약요인이 되는 경우가 많다.

이와 같은 다양한 영농 리스크와 농업경영자의 리스크선호를 고려한 영농계획과 지역농업계획을 작성하기 위해서는, 확률계획법의 활용이 필수가 되는데, 그것을 가능하게 하는 FAPS시스템이 개발되어, 시뮬레이션과 최적화를 조합하여 이용가능하다.

2.7 》 패브(Fab)

최근, 아두이노(arduino)와 라즈베리파이(raspberry pi) 등의 소형 마이크로컴퓨터의 등장으로, 전자디바이스의 설계·개발이 비교적 쉽게 이루어지게 되었다. 게다가 3D프린터, 커팅머신 등으로 대표되는 공작기계의 소형화·저가격화가 급속히 진전되기 시작했으며, 개인이 설계부터 제작까지 담당할 수 있는 패브(Fab)사회가 도래하고 있다.

패브란「Fabrication : 만들다」와 「Fabulous : 훌륭하다」의 두 의미에서 만들어진 신조어이다. 패브 사회란「인터넷과 디지털 패브리케이션의 결합으로 탄생한 새로운 제조와, 디지털 데이터의 형태를 취한 기획·설계·생산·유통·판매·사용·재이용이 전망되는 사회」라고 정의하고 있다. 패브사회의 도래로 인해, 제조업의 제조에 새로운 변혁이 발생하는 동시에, 개인에 대해서도 새로운 제조사회가 탄생할 것이라는 기대를 안고 있다.

더불어, 패브사회의 확대·보급을 목적으로, 패브에 필요한 다양한 공작기계를 상설하는 패브 랩(Fab lab)이라는 워크숍도 세계각지에 개설되어 있다. 이 활동은 2002년에 미국 MIT의 Neil Gershenfeld 교수의 제안으로 시작되어, 2017년 말에는 세계 50개국 이상으로 1200개 이상의 패브 랩이 운영되고 있다.

패브에서 이용되는 대표적인 공작기계인 3D프린터와 CNC(Computer Numerical Control) 프레이즈(밀링 커터)를 들 수 있다. 3D프린터는 3D CAD로 작성된 3차원모델을 수지나 금속을 적층하면서 조형하는 기계이다. 완성된 3차원모델의 STL(Stereolithography)파일이 있으면 전용 소프트웨어에 의해 간단히 조형할 수 있다. 본체 가격은 수십만원의 취미용부터 수억원이나 하는 공업사양까지 있다. 3D프린터를 이용해 제작한 식물생육화상계측용의 이동식계측장치도 출시되고 있다. 3D프린터를 이용함으로써 지금까지 자작이 어려웠던 계측장치프레임의 각종 부품을 충분한 정밀도로 조형하고 있는 모습을 엿볼 수 있다.

CNC밀링커터(fraise)로 제작한 간이환경 계측장치의 기판 및 전자부품의 설치기판의 한 예로써 단층프린트기판의 경우, 거버데이터(프린트기판 제작용 데이터)를 이용해 기판을 절삭가공 하는 것만으로 전자디바이스의 제작이 가능하다.

2.8 ≫ 퍼지 이론

1. 퍼지 이론

컴퓨터를 중심으로 한 과학기술의 눈부신 발전은 오늘날 사회의 기반을 변혁시키고 있다. 이 과학기술이 추구하는 하나의 큰 목표는 인간과 유사한 능력을 가진 인간을 대체할 수 있는 기계의 실현이다. 퍼지이론(fuzzy theory)이 추구하는 것은 한마디로 말하면 인간의 지적기능을 컴퓨터 등의 기계로서 실현하는 것을 인간의 기능에 가까운 정보처리를 실현하도록 하는 관련이론이라고 할 수 있다.

최근 인공지능과 로봇공학이 각광을 받는 것도 당연히 그와 같은 배경으로부터이고, 그들의 연구결과로써 전문가와 유사한 판단을 내리는 전문가 시스템과 인간에 가까운 동작을 하는 지능로봇의 등장이라고 할 수 있다. 인간의 이와 같은 능력에 있어서는 풍부한 지식과 함께 언어의 처리에 기계를 보다 인간에 가깝게 하기 위해서는 이들의 능력을 규명해야 한다. 이와 같은 언어나 지적 판단 등에는 본질적으로 애매함(fuzziness)이 포함되어 있어서 인간의 정보처리 능력은 이 애매함의 처리와 깊은 관련이 있다. 이것은 인간이 복잡하고 대규모인 대상과 문제에 대하여 의사결정이나 문제해결을 도모함과 동시에 이것으로 정보를 얻어서(검색) 인식 · 사고 · 판단 · 평가 · 결정 등의 지적 정보처리를 행할 때 근사적인 모델을 제공하는 것이다.

퍼지이론은 이러한 애매함을 처리하는 수리적 이론 및 방법론을 제공하는 이론이다. 그리고 애매한 정보를 수량화하여 지금까지 컴퓨터에서 처리하던 방법으로 취급할 수 있도록 하는 방법론이라고 말할 수 있다.

퍼지이론은 정보처리 모델을 만드는데 유용하고 인간의 지적 정보처리를 시뮬레이션하고 근사적인 모델을 만들기 위하여 경험이 풍부한 전문가나 숙련 기술자로부터 그 지식이나 경험을 자연언어인 문장으로 획득하고 이것을 컴퓨터 등에 입력하여 개괄적인 논리연산을 행하고 있다. 이 모델을 사용하여 해석하고 인간의 행동과 사회(기업)의 현상(상황)을 조사하기도 하며 혹은 인공지능으로서 인간에 유용한 기계나 소프트웨어를 제공한다.

이와 같은 퍼지이론의 특징을 열거하면 다음과 같다.

- 인간의 경험 · 영감, 그리고 애매한 언어와 개념을 애매함으로 제외하는 것보다는 수용한다는 관점에서 다룬다.
- 퍼지 집합으로 애매한 지식과 개념을 간략하게 표현할 수 있다.
- 퍼지 논리에서는 얼핏 「모순」된 사항도 적은 「모순」이라면 그것을 받아들여 어떠한 정보를 추출하려고 한다.

이상과 같은 특징으로 인하여 퍼지이론은 응용할 수 있는 범위가 넓어지고 앞에서 설명한 인공지능이나 로봇공학을 시작으로 맨머신시스템(man-machine system) · 제어 · 신뢰성공학 · 데이터베이스 등 공학적인 여러분야와 의학 · 사회과학 · 언어학 · 심리학 등에서도 유효성이 입증되고 있다. 또한 퍼지이론은 수학적 이론으로써 반드시 인간의 애매함과 결부되지 않는 영역에서도 유용하게 활용할 수 있고 그 방면에서의 응용도 기대된다.

2. 퍼지집합의 정의

이러한 퍼지이론은 1965년에 L.A Zadeh교수에 의해 제안된 퍼지집합(fuzzy set)을 시작으로 퍼지논리(fuzzy logic) 및 퍼지측도(fuzzy measure)의 발달을 가져 왔다. 그 중에서도 퍼지집합은 가장 기초적인 동시에 중요하다. 퍼지집합은 애매한 개념을 다루는 집합개념으로부터 이론화 되었다. 이제까지 집합론에서는 "1"인가 "0"인가 또는 "Yes"인가 "No"인가라는 확정적인 사상을 다루는 것에 대해서 퍼지집합론에서는 "1"도 "0"도 아닌 또는 "Yes"도 "No"도 아닌 애매한 사상을 다루는 집합론이다. 일반 집합론에서 다루는 집합(sets)은 퍼지이론에서는 크리스프 집합(crisp set) 혹은 보통집합)이라 한다. 지금까지 취급한 집합은 그 집합에 속하는지 그렇지 않은지를 명확하게 구별할 수 있다.

예를 들어, "쾌적한 기온"의 경우를 생각해 보자. 쾌적한 기온은 18℃라고 말하지만, 19℃에서는 좀 더 쾌적하지 않겠는가? 18℃ 플러스 마이너스 몇 도라고 하는 것과 같이, 어느 정도의 폭을 가질 수 있다. 그러나 (그림 9.3) (b)에서 경계부근은 "쾌적하다"에서 "쾌적하지 않다"로 급하게 변하기 때문에 매우 부자연스럽다. 따라서 그림 9.3(a)과 같이 가로축에는 기온을, 세로축에는 "쾌적함의 정도"를 그래프화한 것을 생각할 수 있다.

기온이 14도이면 "쾌적함의 정도"는 0.5이다. 이와 같이 "쾌적한 기온"을 보다 자연스럽게 나타낼 수 있다. 퍼지이론에서는 "쾌적한 기온" 등과 같은 것을 라벨(Label)이라 하고, 그 정도를 소속도(membership grade)라고 한다. 수학적으로 쉽게 취급하기 위해서 소속도는 보통 "0"부터 "1"까지의 범위가 사용된다.

퍼지 이론에서는 (그림 9.3) (a)와 같은 함수를 소속함수라고 하며 중요한 역할을 담당하고 있다. 여기서 "쾌적한 기온"의 소속함수라고 하지만, 이것은 물론 개인에 따라서 조금씩 달라도 특별히 문제가 될 것은 없다. (그림 9.3) (b)의 보통집합을 이용한 경우에는 14℃일 때는 쾌적의 적합도는 0이 될 것이다.

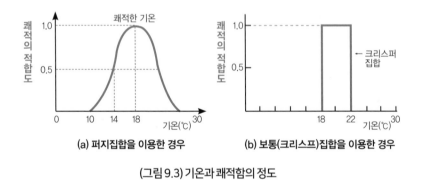

(a) 퍼지집합을 이용한 경우　　**(b) 보통(크리스프)집합을 이용한 경우**

(그림 9.3) 기온과 쾌적함의 정도

예를 들면, "쾌적한 기온"의 소속함수는 수학적으로 아래와 같은 방법을 사용한다.

$\mu_A : X \rightarrow [0, 1]$

이것은 어떤 집합 X에 관한 퍼지집합 A의 소속함수가 이고 그 범위가 [0, 1]인 것을 나타낸다. 전체집합(universe of dis-course) X에 대한 퍼지

부분집합 A를 나타낸다.

퍼지집합은 다음과 같은 장점이 있다.

- 판단이 곤란한 경우라도 그대로 표현할 수 있다. "쾌적한 기온"등과 같이 범위를 명확하게 지정할 수 없는 경우라도 표현이 가능하다.
- 주관적인 것을 객관적으로 표현하게 된다. 주관적으로 다를지라도 소속함수로 표현함으로써 그 차이를 객관적으로 파악할 수 있다.
- 논리 처리를 한다. 퍼지이론에 기초한 퍼지추론 등의 다양한 처리를 할 수 있다. 그러나 일반적으로 표나 그림을 사용한 경우는 통일적인 처리 방식이 없다.
- 여러 개의 소속함수를 조합할 수 있다. 어느 레벨에서는 불명확하게 되는 부분을 다른 레벨에서는 명확하게 하는 것도 가능하다.
- 구간을 분할할 수 있다. 인간의 사고에 적당하다.

3. 퍼지이론의 특징

퍼지이론의 특징을 열거하면 다음과 같다.

① 인간의 경험·영감, 그리고 애매한 언어와 개념을 애매함으로 제외하는 것보다는 수용한다는 관점에서 다룬다.

② 퍼지 집합으로 애매한 지식과 개념을 간략하게 표현할 수 있다.

③ 퍼지 논리에서는 얼핏 「모순」된 사항도 적은 「모순」이라면 그것을 받아들여 어떠한 정보를 추출하려고 한다.

④ 기대되는 응용분야는 「기계만으로는 실현할 수 없는 인간을 포함한 시스템」에 관련된 모든 분야이다.

이상과 같은 특징으로 인하여 퍼지이론은 응용할 수 있는 범위가 넓어지고 앞에서 설명한 인공지능이나 로봇공학을 시작으로 맨머신시스템(man-machi-ne system) · 제어 · 신뢰성공학 · 데이터베이스 등의 공학적인 여러 분야와 의학 · 사회과학 · 언어학 · 심리학 등에서도 유효성이 입증되고 있다. 또한 퍼지이론은 수학적 이론으로써 반드시 인간의 애매함과 결부되지 않는 영역에서도 유용하게 활용할 수 있고 그 방면에서의 응용도 기대된다.

4. 퍼지 정보처리

퍼지 정보처리에서는 앞에서 설명한 바와 같이 인간의 지식이나 경험과 사고나 판단의 과정을 언어를 통해 컴퓨터에 입력한 후 컴퓨터 내에서의 처리를 한다. 이때 언어를 수량화하여 기존의 방법으로 컴퓨터에 입력하는데 이 언어로부터 수량으로의 변환에 소속함수(membership function)가 사용된다.

이상에서는 컴퓨터로서 과거의 디지털 컴퓨터를 취급하고 있지만 1984년경부터 아날로그형이나 디지털형의 전용 하드웨어가 개발되고 있다. 이 하드웨어에 따른 전용 소프트웨어도 개발되어 있다. 이와 같은 퍼지 전용의 하드웨어는 소자의 개량이나 병렬연산 방식의 채용에 의해 연산 속도가 빠르다. 현재 전문가 시스템이나 프린트 · 가전제품 등의 제어에서는 그다지 속도를 요하지 않기 때문에 기존의 디지털 컴퓨터나 마이크로 프로세서를 사용하고 있지만, 고속을 요하는 기기 등의 제어를 위해서는 전용의 하드웨어에 대한 필요성이 요구된다.

한마디로 말하면 퍼지는 「인간을 그 요소로서 포함하는 시스템의 분석 혹은 그러한 시스템을 구축하기 위한 툴」이다. 예를 들면, 인간의 지적 활동의 자동화, 휴먼 머신 인터페이스, 인간 그 자체의 분석, 평가 등에 이용된다. 특히 종래의 컴퓨터 취급 방법의 기본은 대상이 되는 문제를 수식과 논리에 의한 엄밀한 설정이 요구되는데 문제를 엄밀하게 규정할 수 없는 경우에 퍼지는 사람이 일상적으로 사용하는 언어와 전문가의 경험·직감을 이해하고, 표현하여 적절하게 처리하는 것을 목적으로 한다. 퍼지 이론은 애매하고 유연한 인간과 엄밀하며 융통성이 부족한 컴퓨터의 가교 역할을 하는데 위치한다.

애매성의 여러 가지 의미

❶ incomplete(지식이 부족하여 잘 모르는 경우)

나에게 스페인어로 이야기한다면 실은 전혀 얘기를 알아듣지 못한다. 의미있는 내용이라도 지식부족으로 알아듣지 못하는 것이다.

❷ ambiguity(해석이 몇 가지나 있어서 모르는 경우)

배라고 했을 때 먹는 배인지, 타는 배인지, 가슴아래 배인지 불분명하다. 다의성이라고 불리는 것으로 이와 같은 성질은 말뿐 아니라 그림 등에도 있다. 수치의 경우는 구간도 하나의 예이다. 그 원인으로서는 무지(ignorance)와 모순(conflict)의 두 가지를 들 수 있다.

❸ randomness(미래의 일이라서 모르는 경우)

지금 던질 주사위에 나타날 눈은 무엇인가, 내일 아침 집을 나설 때 오른발부터 내딛느냐 왼발부터 내딛느냐 하는 문제는 애매하다. 일어나는 일에 관한 애매성이라고 일컬어지고 있다. 또는 우연성이라고도 하며 기존에는 확률론에서 취급되어 온 애매성이며, 이 애매성을 특히 랜덤니스(randomness)라고 한다.

❹ imprecision(정확하지 않는 경우)

오류가 포함되어 있거나 잡음이 들어 있어 애매한 경우이다. 이것은 부정확함에 기인하는 애매성이다.

❺ fuzziness(정의할 수 없는 또는 정의해도 의미가 없는 경우)

언어에 관한 애매성, 즉 의미의 애매성이 대개 이에 해당된다. 예를 들면 미인인지 아닌지, 오늘은 더운지 어떤지에 관한 애매성이다. 주관에 따라 달라지곤 한다. 이상에서 예를 든 것 이외에도 애매성은 얼마든지 있다. 이 책에서 주로 취급하는 애매성은 ❺의 퍼지니스라 부르는 애매성이다.

※자세한 내용은 전문서적을 참조하기 바란다.